钢管自应力钢渣混凝土柱力学性能研究

于 峰 武 萍 程多松 著

北 京
冶 金 工 业 出 版 社
2023

内 容 提 要

本书对钢管自应力钢渣混凝土柱力学性能进行了深入分析和研究，主要内容包括绪论、钢渣混凝土基本力学性能研究、圆钢管自应力钢渣混凝土柱静力性能研究、圆钢管自应力钢渣混凝土柱抗震性能研究、圆钢管约束自应力钢渣混凝土柱抗震性能研究、圆钢管自应力钢渣混凝土柱黏结滑移性能研究等。

本书可供土木工程领域的研究人员和工程技术人员阅读，也可供大专院校有关专业的师生参考。

图书在版编目(CIP)数据

钢管自应力钢渣混凝土柱力学性能研究/于峰，武萍，程多松著.—北京:冶金工业出版社，2023.7

ISBN 978-7-5024-9618-0

Ⅰ.①钢…　Ⅱ.①于…　②武…　③程…　Ⅲ.①钢筋混凝土柱—力学性能—研究　Ⅳ.①TU375.302

中国国家版本馆 CIP 数据核字(2023)第 167712 号

钢管自应力钢渣混凝土柱力学性能研究

出版发行　冶金工业出版社　　**电　话**　(010)64027926
地　址　北京市东城区嵩祝院北巷 39 号　　**邮　编**　100009
网　址　www.mip1953.com　　**电子信箱**　service@mip1953.com

责任编辑　杨　敏　美术编辑　彭子赫　版式设计　郑小利
责任校对　郑　娟　责任印制　禹　蕊

三河市双峰印刷装订有限公司印刷
2023 年 7 月第 1 版，2023 年 7 月第 1 次印刷
710mm×1000mm　1/16；21.5 印张；422 千字；334 页

定价 119.00 元

投稿电话　(010)64027932　投稿信箱　tougao@cnmip.com.cn
营销中心电话　(010)64044283
冶金工业出版社天猫旗舰店　yjgycbs.tmall.com
(本书如有印装质量问题，本社营销中心负责退换)

前　　言

随着时代的发展，高层、超高层建筑屡见不鲜，大跨、复杂结构日渐增多，工程建设的规模日益宏大，为建筑行业的发展提供了良好的机遇，也带来了更严峻的考验。传统的工程材料和结构形式已很难完全满足当前更高的建筑功能需求，因此，寻求新型的建筑材料和更优的结构形式已成为工程界面临的重要课题。

钢管混凝土结构因其承载力高、抗震性能好、耐火性能优和便于施工等诸多优点，在高层和超高层建筑以及大跨度桥梁工程中得以应用。然而，传统混凝土在凝结硬化过程中的收缩，使得钢管与混凝土之间出现“脱空”现象，严重影响了钢管混凝土的力学性能和工程应用。

另一方面，冶金行业的快速发展导致冶金固废的大量产生，钢渣作为主要组成部分，其较低的利用效率和大量的剩余堆积，对自然资源和生态环境造成了巨大压力。已有研究表明，钢渣具有一定的活性和硬度，可代替天然骨料制备钢渣混凝土，但因其中含有MgO和f-CaO等成分，在水化过程中使混凝土产生一定的体积膨胀。

为了充分发挥钢管混凝土的优势，实现钢渣固废的大宗量利用，同时降低工程成本，作者及其课题组成员对钢渣混凝土的力学性能和膨胀性能开展了研究，并在此基础上提出钢管自应力钢渣混凝土结构，充分利用钢渣混凝土的膨胀性，解决传统钢管混凝土存在的“脱空”

问题，显著提高钢管混凝土的力学性能。本书分6章，主要对圆钢管自应力钢渣混凝土构件的如下关键问题进行了探索和研究。

第1章：重点分析了钢渣混凝土、钢管混凝土、钢管约束混凝土、钢管膨胀混凝土及钢管钢渣混凝土的国内外研究现状，论述了圆钢管自应力钢渣混凝土结构的研究意义。

第2章：开展了钢渣混凝土基本力学性能研究，对全钢渣砂混凝土和全集料钢渣混凝土的配合比试验进行研究，分析钢渣砂粒径等因素对全钢渣砂混凝土和全集料混凝土力学性能和膨胀性能的影响，提出了适用于钢管内钢渣膨胀混凝土的配合比设计方法，以及全钢渣砂混凝土和全集料钢渣混凝土抗压强度和膨胀率计算方法。在此基础上，开展了补偿收缩钢渣混凝土柱试验研究，分析水灰比等因素对补偿收缩钢渣混凝土柱破坏形态、应力、变形以及应力-应变关系的影响，提出了补偿收缩钢渣混凝土基本力学性能指标计算方法，建立了相关的应力-应变关系模型。

第3章：开展了圆钢管自应力钢渣混凝土柱静力性能研究，分析钢渣混凝土膨胀率、径厚比、长径比、偏心距等因素对圆钢管自应力钢渣混凝土柱的破坏形态、承载力、延性、刚度、应力-应变关系的影响，揭示了竖向荷载作用下试件的工作机理，提出轴压荷载和偏压荷载作用下试件承载力、刚度、延性和荷载-挠度关系的计算方法，建立相应的应力-应变关系模型。

第4章：开展了圆钢管自应力钢渣混凝土柱抗震性能研究，分析轴压比、径厚比、剪跨比和钢渣混凝土膨胀率等因素对圆钢管自应力钢渣混凝土柱破坏形态、滞回性能、强度衰减、刚度退化、耗能能力、承载力、延性及应变的影响，揭示其抗震机理与耗能机制，提出试件承载力、延性系数和轴压比限值的计算公式，通过有限元分析和数值模拟，得到试件骨架曲线关键点计算方法，给出试件的滞回规则，建立试件恢复力模型，并提出相应的抗震设计方法。

第5章：开展了圆钢管约束自应力钢渣混凝土柱抗震性能研究，分析轴压比、径厚比、剪跨比和膨胀率等因素对圆钢管约束自应力钢渣混凝土柱破坏形态及抗震性能的影响，揭示其耗能机制与损伤机理，在试件危险截面受力分析的基础上，考虑钢管和箍筋的强度利用系数，提出试件抗弯和抗剪承载力计算公式，采用纤维模型法和试验拟合法，得到试件骨架曲线，提出滞回规则，建立其恢复力模型，给出试件抗震设计方法和构造措施。

第6章：开展了圆钢管自应力钢渣混凝土柱黏结滑移性能研究，分析径厚比、套箍系数、含钢率以及膨胀率对圆钢管自应力钢渣混凝土柱破坏形态、荷载-滑移关系、黏结强度以及荷载-应变关系的影响，揭示其发生黏结破坏机理，建立试件界面黏结强度计算模型，提出试件黏结-滑移本构关系的计算理论和简化计算公式。

本书内容涉及的研究先后得到国家自然科学基金项目（52078001、51878002、51608003）、安徽省皖江学者特聘教授项目、安徽省高校优秀科研创新团队项目（2023AH010017）、安徽省杰出青年科学基金项目（2008085J29）、安徽省科技重大专项项目（202203a07020005）、安徽高校协同创新项目（GXXT-2022-074）、中国工程建设标准化协会标准《钢渣透水混凝土砖》和《钢管钢渣混凝土构建技术规程》、安徽省自然科学基金项目（1208085QE88）、住房和城乡建设部科学技术计划项目（K4201222）、江苏省结构工程重点实验室开放基金(ZD1202)、芜湖市科学技术项目（2022jc04）等的资助。对上述机构和单位的支持，作者表示衷心的感谢。

参加相关项目研究工作的主要人员有方圆、武萍等老师。在本书撰写过程中，参考了有关文献资料，同时研究生卜双双、王旭良、徐琳、姚驰、谈嗣勇、崔克冉、陈邢等协助作者完成了大量试验或计算工作，均对本书做出了重要的贡献；国内外同行专家在作者从事钢管自应力钢渣混凝土结构研究过程中给予了关注和支持，在此一并表示感谢。

目前钢管自应力钢渣混凝土结构研究处于起步阶段，还有许多问题需要进一步研究和完善。

由于作者水平所限，书中不妥之处，恳请读者批评指正。

作　者

2023年1月

目　　录

1 绪　论

1.1 研究背景和意义

随着城市化进程的快速发展，人们对于建筑结构的功能需求日益提高，现代建筑正在向高耸、大跨、重载、高强和轻质的方向发展，传统的钢筋混凝土结构虽应用广泛，但由于施工过程复杂、自重大、易开裂等不足，已不能完全满足现代结构的各项需求。因此，寻求新型的建筑材料和结构体系已成为当前亟待解决的问题。

钢管混凝土结构是目前工程界广泛应用的一种结构形式，核心混凝土在钢管的约束下处于三向受力状态，显著提高了结构整体的承载力和延性，同时还具备耐火性能好、抗震性能优越、施工方便等优点[1-4]。但核心混凝土凝结硬化时体积收缩，外部钢管与核心混凝土之间可能存在脱空现象，一定程度上削弱了钢管对核心混凝土的约束效应，影响钢管混凝土结构的安全性与耐久性。

为解决钢管混凝土结构脱空问题，有学者[5]提出利用膨胀混凝土代替普通混凝土浇筑于钢管内，形成钢管膨胀混凝土结构，使核心混凝土由被动约束转变为主动约束，一定程度上缓解了脱空现象对钢管混凝土力学性能的影响。目前，通过添加外加剂方式制备膨胀混凝土，增加施工成本与难度，且内部易形成蜂窝和空腔，显著降低构件承载能力，很难达到预期效果。

钢渣是炼钢时产生的一种工业废渣，目前我国钢渣年排放量达 1 亿吨以上，而综合利用率却不足 30%，对自然环境造成不利影响。大量研究表明，钢渣具有一定的硬度和活性，将钢渣代替天然骨料制备的钢渣混凝土，具有水化热低、抗压强度高及耐久性好等优点[6-7]，在降低工程造价的同时，又节约了自然资源。但钢渣中富含 MgO 和 f-CaO，在水化过程中产生体积膨胀，使钢渣混凝土体积稳定性变差，降低了钢渣的利用率。国内外学者围绕如何抑制和消除钢渣膨胀性能，开展了大量的理论与试验研究，提出钢渣陈化、硅质材料、添加粉煤灰等措施[8-10]，但对如何利用钢渣的膨胀性能，并将其应用于工程领域，还需开展进一步的研究工作。

本书以利用钢渣混凝土的膨胀性为出发点，首先针对钢渣混凝土的基本力学性能和膨胀性能开展试验研究和理论分析，得到可控膨胀率钢渣混凝土的各项性能指标和理论模型。在此基础上，将钢渣混凝土和钢管组合在一起，形成钢管钢渣混凝土柱，并开展了其静力性能、抗震性能和耐久性能等一系列研究分析，为钢管钢渣混凝土的工程应用奠定了基础。

1.2 研究现状

1.2.1 钢渣混凝土

1969 年 Mcrae[11] 首次对钢渣作为混凝土集料的可行性进行试验研究。研究表明，在钢渣各化学成分的组分接近时，钢渣作为混凝土骨料和胶凝材料具有可行性。

Gutt[12] 和 Subathra[13] 利用钢渣部分取代粗骨料或细骨料制备钢渣混凝土，并对其力学性能进行试验研究，建议了钢渣替代粗、细骨料的最佳比例。

时中华[14]采用两种或两种以上不同表观密度的钢渣骨料进行搭配，制备不同密度的钢渣混凝土，提出了不同密度钢渣混凝土配合比的计算方法。

Vojtěch[15]用钢渣作为粗骨料配制钢渣混凝土，并开展抗压强度试验研究。结果表明，与普通混凝土相比，在龄期达到 28d 前，钢渣混凝土抗压强度增长速度较快，在龄期达到 28d 后，混凝土抗压强度增长速度无明显差异。

Shekhar[16]采用钢渣取代混凝土粗骨料配制钢渣混凝土，研究钢渣取代率对混凝土抗压强度的影响。结果表明，钢渣取代率在 50%以下时，随着取代率增大，钢渣混凝土强度增大；钢渣取代率超过 50%时，随着取代率增大，钢渣混凝土强度减小。

丁天庭[17] 和 Hisham[18] 针对钢渣砂取代率对钢渣混凝土抗压强度的影响开展了试验研究。结果表明，钢渣砂取代率为 10%时，钢渣混凝土抗压强度最高；当钢渣骨料取代率大于 10%，随着钢渣取代率增大，钢渣混凝土抗压强度减小。

Roychand[19] 对钢渣进行磷化处理，采用处理后的钢渣制备钢渣混凝土，并开展抗压强度试验研究。结果表明，与普通混凝土相比，钢渣混凝土 7d 抗压强度提高 32.5%，28d 提高 8.2%。

Selman[20] 将普通混凝土试件和钢渣混凝土试件放入 40℃、50℃和 60℃的养护箱进行高温养护，将养护成型的钢渣混凝土进行抗压强度试验研究。结果表明，在不同龄期下，随着养护温度提高，钢渣混凝土抗压强度提升幅度较大。

赵出云[21] 研究了钢渣石掺量对钢渣混凝土断裂性能的影响，结果表明，钢渣混凝土抗断裂能力随着钢渣石掺量的增大呈现先增长后下降的趋势，当钢渣石掺量为 60%时，钢渣混凝土抵抗断裂的能力最弱，当钢渣石掺量为 40%和 80%时，其抵抗断裂的能力最强。

Cerulli[22]和Maslehuddin[23]发现与普通混凝土相比，钢渣混凝土抗酸蚀、抗冻性和抗磨损的能力提高，但抗硫酸腐蚀的能力降低；与石灰石混凝土相比，钢渣混凝土孔隙率低，内部结构致密性提高，吸水率较低，具有较高的耐久性能。

刘安宁[24]研究了钢渣混凝土的膨胀性能，结果表明，C30钢渣混凝土温度线膨胀系数（$11\times10^{-6}/℃$）与钢筋的温度线膨胀系数接近，这有效提高了钢筋与混凝土的黏结能力以及协调变形能力。

刘攀[25]采用钢渣粉取代部分胶凝材料配制钢渣混凝土，并对其早期体积稳定性的进行研究。结果表明，钢渣粉取代率在0~30%范围内，钢渣混凝土早期体积稳定性高，钢渣粉取代率不宜大于30%。

查坤鹏[26]在钢渣混凝土中掺入废旧轮胎粉颗粒。结果表明，掺入10%的废旧轮胎胶粉颗粒可以显著抑制钢渣混凝土的膨胀，故钢渣混凝土体积稳定性得到有效控制，此方式操作便捷，适用于施工现场大批量制备。

兰海[27]掺加粉煤灰钢渣混凝土试验研究，结果表明，粉煤灰可以抑制氢氧化钙生成，可减少钢渣的膨胀，粉煤灰相对钢渣比例越大，其抑制效果越好。

Brand[28]开发了一种工艺，使用络合滴定、热重分析和高压釜膨胀测试等方式快速筛选钢渣中的游离氧化物，并将游离氧化物消除。经过此工艺处理后的钢渣集料均能产生较大的自由干燥收缩率，减小钢渣混凝土的自由膨胀率。

1.2.2 钢管混凝土

钟善桐[29]对钢管混凝土轴压短柱开展了全面研究，分析了混凝土强度等级、钢材屈服强度、套箍系数及含钢率对试件承载力的影响，基于统一理论，提出钢管混凝土轴压柱承载力计算模型。

Schneider[30]和Ibañez[31]对钢管混凝土柱的轴压性能进行研究，分析钢管屈服强度、截面形式的影响，研究结果表明：试件轴向承载力随着钢管屈服强度增加而增加。相同条件下，圆形截面比矩形截面钢管混凝土柱的承载能力更高，约束效应更强。

Hernández[32]对钢管混凝土柱偏压性能进行研究，分析混凝土强度和偏心率对延性的影响。结果表明：与偏心率相比，混凝土强度对钢管混凝土柱的延性影响更大，混凝土强度越高，试件的延性系数越大。

Chen[33]和Furlong[34]对钢管混凝土偏心受压构件进行试验和理论研究，分析了截面形式和偏心距的试件承载力和刚度影响，提出偏心力作用下刚度和荷载-弯矩相互作用关系及压弯构件极限承载力的计算模型。

安建利[35-36]对钢管混凝土柱压弯剪构件进行试验和理论研究，得到钢管混凝土压弯剪构件的受力特性和破坏模式，结果表明：对于剪跨比小于1.5的柱，发生弯剪型破坏，采用有限环层分析法，建立钢管混凝土柱的压、弯、剪强度理论公式。

徐琳[37]建立圆钢管钢渣混凝土柱有限元分析模型，通过对模拟数据分析可知，试件屈服承载力和弯矩随着含钢率、钢材屈服强度和钢渣混凝土强度的增大有所提高。

Han[38-39]和尧国皇[40]利用有限元软件，建立钢管混凝土构件在复合受力状态下的计算模型，分析压、弯、剪、扭及其复合受力状态下的破坏机理，在参数分析的基础上，给出承载力实用计算方法。

董宏英[41]对圆钢管再生混凝土进行抗震性能试验，分析再生骨料取代率、剪跨比、轴压比等参数的影响，结果表明：剪跨比较小的部分试件受拉一侧发生断裂现象，轴压比大的试件延性相对下降，而再生骨料对试件抗震性能影响不大。

Liu[42]研究了足尺的方钢管混凝土柱的抗震性能，得到了混凝土抗压强度对钢管混凝土柱抗震性能的影响规律。结果表明，随着混凝土抗压强度增大，方钢管混凝土柱水平承载力显著增大，但延性出现一定程度的降低。

文献［43］、［44］对圆钢管混凝土柱进行抗震试验研究，考虑轴压比和核心混凝土强度的影响，首次提出动态恢复力模型。在此基础上，研究发现，随着轴压比增大，试件的水平承载力显著提高，荷载-位移滞回曲线饱满度略有降低，试件延性降低；随着混凝土抗压强度增大，试件荷载-位移滞回曲线逐渐饱满，但核心混凝土强度达到C60后，随着核心混凝土强度增大，试件荷载-位移滞回曲线饱满度降低。

张建辉[45]在对方钢管混凝土柱进行抗震性能试验的基础上，基于截面极限状态理论，推导了一般情况下方钢管混凝土压弯构件的极限水平承载力表达式，并提出了相应的简化设计公式，为方钢管混凝土压弯构件的设计提供参考。

Wang[46]根据钢管混凝土柱抗震性能试验研究，首次通过建立有限元模型分析钢管混凝土柱抗震性能。结果表明，钢管混凝土柱具有较高的抗剪承载力和延性，抗震性能良好；通过该有限元分析得到的计算值与试验值接近，说明该模型可用于进一步的机理分析。

Shakir[47]考虑管壁粗糙度、混凝土强度以及径厚比对试件黏结强度的影响，开展了圆钢管膨胀混凝土黏结性能试验研究，通过对试验数据分析可知，管壁粗糙度和混凝土强度的增大提高了圆钢管膨胀混凝土界面黏结强度，径厚比的增大降低了圆钢管膨胀混凝土界面黏结强度。

刘玉茜[48]利用有限元软件分析了钢管混凝土柱界面黏结滑移性能，在钢管和混凝土黏结界面设置三个非线性弹簧单元分别模拟钢管与混凝土之间三个方向的作用，利用三段式黏结滑移本构模型，提出简化本构模型，分析了黏结力和滑移的变化规律，揭示了黏结滑移受力机理。

1.2.3 钢管约束混凝土

Liu[49]和周绪红[50]分别开展了圆钢管约束钢筋混凝土柱的轴压力学性能试验研究，分析了核心混凝土强度、径厚比和长径比对轴压性能的影响。结果表明，随着混凝土强度和径厚比增大，钢管对核心混凝土的约束效应增强，试件的轴压承载力显著提高，但延性略有降低；随着长径比增大，钢管对核心混凝土的约束应力减小，从而导致圆钢管约束钢筋混凝土柱的轴压承载力降低。

甘丹[51]和刘景云[52]研究发现，钢管与混凝土之间的黏结力对钢管约束钢筋混凝土的轴压承载力无明显影响，但随着摩擦系数减小，钢管对核心混凝土约束效应增强，钢管约束钢筋混凝土轴压承载力增大。

Martin[53]根据圆钢管约束混凝土短柱轴压性能试验结果，回归了试件承载力开始下降时钢管的约束应力，通过约束应力计算约束混凝土强度，并提出圆钢管约束混凝土短柱的轴压承载力计算公式。

Hong[54]采用改进的迭加法研究了钢管约束钢筋混凝土短柱的轴压承载力，阐述了截面约束力平衡以及约束机理，根据对钢管约束钢筋混凝土短柱的应力-应变分析，提出钢管约束钢筋混凝土柱轴压承载力的计算方法。

郝自强[55]为考虑纵筋率对钢管约束混凝土中长柱轴压性能的影响，建立钢管约束高纵筋混凝土轴压中长柱有限元模型并进行分析。结果表明，计算值与试验值吻合度较好，随着纵筋率增大，钢管约束混凝土柱轴压承载力逐渐增大。

张昊[56]和齐宏拓[57]对圆钢管约束钢筋混凝土柱进行了偏压试验研究。通过试验得到试件的荷载-跨中挠度曲线、荷载-钢管应变曲线和破坏形态，分析了试件的破坏模式、变形性能、钢管应力-应变发展规律和偏压极限承载能力。

Wang[58]对钢管约束混凝土偏压柱中核心混凝土受力状态进行试验研究。结果表明，当试件达到峰值荷载时，随着偏心距减小，核心混凝土受到钢管的约束应力逐渐减小，且逐渐接近于钢管约束混凝土轴压柱中核心混凝土所受的约束应力。

王昕培[59]在试验研究的基础上，利用有限元模型对圆钢管约束型钢高强混凝土偏压短柱的承载力进行研究。根据研究结果，对型钢混凝土柱偏压承载力计算公式的修正，在此基础上，提出了圆钢管约束型钢高强混凝土偏压短柱的承载力计算方法，并得到荷载-弯矩相关曲线。

马忠吉[60]利用有限元分析软件着重研究了钢管约束混凝土中长柱在小偏压的情况下对节点力学性能的影响。结果表明，钢管约束混凝土中长柱在小偏压的情况下，对节点的不利影响可忽略，有限元分析结果可为施工提供参考。

1986年，由Xiao[61]将钢管约束钢筋混凝土柱与箍筋约束混凝土柱抗震性能进行对比，证明钢管约束钢筋混凝土柱的抗震性能更为优越。

Fam[62]对圆钢管约束混凝土短柱进行抗震性能试验研究，设置钢管约束效应和加载方式作为影响因素。结果表明，圆钢管约束混凝土短柱承载力和延性高，抗震性能良好，但黏结强度和加载方式对试件抗震性能影响不大。

尧国皇[63]首先开展了方钢管约束混凝土长柱抗震性能试验研究，利用钢管约束混凝土柱纵向荷载作用下力学性能优越的特点，施加高轴压比进行试验研究。结果表明，高轴压比下方钢管约束混凝土柱仍具有较高的延性，抗震性能良好。

周绪红[64]对4根圆管约束钢筋混凝土柱和4根方管约束钢筋混凝土柱进行抗震试验研究，试验影响因素为轴压比。结果表明，钢管约束钢筋混凝土柱具有较高的轴压比限值，与方形截面相比，圆形截面钢管约束钢筋混凝土柱抗震性能更好。在试验研究的基础上，考虑箍筋对核心混凝土的约束作用，提出压弯构件截面极限抗弯承载力计算模型。

吴博[65]对圆钢管约束钢筋混凝土柱进行抗震性能试验研究，分析径厚比对抗震性能。结果表明，随着径厚比减小，钢管约束钢筋混凝土柱的弹塑性层间位移角增大，且显著大于规范要求，钢管约束钢筋混凝土柱的抗震性能提高。

闫标[66]根据钢管约束混凝土柱的在低周往复荷载作用下的受力特点，建立了相应的有限元分析模型，根据有限元分析结果，提出了适用于低周往复荷载作用下钢管约束混凝土柱中核心混凝土等效应力-应变关系。

张畅[67]通过对低周往复荷载作用下钢管约束钢筋混凝土柱进行有限元分析，重点研究了含钢率、混凝土抗压强度和配箍率对试件承载力的影响。结果表明，随着含钢率、核心混凝土抗压强度和配筋率减小，试件承载力降低，但试件的延性提高。

1.2.4 钢管膨胀混凝土

李悦[68]开展了钢管膨胀混凝土轴压力学性能试验研究，通过对试验数据分析可知，钢管膨胀混凝土具有优异的轴压力学性能，在相同条件下，与普通钢管混凝土相比，其轴压承载能力可提高8%左右。

Ohta[69]开展了钢管膨胀混凝土轴压力学性能试验研究，考虑混凝土中水、水泥、硅粉和膨胀剂的掺量对钢管膨胀混凝土初始刚度的影响，通过对试验数据分析可知，当膨胀混凝土中水/(水泥+硅粉+膨胀剂) = 30%时，钢管膨胀混凝土轴压初始刚度和普通钢管混凝土相同。

陈咏明[70]采用极限平衡法，对轴压荷载作用下钢管混凝土柱进行受力分析，在此基础上，考虑了钢管纵向应变与核心混凝土应变关系对钢管混凝土柱轴压性能的影响，推导圆钢管膨胀混凝土柱轴压极限承载力计算公式。

曹帅[71]理论分析了钢管自应力混凝土柱轴压力学性能，提出自应力混凝土本构关系模型，推导钢管自应力混凝土柱承载力计算公式，并对轴压试件进行全过程分析，揭示了轴压试件的受力机理。

韩雯[72]通过有限元软件模拟钢管与核心自应力混凝土之间的接触作用，建立钢管自应力混凝土轴压柱有限元模型并进行分析。结果表明，随着自应力增大，钢管自应力混凝土柱轴压承载力增大，有限元分析结果与试验结果基本符合。

卢方伟[73-74]对钢管膨胀混凝土柱偏压力学性能试验和理论研究。结果表明，适量掺入膨胀剂有助于提高钢管混凝土偏压承载力，但膨胀剂掺量过大，会使得钢管混凝土柱偏压承载力降低，并且偏心率越大，钢管偏压承载力降低越明显。在现有理论的基础上，建立了方钢管膨胀混凝土短柱偏压承载力模型，计算结果可为工程实际提供理论参考。

Chang[75]对偏心荷载作用下圆钢管自应力混凝土柱进行了数值研究，编制了计算偏压柱中高挠度曲线的非线性有限元程序，计算与试验结果吻合较好。通过有限元分析可以看出，与钢管混凝土柱相比，钢管自应力混凝土柱具有更高的偏压承载力。

蔺海晓[76]通过试验分析核心混凝土初始自应力对钢管自应力混凝土柱抗弯性能的影响。结果表明，由于核心混凝土初始自应力的存在，与钢管混凝土柱相比，钢管自应力混凝土柱抗弯性能优越；随着核心混凝土初始自应力增大，试件抗弯承载力逐渐增大。

雷东山[77]对钢管自应力混凝土构件抗弯性能进行有限元分析，主要分析了钢管自应力混凝土纯弯构件受力过程中的弯矩-挠度关系以及钢管和混凝土间的相互作用。结果表明，钢管自应力混凝土比普通钢管混凝土的纵向应力分布更加均匀，弹性工作阶段有所增长，抗弯承载力也得到了提高，但当自应力水平达到某一数值后，随着自应力增大，试件的抗弯性能降低。

尚作庆[78-79]对钢管膨胀混凝土柱的抗震性能进行分析，重点研究轴压比的影响。结果表明，与普通钢管混凝土柱相比，轴压比对钢管膨胀混凝土柱抗震性能的影响更为显著；随着轴压比增大，钢管膨胀混凝土柱的抗震性能略微降低。

贾宏玉[80]为研究不同长宽比对自密实自应力矩形钢管混凝土柱抗震性能的影响，分别从试件的荷载-位移滞回曲线、骨架曲线、延性、耗能能力及刚度退化进行分析。结果表明，随着试件长宽比增大，试件的极限水平承载力提高，荷载-位移骨架曲线下降段更加明显，延性和耗能能力减小，刚度退化速度加快。

杨阳[81]对钢管膨胀混凝土柱的徐变性能进行试验研究，分析膨胀剂掺量和含钢率对试件徐变的影响，结果表明，随着膨胀剂掺量和含钢率的增加，试件徐变应变逐渐减小。

王艳[82]考虑了混凝土徐变对钢管自应力混凝土承载力的影响，利用有限元软件分析了徐变作用下钢管自应力混凝土承载力的变化规律，通过对试验数据分析可知，核心混凝土的徐变仅仅使得钢管较早发生塑性变形，但对整体构件极限承载力影响不大。

Huo[83]对钢管微膨胀混凝土柱黏结滑移性能进行试验研究，结果表明，膨胀剂掺量和混凝土水灰比是影响试件膨胀率的主要因素，并提出改善黏结强度的方案。

1.2.5 钢管钢渣混凝土

王致成[84]对圆钢管粗钢渣混凝土短柱进行了轴压试验，分析了粗钢渣替换率、钢管径厚比以及钢管尺寸对其力学性能的影响。试验结果表明：粗钢渣可有效改善钢管混凝土柱的轴压性能，当粗钢渣替换率为75%时效果尤为明显；随着径厚比的增加，试件的承载力随之减小；而尺寸效应对试件破坏形态和应力影响较小。

沈奇罕[85]通过试验研究，分析了钢渣置换率和截面长短轴比等参数对椭圆截面钢管钢渣混凝土短柱破坏模式和力学性能的影响。结果表明：椭圆截面钢管钢渣混凝土轴压短柱的破坏模式主要包括钢管局部鼓曲、混凝土压溃和剪切破坏；采用钢渣逐步替换混凝土粗骨料，可使椭圆截面钢管混凝土短柱轴压承载力提高2.0%~15.1%，刚度提升1.1%~16.8%，但其延性会随着钢渣置换率和截面长短轴比的增大而减小。考虑钢渣置换和截面特征的影响，提出椭圆截面钢管钢渣混凝土短柱的轴压承载力计算式。

费强[86]对钢套约束圆钢管钢渣混凝土柱轴压性能进行试验研究，分析了试件径厚比、核心混凝土钢渣替换率对试件力学性能的影响。结果发现，当钢渣替换率为75%时钢管钢渣混凝土承载力最大，钢套对试件承载力的提升效果在径厚比（$D/t=33.6$）较大的试件中更为显著。

Noureddine[87]对结晶碎钢渣混凝土填充的矩形钢管短柱进行轴压、偏压试验研究。结果表明，采用矩形钢管约束钢渣混凝土可有效提高钢渣混凝土强度，试件高度和偏心率对承载力影响比较显著。

曹梦增[88]对复合圆钢管钢渣混凝土抗震性能进行了试验研究，并进行了有限元模拟验证及参数扩展分析，掺入钢渣粗骨料的复合钢管混凝土柱承载能力未出现明显下降，试件达到极限承载力时钢管的鼓曲高度一致，复合钢管混凝土试件和掺入钢渣的试件的屈服位移和屈服荷载接近相同，对钢渣混凝土进行深入研究后，可将其应用在以后的工程上。

Abendeh[89]为提高钢管混凝土的黏结强度，利用废钢渣骨料制备了不同配合比的圆钢管和方钢管钢渣混凝土试件，并开展了试验研究。结果表明，钢渣提高了两种钢管形状试件的黏结强度，且黏结强度随混凝土龄期的增加而降低，方钢管钢渣混凝土受龄期影响更明显。通过三维非线性有限元分析，模拟了填充混凝土与钢管表面的截面黏结滑移机理。

何良玉[90]将钢渣作胶凝材料和细集料应用于钢管混凝土中，实验研究发现，钢管混凝土组合结构的60d徐变系数为0.7，套箍系数为1.09，钢管钢渣混凝土短柱的极限承载力大于钢管与钢渣混凝土的极限承载力之和，应变介于钢管与钢渣混凝土之间。

Beggas[91]对钢管钢渣混凝土试件与普通钢管混凝土试件的导热情况进行对比研究。结果表明，钢渣混凝土试件能有效减少能量损失，导热系数比普通钢管混凝土试件低48%。

1.3 主要内容

本书在钢渣混凝土基本力学性能的研究基础上，通过试验研究、理论分析和数值模拟相结合的方法，开展钢管自应力钢渣混凝土柱和钢管约束自应力钢渣混凝土柱的静力性能、抗震性能和黏结-滑移性能等一系列研究，主要内容包括以下几部分：

（1）绪论。主要介绍钢渣混凝土、钢管混凝土、钢管约束混凝土、钢管膨胀混凝土及钢管钢渣混凝土的国内外研究现状。

（2）钢渣混凝土基本力学性能研究。

1）钢渣混凝土配合比研究。开展全钢渣砂混凝土和全集料钢渣混凝土的配合比设计和基本性能试验研究，分析钢渣砂粒径等因素对全钢渣砂混凝土和全集料钢渣混凝土力学性能的影响，提出利用钢渣配制钢管膨胀混凝土的配合比设计方法，以及全钢渣砂混凝土和全集料钢渣混凝土抗压强度计算公式。

2）钢渣混凝土膨胀性能研究。在试验研究的基础上，分析各因素对全粒径钢渣砂混凝土和全集料钢渣混凝土膨胀性能的影响，提出相应的膨胀率计算方法，并给出满足不同钢管膨胀混凝土的设计要求。

3）基于可控膨胀率钢渣混凝土基本性能数值模拟。在试验研究基础上，采用BP神经网络和遗传算法，建立和优化钢渣混凝土抗压强度和膨胀率的神经网络模型，并开展影响参数分析。

4）补偿收缩钢渣混凝土柱应力-应变关系研究。通过试验研究，分析水灰比对补偿收缩钢渣混凝土柱破坏形态、应力和变形的影响，提出补偿收缩钢渣混凝土应力-应变关系模型。利用数值模拟，进一步分析水灰比、钢渣砂掺量和钢渣砂取代粒径对钢渣混凝土力学性能的影响规律。

（3）圆钢管自应力钢渣混凝土柱静力性能研究。

1）圆钢管自应力钢渣混凝土柱轴压性能研究。通过轴压试验研究，分析钢渣混凝土膨胀率、径厚比、长径比对圆钢管自应力钢渣混凝土轴压柱的破坏形态、承载力、变形、刚度、应力-应变关系的影响，提出轴压柱承载力和变形计算方法。建立有限元分析模型，揭示圆钢管钢渣膨胀混凝土柱的受力机理。

2）圆钢管自应力钢渣混凝土柱偏压性能研究。通过偏压试验研究，分析钢渣混凝土膨胀率、长径比、偏心距对偏压柱破坏形态、承载力、延性、刚度、变形的影响，提出偏压柱承载力计算公式。在全过程分析的基础上，建立偏压柱应力-应变、弯矩-曲率、荷载-挠度关系模型。通过有限元分析模型，揭示圆钢管钢渣膨胀混凝土偏压柱的工作机理。

（4）圆钢管自应力钢渣混凝土柱抗震性能研究。

1）圆钢管自应力钢渣混凝土柱抗震性能试验方案。主要介绍试件设计和制作、试验材料力学性能、试验加载和量测方案等内容，为后续的试验研究和结果分析做好铺垫。

2）圆钢管自应力钢渣混凝土柱抗震性能试验结果分析。分析轴压比、径厚比、剪跨比和钢渣混凝土膨胀率等因素对圆钢管自应力钢渣混凝土柱破坏形态、滞回性能、强度衰减、刚度退化、耗能能力、承载力、延性及应变的影响。

3）圆钢管自应力钢渣混凝土柱承载力分析。在抗弯和抗剪机理分析的基础上，对试件截面进行受力分析，考虑关键因素的影响，提出抗弯承载力、抗剪承载力、轴压比限制的理论计算公式和简化公式。

4）圆钢管自应力钢渣混凝土柱恢复力模型。基于合理的材料本构模型，采用纤维模型法编制数值计算程序，得到圆钢管自应力钢渣混凝土柱骨架曲线。在此基础上，提出低周往复荷载作用下圆钢管自应力钢渣混凝土柱的滞回规则，建立圆钢管自应力钢渣混凝土柱恢复力模型。

5）圆钢管自应力钢渣混凝土柱抗震设计方法。在试验研究和理论分析的基础上，提出圆钢管自应力钢渣混凝土柱抗震设计步骤，并给出抗震设计建议，为圆钢管自应力钢渣混凝土柱的工程应用奠定基础。

（5）圆钢管约束自应力钢渣混凝土柱抗震性能研究。

1）圆钢管约束自应力钢渣混凝土柱抗震性能试验方案。主要介绍试件设计和制作、试验材料力学性能、试验加载装置和方法、量测方案等内容，为试验研究和理论分析奠定基础。

2）圆钢管约束自应力钢渣混凝土柱抗震性能试验结果分析。分析轴压比、径厚比、剪跨比和膨胀率等因素对圆钢管约束自应力钢渣混凝土柱破坏形态、滞回性能、强度衰减、刚度退化、耗能能力、承载力、延性及应变的影响。

3）圆钢管约束自应力钢渣混凝土柱承载力分析。在试件危险截面受力分析的基础上，考虑钢管和箍筋的强度利用系数，提出试件抗弯承载力和抗剪承载力的理论计算公式和简化公式，并给出轴压比限制计算方法。

4）圆钢管约束自应力钢渣混凝土柱恢复力模型。基于材料本构关系模型，采用纤维模型法和试验拟合法，得到圆钢管约束自应力钢渣混凝土柱骨架曲线。在此基础上，提出低周往复荷载作用下圆钢管约束自应力钢渣混凝土柱的滞回规则，建立其恢复力模型。

5）圆钢管自应力钢渣混凝土柱抗震设计方法。基于试验结果分析和理论研究，提出圆钢管自应力钢渣混凝土柱抗震设计步骤，并给出发生弯曲和剪切破坏的圆钢管约束钢筋自应力钢渣混凝土柱具体构造措施。

(6) 圆钢管自应力钢渣混凝土柱黏结滑移性能研究。

1）圆钢管自应力钢渣混凝土柱黏结滑移试验方案。基于试验材料基本性能，设计圆钢管自应力钢渣混凝土柱试验方案，包括试件设计与制作、试验加载和量测方案。

2）圆钢管自应力钢渣混凝土柱试验结果分析。分析径厚比、套箍系数、含钢率以及膨胀率对圆钢管自应力钢渣混凝土柱破坏形态、荷载-滑移关系、黏结强度以及荷载-应变关系的影响。

3）圆钢管自应力钢渣混凝土柱黏结-滑移本构关系。揭示圆钢管自应力钢渣混凝土柱界面黏结滑移受力机理，考虑关键因素的影响，建立圆钢管自应力钢渣混凝土柱界面黏结强度计算模型和简化计算公式。在此基础上，提出试件黏结-滑移本构关系的理论公式和简化模型。

4）圆钢管自应力钢渣混凝土柱黏结-滑移有限元分析。选择合适的材料本构关系，建立圆钢管自应力钢渣混凝土柱模型，分析各参数对其界面黏结性能的影响，揭示圆钢管自应力钢渣混凝土柱黏结滑移受力机理。

2 钢渣混凝土基本力学性能研究

2.1 钢渣混凝土配合比研究

2.1.1 试验方案

2.1.1.1 原材料

（1）水泥。利用P. O. 42.5级普通硅酸盐水泥熟料作为钢渣活性的激发剂，其主要化学成分和物理性能如表2-1、表2-2所示。

表2-1 水泥的化学成分

名称	CaO	Fe_2O_3	SiO_2	MgO	MnO	Al_2O_3	TiO_2	烧失值
成分含量（质量分数）/%	61.8	2.5	21.4	1.6	1.6	5.8	0.4	1.62

表2-2 水泥的物理性能

初凝/min	终凝/min	抗压强度/MPa		抗折强度/MPa	
		7d	28d	7d	28d
70	145	39.1	52.2	7.2	8.7

（2）砂和石子。所用钢渣砂和普通砂都属于中砂Ⅱ区，其中钢渣砂细度模数为2.58，普通砂细度模数为2.77；石子采用5~31.5mm连续级配碎石。

（3）钢渣的化学成分。所用钢渣主要化学成分如表2-3所示。从表中可以看出，钢渣中的主要的矿物相包括C_3S、C_2S、RO、C_2F。采用文献［92］提出的钢渣碱度计算方法可得钢渣碱度为3.39。

表2-3 钢渣的化学成分（质量分数）

名称	CaO	Fe_2O_3	SiO_2	MgO	P_2O_5	MnO	Al_2O_3	TiO_2	V_2O_5	SO_3
钢渣	52.71%	19.53%	12.97%	4.31%	2.57%	2.21%	2.12%	1.59%	1.04%	0.30%
标准差	0.25	0.20	0.17	0.10	0.08	0.07	0.07	0.06	0.05	0.01

（4）混凝土集料含水率。表2-4为混凝土集料含水率。从表中可以看出，钢

渣砂粒径越小，其含水率越大，全粒径钢渣砂含水率与普通砂相近。

表 2-4 混凝土集料含水率 (%)

名 称	普通砂	0.15~0.3mm	0.3~0.6mm	0.6~1.18mm	全粒径钢渣砂	石子
含水率	2.6	4.39	3.49	2.34	2.6	0.5

2.1.1.2 配合比设计

A 全钢渣砂混凝土配合比设计

利用钢渣砂全部取代不同粒径细骨料制备全钢渣砂混凝土，共设计 6 组试件，各组全钢渣砂混凝土用量如表 2-5 所示。

表 2-5 全钢渣砂混凝土试件设计

序号	水灰比	水/kg	水泥/kg	砂/kg	钢渣砂掺量/%	钢渣砂用量/kg	钢渣砂取代粒径/mm	粗骨料/kg
L-0	0.55	201	365	721	0	0	0	961
L-1	0.55	201	365	0	100	721	0.15~0.3	961
L-2	0.55	201	365	0	100	721	0.3~0.6	961
L-3	0.55	201	365	0	100	721	0.6~1.18	961
L-4	0.55	201	365	0	100	721	1.18~2.36	961
L-5	0.55	201	365	0	100	721	全粒径	961

B 全集料钢渣混凝土配合比设计

为研究水灰比、砂率、钢渣砂取代粒径、钢渣砂掺量、粗钢渣取代粒径、粗钢渣掺量对钢渣混凝土基本性能的影响，开展全集料钢渣混凝土基本性能正交试验研究，共设计 25 组试件，具体参数如表 2-6 所示。

表 2-6 钢渣混凝土正交试验试件设计

序号	砂率	水灰比	钢渣砂取代率/%	钢渣砂取代粒径/mm	粗钢渣取代率/%	粗钢渣取代粒径/mm	序号	砂率	水灰比	钢渣砂取代率/%	钢渣砂取代粒径/mm	粗钢渣取代率/%	粗钢渣取代粒径/mm
	A	B	C	D	E	F		A	B	C	D	E	F
1	A1	B1	C1	D1	E1	F1	6	A2	B1	C2	D3	E4	F5
2	A1	B2	C2	D2	E2	F2	7	A2	B2	C3	D4	E5	F1
3	A1	B3	C3	D3	E3	F3	8	A2	B3	C4	D5	E1	F2
4	A1	B4	C4	D4	E4	F4	9	A2	B4	C5	D1	E2	F3
5	A1	B5	C5	D5	E5	F5	10	A2	B5	C1	D2	E3	F4

续表 2-6

序号	砂率	水灰比	钢渣砂取代率/%	钢渣砂取代粒径/mm	粗钢渣取代率/%	粗钢渣取代粒径/mm	序号	砂率	水灰比	钢渣砂取代率/%	钢渣砂取代粒径/mm	粗钢渣取代率/%	粗钢渣取代粒径/mm
	A	B	C	D	E	F		A	B	C	D	E	F
11	A3	B1	C3	D5	E2	F4	19	A4	B4	C2	D5	E3	F1
12	A3	B2	C4	D1	E3	F5	20	A4	B5	C3	D1	E4	F2
13	A3	B3	C5	D2	E4	F1	21	A5	B1	C5	D4	E3	F2
14	A3	B4	C1	D3	E5	F2	22	A5	B2	C1	D5	E4	F3
15	A3	B5	C2	D4	E1	F3	23	A5	B3	C2	D1	E5	F4
16	A4	B1	C4	D2	E5	F3	24	A5	B4	C3	D2	E1	F5
17	A4	B2	C5	D3	E1	F4	25	A5	B5	C4	D3	E2	F1
18	A4	B3	C1	D4	E2	F5							

表中每种因素的数量水平如下：

（1）水灰比 A 选 0.58、0.47、0.38、0.32 四个变化水平；

（2）砂率 B 选 34%、36%、38%、40%四个变化水平；

（3）钢渣砂粒径 C 选 0.15～0.3mm、0.3～0.6mm、0.6～1.18mm、1.18～2.36mm 和全粒径五个变化水平；

（4）钢渣砂掺量 D 选 0、25%、50%、75%、100%五个变化水平；

（5）粗钢渣粒径 E 选 2.36～4.75mm、4.75～9.5mm、9.5～16.0mm、>16.0mm 和全粒径五个变化水平；

（6）粗钢渣掺量 F 为 0、30%、60%、100%四个变化水平。

2.1.1.3 试件制作

试验参照《普通混凝土拌合物性能试验方法标准》（GB/T 50080—2016）进行。考虑到钢渣的吸水性，在配制钢渣混凝土时，加入一定量的水补偿钢渣吸水性。钢渣混凝土抗压强度参照《普通混凝土力学性能试验方法标准》（GB/T 50081—2002）进行测定，试件尺寸为 100mm×100mm×100mm，折算系数为 0.95，试件制作完成后 24h 拆模，并在水中养护至相应龄期。

2.1.2 试验结果分析

2.1.2.1 新拌性能

全钢渣砂混凝土坍落度试验结果如表 2-7 所示，从表中可以看出，钢渣砂作为细集料时，新拌钢渣混凝土和易性良好，但钢渣混凝土的黏聚性和保水性有所下降，且随着钢渣砂取代粒径的减小，混凝土的黏聚性和保水性有所改善。这主要是因为钢渣砂表面孔隙较多，摩擦阻力相对较大，在很大程度上降低混凝土的坍落度，对混凝土和易性产生一些不利影响。钢渣砂取代粒径越小，比表面积越大，拌制钢渣混凝土时附加用水量越大。

表 2-7 全钢渣砂混凝土坍落度试验结果

组号	添加水量/L	坍落度/mm	组号	添加水量/L	坍落度/mm
L-0	0	75	L-3	0.2	10
L-1	1.38	10	L-4	0	12
L-2	0.46	8	L-5	0.42	14

全集料钢渣混凝土坍落度试验结果如表 2-8 所示，从表中可以看出，新拌全集料钢渣混凝土和易性良好，钢渣混凝土的黏聚性和保水性随着钢渣砂掺量、取代粒径和水灰比的减小，混凝土的黏聚性和保水性有所改善，粗钢渣掺量和取代粒径对全集料钢渣混凝土的黏聚性和保水性影响不显著。拌制全集料钢渣混凝土时附加用水量随着钢渣比表面积增大而增大。

表 2-8 全集料钢渣混凝土坍落度试验结果

组号	添加水量/L	坍落度/mm	组号	添加水量/L	坍落度/mm
1	0	13	14	0.6	\
2	0	5.5	15	0.6	\
3	0.8	\	16	3.6	\
4	1.5	\	17	2.1	\
5	2.4	\	18	0	4.5
6	0.4	\	19	0.8	\
7	1.1	\	20	4.6	\
8	0.4	\	21	1.6	\
9	1.6	\	22	0.6	\
10	1.5	\	23	1.1	\
11	0	9	24	1.8	\
12	0.8	\	25	1.1	\
13	5.6	\			

注：\ 表示混凝土坍落度在 8~12mm 之间。

2.1.2.2 力学性能

A 全钢渣砂混凝土力学性能

不同粒径钢渣砂对全钢渣砂混凝土抗压强度的影响如图 2-1 所示。从图中可以看出，随着钢渣砂取代粒径的增大，钢渣混凝土抗压强度逐渐提高。钢渣砂取代粒径为0.15~0.6mm时，钢渣混凝土抗压强度低于基准混凝土强度，钢渣砂取代粒径大于0.6mm时，钢渣混凝土抗压强度均高于基准混凝土。这是因为钢渣砂的粒径在0.6mm以下时，钢渣的掺入改变混凝土内部结构，弱化混凝土中集料与水泥浆的界面过渡区，钢渣混凝土的断裂面基本上是集料与水泥石的黏结面，从而降低混凝土抗压强度。当钢渣砂粒径大于0.6mm时，钢渣混凝土断裂面发生在集料本身，这说明随着钢渣砂取代粒径的增大，充分发挥混凝土集料的骨架作用使混凝土强度得到提升，钢渣混凝土的界面黏结强度逐渐提高。

图2-2为全粒径钢渣砂对钢渣混凝土抗压强度的影响。从图中可以看出，全粒径钢渣砂混凝土抗压强度低于基准混凝土。这主要是因为试验采用的钢渣砂细度模数小于普通砂的细度模数，在胶凝材料用量相同的情况下，细度模数越小，单位重量的比表面越小，钢渣混凝土的抗压强度越小。全粒径钢渣砂的细度模数介于粒径0.3~0.6mm与0.6~1.18mm之间，因此全粒径钢渣砂混凝土的抗压强度也介于二者之间，验证图2-1的合理性。

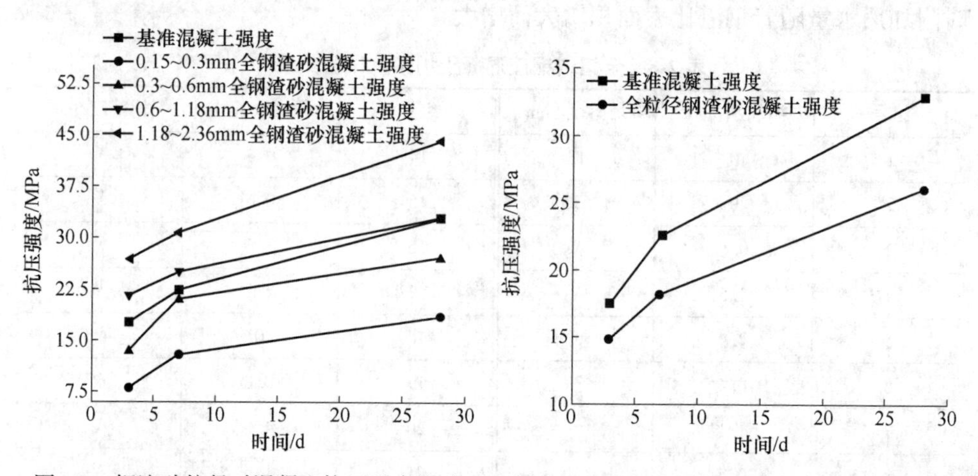

图2-1 钢渣砂粒径对混凝土抗压强度影响　　图2-2 全粒径钢渣砂对混凝土抗压强度影响

综上所述，钢渣砂混凝土的抗压强度随着取代粒径增大而增大。根据试验结果，钢渣混凝土抗压强度f_{cu}与平均粒径D_m关系如图2-3所示。通过对试验数据拟合分析，得到钢渣混凝土抗压强度与平均粒径的关系为：

$$f_{cu} = -6.354D_m^2 - 2839D_m + 13.71 \tag{2-1}$$

由式（2-1）可得：

$$D_m = 1.56 \times 10^{-3}f_{cu}^2 - 3.63f_{cu} + 0.345 \tag{2-2}$$

钢渣砂混凝土抗压强度试验值与式（2-1）、式（2-2）计算值之间相关系数分别为0.982、0.995，试验值与计算值吻合较好。利用钢渣配制钢管膨胀混凝土时，可根据钢管膨胀混凝土要求的膨胀率计算平均粒径，调整钢渣混凝土配合比。

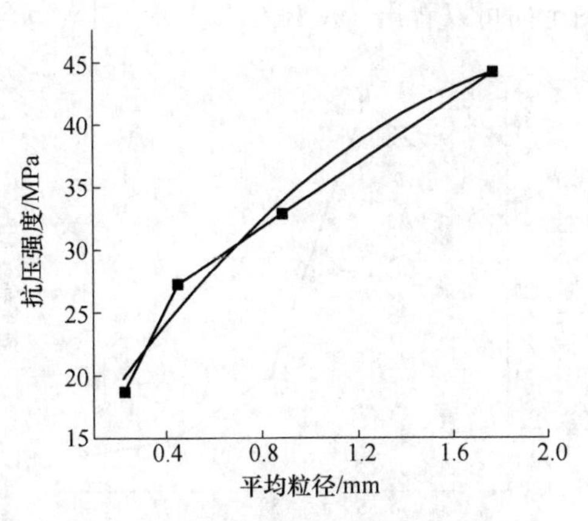

图 2-3 抗压强度与平均粒径的关系

B 全集料钢渣混凝土力学性能

a 直观分析

对全集料钢渣混凝土抗压强度试验结果进行直观分析，结果如表 2-9 所示。从表中可以看出，极差 D 值的关系为 $D_2 > D_6 > D_3 > D_5 > D_1 > D_4$，说明水灰比对全集料钢渣混凝土的抗压强度的影响最为显著，其次是粗钢渣掺量、钢渣砂取代粒径、粗钢渣取代粒径、钢渣砂取代粒径，砂率对全集料钢渣混凝土的抗压强度影响最小。

表 2-9 全集料钢渣混凝土抗压强度直观分析

试验	$j=1$	$j=2$	$j=3$	$j=4$	$j=5$	指标
	1	2	3	4	5	6
I_j	18.39	12.85	19.76	16.73	17.00	16.41
II_j	19.63	13.23	18.81	15.54	19.26	13.46
III_j	15.89	17.18	15.21	15.10	18.73	19.83
IV_j	15.11	17.89	15.68	16.81	14.57	17.79
V_j	14.88	22.74	14.44	19.72	14.34	16.41
K_j	5	5	5	5	5	5
I_j/K_j	3.68	2.57	3.95	3.35	3.40	3.28
II_j/K_j	3.93	2.65	3.76	3.11	3.85	2.69
III_j/K_j	3.18	3.44	3.04	3.02	3.75	3.97
IV_j/K_j	3.02	3.58	3.14	3.36	2.91	3.56
V_j/K_j	2.98	4.55	2.89	3.94	2.87	3.28
D_j	0.95	1.98	1.06	0.9	0.98	1.27

b 指标-因素关系

各因素对全集料钢渣混凝土抗压强度的影响如图 2-4 所示。从图中可以看出，随着水灰比减小，全集料钢渣混凝土抗压强度增长速率最快；随着钢渣砂取代粒径增大，全集料钢渣混凝土抗压强度逐渐提高；随着砂率、钢渣砂掺量、粗钢渣掺量及粗钢渣取代粒径的增加，全集料钢渣混凝土抗压强度逐渐下降。由各图走向可以看出，$A_2B_5C_1D_5E_2F_3$ 因素组合设计的全集料钢渣混凝土强度最大。

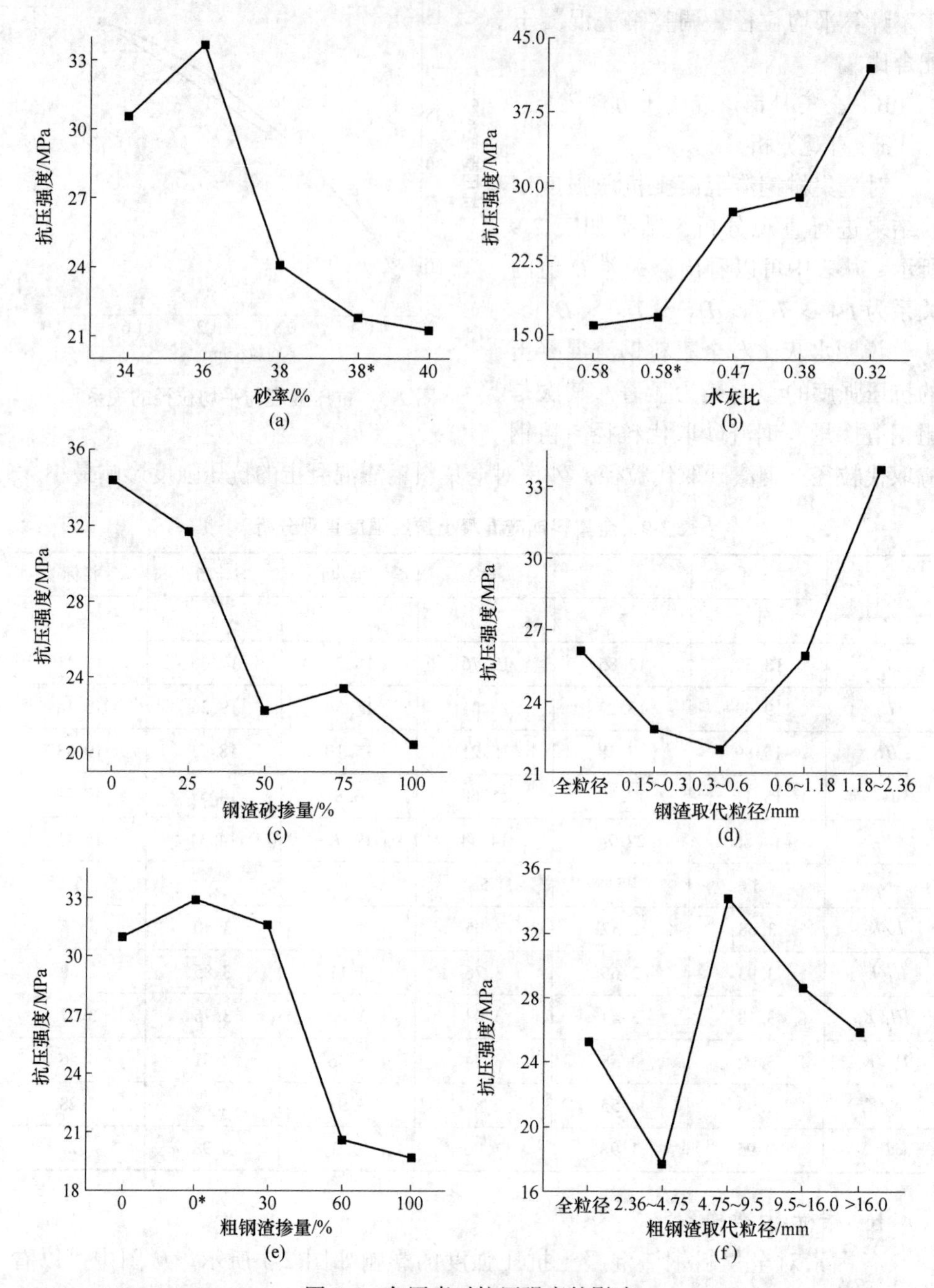

图 2-4 各因素对抗压强度的影响

(a) 砂率；(b) 水灰比；(c) 钢渣砂掺量；(d) 钢渣砂取代粒径；(e) 粗钢渣掺量；(f) 粗钢渣取代粒径

(＊表示该因素的变量出现两次，目的是在配合比设计合理范围内，使试验数据变化增量存在对比性，后同)

c 交互作用

在分析各因素对全集料钢渣混凝土抗压强度影响规律的基础上，进一步开展因素与因素的交互作用对抗压强度的影响规律分析。砂率和水灰比（钢渣砂掺量）的交互作用如表 2-10 所示。从表中可以看出，砂率一定时，随着水灰比逐渐增大，全集料钢渣混凝土的强度提高；水灰比一定时，随着砂率逐渐增大，全集料钢渣混凝土的抗压强度反而略有减小。砂率一定时，随着钢渣砂掺量逐渐增加，全集料钢渣混凝土的强度提高；钢渣砂掺量一定时，随着砂率逐渐增大，全集料钢渣混凝土的抗压强度提高。

表 2-10 砂率和水灰比（钢渣砂掺量）交互作用表

砂率	水灰比					钢渣砂掺量				
	0.58	0.58*	0.47	0.38	0.32	0	25%	50%	75%	100%
34	34.5	29.2	41.3	32.1	60.6	34.5	25.5	31.7	40.8	34.8
36	26.9	36.5	31.7	45.5	47.4	11.9	36.5	20.3	26.1	60.6
38	33.7	23.5	34.1	26.1	34.8	26.9	17.5	34.1	32.1	40.3
38*	11.9	25.5	44.5	34.5	40.3	21.5	23.5	41.3	34.5	47.4
40	21.5	17.5	20.3	40.8	44.3	33.7	29.2	44.5	45.5	44.3

注：*表示该因素的变量出现两次，目的是在配合比设计合理范围内，使试验数据变化增量存在对比性，后同。

砂率和钢渣砂取代粒径（粗钢渣掺量）的交互作用如表 2-11 所示。从表中可以看出，砂率一定时，随着钢渣砂取代粒径逐渐增大，全集料钢渣混凝土的强度提高；钢渣砂取代粒径一定时，随着砂率逐渐增大，全集料钢渣混凝土的抗压强度降低。砂率一定时，随着粗钢渣掺量逐渐增大，全集料钢渣混凝土抗压强度逐渐增大；粗钢渣掺量一定时，随着砂率增大，全集料钢渣混凝土的抗压强度无明显规律。这主要是因为粗钢渣掺量对全集料钢渣混凝土抗压强度影响不明显。

表 2-11 砂率和钢渣砂取代粒径（粗钢渣掺量）交互作用表

砂率	钢渣砂取代粒径/mm					粗钢渣掺量				
	全粒径	0.15~0.3	0.3~0.6	0.6~1.18	1.18~2.36	0	0*	30%	60%	100%
34	34.5	17.5	44.5	26.1	47.4	34.5	23.5	20.3	45.5	40.3
36	33.7	36.5	41.3	40.8	40.3	21.5	36.5	44.5	32.1	0
38	21.5	25.5	34.1	45.5	60.6	11.9	29.2	34.1	40.8	42.2
38*	26.9	29.2	20.3	34.5	34.8	33.7	17.5	31.7	34.5	60.6
40	11.9	23.5	31.7	32.1	44.3	26.9	25.5	41.3	26.1	44.3

水灰比和钢渣砂掺量（钢渣砂取代粒径）的交互作用如表 2-12 所示。从表中可以看出，水灰比一定时，随着钢渣砂掺量逐渐增加，全集料钢渣混凝土的抗压强度逐渐降低；钢渣砂取代率一定时，随着水灰比逐渐增大，全集料钢渣混凝土的抗压强度增大。水灰比一定时，随着钢渣砂取代粒径逐渐增大，全集料钢渣混凝土的抗压强度增大；钢渣砂取代粒径一定时，随着水灰比逐渐增大，全集料钢渣混凝土的强度增大。

表 2-12　水灰比和钢渣砂掺量（钢渣砂取代粒径）交互作用表

水灰比	钢渣砂掺量					钢渣砂取代粒径/mm				
	0	25%	50%	75%	100%	全粒径	0.15～0.3	0.3～0.6	0.6～1.18	1.18～2.36
0.58	34.5	31.7	34.8	25.5	40.8	34.5	47.4	26.7	44.5	17.5
0.58*	60.6	36.5	26.1	11.9	20.3	41.3	36.5	33.7	40.3	40.8
0.47	32.1	26.9	34.1	40.3	17.5	60.6	45.5	34.1	25.5	21.5
0.38	41.3	47.4	23.5	34.5	21.5	29.2	26.9	34.8	34.5	20.3
0.32	29.2	45.5	33.7	44.5	44.3	32.1	31.7	23.5	11.9	44.3

水灰比和粗钢渣掺量的交互作用如表 2-13 所示。从表中可以看出，水灰比一定时，随着粗钢渣掺量逐渐增大，全集料钢渣混凝土抗压强度先增大后降低；粗钢渣掺量一定时，随着水灰比逐渐增大，钢渣混凝土的强度逐渐降低。

表 2-13　水灰比和粗钢渣掺量交互作用表

水灰比	粗钢渣掺量				
	0	0*	30%	60%	100%
0.58	34.5	45.5	23.5	40.3	20.3
0.58*	32.1	36.5	0	44.5	21.5
0.47	29.2	47.4	68.9	11.9	40.8
0.38	60.6	31.7	33.7	34	17.5
0.32	41.3	26.9	26.1	25.5	44.3

钢渣砂掺量和钢渣砂取代粒径（粗钢渣掺量）的交互作用如表 2-14 所示。从表中可以看出，钢渣砂取代粒径一定时，随着钢渣砂掺量逐渐增大，全集料钢渣混凝土抗压强度逐渐降低；钢渣砂掺量一定时，随着钢渣砂取代粒径逐渐增大，全集料钢渣混凝土抗压强度逐渐增大。钢渣砂取代率一定时，随着粗钢渣掺量渐增大，全集料钢渣混凝土抗压强度先增大后减小，这主要是因为随着粗钢渣掺量逐渐增大，粗钢渣的压碎值具有先增大后减小的性质；粗钢渣掺量一定时，

随着钢渣砂取代率逐渐增大，全集料钢渣混凝土抗压强度逐渐减小。

表 2-14　钢渣砂掺量和钢渣砂取代粒径（粗钢渣掺量）交互作用表

钢渣砂掺量	钢渣砂取代粒径/mm					粗钢渣掺量				
	全粒径	0.15~0.3	0.3~0.6	0.6~1.18	1.18~2.36	0	0*	30%	60%	100%
0	34.5	26.1	17.5	47.4	44.5	34.5	20.3	40.3	23.5	45.5
25	40.8	36.5	40.3	41.3	33.7	0	36.5	32.1	21.5	44.5
50	25.5	60.6	34.1	21.5	45.5	75.6	11.9	34.1	47.4	29.2
75	34.8	20.3	26.9	34.5	29.2	31.7	60.6	17.5	34.5	33.7
100	31.7	11.9	32.1	23.5	44.3	25.5	26.1	26.9	41.3	44.3

钢渣砂掺量和粗钢渣掺量的交互作用如表 2-15 所示。从表中可以看出，钢渣砂掺量一定时，随着粗钢渣掺量的增加，全集料钢渣混凝土抗压强度先增大后减小；粗钢渣取代率一定时，随着钢渣砂取代粒径的增加，全集料钢渣混凝土的抗压强度增大。

表 2-15　钢渣砂掺量和粗钢渣掺量交互作用表

钢渣砂掺量	粗钢渣掺量				
	0	0*	30%	60%	100%
全粒径	34.5	20.3	40.3	23.5	45.5
0.15~0.3	0	36.5	32.1	21.5	44.5
0.3~0.6	75.6	11.9	34.1	47.4	29.2
0.6~1.18	31.7	60.6	17.5	34.5	33.7
1.18~2.36	25.5	26.1	26.9	41.3	44.3

d　方差分析

为分析全集料钢渣混凝土的显著性，对全集料钢渣混凝土的抗压强度进行方差分析，如表 2-16 所示。从表中可以看出，置信区间为 0.05 时，水灰比对全集料钢渣混凝土抗压强度影响显著。比较各因素的 F 值可以看出，水灰比的 F 值最大，对全集料钢渣混凝土抗压强度影响最为显著。

表 2-16　方差分析

因素	偏差平方和	自由度	F 值	F 临界值	显著性
砂率	358.044	4	0.669	$F_{0.01}(4,4)=2.78$ $F_{0.05}(4,4)=2.19$	
水灰比	1299.561	4	2.430		显著
钢渣砂取代粒径	442.756	4	0.828		
钢渣砂取代率	259.866	4	0.486		
粗钢渣取代率	417.077	4	0.780		
粗钢渣取代粒径	431.741	4	0.807		

根据试验结果，通过对试验数据进行单因素加权拟合分析，可得到钢渣混凝土抗压强度与六个因素之间的关系：

$$
\begin{aligned}
f_{\mathrm{cu}} = & \frac{1}{21}[35.37 + 0.8315 \cdot \cos(75.4 \cdot S) + 5.942 \cdot \sin(75.4 \cdot S)] + \\
& \frac{6}{21}(-3779 \cdot W^3 + 5250 \cdot W^2 - 2443 \cdot W + 415.4) + \\
& \frac{4}{21}(-313.3 \cdot F^3 + 529.5 \cdot F^2 + 45.76 \cdot F + 39.52) + \\
& \frac{2}{21}(-5.036 \cdot D_{\mathrm{m}}^2 + 16.14 \cdot D_{\mathrm{m}} + 26.7) + \\
& \frac{3}{21}(72.7 \cdot C^3 - 117.7 \cdot C^2 + 38.5 \cdot C + 36.47) + \\
& \frac{5}{21}(-13.41 \cdot D_{\mathrm{cm}}^3 + 46.92 \cdot D_{\mathrm{cm}}^2 - 46.09 \cdot D_{\mathrm{cm}} + 45.56)
\end{aligned}
\tag{2-3}
$$

式中，S 为砂率；W 为水灰比；F 为钢渣砂掺量百分比；C 为粗钢渣掺量百分比；D_{cm} 为粗钢渣取代平均粒径。

钢渣混凝土抗压强度试验值与式（2-3）相关系数为0.991，试验值与计算值吻合较好。

2.2　钢渣混凝土膨胀性能研究

钢渣混凝土体积膨胀率按照《普通混凝土长期性能和耐久性能试验方法标准》（GB/T 50082—009）进行测定，试件尺寸为100mm×100mm×300mm，钢渣混凝土膨胀率计算公式 P_t 为：

$$P_t = \frac{L_t - L_0}{L} \tag{2-4}$$

式中，P_t 为第 t 天混凝土的膨胀率；L 为钢渣混凝土有效长度；L_0 为钢渣混凝土基准长度；L_t 为第 t 天的钢渣混凝土长度，如图 2-5 所示。

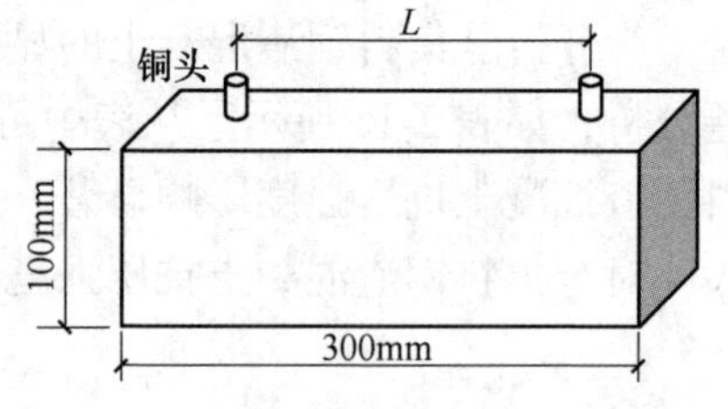

图 2-5　试件膨胀测试示意图

2.2.1　全粒径钢渣砂混凝土膨胀性能

粒径对钢渣混凝土膨胀性能的影响如图 2-6 所示。从图 2-6（a）可以看出，基准混凝土的膨胀率为负值，说明基准混凝土处于收缩状态，随着时间增加，其收缩值越来越大，无收敛趋势；钢渣砂粒径在 0.15~0.3mm 时，钢渣混凝土处于膨胀状态，且其膨胀率为 3.1×10^{-4}，符合钢管混凝土设计要求[93]，并符合文献［78］提出钢管混凝土的最佳膨胀率要求。钢渣砂粒径在 0.3~0.6mm 时，钢渣混凝土处于膨胀状态，其膨胀率为 1.1×10^{-4}。

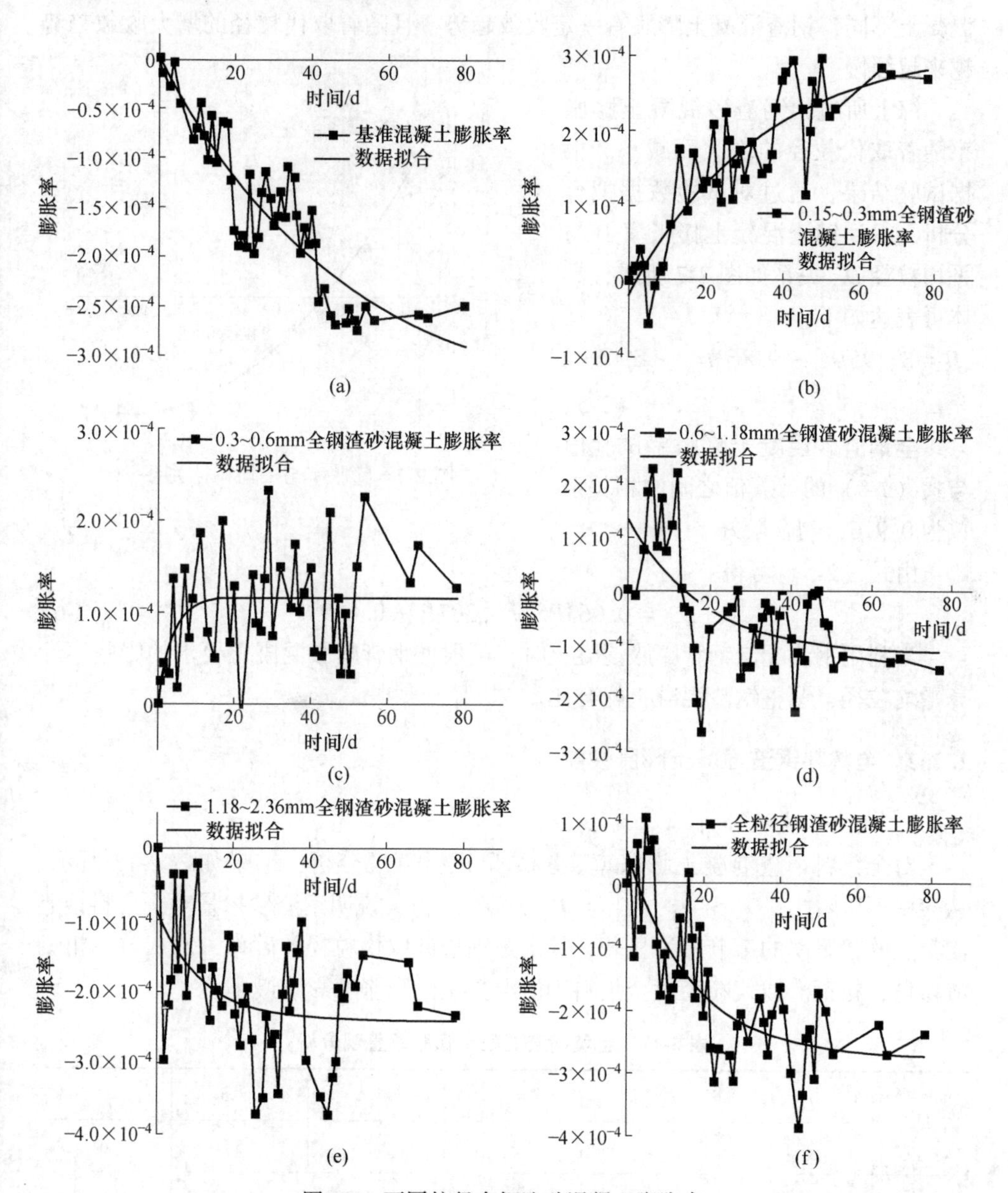

图 2-6 不同粒径全钢渣砂混凝土膨胀率

（a）基准混凝土膨胀率；（b）0.15~0.3mm 全钢渣砂混凝土膨胀率；（c）0.3~0.6mm 全钢渣砂混凝土膨胀率；（d）0.6~1.18mm 全钢渣砂混凝土膨胀率；（e）1.18~2.36mm 全钢渣砂混凝土膨胀率；（f）全粒径钢渣砂混凝土膨胀率

从图 2-6（d）~（f）中可以看出，当钢渣砂粒径为 0.6~1.18mm、1.18~2.36mm 和全粒径时，钢渣产生的膨胀不足以补偿混凝土的收缩，使得钢渣砂混凝都处于收缩状态，其收缩率分别为 1.1×10^{-4}、2.4×10^{-4} 和 2.8×10^{-4}。与基准混凝土不同，钢渣混凝土膨胀有一定收敛趋势，且随着取代粒径的增大收敛趋势越来越缓慢。

综上所述，钢渣砂混凝土膨胀率随着取代粒径的增大而减小。根据试验结果，通过对试验数据拟合分析，得到钢渣混凝土膨胀率 P 与平均粒径 D_m 关系如图 2-7 所示，具体可表达如下：

$$P = 3.195D_m^2 - 9.863D_m + 5.061 \tag{2-5}$$

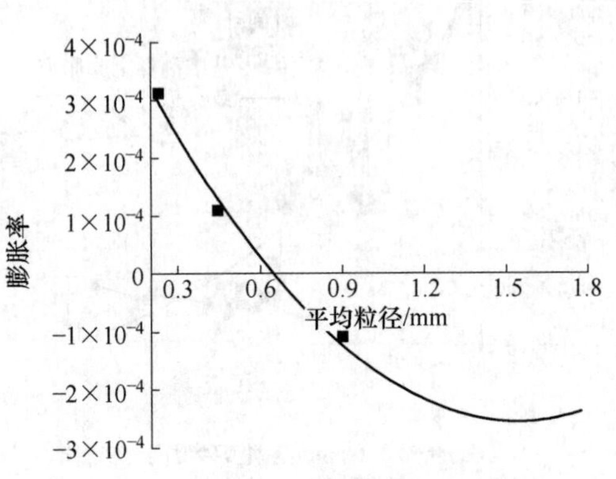

图 2-7　膨胀率与平均粒径关系

全钢渣砂混凝土膨胀率试验值与式（2-5）的计算值之间的相关系数为 0.976，吻合较好。

由式（2-5）可得：

$$D_m = 0.063P^2 - 0.307P + 0.609 \tag{2-6}$$

当利用钢渣配制钢管膨胀混凝土时，可根据钢管膨胀混凝土要求的膨胀率计算平均粒径，调整钢渣混凝土配合比。

2.2.2　全集料钢渣混凝土膨胀性能

2.2.2.1　直观分析

对全集料钢渣混凝土膨胀率实验结果进行直观分析，结果如表 2-17 所示。从表中可以看出，$D_3 > D_4 > D_2 > D_1 > D_5 > D_6$，说明钢渣砂掺量对全集料钢渣混凝土的膨胀率的影响最为显著，其次是钢渣砂取代粒径、砂率、水灰比、粗钢渣掺量，粗钢渣取代粒径对全集料钢渣混凝土的膨胀率影响最小。

表 2-17　全集钢渣混凝土膨胀率直观分析

试验	$j=1$	$j=2$	$j=3$	$j=4$	$j=5$	指标
	1	2	3	4	5	6
I_j	3.780	2.300	−8.455	−0.250	−4.955	−1.570
II_j	−6.345	1.995	−0.025	1.500	3.400	1.180
III_j	3.090	−1.885	7.220	8.490	2.360	0.270

续表 2-17

试验	$j=1$	$j=2$	$j=3$	$j=4$	$j=5$	指标
	1	2	3	4	5	6
IV_j	-1.215	6.330	-1.140	-1.870	1.885	-1.355
V_j	2.820	-6.620	4.520	-5.740	-0.565	3.600
K_j	5	5	5	5	5	5
I_j/K_j	0.756	0.460	-1.691	-0.050	-0.991	-0.314
II_j/K_j	-1.269	0.399	-0.005	0.300	0.680	0.236
III_j/K_j	0.618	-0.377	1.444	1.698	0.472	0.054
IV_j/K_j	-0.243	1.266	-0.228	-0.374	0.377	-0.271
V_j/K_j	0.564	-1.324	0.904	-1.148	-0.113	0.720
D_j	2.025	2.590	3.135	2.846	1.671	1.034

2.2.2.2 指标-因素关系

各因素对全集料钢渣混凝土抗压强度的影响如图 2-8 所示。从图中可以看出，砂率对全集料钢渣混凝土膨胀率影响范围较小，随着砂率增加，全集料钢渣混凝土膨胀率先减小后增大；随着水灰比减小或钢渣砂掺量的增加，全集料钢渣混凝土膨胀率先增大后减小；随着钢渣砂取代粒径、粗钢渣掺量、钢渣取代粒径的增大，全集料钢渣混凝土膨胀率逐渐较小。由各图的走向可以直接看出，$A_1B_3C_3D_3E_2F_2$ 因素组合设计的钢渣混凝土膨胀率最大。

2.2.2.3 交互作用

砂率和水灰比（钢渣砂掺量）的交互作用对全集料混凝土膨胀率的影响如表 2-18 所示。砂率一定时，随着水灰比的增大，全集料钢渣混凝土的膨胀率降低；水灰比一定时，随着砂率的增大，全集料钢渣混凝土膨胀率略有提高。砂率一定时，随着钢渣砂取代率逐渐增大，全集料钢渣混凝土膨胀率提高；钢渣砂取代率一定时，随着砂率逐渐增大，全集料钢渣混凝土膨胀率略有降低。

砂率和钢渣砂取代粒径（粗钢渣掺量）的交互作用如表 2-19 所示。从表中可以看出，砂率一定时，随着钢渣砂取代粒径逐渐增大，全集料钢渣混凝土膨胀率逐渐降低；钢渣砂取代粒径一定时，随着砂率逐渐增大，全集料钢渣混凝土膨胀率逐渐降低。砂率一定时，随着粗钢渣掺量逐渐增大，全集料钢渣混凝土膨胀率规律不明显；粗钢渣掺量一定时，随着砂率增大，全集料钢渣混凝土膨胀率逐渐提高。

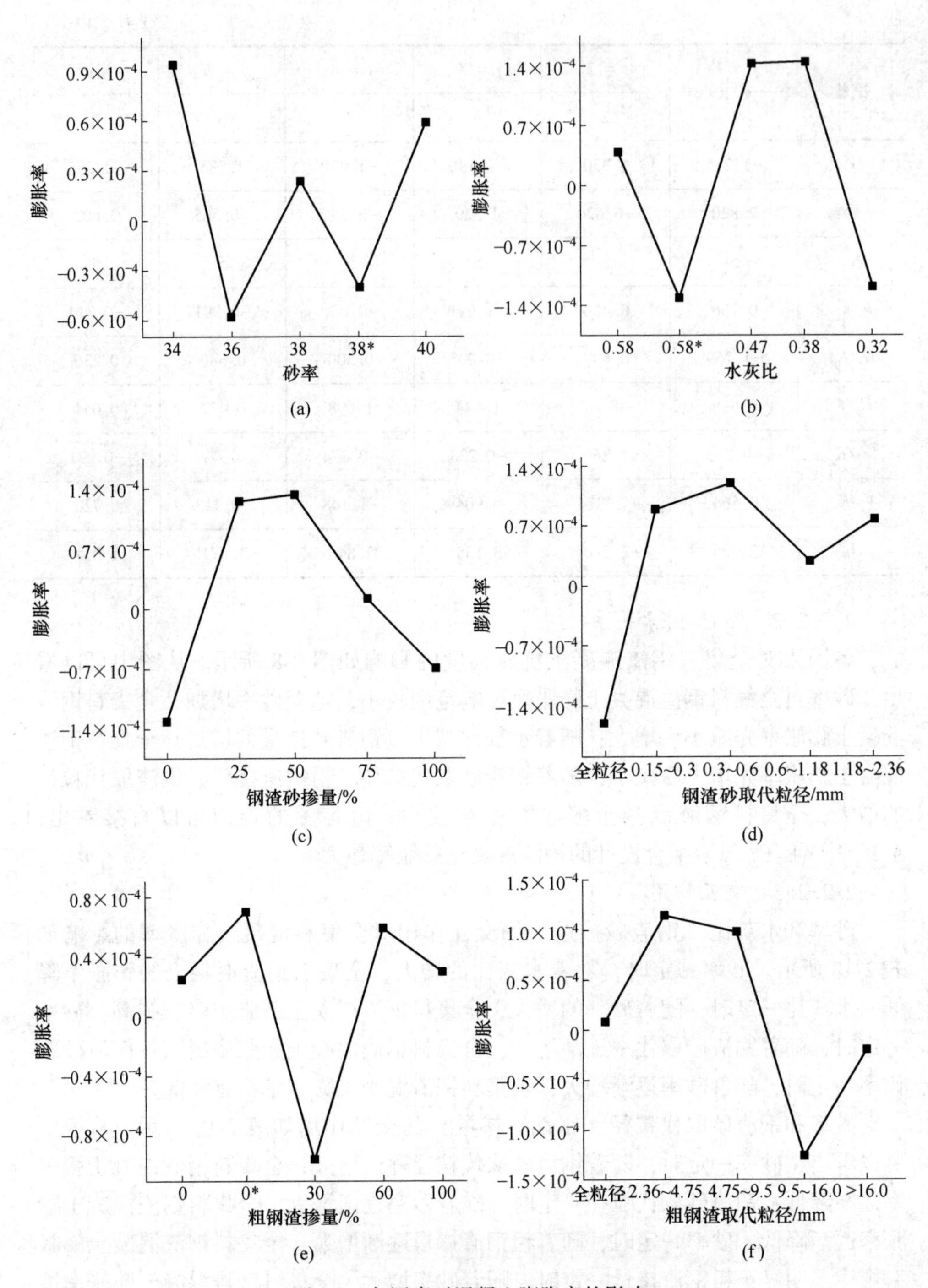

图 2-8　各因素对混凝土膨胀率的影响

(a) 砂率；(b) 水灰比；(c) 钢渣砂掺量；(d) 钢渣砂取代粒径；(e) 粗钢渣掺量；(f) 粗钢渣取代粒径

表 2-18 砂率和水灰比（钢渣砂掺量）交互作用表

砂率	水灰比					钢渣砂掺量				
	0.58	0.58*	0.47	0.38	0.32	0	25%	50%	75%	100%
34	-2.255	-1.874	-1.71	1.593	-4.209	-2.255	1.506	-0.676	1.156	0.019
36	1.557	1.945	-0.676	-0.397	-2.452	-0.199	1.945	1.083	2.878	-4.209
38	1.358	-0.651	3.618	2.878	0.019	1.557	1.071	3.618	1.593	0.65
38*	-0.199	1.506	-4.199	1.102	0.65	1.841	-0.651	-1.71	1.102	-2.452
40	1.841	1.071	1.083	1.156	-0.63	1.358	-1.874	-4.199	-0.397	-0.63

表 2-19 砂率和钢渣砂取代粒径（粗钢渣掺量）交互作用表

砂率	钢渣砂取代粒径/mm					粗钢渣掺量				
	全粒径	0.15~0.3	0.3~0.6	0.6~1.18	1.18~2.36	0	0*	30%	60%	100%
34	-2.255	1.071	-4.199	2.878	-2.452	-2.255	1.071	-4.199	2.878	-2.452
36	1.358	1.945	-1.71	1.156	0.65	1.358	1.945	-1.71	1.156	0.65
38	1.841	1.506	3.618	-0.397	-4.209	1.841	1.506	3.618	-0.397	-4.209
38*	1.557	-1.874	1.083	1.102	0.019	1.557	-1.874	1.083	1.102	0.019
40	-0.199	-0.651	-0.676	1.593	-0.63	-0.199	-0.651	-0.676	1.593	-0.63

水灰比和钢渣砂掺量（钢渣砂取代粒径）的交互作用如表 2-20 所示。从表中可以看出，水灰比一定时，随着钢渣砂掺量逐渐增大，全集料钢渣混凝土膨胀率逐渐提高；钢渣砂取代率一定时，随着水灰比逐渐增大，全集料钢渣混凝土膨胀率逐渐降低。水灰比一定时，随着钢渣砂取代粒径逐渐增大，全集料钢渣混凝土膨胀率逐渐降低；钢渣砂取代粒径一定时，随着水灰比逐渐增大，全集料钢渣混凝土膨胀率逐渐降低。

表 2-20 水灰比和钢渣砂掺量（钢渣砂取代粒径）交互作用表

水灰比	钢渣砂掺量					钢渣砂取代粒径/mm				
	0	25%	50%	75%	100%	全粒径	0.15~0.3	0.3~0.6	0.6~1.18	1.18~2.36
0.58	-2.255	-0.676	0.019	1.506	1.156	-2.255	-2.452	2.878	-4.199	1.071
0.58*	-4.209	1.945	2.878	-0.199	1.083	-1.71	1.945	1.358	0.65	1.156
0.47	1.593	1.557	3.618	0.65	1.071	-4.209	-0.397	3.618	1.506	1.841
0.38	-1.71	-2.452	-0.651	1.102	1.841	-1.874	1.557	0.019	1.102	1.083
0.32	-1.874	-0.397	1.358	-4.199	-0.63	1.593	-0.676	-0.651	-0.199	-0.63

水灰比和粗钢渣掺量的交互作用如表 2-21 所示。从表中可以看出，水灰比

一定时，随着粗钢渣掺量逐渐增大，全集料钢渣混凝土膨胀率逐渐降低；粗钢渣掺量一定时，随着水灰比逐渐增大，钢渣混凝土膨胀率逐渐降低。

表 2-21 水灰比和粗钢渣掺量交互作用表

水灰比	粗钢渣掺量				
	0	0*	30%	60%	100%
0.58	-2.255	-0.397	-0.651	0.65	1.083
0.58*	1.593	1.945	0	-4.199	1.841
0.47	-1.874	-2.452	3.637	-0.199	1.156
0.38	-4.209	-0.676	1.358	1.102	1.071
0.32	-1.71	1.557	2.878	1.506	-0.63

钢渣砂掺量和钢渣砂取代粒径（粗钢渣掺量）的交互作用如表 2-22 所示。从表中可以看出，钢渣砂取代粒径一定时，随着钢渣砂掺量逐渐增大，全集料钢渣混凝土膨胀率逐渐增大；钢渣砂掺量一定时，随着钢渣砂取代粒径逐渐增大，全集料钢渣混凝土膨胀率逐渐降低。

表 2-22 钢渣砂掺量和钢渣砂取代粒径（粗钢渣掺量）交互作用表

钢渣砂掺量	钢渣砂取代粒径					粗钢渣掺量				
	全粒径	0.15~0.3	0.3~0.6	0.6~1.18	1.18~2.36	0	0*	30%	60%	100%
0	-2.255	2.878	1.071	-2.452	-4.199	-2.255	1.083	0.65	-0.651	-0.397
25	1.156	1.945	0.65	-1.71	1.358	0	1.945	1.593	1.841	-4.199
50	1.506	-4.209	3.618	1.841	-0.397	1.175	-0.199	3.618	-2.452	-1.874
75	0.019	1.083	1.557	1.102	-1.874	-0.676	-4.209	1.071	1.102	1.358
100	-0.676	-0.199	1.593	-0.651	-0.63	1.506	2.878	1.557	-1.71	-0.63

钢渣砂掺量和粗钢渣掺量的交互作用如表 2-23 所示。从表中可以看出，钢渣砂掺量一定时，随着粗钢渣掺量的增加，全集料钢渣混凝土膨胀率先增大后减小；粗钢渣掺量一定时，随着钢渣砂掺量的增加，全集料钢渣混凝土膨胀率增大。

表 2-23 钢渣砂掺量和粗钢渣掺量交互作用表

钢渣砂掺量	粗钢渣掺量				
	0	0*	30%	60%	100%
全粒径	-2.255	0.65	-0.397	1.083	-0.651
0.15~0.3	-4.199	1.945	1.841	0	1.593

续表 2-23

钢渣砂掺量	粗钢渣掺量				
	0	0*	30%	60%	100%
0.3~0.6	-2.452	1.156	3.618	-1.855	-0.199
0.6~1.18	1.071	1.358	-4.209	1.102	-0.676
1.18~2.36	2.878	-1.71	1.506	1.557	-0.63

2.2.2.4 方差分析

为分析全集料钢渣混凝土膨胀率显著性，本章对全集料钢渣混凝土膨胀率进行方差分析，如表 2-24 所示。从表中可以看出，置信区间为 0.05 时，全集料钢渣混凝土膨胀率影响没有显著的因素。比较各因素的 F 值可以看出，钢渣砂取代率的 F 值最大，对全集料钢渣混凝土膨胀率影响较为显著。

表 2-24 方差分析

因素	偏差平方和	自由度	F 值	F 临界值	显著性
砂率	5.582	4	0.364	$F_{0.01}(4,\ 4)=2.78$	
水灰比	23.890	4	1.556		
钢渣砂取代粒径	17.076	4	1.112		
钢渣砂取代率	27.185	4	1.771	$F_{0.05}(4,\ 4)=2.19$	
粗钢渣取代率	6.170	4	0.402		
粗钢渣取代粒径	12.218	4	0.796		

2.2.2.5 膨胀率-时间分析

全集料钢渣混凝土膨胀率-时间曲线如图 2-9 所示。从图中可以看出，全集料钢渣混凝土膨胀率随着时间增加先增大后减小，有收敛趋势。但部分全集料钢渣混凝土收敛趋势不明显，主要是因为该配合比下钢渣的掺量较少。从图（c）、（f）、（i）、（k）、（p）、（u）、（x）可以看出，全集料钢渣混凝土 30d 时处于膨胀状态，其膨胀率为 $1\times10^{-4}\sim3\times10^{-4}$，符合钢管膨胀混凝土设计要求，图（u）和（x）膨胀率符合文献［30］提出的钢管混凝土最佳膨胀率要求。

从图（d）、（g）、（l）、（m）、（s）、（t）、（w）、（y）可以看出，全集料钢渣混凝土的膨胀率在 -1×10^{-4}、1×10^{-4} 范围内，可配制收缩自平衡钢渣混凝土。从图（a）、（b）、（e）、（f）、（h）、（j）、（n）、（o）、（q）、（r）、（v）可以看出，钢渣产生的膨胀不足以补偿混凝土的收缩，导致钢渣混凝土产生一定的收缩。与基准混凝土不同，钢渣混凝土膨胀有一定收敛趋势，且随着钢渣掺量和取代粒径的增大，收敛趋势越来越缓慢。

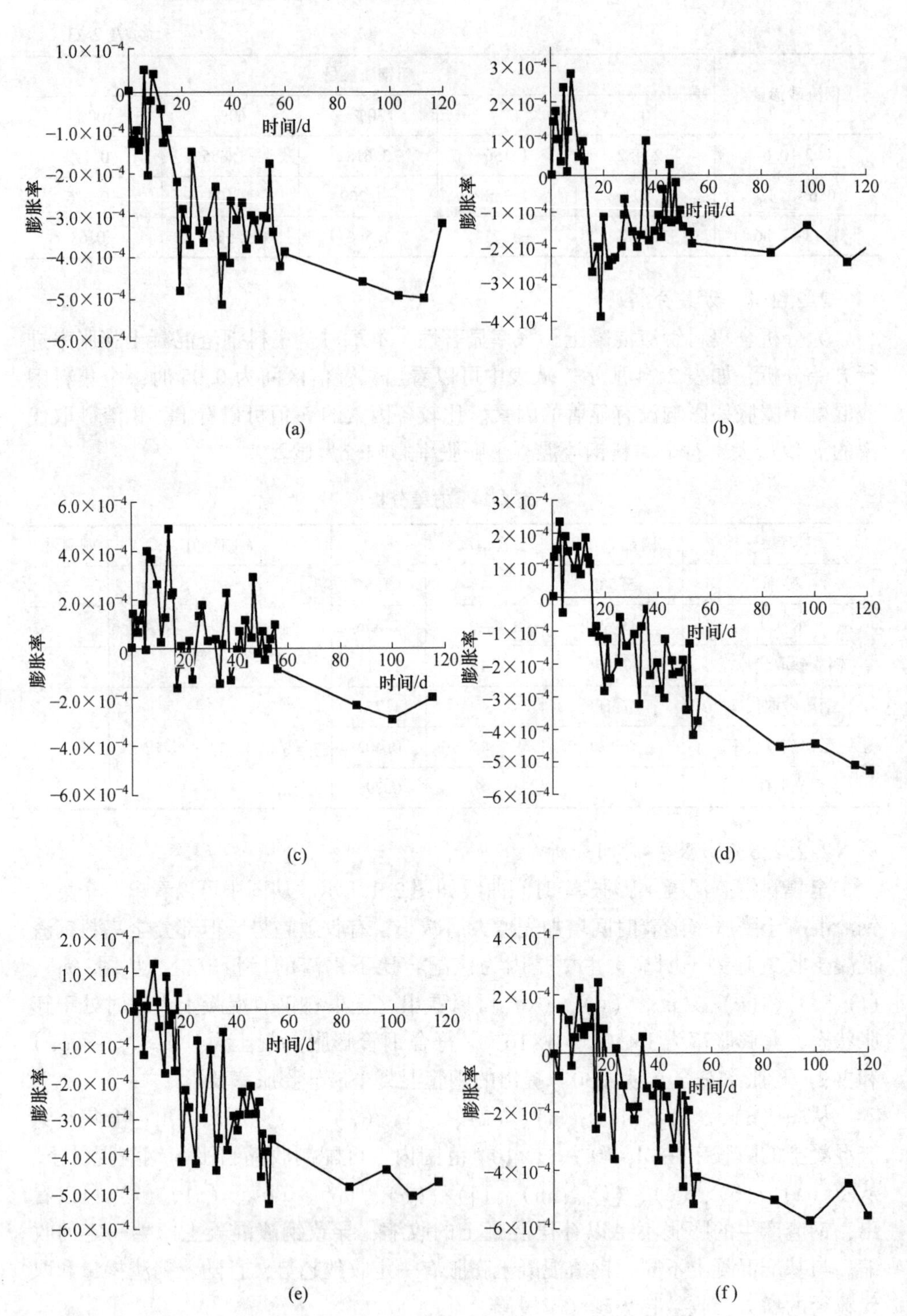

膨胀率
时间/d
(a)
膨胀率
时间/d
(b)
膨胀率
时间/d
(c)
膨胀率
时间/d
(d)
膨胀率
时间/d
(e)
膨胀率
时间/d
(f)

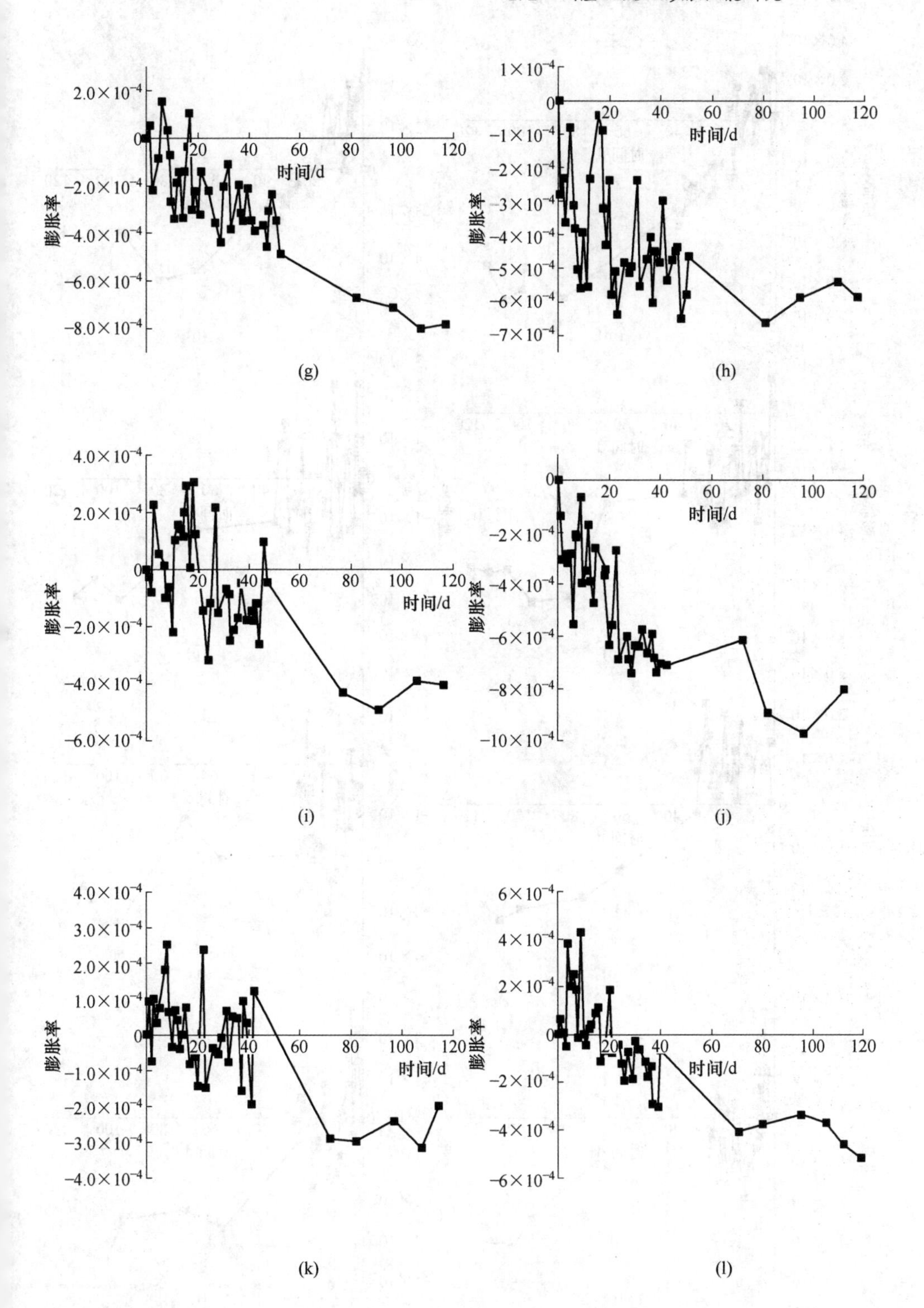
膨胀率
时间/d
(g)
(h)
(i)
(j)
(k)
(l)

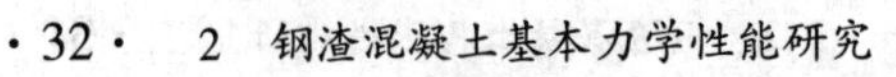

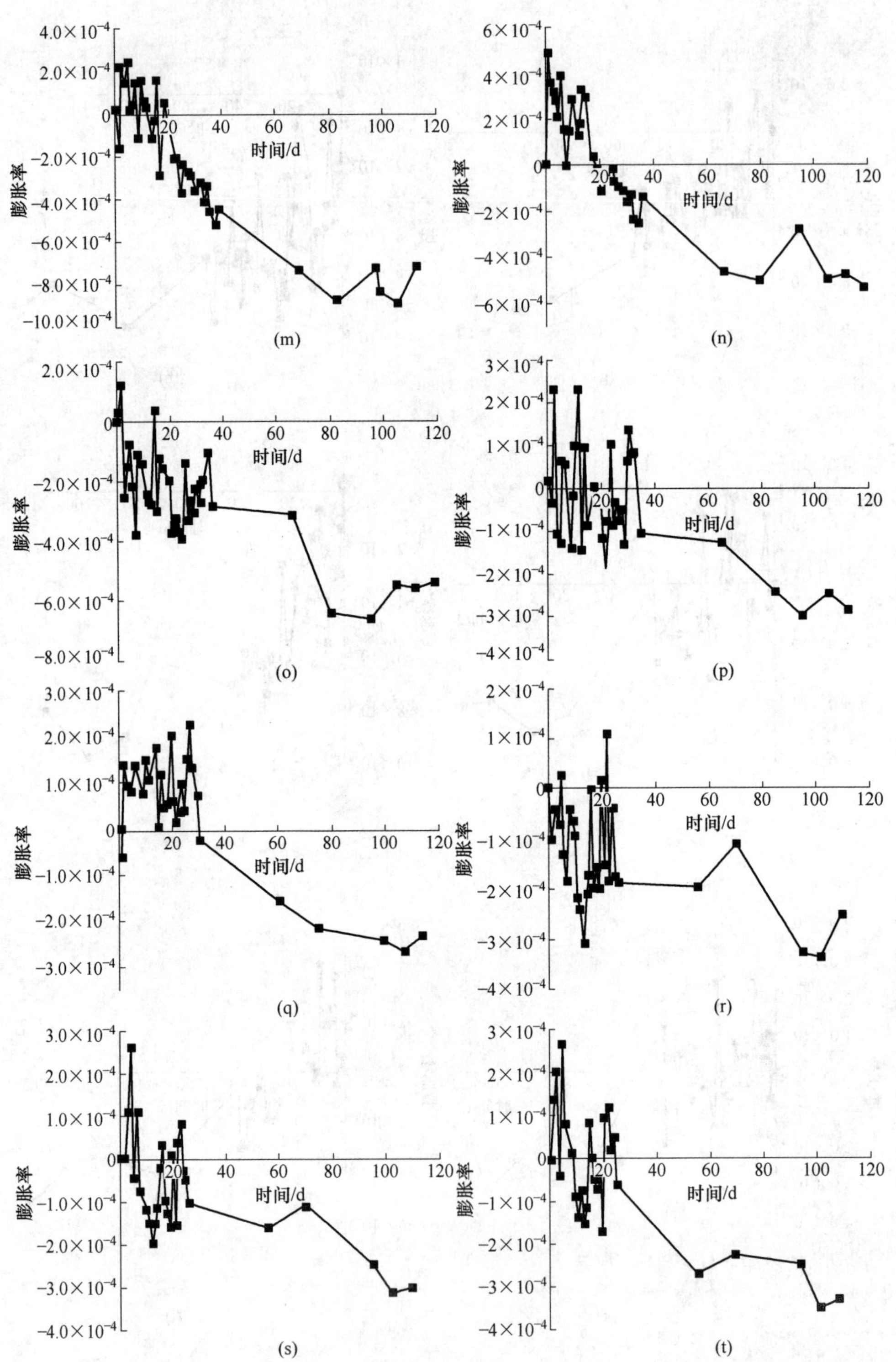
膨胀率
时间/d
(m)
(n)
(o)
(p)
(q)
(r)
(s)
(t)

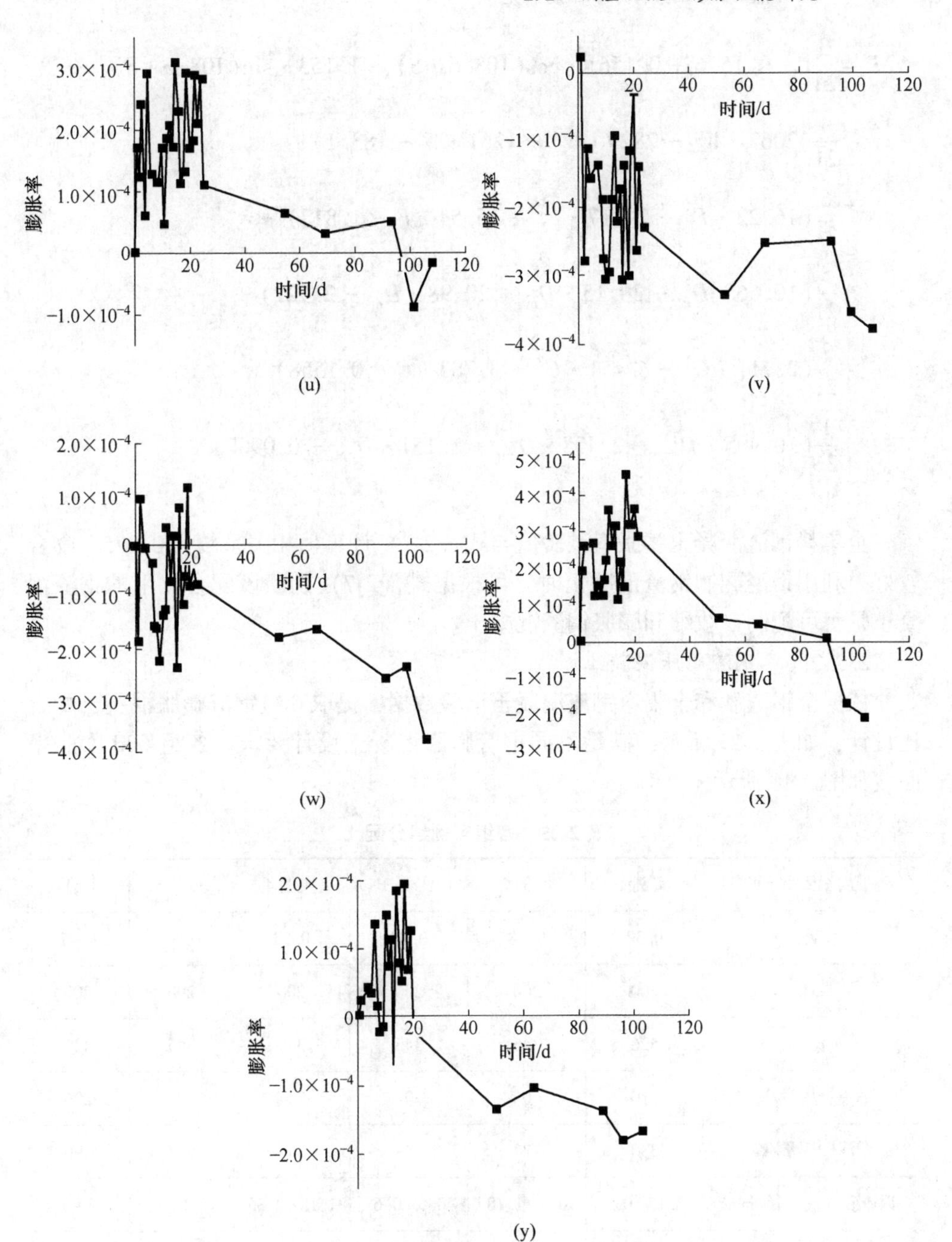

图 2-9 各组试件膨胀率-时间关系曲线

根据本书的试验结果，对试验数据进行单因素加权拟合分析，可得全集料钢渣混凝土膨胀率与六个因素之间的关系：

$$P=\frac{3}{21}[-0.1576+0.1561\cdot\cos(108.6\cdot S)-1.153\cdot\sin(108.6\cdot S)]+$$
$$\frac{4}{21}(2063\cdot W^3-2829\cdot W^2+1261\cdot W-183.1)$$
$$\frac{6}{21}(16.22\cdot F^3-29.17\cdot F^2+15.54\cdot F-1.817)+$$
$$\frac{5}{21}(10.66\cdot D_m^3-30.15\cdot D_m^2+20.98\cdot D_m-2.922)+$$
$$\frac{2}{21}(2.711\cdot C^3-6.451\cdot C^2+3.783\cdot C-0.1558)+$$
$$\frac{1}{21}(10.995\cdot D_{cm}^3-2.408\cdot D_{cm}^2+1.151\cdot D_{cm}+0.0907) \tag{2-7}$$

全集料钢渣混凝土膨胀率试验值与式（2-7）计算值相关系数为0.975，吻合较好。利用钢渣配制钢渣混凝土时，可根据式（2-7）判断该配合比下的钢渣混凝土是否可配制自收缩和膨胀钢渣混凝土。

2.2.2.6　钢渣膨胀混凝土

依据全钢渣砂和全集料钢渣混凝土试验数据，提取6组钢渣膨胀混凝土配合比设计，如表2-25所示，满足不同钢管膨胀混凝土设计要求。各组60d膨胀率曲线如图2-10所示。

表2-25　各组实例组分配比

钢渣膨胀混凝土组分	实例1	实例2	实例3	实例4	实例5	实例6
水灰比	0.38	0.58	0.58	0.58	0.58	0.47
水/kg	200	200	200	200	200	200
水泥/kg	526	345	345	345	345	426
细集料用量/kg	330	0	0	344	0	296
钢渣砂用量/kg	330	724	688	344	593	296
钢渣砂取代粒径/mm	0.15~0.3	0.6~1.18	0.3~0.6	1.18~2.36	全粒径	0.3~0.6
粗骨料用量/kg	988	760	1122	1122	1054	803
粗钢渣用量/kg	0	326	0	0	0	344
粗钢渣取代粒径/mm	0	4.75~9.5	0	0	0	4.75~9.5

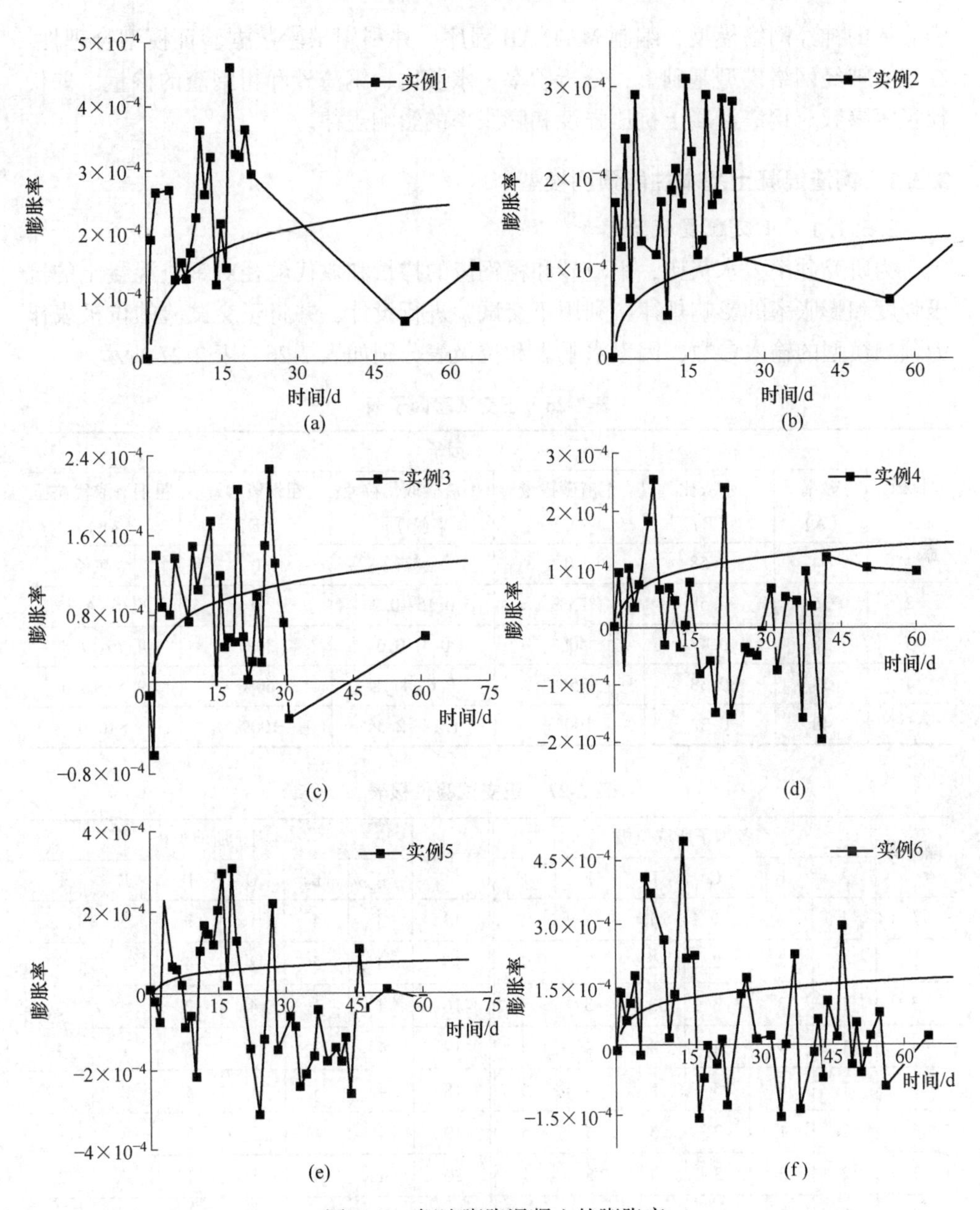

图 2-10 钢渣膨胀混凝土的膨胀率

2.3 基于可控膨胀率钢渣混凝土基本性能数值模拟

在钢渣混凝土力学性能和膨胀性能试验研究的基础上，以正交试验的位级表作为遗传算法的编码形式，采用遗传算法进行优化，建立钢渣混凝土抗压强度和膨胀率的神经网络模型，编制 MATLAB 程序，并利用试验数据验证模型合理性。在建立神经网络模型基础上，分析砂率、水灰比、钢渣砂和粗钢渣的掺量、取代粒径等参数对钢渣混凝土抗压强度和膨胀率的影响规律。

2.3.1　钢渣混凝土基本性能预测模型

2.3.1.1　正交配置试验参数

为研究砂率、水灰比，钢渣砂和粗钢渣的掺量和取代粒径对钢渣混凝土的抗压强度和膨胀率的影响规律，利用正交试验进行设计，并将正交试验的位极表作为预测模型的输入参数，因素水平表和位极表分别如表 2-26、表 2-27 所示。

表 2-26　正交试验因子表

位极	因子					
	砂率 (A)	水灰比 (B)	钢渣砂掺量 (C)	钢渣砂取代粒径 (D)	粗钢渣掺量 (E)	粗钢渣取代粒径 (F)
1	34	0.58	0	全粒径	0	全粒径
2	36	0.58	25%	0.15~0.3	0	2.36~4.75
3	38	0.47	50%	0.3~0.6	30%	4.75~9.5
4	38	0.38	75%	0.6~1.18	60%	9.5~16.0
5	40	0.32	100%	1.18~2.36	100%	>16.0

表 2-27　正交试验位极表

样本号	各因子所取位极						样本号	各因子所取位极					
	A	B	C	D	E	F		A	B	C	D	E	F
1	1	1	1	1	1	1	14	3	4	1	3	5	2
2	1	2	2	2	2	2	15	3	5	2	4	1	3
3	1	3	3	3	3	3	16	4	1	4	2	5	3
4	1	4	4	4	4	4	17	4	2	5	3	1	4
5	1	5	5	5	5	5	18	4	3	1	4	2	5
6	2	1	2	3	4	5	19	4	4	2	5	3	1
7	2	2	3	4	5	1	20	4	5	3	1	4	2
8	2	3	4	5	1	2	21	5	1	5	4	3	2
9	2	4	5	1	2	3	22	5	2	1	5	4	3
10	2	5	1	2	3	4	23	5	3	2	1	5	4
11	3	1	3	5	2	4	24	5	4	3	2	1	5
12	3	2	4	1	3	5	25	5	5	4	3	2	1
13	3	3	5	2	4	1							

2.3.1.2 BP 神经网络建立模型

为解决钢渣混凝土抗压强度和膨胀率与各因素之间没有明确映射等问题，利用 BP 神经网络作为主预测模型。通过对正交试验位极表和试验结果的学习和训练，“记住”输入层和输出层关系，建立输入和输出层的非线性映射关系，流程如图 2-11 所示。

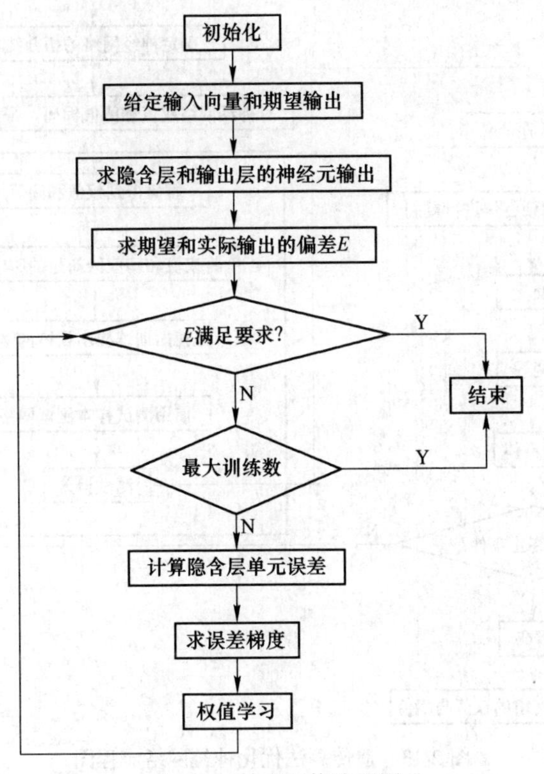

图 2-11 神经网络流程图

由于 BP 神经网络的输出值区间为[0, 1]，因此，将钢渣混凝土的抗压强度和膨胀率试验数据分别乘以 0.01 和 0.1 的系数。由于 BP 神经网络的神经网络非线性映射比较强，本书对隐含层神经元个数进行优化，隐含层神经元选取 15、20、25、30，选取 2、7、12、17、22 组作为试验数据，误差曲线如图 2-12 所示，从图中可以看出隐含层神经元数为 25 时，误差最小。

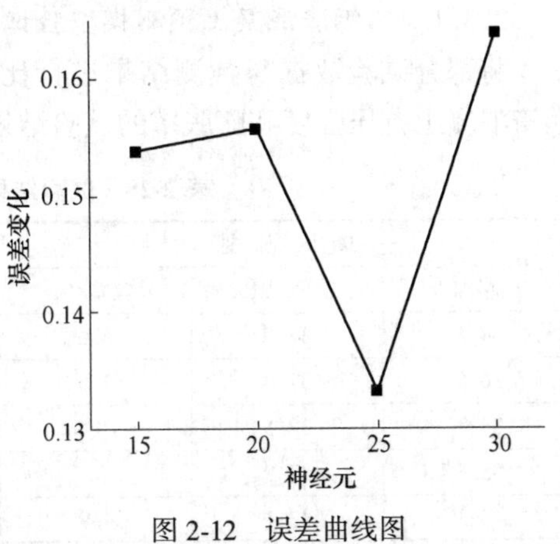

图 2-12 误差曲线图

2.3.1.3　遗传算法优化神经网络模型

为解决 BP 神经网络中 Kosmogorov 定理没有给出确定的网络结构这一问题，利用遗传算法，以网络结构参数为优化参数，以网络模型返回的误差平方和倒数为适应度函数，对神经网络结构进行优化，流程如图 2-13 所示。

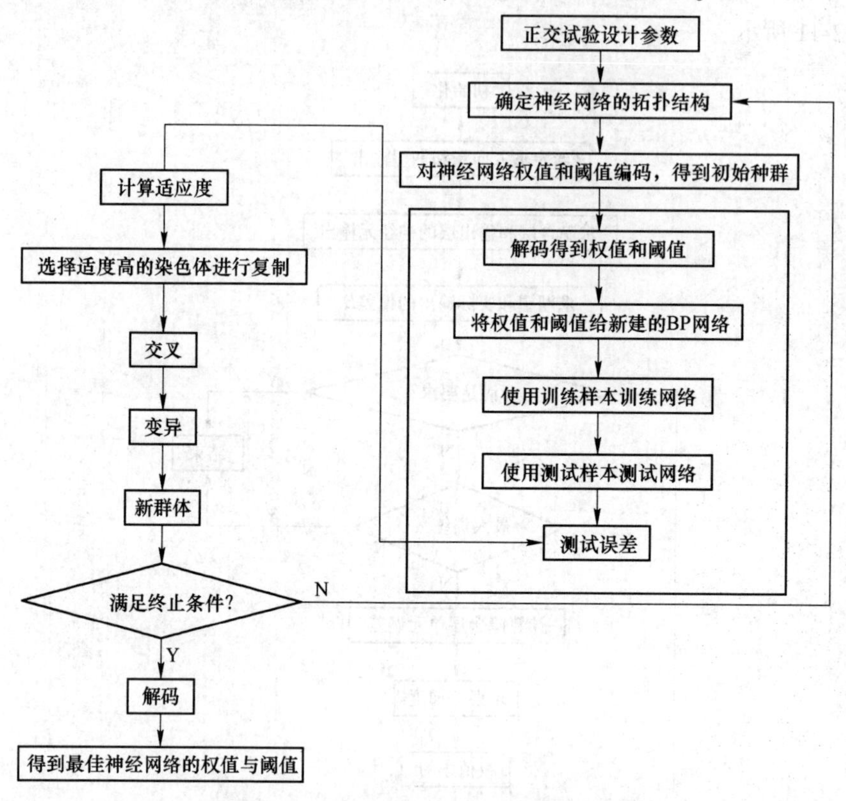

图 2-13　遗传算法优化神经网络流程图

2.3.1.4　钢渣混凝土预测模型验证

将部分试验数据与预测结果进行比较，如表 2-28 所示。从表中可以看出，钢渣混凝土抗压强度和膨胀率的试验结果与预测结果吻合较好。

表 2-28　试验结果与预测结果比较

抗压强度			膨胀率		
实测/MPa	预测/MPa	误差/%	实测	预测	误差/%
34.5	32.9	4.6	1.95×10^{-4}	1.94×10^{-4}	0.5
36.5	37.4	2.5	0.64×10^{-4}	0.65×10^{-4}	1.6
34.3	38.5	10.9	1.50×10^{-4}	1.52×10^{-4}	1.3
35.5	39.9	11	1.08×10^{-4}	1.06×10^{-4}	1.9
44.3	42.1	4.9	1.84×10^{-4}	1.87×10^{-4}	1.7

2.3.2 钢渣混凝土基本性能影响参数分析

2.3.2.1 钢渣混凝土抗压强度影响参数分析

在建立模型基础上，分析砂率、水灰比、钢渣砂和粗钢渣的掺量、取代粒径对钢渣混凝土抗压强度的影响，探索单因素对钢渣混凝土抗压强度影响规律。由于混凝土强度的离散性较大，本书放大遗传代数，缩小预测结果的误差，如图 2-14 所示。从图中可以看出，遗传代数大于 60 时，误差变化趋于平稳。

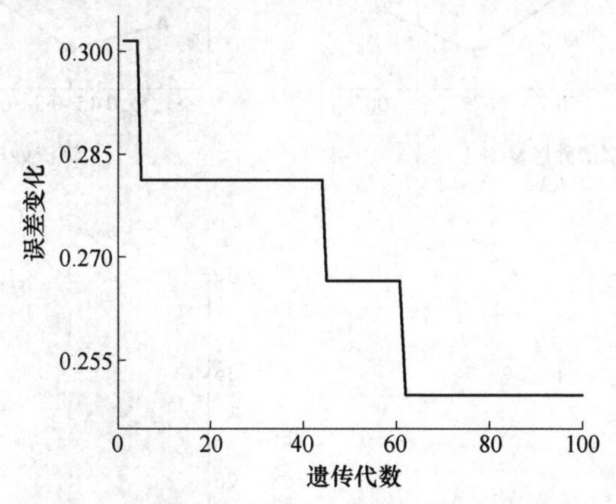

图 2-14 钢渣混凝土抗压强度遗传代数与误差变化

各因素对钢渣混凝土抗压强度的影响如图 2-15 所示。从图中可以看出，随着水灰比减小，钢渣混凝土抗压强度增长趋势明显；随着钢渣砂取代粒径和粗钢渣取代粒径的增大，钢渣混凝土抗压强度逐渐提高；随着砂率、钢渣砂掺量及粗钢渣掺量的增加，钢渣混凝土抗压强度逐渐减小。

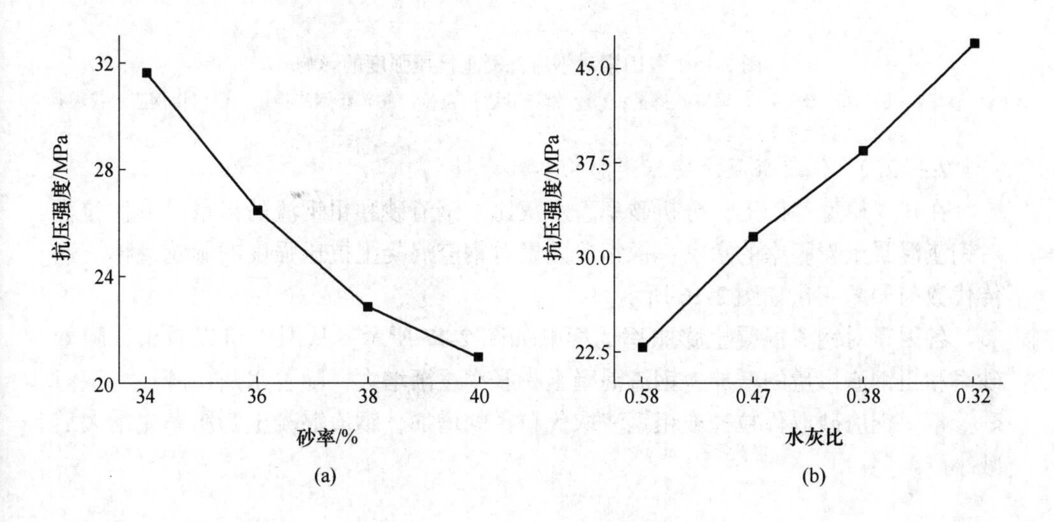

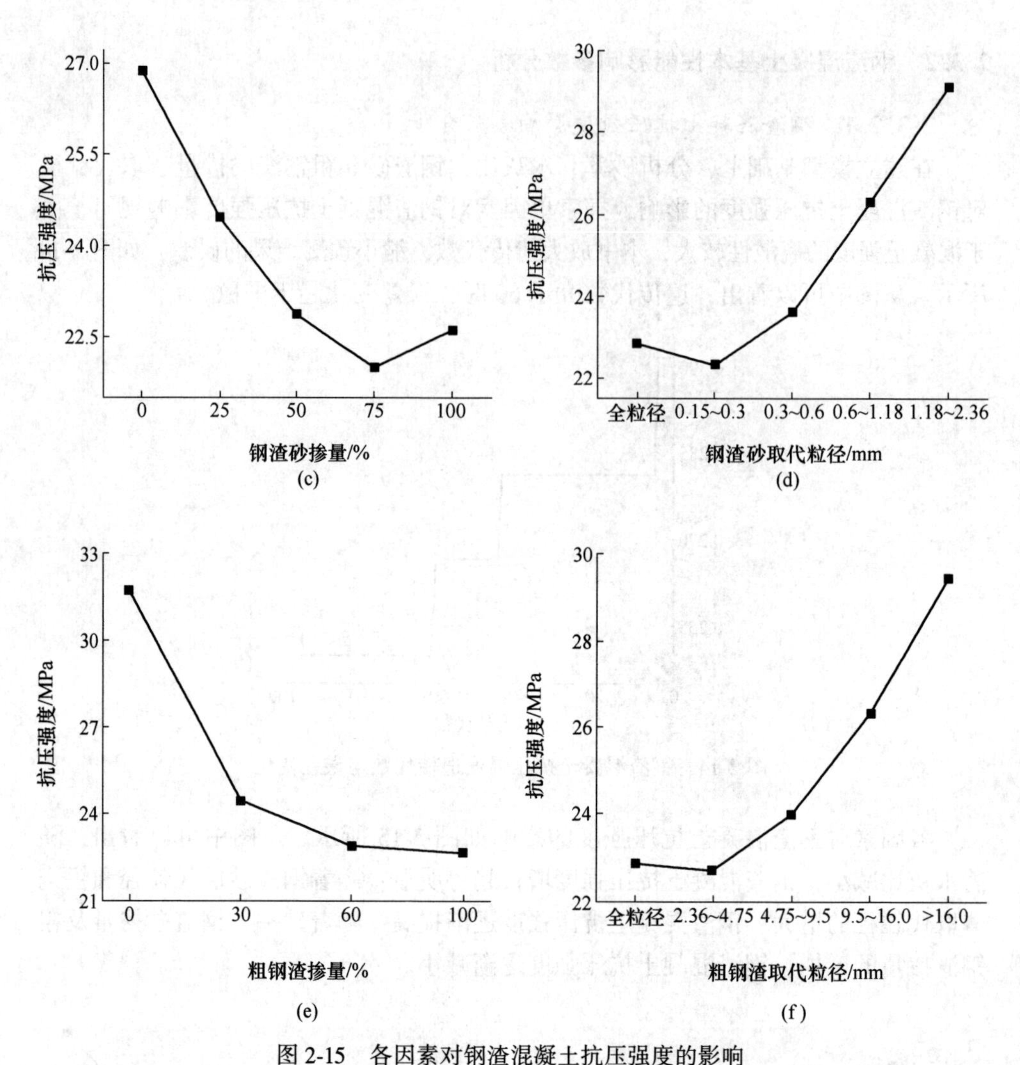

图 2-15 各因素对钢渣混凝土抗压强度的影响

（a）砂率；（b）水灰比；（c）钢渣砂掺量；（d）钢渣砂取代粒径；（e）粗钢渣掺量；（f）粗钢渣取代粒径

2.3.2.2 钢渣混凝土膨胀率影响参数分析

在建立模型基础上，分析砂率、水灰比、钢渣砂和粗钢渣的掺量、取代粒径对钢渣混凝土膨胀率的影响，探索单因素对钢渣混凝土抗压强度的影响规律。遗传代数与误差变化如图 2-16 所示。

各因素对钢渣混凝土膨胀率的影响如图 2-17 所示。从图中可以看出，随着砂率和粗钢渣掺量的增加，钢渣混凝土膨胀率逐渐增大；随着水灰比减小、钢渣砂掺量、钢渣砂取代粒径或粗钢渣取代粒径的增加，钢渣混凝土膨胀率先增大后减小。

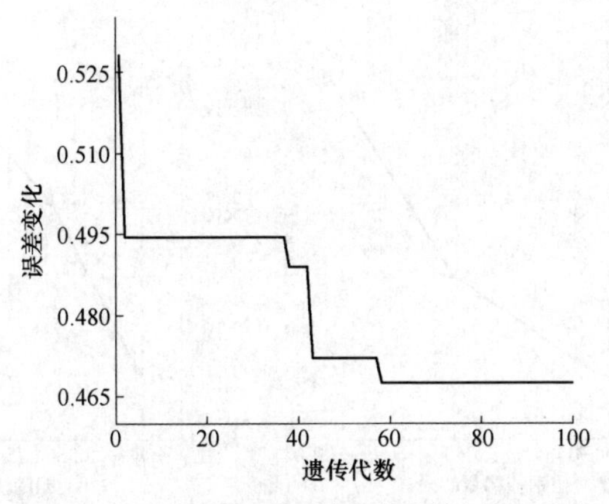

图 2-16　钢渣混凝土膨胀率遗传代数与误差变化

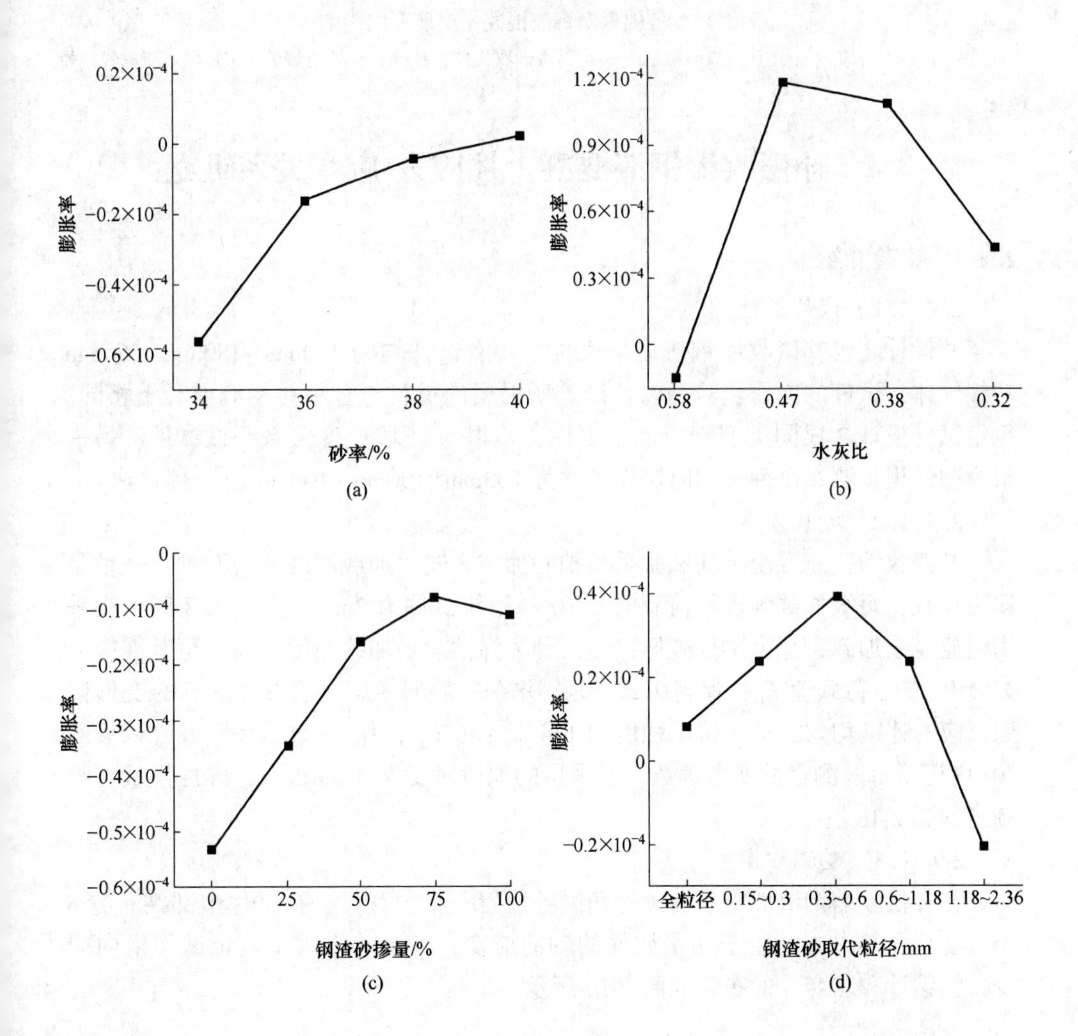

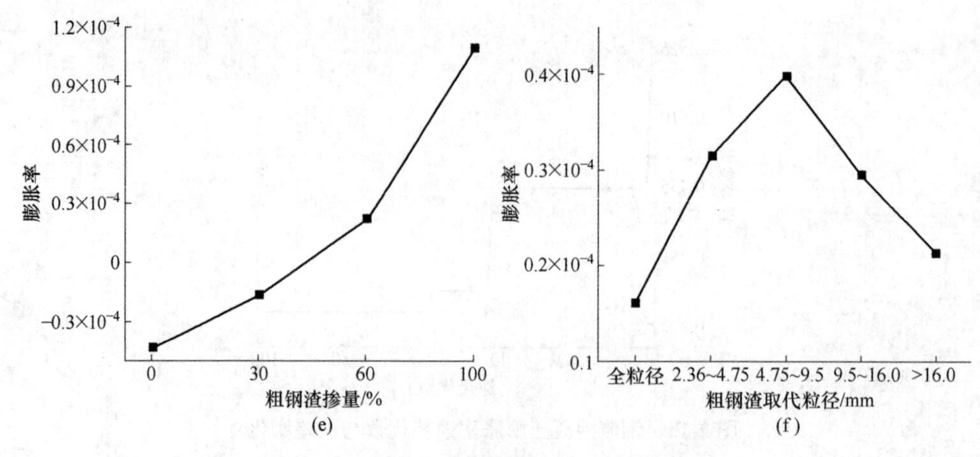

图 2-17　各因素对钢渣混凝土膨胀率的影响

(a) 砂率；(b) 水灰比；(c) 钢渣砂掺量；(d) 钢渣砂取代粒径；(e) 粗钢渣掺量；(f) 粗钢渣取代粒径

2.4　补偿收缩钢渣混凝土柱应力-应变关系研究

2.4.1　试验介绍

2.4.1.1　试件设计

共设计 8 组补偿收缩钢渣混凝土柱，所有试件均为 150mm×150mm×550mm 的棱柱体，试件的制作、养护以及试验所采用的材料与全集料钢渣混凝土相同。每组试件设计 2 根同类型钢渣混凝土柱，一根为应力-应变关系测试试件，另一根为弹性模量测试试件。同时制作尺寸为 100mm×100mm×100mm 立方体试块。

2.4.1.2　加载方案

补偿收缩钢渣混凝土柱试验采用轴心加载方式。加载制度分为两种：一种是逐级加载，每级加载为极限荷载的 1/10 并稳压试件为 2min，接近破坏时，则采用慢速连续加载，直至试件破坏；另一种为弹性模量加载制度，加荷至基准应力 0.5MPa 初始荷载值 F_0，保持恒载 60s，并在以后的 30s 内记录每测点的变形读数，应力连续均匀加荷至抗压强度的 1/4 荷载值 F_a，保持恒载 60s，并在以后的 30s 内记录每一测点的变形读数，所采用的加荷速度为 0.3MPa/s，弹性模量加载制度如图 2-18 所示。

2.4.1.3　量测方案

在补偿收缩钢渣混凝土柱试件两侧各设置一个位移计，在试件中部共布置 8 个应变片，其中 4 个用于测量构件的轴向应变，其余 4 个用于测定试件横向应变，位移计和应变片的布置如图 2-19 所示。

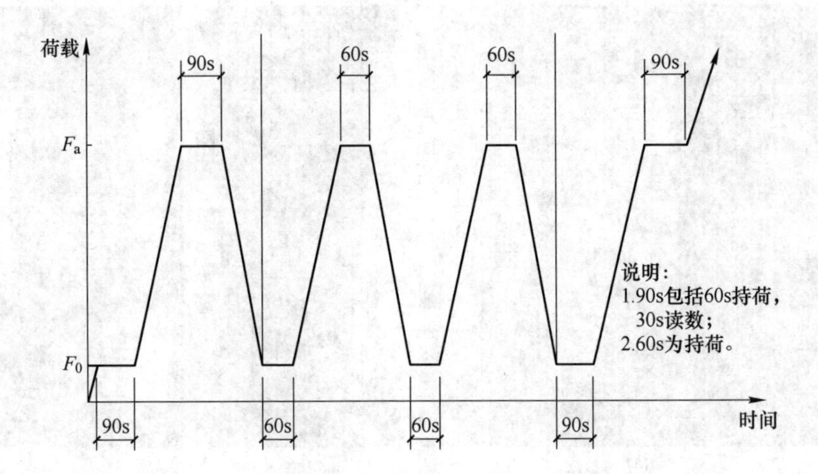

图 2-18 弹性模量加载示意图

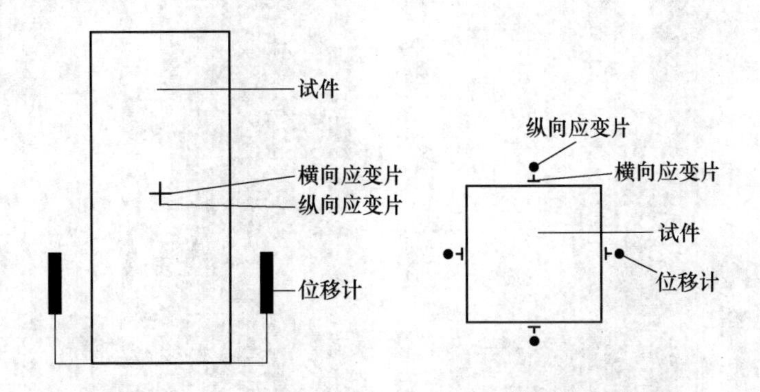

图 2-19 补偿收缩钢渣混凝土柱量测仪器布置图

2.4.2 试验结果分析

2.4.2.1 *破坏形态*

试验加载初期，试件处于弹性阶段，表面无明显变形。进入弹塑性阶段后，试件中部开始出现微细裂缝，并有向试件两端扩展趋势，与普通混凝土相比，补偿收缩钢渣混凝土柱出现裂缝时间较晚。随着荷载进一步增加，试件四周出现明显的纵向裂缝，且纵向裂缝逐渐将补偿收缩钢渣混凝土柱分为多个短柱，与普通混凝土相比，补偿收缩钢渣混凝土柱裂缝发展速度较快。试件破坏时峰值应变较小，约为普通混凝土的 0.45~0.55 倍，试件破坏形态如图 2-20 所示。总体来讲，补偿收缩钢渣混凝土柱破坏形态与普通混凝土相似，纵向裂缝将试件分为多个短柱，钢渣混凝土被压碎，呈脆性破坏。

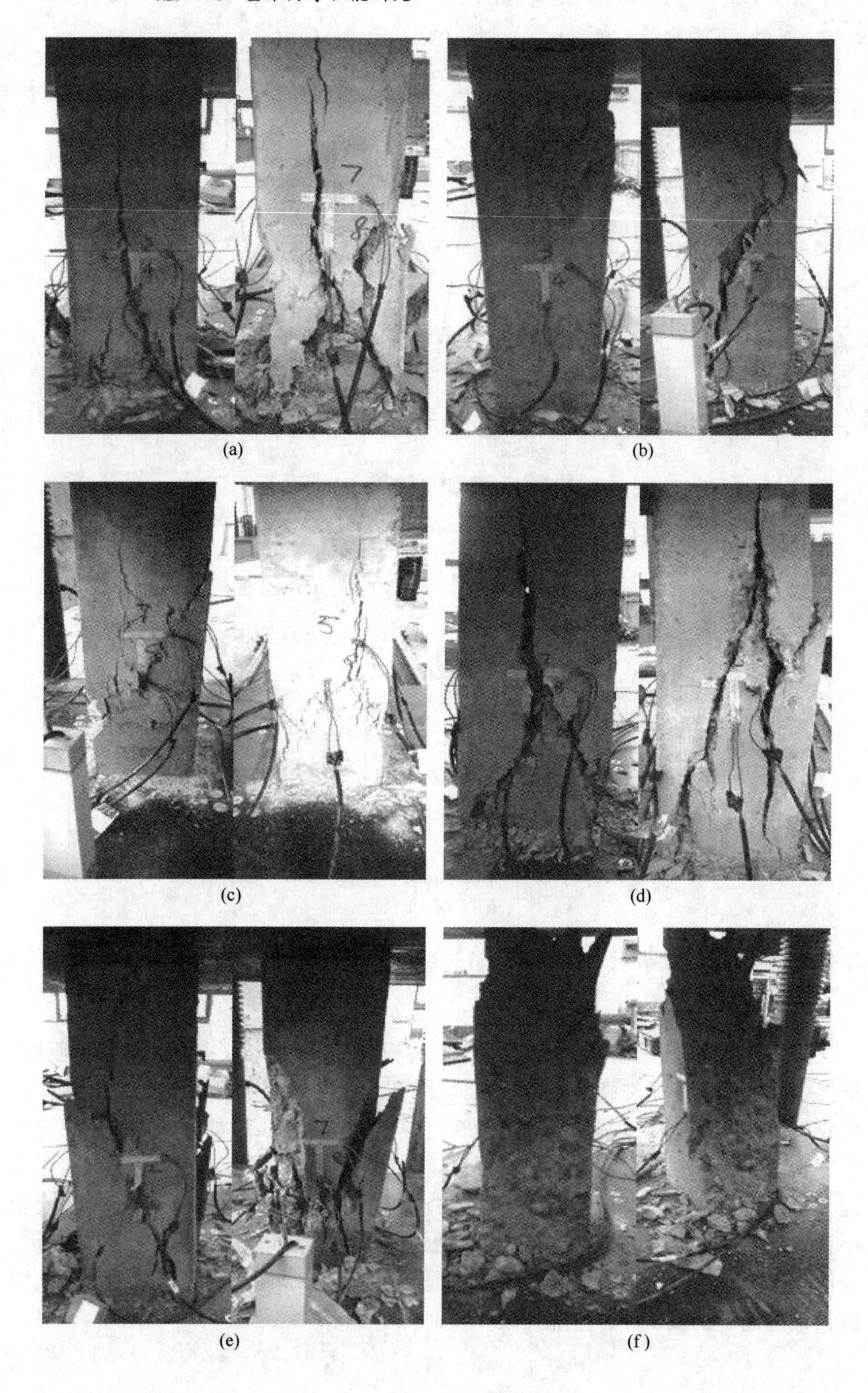
(a)　(b)　(c)　(d)　(e)　(f)

图 2-20 补偿收缩钢渣混凝土柱破坏形态

(a) ZS1; (b) ZS2; (c) ZS3; (d) ZS4; (e) ZS5; (f) ZS6; (g) ZS7; (h) ZS8

2.4.2.2 应力和变形分析

A 峰值应力

水灰比对补偿收缩钢渣混凝土峰值应力的影响如图 2-21 所示。从图中可以看出，随着水灰比的增大，补偿收缩钢渣混凝土峰值应力逐渐增大。同水灰比不同配合比下钢渣混凝土峰值应力差距不大，主要是因为补偿收缩状态下各组钢渣混凝土的体积稳定较好。水灰比为 0.47 的 ZS3 的峰值应力偏小，主要是因为该配合比下钢渣混凝土的抗压强度偏小。

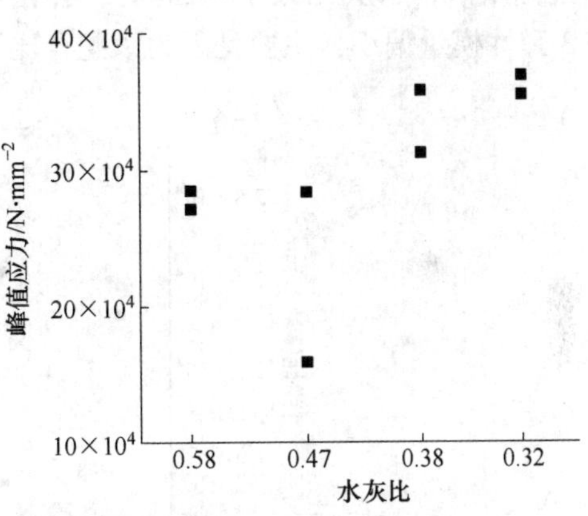

图 2-21 水灰比对补偿收缩钢渣混凝土柱峰值应力的影响

B 峰值应变

水灰比对补偿收缩钢渣混凝土峰值应变的影响如图 2-22 所示。从图中可以看出，随着水灰比的增大，补偿收缩钢渣混凝土纵向峰值应变逐渐增大，横向峰值应变先减小后增大趋势。这说明水灰比小于 0.38 时，随着水灰比逐渐减小，补偿收缩钢渣混凝土柱体积稳定性逐渐增强，水灰比大于 0.38 时，补偿收缩钢渣混凝土柱体积变形率逐渐增大。

C 弹性模量

水灰比对补偿收缩钢渣混凝土弹性模量的影响如图 2-23 所示。从图中可以

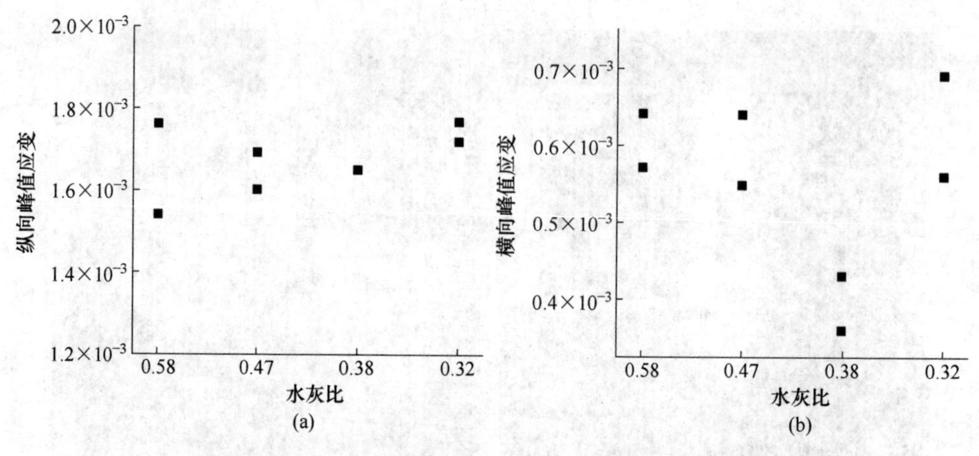

图 2-22 水灰比对补偿收缩钢渣混凝土柱峰值应变的影响

（a）纵向应变；（b）横向应变

看出，当水灰比小于 0. 38 时，随着水灰比的增大，补偿收缩钢渣混凝土弹性模量逐渐增大，水灰比大于 0. 38 时，补偿收缩钢渣混凝土的弹性模量逐渐减小。ZS3 弹性模量偏小，主要是因为该配合比下钢渣混凝土抗压强度偏小。

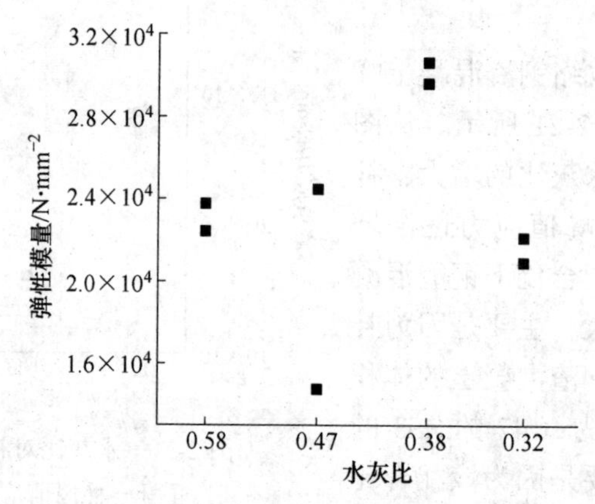

图 2-23 水灰比对补偿收缩钢渣混凝土柱弹性模量的影响

D 泊松比

水灰比对补偿收缩钢渣混凝土泊松比影响如图 2-24 所示，从图中可以看出，随着水灰比逐渐减小，补偿收缩钢渣混凝土泊松比先增大后减小。补偿收缩钢渣混凝土泊松比是普通混凝土 2~3 倍。

2. 4. 2. 3 应力-应变关系分析

不同配合比下补偿收缩钢渣混凝土柱应力-应变关系曲线如图 2-25 所示。从图中可以看出，试验加载初期，应力-应变曲线近似成直线，由于是补偿收缩钢

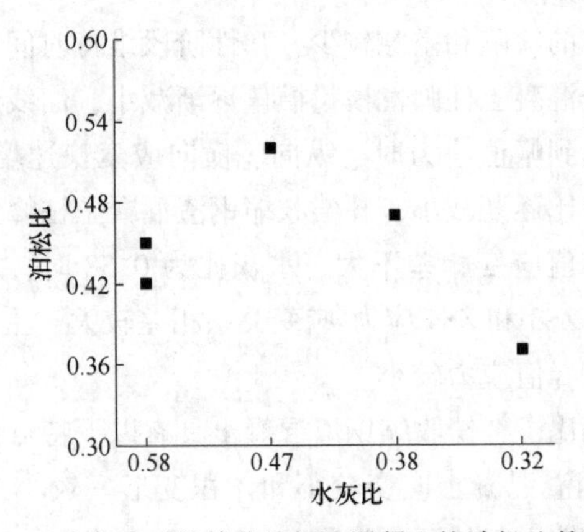

图 2-24 水灰比对补偿收缩钢渣混凝土柱泊松比的影响

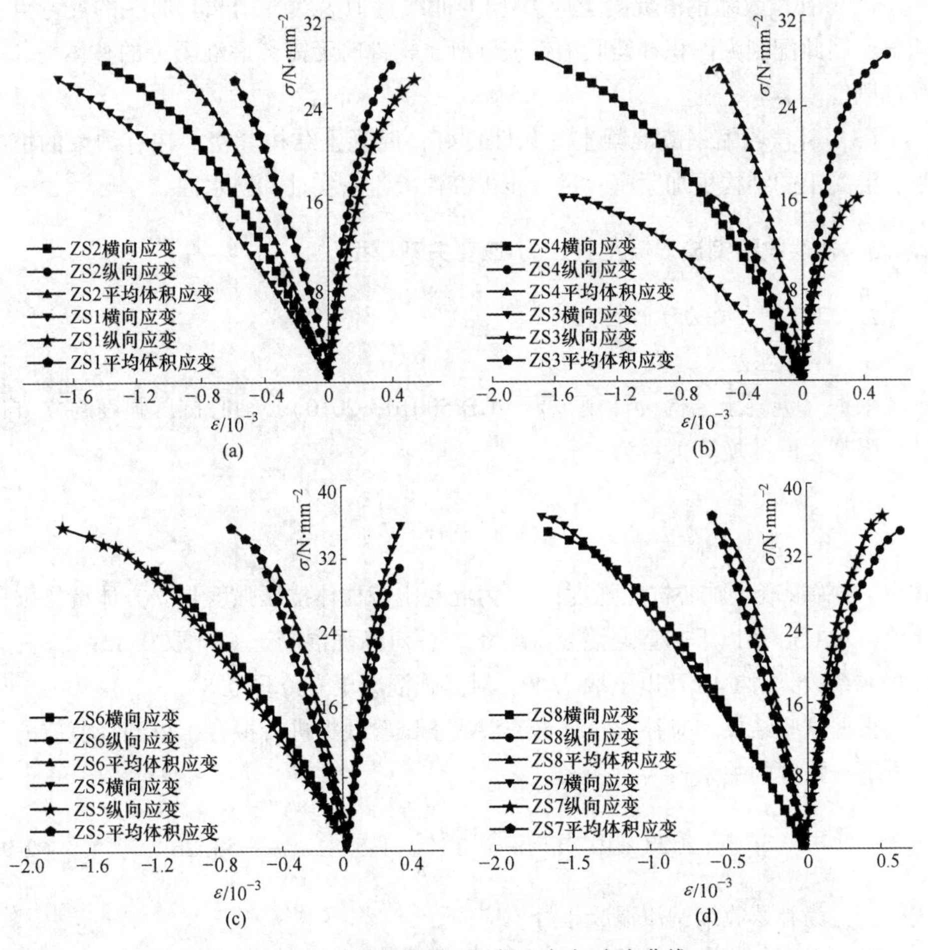

图 2-25 补偿收缩钢渣混凝土应力-应变曲线

(a) 水灰比 0.58 应力-应变关系曲线；(b) 水灰比 0.47 应力-应变关系曲线；(c) 水灰比 0.38 应力-应变关系曲线；(d) 水灰比 0.32 应力-应变关系曲线

渣混凝土，内部含有的缺陷和空隙较少，弹性阶段维持时间较长。随着应力继续增加，补偿收缩钢渣混凝土柱弹性模量模量逐渐减小，曲线偏离直线，试件进入弹塑性阶段。试件达到峰值应力时，纵向、横向应变快速增大，混凝土被压碎，试件破坏。随着水灰比逐渐减小，补偿收缩钢渣混凝土柱峰值应力和纵向峰值应变逐渐增大，横向峰值应变相差不大。水灰比为 0.58 时，ZS1 纵向峰值应变较大，弹性模量较小。ZS3 和 ZS4 应力-应变关系相差较大，主要是因为 ZS4 所配制补偿收缩钢渣混凝土峰值应力较小。

与普通混凝土相比，补偿收缩钢渣混凝土具有以下特点：

（1）补偿收缩钢渣混凝土应变较小和体积变形率较小，能够有效控制由于温缩、干缩和化学减缩引起的开裂问题。

（2）补偿收缩钢渣混凝土应力-应变曲线近似为线性增长，曲线的反弯点不明显，因此配制大体积补偿收缩钢渣混凝土构件时无需考虑混凝土的整体性、厚度和刚度。

（3）补偿收缩钢渣混凝土耐久性良好，混凝土结构紧密，在有约束的情况下，混凝土的结构更加紧密，进一步提高混凝土密实性和防水性。

2.4.3　补偿收缩钢渣混凝土柱应力-应变关系模型

2.4.3.1　主要力学性能指标

A　峰值应力

根据《混凝土结构设计规范》（GB 50010—2010），轴心抗压强度与立方体抗压强度之间的换算关系为：

$$f_{c} = 0.88\alpha_{c1}\alpha_{c2}f_{cu} \tag{2-8}$$

式中，f_c 为混凝土轴心抗压强度；α_{c1} 为混凝土棱柱体抗压强度与立方体抗压强度比值，对 C50 及以下的普通混凝土取 0.76，对高强混凝土 C80 取 0.82；α_{c2} 为脆性折减系数，对 C40 及以下取 1.00，对高强混凝土 C80 取 0.87。

根据试验结果，对补偿收缩钢渣混凝土试验数据进行拟合，得到峰值应力与立方抗压强度的关系式为：

$$f_{cp} = 1.28 \cdot 10^{-3}f_{cu}^{3} - 0.14f_{cu}^{2} + 5.817f_{cu} - 53.26 \tag{2-9}$$

式中，f_{cp} 为补偿收缩钢渣混凝土峰值应力。

式(2-9)计算值与试验值比较如表 2-29 所示，从表中可以看出，拟合效果较好。

表 2-29 峰值应力试验值与计算值比较

编号		ZS1	ZS2	ZS3	ZS4	ZS5	ZS6	ZS7	ZS8
峰值应力 /N·mm^{-2}	实测	27.13×10^4	28.45×10^4	15.98×10^4	28.49×10^4	35.85×10^4	31.24×10^4	36.83×10^4	35.58×10^4
	预测	28.05×10^4	31.54×10^4	16.79×10^4	31.45×10^4	34.58×10^4	33.42×10^4	37.88×10^4	37.65×10^4
误差/%		3.4	9.8	5.8	10.4	3.5	6.5	2.8	5.8

B 弹性模量

弹性模量是材料变形性能的重要指标，根据试验结果，补偿收缩钢渣混凝土弹性模量与峰值应力之间的关系为：

$$E_c = 2.815\sin(6.98 \cdot 10^{-2} f_{cp} - 0.677) + 0.369\sin(0.717 f_{cp} - 9.155) \tag{2-10}$$

式中，E_c 为弹性模量。

式（2-10）试验值与计算值比较如表 2-30 所示，从表中可以看出，拟合效果较好。

表 2-30 弹性模量试验值与计算值比较

编号		ZS1	ZS2	ZS3	ZS4	ZS5	ZS6	ZS7	ZS8
弹性模量 /N·mm^{-2}	实测	2.38×10^4	2.24×10^4	1.47×10^4	2.45×10^4	2.96×10^4	3.06×10^4	2.21×10^4	2.09×10^4
	预测	2.36×10^4	2.36×10^4	1.48×10^4	2.34×10^4	2.65×10^4	3.04×10^4	2.3×10^4	2.31×10^4
误差/%		5.3	0.8	0.7	4.5	10.4	0.6	4.1	10.5

C 峰值应变

补偿收缩钢渣混凝土强度较低时，塑性变形占主导地位，且随着补偿收缩钢渣混凝土强度增加塑性变形随着增加，但峰值应变随着减小。普通混凝土峰值应变尽管随着强度的增加而增加，但峰值应变与峰值应力的比值较小，而补偿收缩钢渣混凝土峰值应变虽然随强度的增加略有增长，但其峰值应变与峰值应力的比值要比普通混凝土大。根据试验结果，补偿收缩钢渣混凝土峰值应力与峰值应变之间的关系为：

$$\varepsilon_{p1} = 1.455e^{-\left(\frac{f_{cp}-36.26}{1.34}\right)^2} + 2.072e^{-\left(\frac{f_{cp}-22.25}{12.32}\right)^2} \tag{2-11}$$

$$\varepsilon_{p2} = 0.377 + \frac{4.911}{1000 \cdot f_{cu}} \tag{2-12}$$

式中，ε_{p1} 为纵向峰值应力；ε_{p2} 为横向峰值应力。

式（2-11）和式（2-12）试验值与计算值比较如表 2-31 所示，从表中可以看出，拟合效果较好。

表 2-31 峰值应变试验值与计算值比较

编号		ZS1	ZS2	ZS3	ZS4	ZS5	ZS6	ZS7	ZS8
纵向峰值应变	实测	1.813×10^{-3}	1.535×10^{-3}	1.605×10^{-3}	1.797×10^{-3}	1.541×10^{-3}	1.415×10^{-3}	1.386×10^{-3}	1.647×10^{-3}
	预测	1.771×10^{-3}	1.608×10^{-3}	1.599×10^{-3}	1.603×10^{-3}	1.638×10^{-3}	1.217×10^{-3}	1.525×10^{-3}	1.767×10^{-3}
误差/%		2.3	7.3	0.6	10.8	5.9	13.9	10	7.3
横向峰值应变	实测	0.57×10^{-3}	0.64×10^{-3}	0.39×10^{-3}	0.55×10^{-3}	0.36×10^{-3}	0.43×10^{-3}	0.53×10^{-3}	0.62×10^{-3}
	预测	0.59×10^{-3}	0.56×10^{-3}	0.38×10^{-3}	0.56×10^{-3}	0.41×10^{-3}	0.49×10^{-3}	0.54×10^{-3}	0.55×10^{-3}
误差/%		3.5	12.5	2.6	1.8	12.2	12.2	1.9	11.3

D 泊松比

根据试验数据，补偿收缩钢渣混凝土泊松比与峰值应力之间的关系为：

$$\mu = 9.06 \times 10^{-5} f_{cp}^{3} - 6.6 \times 10^{-3} f_{cp}^{2} + 0.15 f_{cp} - 0.427 \tag{2-13}$$

式中，μ 为泊松比。

式（2-13）试验值与计算值比较如表 2-32 所示，从表中可以看出，拟合效果较好。

表 2-32 泊松比试验值与计算值比较

编号		ZS1	ZS2	ZS3	ZS4	ZS5	ZS6	ZS7	ZS8
泊松比	实测	0.42	0.45	0.58	0.45	0.56	0.38	0.42	0.32
	预测	0.48	0.48	0.62	0.42	0.62	0.40	0.46	0.38
误差/%		14.2	6.7	6.9	6.7	10.7	5.3	8.7	15.8

2.4.3.2 补偿收缩钢渣混凝土应力-应变关系及其验证

根据过镇海[94]建议公式，建立补偿收缩钢渣混凝土应力-应变关系模型：

$$\left.\begin{aligned} y_1 &= a_1 + (3 - 2a_1)x^2 + (a_1 - 2)x^3 \\ y_2 &= a_2 + (3 - 2a_2)x^2 + (a_2 - 2)x^3 \end{aligned}\right\} \tag{2-14}$$

式中，y_1 为纵向应变；y_2 为横向应变；a_1 为纵向参数；a_2 为横向参数。

根据试验结果，补偿收缩钢渣混凝土纵向参数和横向参数关系分别为：

$$a_1 = 1.455\mathrm{e}^{-\left(\frac{f_{cp}-35.74}{3.23}\right)^2} + 2.072\mathrm{e}^{-\left(\frac{f_{cp}-22.44}{12.8}\right)^2} \tag{2-15}$$

$$a_2 = 3.956\sin(2.58 \times 10^{-2} f_{cp} + 1.83) + 0.81\sin(0.74 f_{cp} - 12.89) \tag{2-16}$$

式（2-15）和式（2-16）计算值与试验值比较如表 2-33 所示，从表中可以看出，拟合效果较好。

表 2-33　a_1、a_2 试验值与计算值比较

编号		ZS1	ZS2	ZS3	ZS4	ZS5	ZS6	ZS7	ZS8
a_1	实测	1.61	1.54	1.62	1.77	1.54	1.42	1.38	1.64
	预测	1.71	1.61	1.61	1.69	1.57	1.41	1.37	1.61
误差/%		6.3	4.5	0.6	4.5	5.9	1.9	0.7	1.8
a_2	实测	257	3.18	2.39	2.77	2.07	1.41	2.29	2.21
	预测	2.82	2.97	2.38	2.85	2.16	1.43	2.22	2.08
误差/%		9.7	6.6	0.4	2.8	4.3	1.4	3.1	5.9

补偿收缩钢渣混凝土应力-应变关系实测值与理论值对比如图 2-26 所示，从图中可以看出，实测曲线与理论曲线吻合较好。

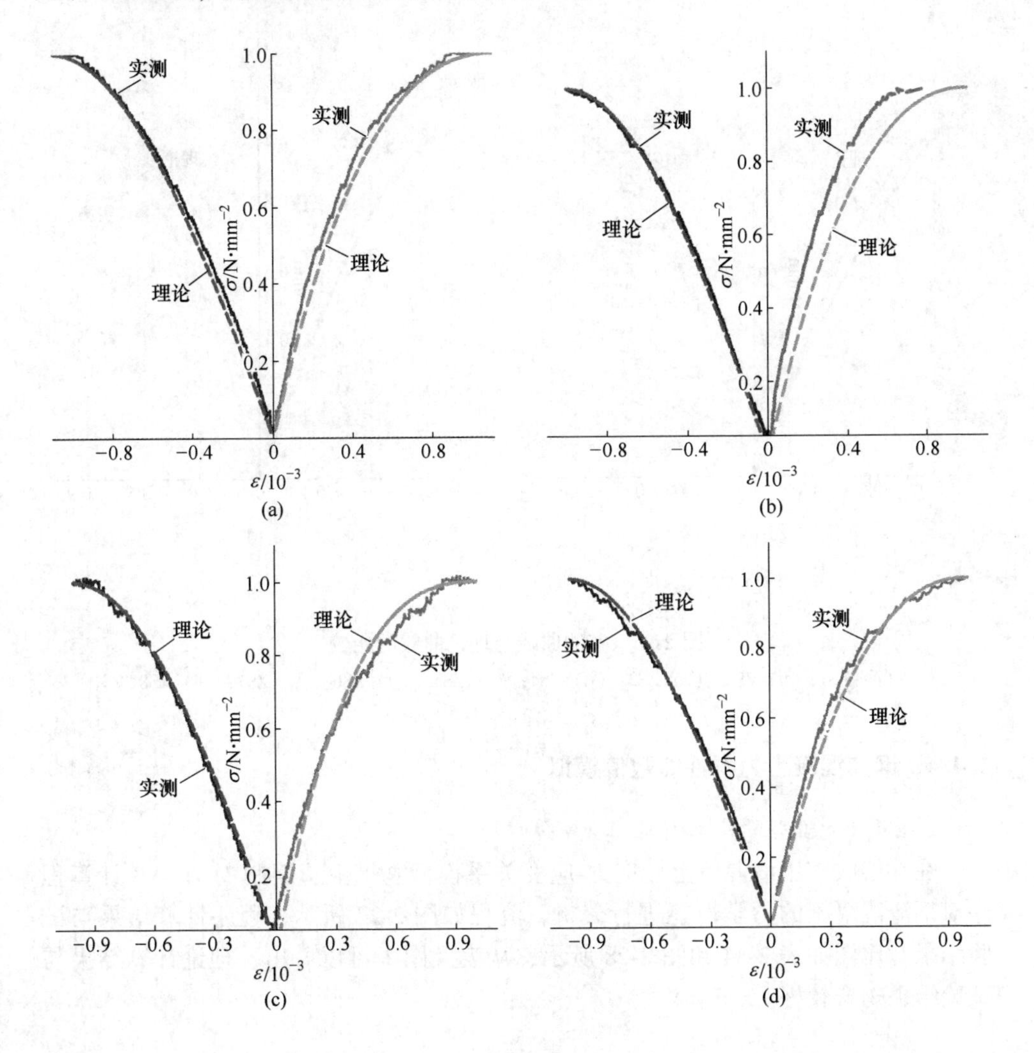

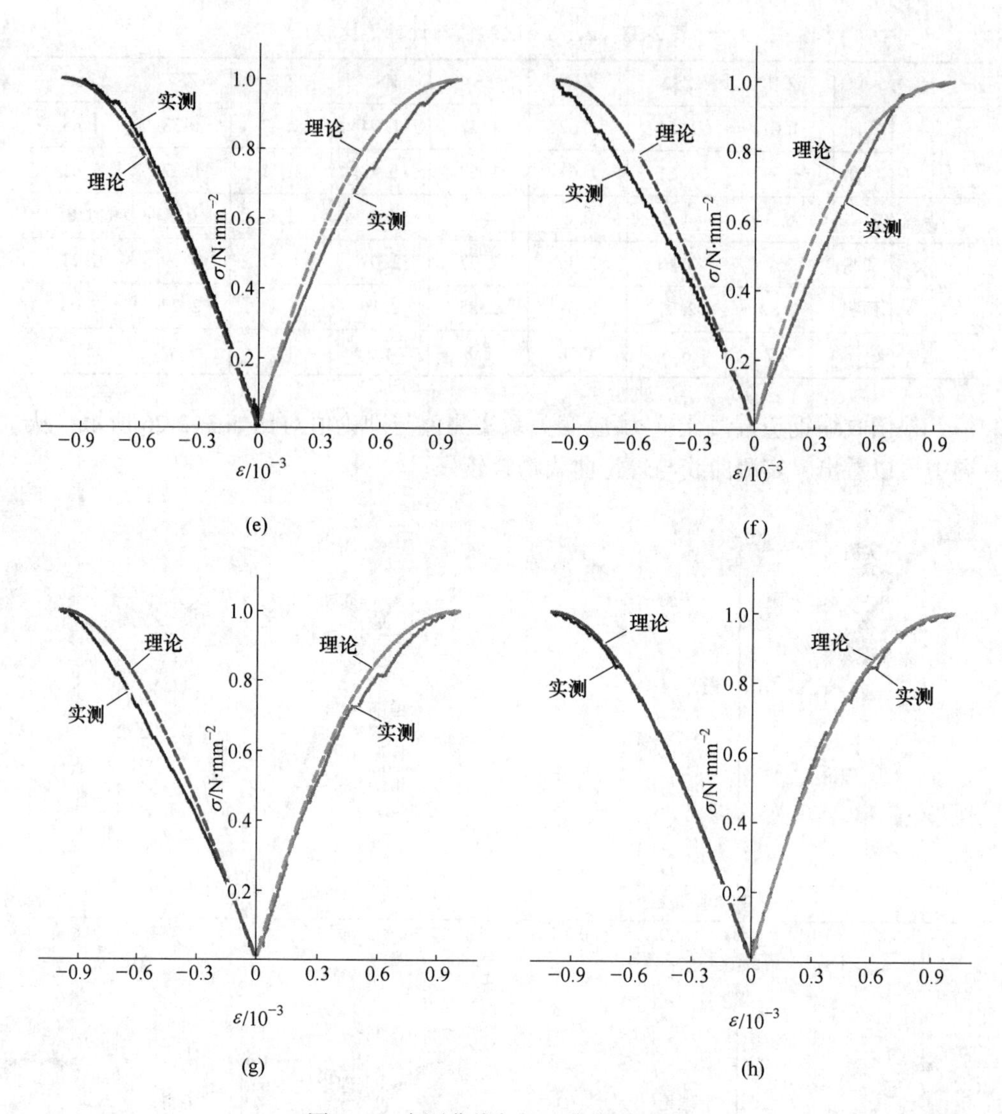

图 2-26　实测曲线与理论曲线的比较

(a) ZS1；(b) ZS2；(c) ZS3；(d) ZS4；(e) ZS5；(f) ZS6；(g) ZS7；(h) ZS8

2.4.4　钢渣混凝土力学性能数值模拟

2.4.4.1　模型的建立与验证

在补偿收缩钢渣混凝土柱应力-应变关系模型基础上，编制 MATLAB 计算程序对钢渣混凝土的力学性能进行分析，流程如图 2-27 所示。程序计算结果与试验结果对比图如表 2-34 和图 2-28 所示，从表及图中可以看出，理论计算结果与试验结果吻合较好。

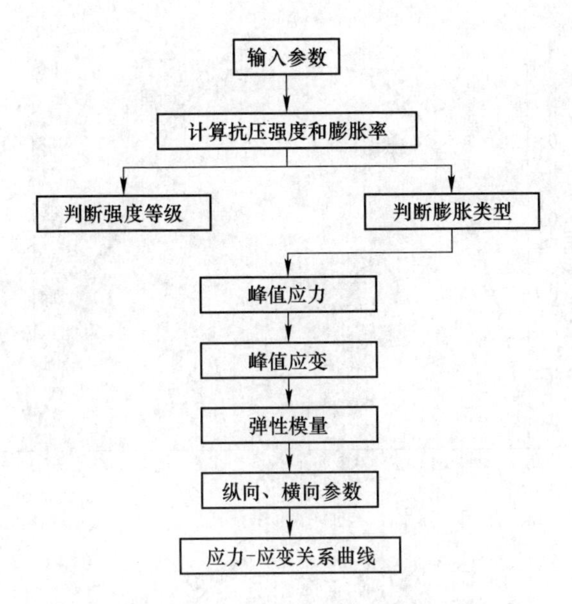

图 2-27　钢渣混凝土应力-应变关系流程图

表 2-34　钢渣混凝土计算值与试验值对比表

配合比编号		弹性模量/N·mm^{-2}		峰值应力/N·mm^{-2}		峰值应变			
						横向		纵向	
水灰比	编号	实测	预测	实测	预测	实测	预测	实测	预测
0.58	ZS1	2.38×10^4	2.33×10^4	27.13×10^4	27.51×10^4	1.76×10^4	1.73×10^4	0.57×10^4	0.51×10^4
	ZS2	2.24×10^4	2.58×10^4	28.45×10^4	25.72×10^4	1.54×10^4	1.91×10^4	0.64×10^4	0.50×10^4
0.47	ZS3	1.47×10^4	1.38×10^4	15.98×10^4	17.35×10^4	1.60×10^4	1.77×10^4	0.39×10^4	0.46×10^4
	ZS4	2.45×10^4	2.62×10^4	28.49×10^4	29.72×10^4	1.69×10^4	1.43×10^4	0.55×10^4	0.52×10^4
0.38	ZS5	2.96×10^4	2.32×10^4	35.85×10^4	28.47×10^4	1.94×10^4	1.65×10^4	0.36×10^4	0.41×10^4
	ZS6	3.06×10^4	2.87×10^4	31.24×10^4	30.58×10^4	1.21×10^4	1.31×10^4	0.43×10^4	0.52×10^4
0.32	ZS7	2.21×10^4	2.87×10^4	36.83×10^4	30.59×10^4	1.72×10^4	1.39×10^4	0.53×10^4	0.52×10^4
	ZS8	2.09×10^4	2.48×10^4	35.58×10^4	29.18×10^4	1.77×10^4	1.51×10^4	0.72×10^4	0.62×10^4

2.4.4.2　影响参数分析

依据正交试验结果，水灰比对全集料钢渣混凝土的抗压强度影响最为显著，钢渣砂掺量和钢渣砂取代粒径对钢渣混凝土的膨胀率影响较为显著。因此，本节重点分析这三个因素对钢渣混凝土应力-应变关系的影响。

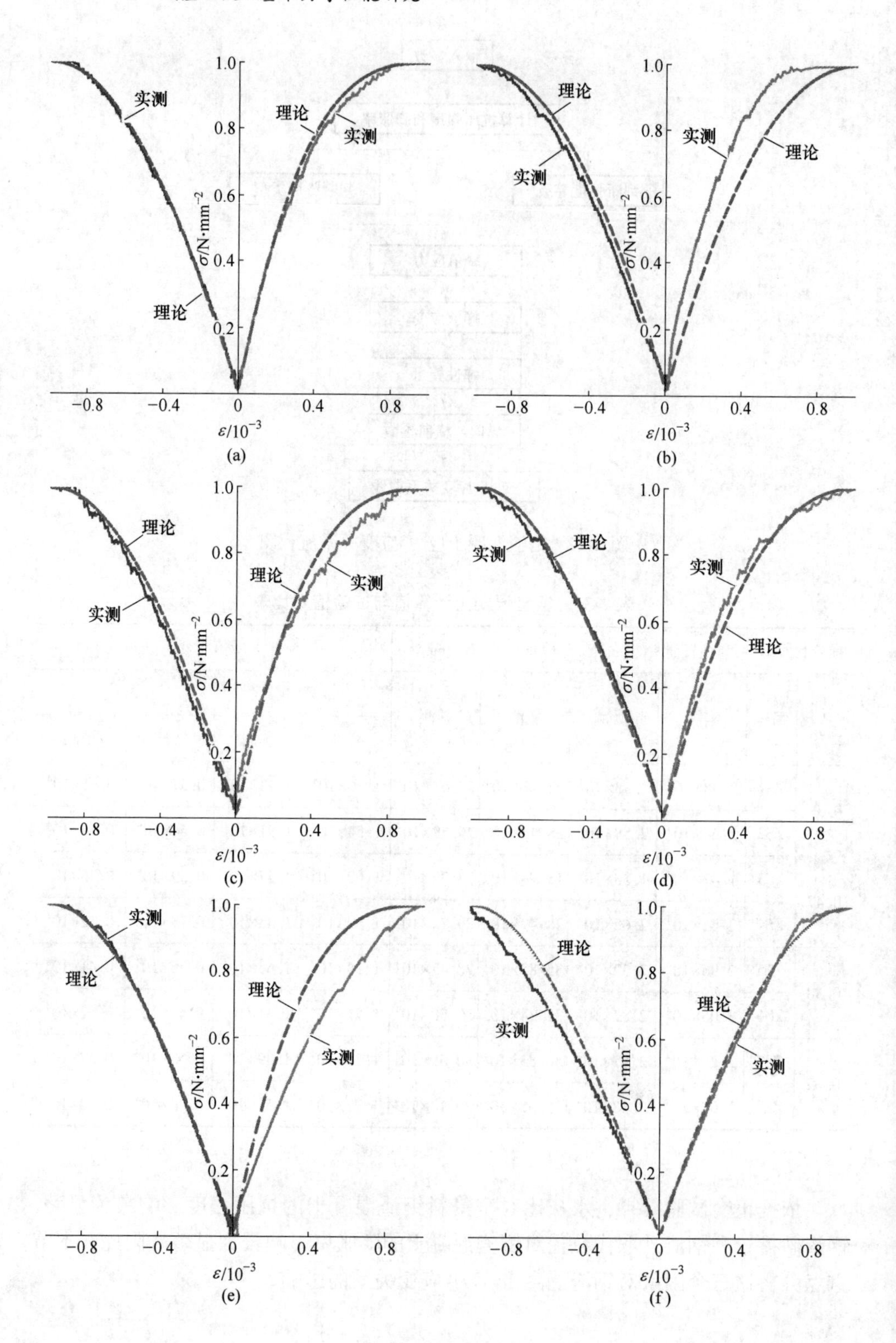

(a)
实测
理论
理论
实测
σ/N·mm⁻²
ε/10⁻³
(b)
理论
实测
实测
理论
(c)
理论
实测
理论
实测
(d)
实测
理论
实测
理论
(e)
实测
理论
理论
实测
(f)
理论
实测
理论
实测

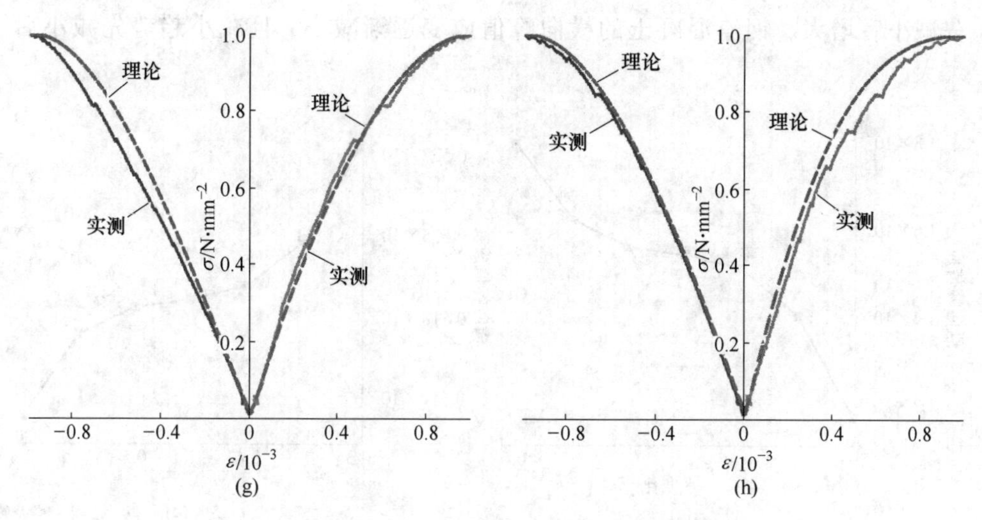

图 2-28 钢渣混凝土应力-应变关系曲线计算值与试验值比较

（a）ZS1；（b）ZS2；（c）ZS3；（d）ZS4；（e）ZS5；（f）ZS6；（g）ZS7；（h）ZS8

A 水灰比

分析水灰比对钢渣混凝土膨胀率影响时，确定砂率为 38，钢渣砂掺量和粗钢渣掺量为 50%，钢渣砂取代粒径为细度模数对应的平均粒径，粗钢渣取代粒径为连续级配的平均粒径。

（1）峰值应力。水灰比对钢渣混凝土峰值应力影响如图 2-29 所示，从图中可以看出，随着水灰比的增大，钢渣混凝土的峰值应力逐渐减小，且减小趋势先减小后增大。

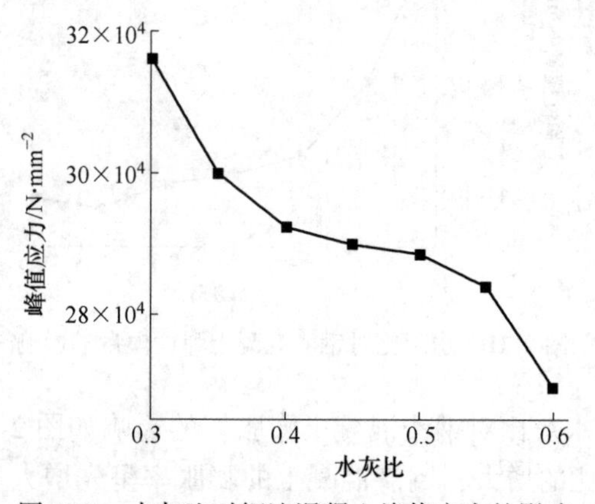

图 2-29 水灰比对钢渣混凝土峰值应力的影响

（2）峰值应变。水灰比对钢渣混凝土峰值应变的影响如图 2-30 所示，从图中可以看出，随着水灰比的增大，钢渣混凝土的纵向峰值应变逐渐增大，且趋势先减小后增大。钢渣混凝土的横向峰值应变逐渐减小，且减小趋势先减小后增大。

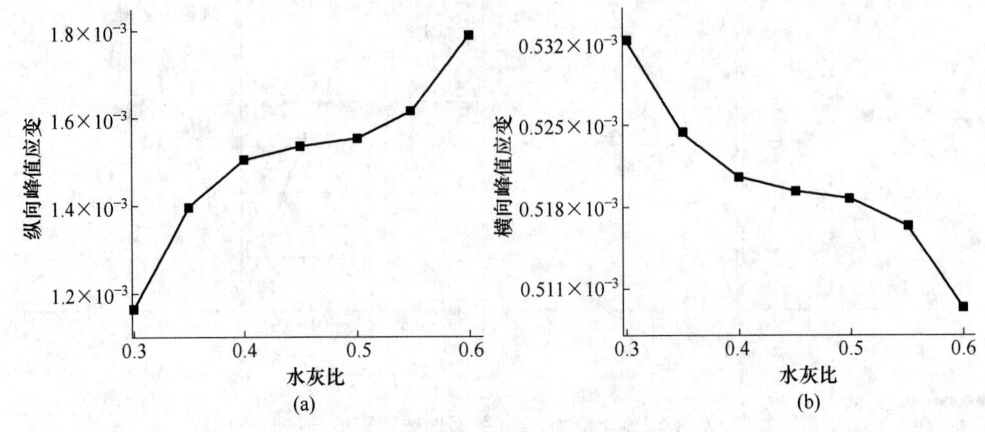

图 2-30 水灰比对钢渣混凝土峰值应变的影响
（a）纵向峰值应变；（b）横向峰值应变

（3）弹性模量。水灰比对钢渣混凝土弹性模量的影响如图 2-31 所示，从图中可以看出，随着水灰比的增大，钢渣混凝土的弹性模量逐渐减小，有收敛趋势。

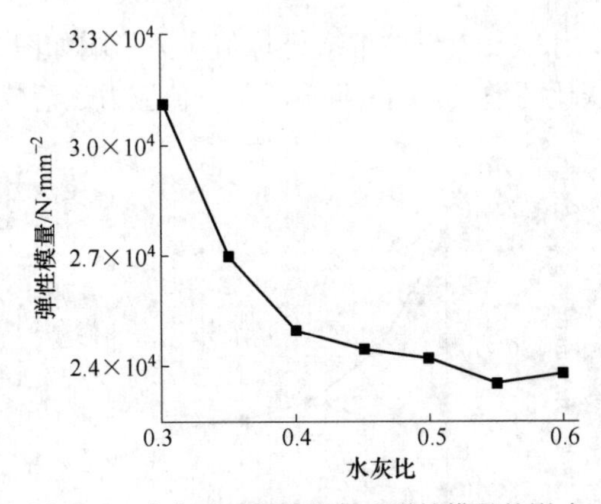

图 2-31 水灰比对钢渣混凝土弹性模量的影响

（4）膨胀率。水灰比对钢渣混凝土膨胀率的影响如图 2-32 所示，从图中可以看出，随着水灰比的增大，钢渣混凝土的膨胀率呈先增大后减小再增大趋势，这主要是因为随着水灰比减小，钢渣混凝土产生的膨胀抵消混凝土收缩，其内应力也减小。

（5）钢渣混凝土应力-应变关系。水灰比对钢渣混凝土柱应力-应变关系的影

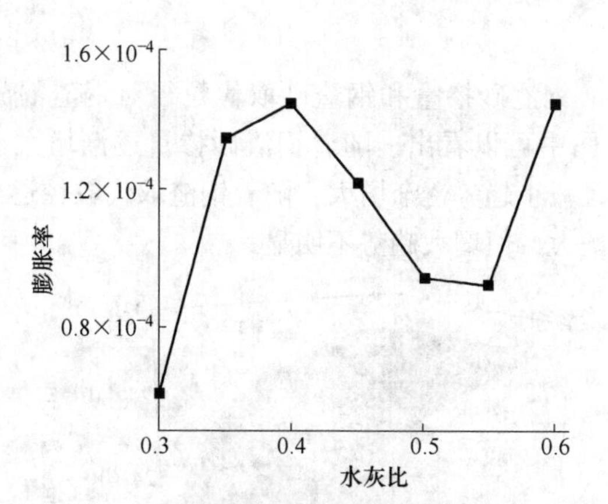

图 2-32 水灰比对钢渣混凝土膨胀率的影响

响如图 2-33 所示。从图中可以看出，试验加载初期，应力-应变曲线近似成直线，弹性阶段维持时间较长。随着水灰比逐渐增大，纵向应力-应变关系曲线斜率开始逐渐减小，应力-应变关系曲线相差不大。随着应力继续增加，曲线偏离直线，试件进入弹塑性阶段。随着水灰比逐渐增大，纵向应力-应变关系曲线减小趋势逐渐增大，横向应力-应变关系曲线相差不大。试件破坏时，随着水灰比逐渐增大，钢渣混凝土柱峰值应力和弹性模量逐渐减小，纵向峰值应变逐渐增大，横向峰值应变相差不大，应力-应变关系曲线趋于平缓。

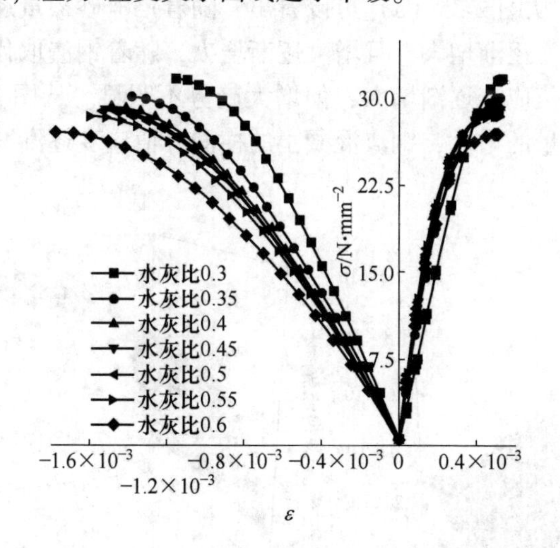

图 2-33 水灰比对钢渣混凝土应力-应变关系的影响

B 钢渣砂掺量和钢渣砂取代粒径

分析钢渣砂掺量和钢渣砂取代粒径对钢渣混凝土膨胀率影响时，确定砂率为 38，水灰比为 0.47，粗钢渣掺量为 50%，粗钢渣取代粒径为连续级配的平均粒径。

（1）峰值应力。钢渣砂掺量和钢渣砂取代粒径对钢渣混凝土峰值应力影响如图 2-34 所示，从图中可以看出，随着钢渣砂掺量逐渐增大，钢渣混凝土的峰值应力逐渐减小，且减小趋势逐渐增大；随着钢渣取代粒径逐渐增大，钢渣混凝土的峰值应力逐渐增大，但增大趋势不明显。

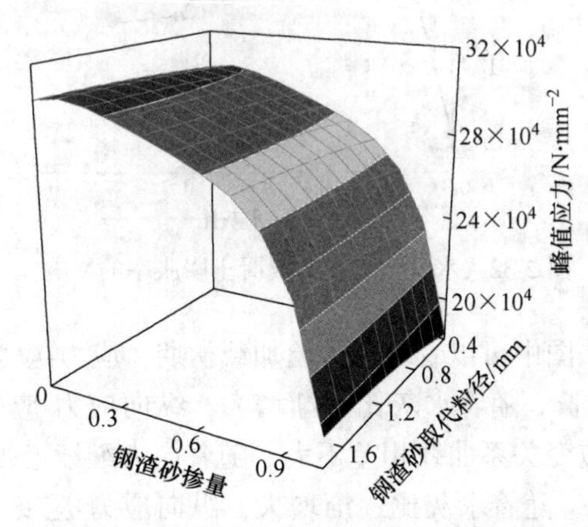

图 2-34　钢渣砂掺量和钢渣砂取代粒径对钢渣混凝土峰值应力的影响

（2）峰值应变。钢渣砂掺量和钢渣砂取代粒径对钢渣混凝土峰值应变的影响如图 2-35 所示，从图 2-35（a）可以看出，随着钢渣砂掺量逐渐增大，钢渣混凝土的纵向峰值应变逐渐增大，且增大逐渐增大，随着钢渣取代粒径的增大，钢渣混凝土的纵向峰值应变逐渐增大，但增大趋势不明显。从图 2-35（b）可以看出，随着钢渣砂掺量的增大，钢渣混凝土的横向峰值应变逐渐减小，且减小趋势逐渐增大。

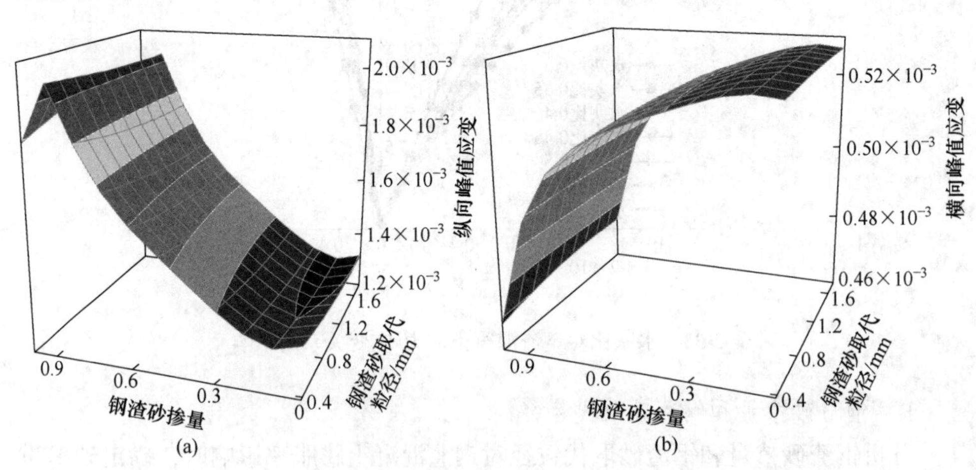

图 2-35　钢渣砂掺量和钢渣砂取代粒径对钢渣混凝土峰值应变的影响

（a）纵向峰值应变；（b）横向峰值应变

（3）弹性模量。钢渣砂掺量和钢渣砂取代粒径对钢渣混凝土弹性模量的影响如图2-36所示，从图中可以看出，随着钢渣砂掺量逐渐增大，钢渣混凝土的弹性模量逐渐减小，且减小趋势越来越快，随着钢渣取代粒径的增大，钢渣混凝土的弹性模量逐渐增大，但增大趋势不明显。

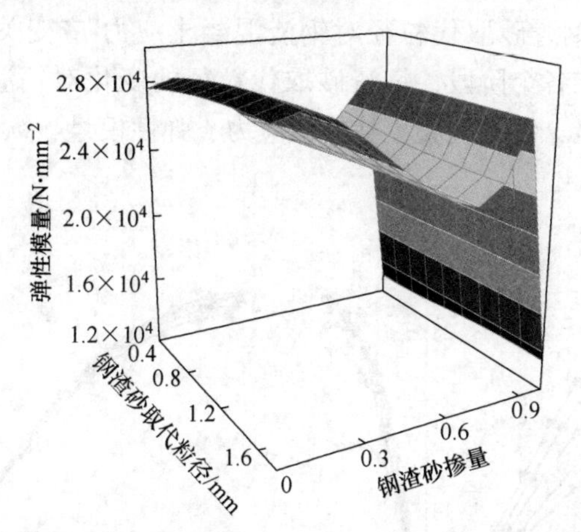

图2-36 钢渣砂掺量和钢渣砂取代粒径对钢渣混凝土弹性模量的影响

（4）膨胀率。钢渣砂掺量和钢渣砂取代粒径对钢渣混凝土膨胀率的影响如图2-37所示，从图中可以看出，随着钢渣砂掺量的增大，钢渣混凝土的膨胀率呈现先增大再减小后增大趋势，这主要是因为随着水灰比减小，钢渣混凝土产生的膨胀抵消混凝土收缩内应力就越少。

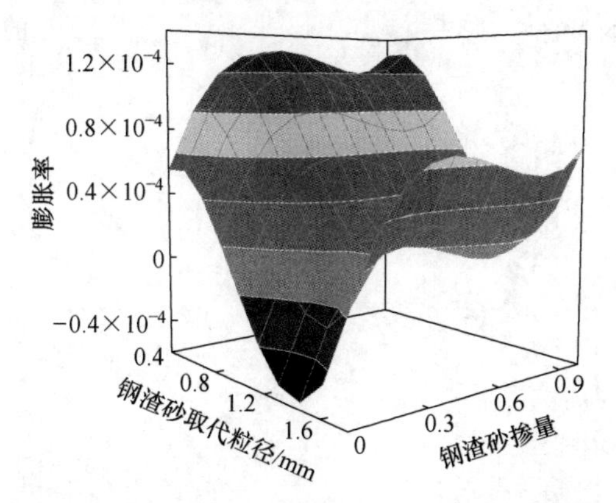

图2-37 钢渣砂掺量和钢渣砂取代粒径对钢渣混凝土膨胀率的影响

（5）应力-应变关系。图2-38为不同钢渣砂掺量对钢渣混凝土应力-应变关系的影响曲线图，从图中可以看出，在弹性阶段，随着钢渣砂掺量逐渐增大，纵向应力-应变关系曲线斜率开始逐渐减小，应力-应变关系曲线相差不大。在弹塑性阶段，随着钢渣砂掺量逐渐增大，纵向应力-应变关系曲线减小趋势逐渐增大，横向应力-应变关系曲线相差不大。试件达到峰值应力时，随着钢渣砂掺量逐渐增大，钢渣混凝土柱峰值应力和弹性模量逐渐减小，纵向峰值应变逐渐增大，横向峰值应变相差不大，应力-应变关系曲线趋于平缓。

图 2-39 为不同钢渣砂取代粒径对钢渣混凝土应力-应变关系的影响曲线图，从图中可以看出，在各个阶段，钢渣砂取代粒径的变化对钢渣混凝土柱应力-应变关系影响均不明显，钢渣混凝土柱峰值应力、弹性模量、纵向峰值应变和横向峰值应变差距不大。

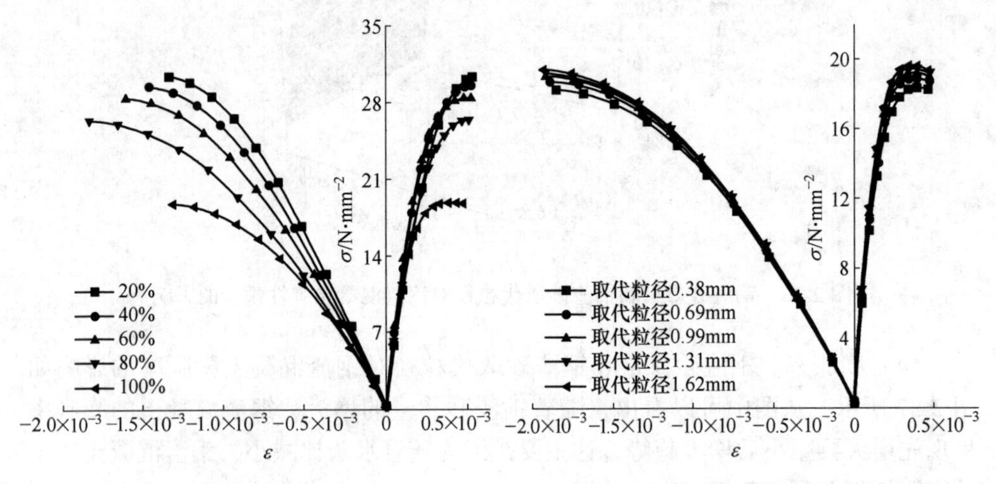

图 2-38　钢渣砂掺量对应力-应变关系的影响

图 2-39　钢渣砂取代粒径对应力-应变关系的影响

3 圆钢管自应力钢渣混凝土柱静力性能研究

3.1 圆钢管自应力钢渣混凝土柱轴压性能研究

3.1.1 轴压柱试验介绍

（1）试件设计。共设计 8 根圆钢管钢渣混凝土轴压柱试件，考虑了钢渣混凝土膨胀率、径厚比、长径比 3 个试验参数。其中短柱试件 6 根，长度为 500mm；中长柱试件 2 根，长度分别为 1000mm 和 1500mm。试件采用 Q235 直缝钢管，外径为 140mm，壁厚分别为 2.08mm、3.63mm、4.22mm，钢渣混凝土膨胀率分别为 2.8×10^{-4} 和 -3.5×10^{-4}，试件具体参数如表 3-1 所示。

表 3-1 轴压试件试验参数

<table>
<tr><th>试件编号</th><th>D/mm</th><th>t_s/mm</th><th>D/t_s</th><th>L/mm</th><th>L/D</th><th>P_{ct}</th></tr>
<tr><td>SCA1-1</td><td rowspan="8">140</td><td rowspan="2">2.08</td><td rowspan="2">67.30</td><td rowspan="6">500</td><td rowspan="6">3.57</td><td>2.8×10^{-4}</td></tr>
<tr><td>SCA2-2</td><td>-3.5×10^{-4}</td></tr>
<tr><td>SCA3-1</td><td rowspan="2">3.63</td><td rowspan="2">38.56</td><td>2.8×10^{-4}</td></tr>
<tr><td>SCA4-2</td><td>-3.5×10^{-4}</td></tr>
<tr><td>SCA5-1</td><td rowspan="2">4.22</td><td rowspan="2">33.17</td><td>2.8×10^{-4}</td></tr>
<tr><td>SCA6-2</td><td>-3.5×10^{-4}</td></tr>
<tr><td>SCA7-1</td><td rowspan="2">3.63</td><td rowspan="2">38.56</td><td>1000</td><td>7.14</td><td>2.8×10^{-4}</td></tr>
<tr><td>SCA8-1</td><td>1500</td><td>10.71</td><td>2.8×10^{-4}</td></tr>
</table>

注：SCA 表示圆钢管钢渣混凝土柱，标签中最后一位 1、2 分别表示两种核心混凝土，1 表示钢渣混凝土膨胀率为 2.8×10^{-4}，2 表示钢渣混凝土膨胀率为 -3.5×10^{-4}；D 为钢管外径；t_s 为钢管壁厚；L 为试件高度；D/t_s 为试件径厚比；L/D 为试件长径比；P_{ct} 为钢渣混凝土膨胀率。

（2）试件制作。在钢渣混凝土浇筑前，将钢管两端截面车平，并用塑料薄膜将钢管底口封住，避免浇筑时出现漏浆现象；在浇筑过程中，用振捣棒将钢渣混凝土振捣密实。试件制作完成后，为防止钢渣混凝土硬化过程中水分散失，用塑料薄膜将试件上端开口封住。

（3）加载制度。试验加载如图 3-1 所示。试验开始前，将钢柱帽套在试件两端，对试件进行预加载，保证试件处于轴压状态。试验采用分级加载，每级荷载约为试件极限承载力的 1/10，当试件屈服后，每级荷载约为试件极限承载力的 1/15，每级荷载稳压 2min，在试件接近破坏时，采用慢速连续加载。

图 3-1　轴压试验加载图

1—轴压试件；2—位移计；3—应变片；4—钢柱帽

（4）量测方案。为测得钢管钢渣混凝土柱轴向总变形，在试件两侧各设置一个位移计。为测得试件轴向和环向变形，在轴压短柱中部轴向和环向各布置 4 个应变片，在轴压长柱 1/4、1/2 和 3/4 高度处各布置 8 个应变片，其中 4 个应变片测量试件轴向变形，其余 4 个测量试件环向变形。

（5）试验材料力学性能。

1）钢管。参考《金属材料室温拉伸试验方法》（GB/T 228—2010）制作拉伸试样（如图 3-2 所示）进行拉伸试验，测得钢管强度如表 3-2 所示；对长度为 500mm，外径为 140mm 的钢管进行轴压试验，测得钢管应力-应变关系曲线、轴向应变与环向应变关系曲线如图 3-3 所示，可得钢材弹性模量和泊松比如表 3-2 所示。

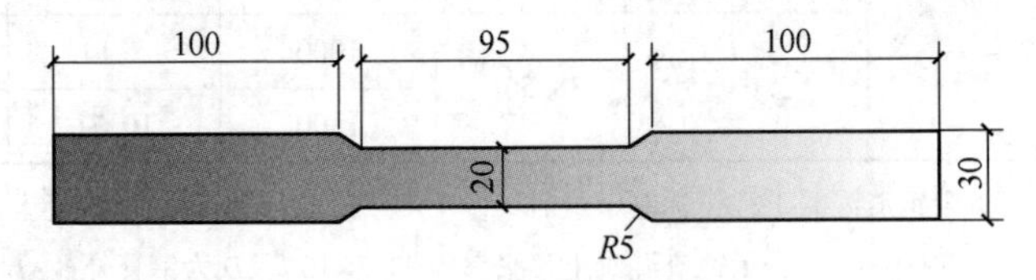

图 3-2　钢管拉伸试样

表 3-2　钢管力学性能试验结果

钢管壁厚/mm	屈服强度/MPa	极限强度/MPa	弹性模量/MPa	泊松比
2.08	176.28	311.54	2.00×10^5	0.297
3.63	233.23	295.68		
4.22	236.96	300.79		

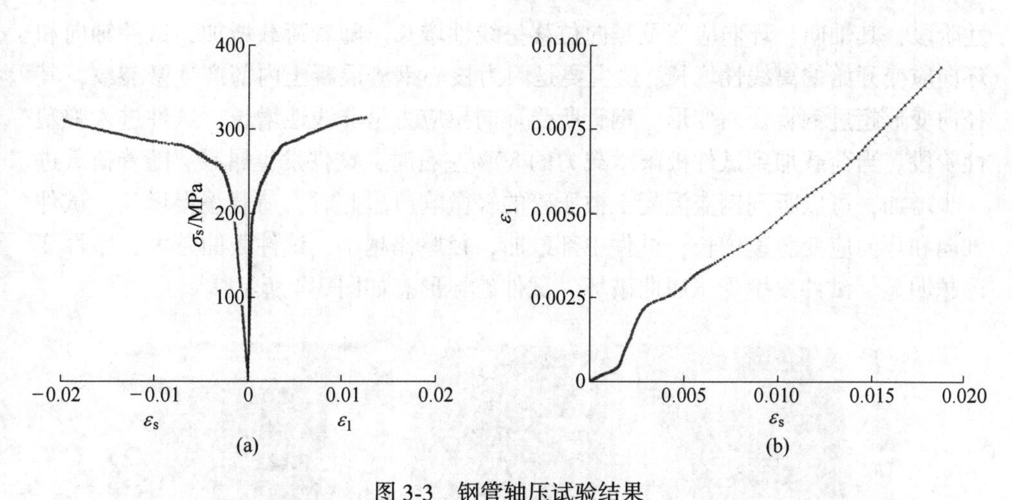

图 3-3 钢管轴压试验结果

(a) 钢管应力-应变关系曲线；(b) 钢管轴向应变-环向应变关系曲线

2）钢渣混凝土。第二章试验研究表明，随着钢渣粒径增大，钢渣混凝土抗压强度逐渐增大，钢渣混凝土膨胀率逐渐减小，当钢渣粒径为 0.15~0.3mm 时，钢渣混凝土膨胀率可达 3.1×10^{-4}，符合文献［8］提出钢管膨胀混凝土的最佳膨胀率要求，但此时钢渣混凝土强度较低。为保证钢渣混凝土强度和膨胀率，根据第二章提出的钢渣膨胀混凝土配合比设计方法，得出核心钢渣混凝土配合比，实测核心钢渣混凝土抗压强度和膨胀率如表 3-3 所示。

表 3-3 钢渣混凝土配合比及力学性能

混凝土类型	水 /kg	水泥 /kg	粗骨料 /kg	钢渣砂 /kg	钢渣砂粒径 /mm	立方体抗压强度 /MPa	轴心抗压强度 /MPa	弹性模量 /MPa	泊松比	膨胀率
1	201	365	961	621	0.15~0.3（75%）+0.3~0.6（25%）	21.85	17.5	2.74×10^4	0.222	2.8×10^{-4}
2	201	365	961	621	1.18~2.36	34.29	27.44	3.61×10^4	0.242	-3.5×10^{-4}

3.1.2 试验结果分析

3.1.2.1 破坏形态

A 圆钢管钢渣混凝土轴压短柱破坏形态

对于核心钢渣混凝土膨胀率为 -3.5×10^{-4} 的试件，在加载初期，试件处于弹性阶段，其轴向、环向应变及竖向位移呈线性增长。随着荷载增加，试件轴向和环向应变开始偏离线性增长，这主要是因为核心钢渣混凝土内部产生微裂纹，其径向变形超过钢管径向变形，钢管所受环向拉应力呈非线性增长，试件进入弹塑性阶段。当荷载加到试件极限承载力的80%左右时，试件发生屈服。随着荷载进一步增加，可以听到钢渣混凝土被压碎的轻微响声。此时，荷载缓慢增长，试件轴向和环向应变急速增长，试件中部鼓曲，径厚比越小，试件鼓曲越大，塑性变形越明显。试件发生受压屈曲破坏，试件破坏形态如图3-4所示。

(a) (b) (c)

图3-4 普通圆钢管钢渣混凝土短柱破坏形态
(a) 试件SCA2-2；(b) 试件SCA4-2；(c) 试件SCA6-2

B 圆钢管钢渣膨胀混凝土轴压短柱破坏形态

对于核心钢渣混凝土膨胀率为2.8×10^{-4}的试件，在加载初期，试件处于弹性阶段，其轴向、环向应变及竖向位移呈线性增长，与普通圆钢管钢渣混凝土柱相比，圆钢管钢渣膨胀混凝土柱的弹性阶段较长，这主要因为，核心钢渣膨胀混凝土一直处于三向受压状态，限制钢渣混凝土裂缝的开展，延缓塑性变形的出现。随着荷载增加，试件轴向和环向应变偏离线性增长。当荷载加到试件极限承载力的85%左右时，试件发生屈服。随着荷载进一步增加，可以听到钢渣膨胀混凝土被压碎的轻微响声。此时，荷载缓慢增长，试件轴向和环向应变急速增长，试件中部鼓曲，径厚比越小，试件鼓曲越大，塑性变形越明显，与普通圆钢管钢渣混凝土柱相比，圆钢管钢渣膨胀混凝土柱承载力提高幅度和延性较大，试件发生受压屈曲破坏，试件破坏形态如图3-5所示。

(a) (b) (c)

图 3-5 圆钢管膨胀混凝土轴压短柱破坏形态

(a) 试件 SCA1-1；(b) 试件 SCA3-1；(c) 试件 SCA5-1

C 圆钢管钢渣膨胀混凝土轴压中长柱破坏形态

对于圆钢管钢渣膨胀混凝土中长柱，在加载初期，试件处于弹性阶段，试件变形与短柱相似。当荷载加到试件极限承载力 80%左右时，试件发生屈服，此时，试件出现挠曲变形，与短柱相比，中长柱屈服承载力下降约 8%~13%。随着荷载进一步增加，试件挠曲变形增大，与受拉侧应变相比，受压侧应变增长速度较快，且试件受压侧钢渣混凝土被压碎，长径比越大，试件压弯屈曲变形越大。与短柱相比，中长柱极限承载力下降 16%~22%，且存在明显挠曲变形，试件发生压弯屈曲破坏，其破坏形态如图 3-6 所示。

(a) (b)

图 3-6 轴压中长柱破坏形态

(a) 试件 SCA7-1；(b) 试件 SCA8-1

3.1.2.2 承载力分析

表 3-4 为圆钢管钢渣混凝土柱轴压承载力试验结果，从表中可以看出，与普通钢管混凝土柱相比，膨胀率为 2.8×10^{-4} 的试件极限承载力提高幅度在 10%~

23%之间，而膨胀率为-3.5×10^{-4}的试件极限承载力则基本保持不变。这主要因为，核心钢渣混凝土膨胀使钢管与钢渣混凝土之间产生自应力，使钢渣混凝土提前进入三向受压状态，限制钢渣混凝土内裂缝的过早开展，显著增强核心钢渣混凝土的刚度。

表 3-4 圆钢管钢渣混凝土柱轴压试验结果

试件编号	D/t_s	L/D	N_{aty} /kN	N_{at} /kN	N_{aey} /kN	N_{ae} /kN	$\frac{N_{aey}}{N_{aty}}$	$\frac{N_{ae}}{N_{at}}$	$\frac{N_{aey}}{N_{ae}}$
SCA1-1	67.30	3.75	511	715	530	625	1.04	0.87	0.85
SCA2-2			644	866	661	737	1.03	0.85	0.90
SCA3-1	38.56		802	922	853	1016	1.06	1.10	0.84
SCA4-2			997	1130	934	1147	0.94	1.02	0.81
SCA5-1	33.17		875	1016	954	1123	1.09	1.10	0.85
SCA6-2			1077	1225	973	1223	0.90	1.00	0.80
SCA7-1	38.56	7.14	638	734	712	858	1.12	1.17	0.83
SCA8-1		10.71	563	647	649	799	1.15	1.23	0.81

注：N_{aty} 和 N_{at} 分别为参照《钢管混凝土结构技术规程》（CECS 28：2012）计算的普通圆钢管混凝土柱屈服承载力和极限承载力；N_{aey} 和 N_{ae} 分别为试件实测屈服承载力和极限承载力。

图 3-7 为各因素对圆钢管钢渣混凝土轴压柱承载力的影响，从图中可以看出，与膨胀率为-3.5×10^{-4}的试件相比，膨胀率为2.8×10^{-4}的试件极限承载力提高幅度 N_{ae}/N_{at} 较大；随着长径比增大，轴压试件极限承载力 N_{ae} 逐渐减小，但轴压试件极限承载力提高幅度 N_{ae}/N_{at} 逐渐增大；随着径厚比增大，轴压试件极限承载力 N_{ae} 逐渐减小。与膨胀率为-3.5×10^{-4}的试件相比，膨胀率为2.8×10^{-4}的试件极限承载力提高幅度 N_{ae}/N_{at} 较大，且随着径厚比增大，膨胀率为2.8×10^{-4}的试件极限承载力提高幅度 N_{ae}/N_{at} 逐渐减小。

3.1.2.3 变形分析

圆钢管钢渣混凝土轴压柱极限应变试验结果如表 3-5 所示，与普通圆钢管钢渣混凝土柱相比，圆钢管钢渣膨胀混凝土柱轴向和环向极限应变较大。

各因素对圆钢管钢渣混凝土轴压柱极限应变的影响如图 3-8 所示，从图中可以看出，钢渣混凝土膨胀率越大，试件轴向和环向极限应变越大；随着长径比增大，试件轴向和环向极限应变逐渐减小；随着径厚比增大，试件轴向和环向极限应变逐渐减小，当径厚比在 38.56 以内时，试件轴向和环向极限应变连线斜率较大。

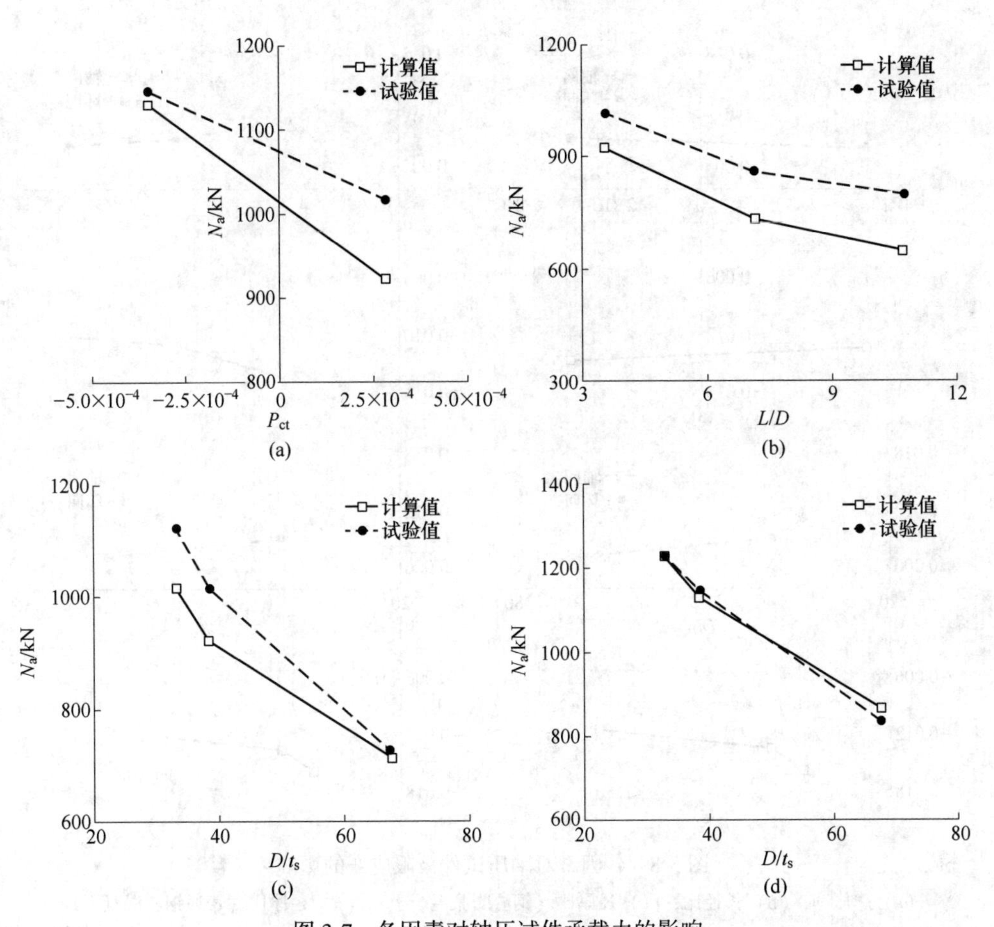

图 3-7 各因素对轴压试件承载力的影响

(a) 膨胀率；(b) 长径比；(c) 径厚比（钢渣膨胀混凝土）；(d) 径厚比（普通钢渣混凝土）

表 3-5 轴压试件极限应变

试件编号	D/t_s	L/D	轴向极限应变	环向极限应变
SCA1-1	67.30	3.57	-0.0125	0.0082
SCA2-2			-0.0119	0.0069
SCA3-1	38.56		-0.0147	0.0091
SCA4-2			-0.0134	0.0079
SCA5-1	33.17		-0.0158	0.0103
SCA6-2			-0.0151	0.0095
SCA7-1	38.56	7.14	-0.0123	0.0082
SCA8-1		10.71	-0.0101	0.0070

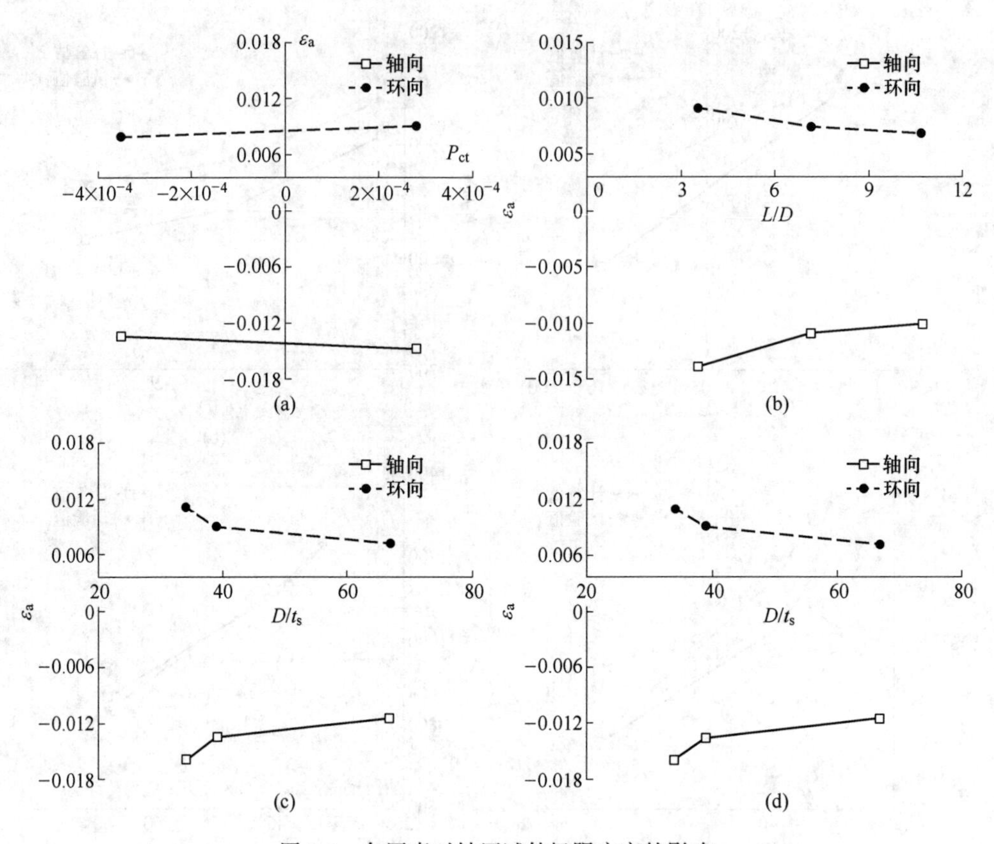

图 3-8 各因素对轴压试件极限应变的影响

（a）膨胀率；（b）长径比；（c）径厚比（钢渣膨胀混凝土）；（d）径厚比（普通钢渣混凝土）

3.1.2.4 刚度分析

图 3-9 为各因素对圆钢管钢渣混凝土轴压柱刚度的影响。从图 3-9（a）中可以看出，在加载初期，试件处于弹性阶段，刚度曲线基本处于水平状态，与膨胀率为-3.5×10^{-4}的试件相比，膨胀率为2.8×10^{-4}的试件刚度曲线弹性阶段较长。随着荷载增加，试件刚度曲线开始偏离水平状态，试件刚度开始退化，这主要因为，核心钢渣混凝土内部产生裂缝，试件应力呈非线性增长，导致钢管与核心钢渣混凝土刚度减小，与膨胀率为-3.5×10^{-4}的试件相比，膨胀率为2.8×10^{-4}的试件承载力较大。随着荷载进一步增加，试件组合弹性模量持续减小，与膨胀率为-3.5×10^{-4}的试件相比，膨胀率为2.8×10^{-4}的试件曲线斜率较小，刚度退化速度较慢。

从图 3-9（b）中可以看出，在加载初期，试件处于弹性阶段，试件刚度曲线基本处于水平状态，长径比越大，试件初始组合弹性模量越大，试件弹性阶段越短。随着荷载增加，试件刚度曲线开始偏离水平状态，试件刚度开始退化，长径比越大，试件承载力越小。随着荷载进一步增加，试件组合弹性模量持续减小，长径比越大，曲线斜率越大，刚度退化越快。

从图 3-9（c）、（d）中可以看出，在加载初期，试件处于弹性阶段，试件刚度曲线基本处于水平状态，径厚比越大，轴压试件组合弹性模量越小，试件弹性阶段越短，这主要因为，与核心钢渣混凝土相比，钢管弹性模量较大，且钢管壁厚越大，钢管对核心钢渣混凝土的约束作用越大，对试件组合弹性模量的贡献越大。随着荷载增加，试件刚度曲线开始偏离水平状态，试件刚度开始退化，径厚比越大，试件承载力越小。随着荷载进一步增加，试件组合弹性模量持续减小，径厚比越大，试件曲线斜率越大，刚度退化越快。

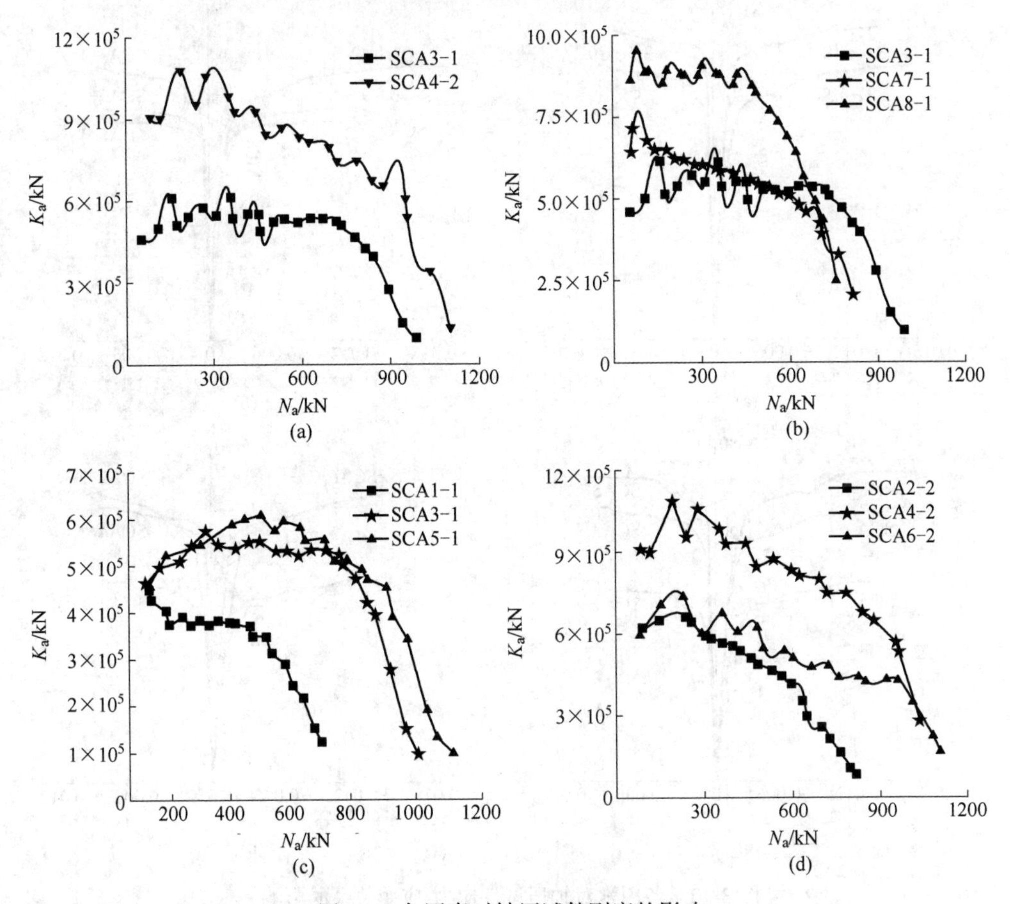

图 3-9 各因素对轴压试件刚度的影响

（a）膨胀率；（b）长径比；（c）径厚比（钢渣膨胀混凝土）；（d）径厚比（普通钢渣混凝土）

3.1.2.5 应力-应变关系分析

图 3-10 为各因素对圆钢管钢渣混凝土轴压柱应力-应变关系曲线的影响，图

中 ε_{aa} 和 ε_{al} 分别为圆钢管钢渣混凝土柱轴向和环向应变。从图 3-10（a）中可以看出，在加载初期，不同膨胀率试件的应力-应变关系曲线几乎重合，试件处于弹性阶段。与膨胀率为 -3.5×10^{-4} 试件相比，膨胀率为 2.8×10^{-4} 的试件弹性阶段较长，这主要因为，在自应力作用下，核心钢渣混凝土提前进入三向应力状态，限制钢渣混凝土微裂缝的过早开展，显著增强钢渣混凝土的刚度。随着荷载增加，试件应力-应变关系曲线偏离线性关系，进入弹塑性阶段。在试件屈服时，应力-应变关系曲线有明显拐点。此后，试件应力缓慢增长，与膨胀率为 -3.5×10^{-4} 试件相比，膨胀率为 2.8×10^{-4} 的试件应变增长速度较快。

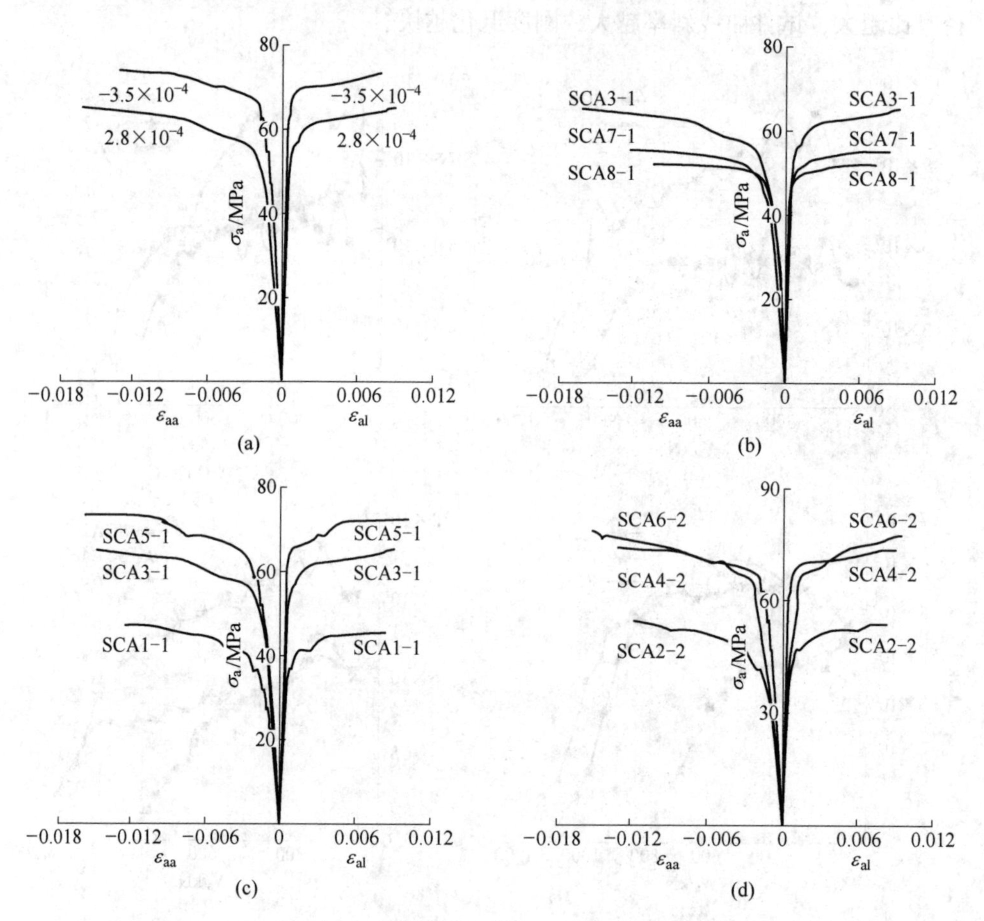

图 3-10　各因素对轴压试件应力-应变关系的影响

（a）膨胀率；（b）长径比；（c）径厚比（钢渣膨胀混凝土）；（d）径厚比（普通钢渣混凝土）

从图 3-10（b）中可以看出，在加载初期，不同长径比试件的应力-应变关系曲线几乎重合，试件处于弹性阶段，与短柱相比，中长柱的弹性阶段较短。随着荷载增加，试件应力-应变关系曲线偏离线性关系，试件进入弹塑性阶段。在试件屈服时，应力-应变关系曲线有明显拐点，长径比越大，试件屈服应力越小。此后，试件应力缓慢增长，长径比越大，试件应变增长速度越快。

从图 3-10（c）、（d）中可以看，在加载初期，不同径厚比试件的应力-应变关系曲线几乎重合，试件处于弹性阶段，径厚比越大，试件弹性阶段较短，这主要因为，径厚比越大，钢管壁厚越小，钢管对核心钢渣混凝土的约束作用越小，核心钢渣混凝土越容易产生裂缝。随着荷载增加，试件应力-应变关系曲线偏离线性关系，试件进入弹塑性阶段。在试件屈服时，应力-应变关系曲线有明显拐点，径厚比越大，试件屈服应力越小。此后，试件应力缓慢增长，径厚比越大，试件应变增长速度越快。

3.1.3 轴压柱力学性能计算模型

3.1.3.1 承载力计算模型

A 核心钢渣混凝土等效轴压强度计算

在核心钢渣混凝土作用下，钢管与核心钢渣混凝土之间产生的自应力，使核心钢渣混凝土一直处于三向受压状态，显著提高核心钢渣混凝土的承载力。为考虑自应力对钢管钢渣混凝土承载力的影响，将自应力对试件承载力的提高等效为核心钢渣混凝土轴压强度的提高，引入钢渣混凝土强度增强系数 μ，则核心钢渣混凝土的等效轴心抗压强度表达式为：

$$f_{ck} = f_{co} + K\sigma_0 = \left(1 + K\frac{\sigma_0}{f_{co}}\right)f_{co} = \mu f_{co} \tag{3-1}$$

$$\sigma_0 = E_c(P_{ct} - P_{cr}) \tag{3-2}$$

式中，f_{ck} 为约束钢渣混凝土等效轴压强度；f_{co} 为钢渣混凝土单轴抗压强度，取 $f_{co}=0.67f_{cu}$；f_{cu} 为钢渣混凝土立方体抗压强度；K 为试验确定的侧压系数，取 $K=4$；σ_0 为钢管与钢渣混凝土之间产生的自应力；P_{cr} 为钢渣混凝土限制膨胀率。

B 轴压短柱承载力计算模型

a 基本假定

（1）钢管钢渣混凝土柱是由钢管与核心钢渣混凝土两部件组成的结构构件；

（2）在极限状态时，钢管因所受径向应力 σ_r 较小，可忽略不计，钢管应力状态可简化为轴向受压、环向受拉的双向应力状态，并沿管壁均匀分布。

b 轴压短柱承载力计算公式

本节在极限平衡理论基础上，引入钢渣混凝土强度增强系数 μ，推导轴压圆钢管钢渣混凝土短柱承载力计算公式。圆钢管钢渣混凝土柱中核心钢渣混凝土不服从正交流动法则，属假塑性元件，可采用静力法求解。图 3-11 为钢管与核心钢渣混凝土受力简图。

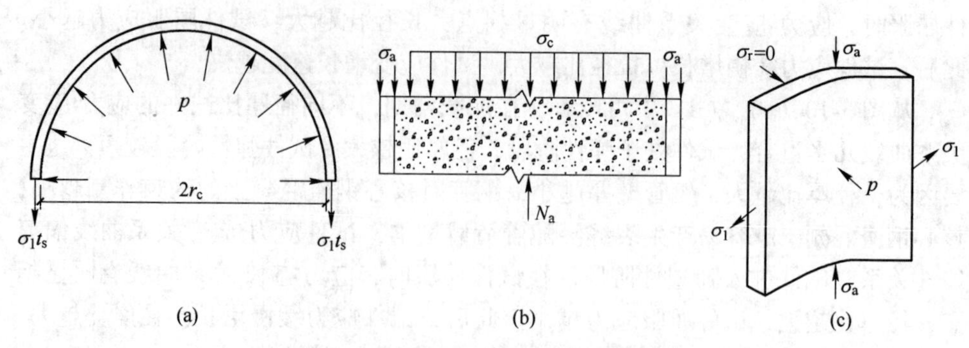

图 3-11 钢管及核心钢渣混凝土受力简图
（a）试件截面应力图；（b）试件轴向受力图；（c）钢管应力图

根据极限平衡静力条件，可得：

$$N_a = A_c\sigma_c + A_s\sigma_s \tag{3-3}$$

$$\sigma_1 = p \cdot \frac{r_c}{t_s} \tag{3-4}$$

式中，N_a 为轴压圆钢管钢渣混凝土短柱承载力；p 为极限状态时的侧压力。

由于钢管与核心钢渣混凝土的屈服准则是稳定的，不因塑性变形的发展而改变或弱化，根据钢管与钢渣混凝土屈服准则，可得：

$$\sigma_s^2 + \sigma_s\sigma_1 + \sigma_1^2 = f_{sy}^2 \tag{3-5}$$

$$f_{cc} = \mu f_{co} + Kp \tag{3-6}$$

式中，f_{cc} 为钢管约束作用下钢渣混凝土的抗压强度。

钢管截面面积与核心钢渣混凝土截面面积有如下关系：

$$\frac{A_s}{A_c} = \frac{\pi r_c t_s}{\frac{\pi}{4} r_c^2} = \frac{4t_s}{r_c} \tag{3-7}$$

将式（3-4）和式（3-7）代入式（3-5）中，可得：

$$\sigma_s = \left[\sqrt{1 - \frac{3}{\theta^2}\left(\frac{p}{\mu f_{co}}\right)^2} - \frac{1}{\theta} \cdot \frac{p}{\mu f_{co}}\right] f_{sy} \tag{3-8}$$

将式（3-6）和式（3-8）代入式（3-3），可得：

$$N_a = \mu A_c f_{co}\left(1 + K\frac{p}{\mu f_{co}}\right) + A_s f_{sy}\left[\sqrt{1 - \frac{3}{\theta^2}\left(\frac{p}{\mu f_{co}}\right)^2} - \frac{1}{\theta} \cdot \frac{p}{\mu f_{co}}\right]$$
$$= \mu A_c f_{co}\left[1 + (K - 1)\frac{p}{\mu f_{co}} + \sqrt{\theta^2 - 3\left(\frac{p}{\mu f_{co}}\right)^2}\right] \tag{3-9}$$

从式（3-9）可以看出，轴压承载力 N_a 是侧压力 p 的函数，对 p 求导，可得：

$$\frac{p^*}{\mu f_{co}} = \theta \cdot \frac{K-1}{\sqrt{3[3+(K-1)^2]}} \tag{3-10}$$

将式（3-10）代入式（3-9），可得：

$$N_a = \mu A_c f_{co}\left[1+\theta\sqrt{\frac{3+(K-1)^2}{3}}\right] \tag{3-11}$$

由于 $K=4$，$\sqrt{\frac{3+(K-1)^2}{3}} = \frac{K}{2}$，则式（3-11）可简化为：

$$N_a = \mu A_c f_{co}\left(1+\frac{K}{2}\theta\right) \tag{3-12}$$

将 $K=4$ 代入式（3-12），可得：

$$N_a = \mu A_c f_{co}(1+2\theta) \tag{3-13}$$

c 计算公式验证

表3-6为轴压圆钢管钢渣混凝土柱承载力计算值与试验值比较，理论公式计算值 N_a 与试验值 N_{ae} 之比的平均值为0.953，均方差为0.054，因此，本节提出的承载力计算公式具有较高的计算精度。

表3-6 轴压短柱承载力试验值与计算值比较

试件编号	D/t_s	L/D	P_{ct}	N_a /kN	N_{ae} /kN	N_{at} /kN	N_a/N_{at}	N_a/N_{ae}
SCA1-1	67.30	3.57	2.8×10^{-4}	590.5	625	715	0.8259	0.9448
SCA2-2			-3.5×10^{-4}	650.4	737	866	0.7510	0.8825
SCA3-1	38.56		2.8×10^{-4}	1018.4	1016	922	1.1046	1.0024
SCA4-2			-3.5×10^{-4}	1042.8	1147	1130	0.9228	0.9092
SCA5-1	33.17		2.8×10^{-4}	1151.3	1123	1016	1.1332	1.0252
SCA6-2			-3.5×10^{-4}	1164.8	1223	1225	0.9509	0.9524

C 轴压中长柱承载力计算模型

a 基本假定

（1）钢管钢渣混凝土中长柱是两端铰接的理想直杆；

（2）轴向荷载无偶然偏心，是理想的轴心受压试件；

（3）在临界状态下，试件挠曲线为正弦半波曲线。

b 轴压中长柱承载力计算公式

本书在文献［96］的基础上，根据组合切线模量理论，采用修正的Euler公式，考虑钢管与钢渣混凝土之间自应力的影响，引入钢渣混凝土强度增强系数 μ，提出轴压圆钢管钢渣混凝土中长柱承载力计算公式。

$$N_{al} = \frac{\pi^2 E_t I}{L^2} \tag{3-14}$$

式中，N_{al} 为欧拉临界力；E_t 为组合切线模量；I 为圆钢管钢渣混凝土柱的截面惯性矩，其表达式分别为：

$$E_t = \frac{(A_1 f_y - B_1 \sigma'_0)\sigma'_0}{f_y - f_p} E \tag{3-15}$$

$$I = \frac{\pi D^4}{32} \tag{3-16}$$

式中，E 为圆钢管钢渣混凝土柱的弹性模量；σ'_0 为试件欧拉临界应力；A_1 和 B_1 分别为通过回归分析得到的参数，其表达式分别为：

$$E = \frac{f_p}{\varepsilon_p} \tag{3-17}$$

$$\sigma'_0 = \frac{N_{al}}{A_{sc}} \tag{3-18}$$

$$A_1 = 1 - \frac{E'}{E}\left(\frac{f_p}{f_y}\right)^2 \tag{3-19}$$

$$B_1 = 1 - \frac{E'}{E}\frac{f_p}{f_y} \tag{3-20}$$

式中，A_{sc} 为圆钢管钢渣混凝土柱截面面积；E' 为圆钢管钢渣混凝土的强化模量；ε_p 为圆钢管钢渣混凝土柱组合比例极限应变；f_p 为试件轴压组合比例极限；f_y 为试件组合屈服强度。

为考虑钢管与钢渣混凝土之间自应力的影响，引入钢渣混凝土强度增强系数 μ 对 f_y 进行修正，其表达式分别为：

$$f_y = (1.212 + C_1\theta + D_1\theta^2)\mu f_{co} \tag{3-21}$$

$$E' = \begin{cases} 5000\alpha + 550 & \theta \geqslant 0.96 \\ 400\theta - 150 & \theta < 0.96 \end{cases} \tag{3-22}$$

$$\varepsilon_p = \frac{0.67 f_{sy}}{E_s} \tag{3-23}$$

$$f_p = \left(0.192\frac{f_{sy}}{235} + 0.488\right) f_y \tag{3-24}$$

式中，α 为含钢率，取 $\alpha = \frac{A_s}{A_c}$；C_1 和 D_1 分别为通过回归分析得到的参数，其表达式分别为：

$$C_1 = 0.1759\frac{f_{sy}}{235} + 0.974 \tag{3-25}$$

$$D_1 = -0.1038\frac{\mu f_{co}}{20} + 0.0309 \tag{3-26}$$

将式（3-15）和式（3-16）代入式（3-14），可得：

$$N_{al} = \frac{A_1 f_y A_{sc}}{B_1} - \frac{L^2(f_y - f_p)f_p}{\pi^2 EIB_1} \tag{3-27}$$

c 轴压中长柱承载力简化计算公式

试验研究表明，长径比对轴压试件承载力有较大影响，随着长径比增大，轴压试件承载力逐渐降低，因此，在轴压短柱承载力基础上，通过对数据回归分析，得到轴压圆钢管钢渣混凝土中长柱承载力简化计算公式，其表达式为：

$$N'_{al} = \varphi_1 N_a \tag{3-28}$$

式中，N'_{al} 为轴压中长柱稳定承载力；φ_1 为试件稳定系数。

通过对试验数据回归分析（如图 3-12 所示），可得 φ_1 与轴压试件长径比 L/D 的关系如式（3-29）所示。

$$\varphi_1 = 0.003923\left(\frac{L}{D}\right)^2 - 0.08683\frac{L}{D} + 1.26 \tag{3-29}$$

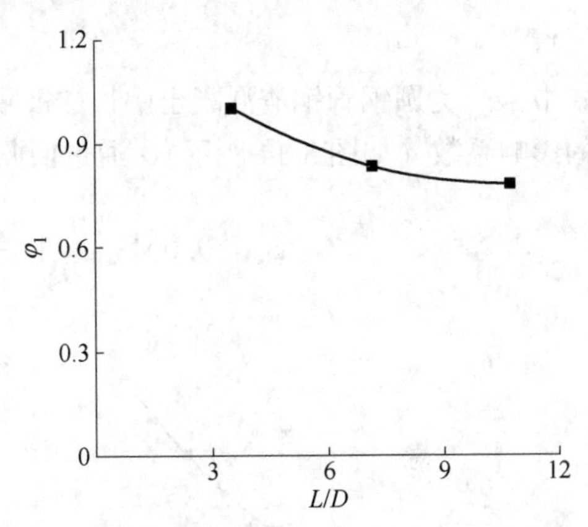

图 3-12 稳定系数 φ_1 与长径比 L/D 的关系

d 公式验证

表 3-7 为圆钢管钢渣混凝土轴压中长柱承载力计算结果与试验结果的比较，理论公式计算值 N_{al} 与试验值 N_{ae} 之比的平均值为 0.992，均方差为 0.015；简化计算公式计算值 N'_{al} 与试验值之间的平均值为 1.05，均方差为 0.023。因此，本节提出的中长柱承载力计算公式具有较高的计算精度。

表 3-7 圆钢管钢渣混凝土轴压中长柱承载力试验值与计算值比较

试件编号	$\frac{D}{t_s}$	$\frac{L}{D}$	P_{ct}	N_{al} /kN	N_{ae} /kN	N'_{al} /kN	$\frac{N_{al}}{N_{ae}}$	$\frac{N'_{al}}{N_{ae}}$
SCA7-1	38.56	7.14	2.8×10^{-4}	806.24	858.3	855	0.993	1.028
SCA8-1		10.71		789.59	799.2	794	0.990	1.073

3.1.3.2 极限压应变计算模型

A 轴压短柱极限压应变计算公式

极限压应变是衡量圆钢管自应力钢渣混凝土柱变形能力的重要指标。为得到轴压短柱的极限压应变，对试验数据进行回归整理分析（如图 3-13 所示），提出式（3-30）所示的圆钢管自应力钢渣混凝土短柱轴向极限压应变计算公式。

$$\varepsilon_{au} = k_a(0.0027\theta^2 - 0.0057\theta + 0.0154) \tag{3-30}$$

式中，ε_{au} 为圆钢管钢渣混凝土短柱极限压应变，k_a 为极限压应变折减系数，当试件核心钢渣混凝土膨胀率为-3.5×10^{-4}时，取 $k_a = 0.95$，当试件核心钢渣混凝土膨胀率为 2.8×10^{-4}时，取 $k_a = 1$。

B　轴压中长柱极限压应变计算公式

试验结果表明，长径比对轴压试件极限压应变的影响也比较明显。在轴压短柱极限压应变计算公式基础上，引进试件稳定系数 φ_s，提出了式（3-31）所示的圆钢管自应力钢渣混凝土轴压中长柱极限压应变简化计算公式。

$$\varepsilon_{al} = \varphi_s \cdot \varepsilon_a \tag{3-31}$$

式中，ε_{al} 为圆钢管钢渣混凝土中长柱极限压应变；φ_s 为长径比对试件极限压应变的影响系数（如图 3-14 所示），通过回归分析可得其表达式为：

$$\varphi_s = 0.0043\left(\frac{L}{D}\right)^2 - 0.105\frac{L}{D} + 1.32 \tag{3-32}$$

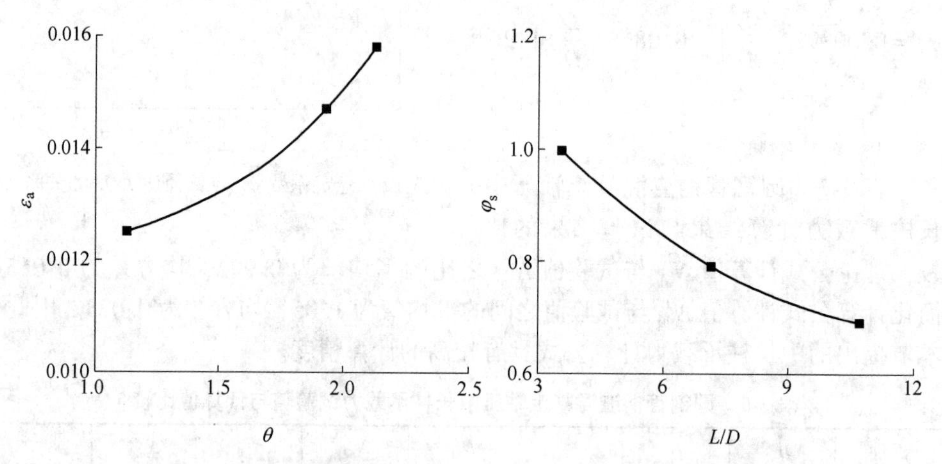

图 3-13　极限压应变与套箍系数的关系　　图 3-14　稳定系数与长径比的关系

表 3-8 给出了圆钢管自应力钢渣混凝土轴压柱极限压应变理论计算结果与试验结果对比情况。轴压短柱和轴压中长柱极限压应变理论计算值与试验实测极限压应变值偏差均较小，对于轴压短柱，两者比值的均值为 0.9113，均方差为 0.1098，对于轴压中长柱，两者比值的均值为 0.9134，均方差为 0.0385。结果表明极限压应变计算公式的计算理论值与试验值吻合良好。

表 3-8 轴压试件极限压应变计算结果与试验结果比较

试件编号	$\frac{L}{D}$	P_{ct}	ε_{ae}	ε_{au}^{c}	ε_{al}^{c}	$\frac{\varepsilon_{au}^{c}}{\varepsilon_{ae}}$	$\frac{\varepsilon_{al}^{c}}{\varepsilon_{ae}}$
SCA1-1	3.57	2.8×10^{-4}	0.0125	0.0130	—	1.0402	—
SCA2-2		-3.5×10^{-4}	0.0119	0.0126		1.0588	—
SCA3-1		2.8×10^{-4}	0.0147	0.0125	—	0.8503	—
SCA4-2		-3.5×10^{-4}	0.0134	0.0118		0.8806	—
SCA5-1		2.8×10^{-4}	0.0158	0.0128	—	0.8101	—
SCA6-2		-3.5×10^{-4}	0.0151	0.0120		0.8276	—
SCA7-1	7.14	2.8×10^{-4}	0.0123	—	0.0109	—	0.8862
SCA8-1	10.71	2.8×10^{-4}	0.0101	—	0.0095	—	0.9406

注：ε_{au}^{c} 为圆钢管钢渣混凝土短柱极限压应变计算值；ε_{al}^{c} 为圆钢管钢渣膨胀混凝土中长柱极限压应变计算值。

3.1.3.3 应力-应变关系模型

试验中涉及影响轴压钢管自应力钢渣混凝土柱承载力的因素较多，为了便于轴压构件的理论分析和工程应用，确定其应力-应变关系模型是非常有必要的。本书通过对试验数据的回归分析，给出了应力-应变关系数学表达式。

$$\sigma_a = a_2\varepsilon_a^3 + b_2\varepsilon_a^2 + c_2\varepsilon_a + d_2 \tag{3-33}$$

式中，σ_a 为轴压圆钢管自应力钢渣混凝土柱压应力；a_2、b_2、c_2 和 d_2 分别为回归分析得到的参数，其表达式分别为：

$$a_2 = -6.33\psi^3 + 2.51\psi^2 - 2.34\psi + 8.01 \tag{3-34}$$

$$b_2 = 4.62\psi^3 - 1.53\psi^2 + 1.62\psi + 7.10 \tag{3-35}$$

$$c_2 = 829.25\psi^3 - 325.34\psi^2 + 475.12\psi + 163.43 \tag{3-36}$$

$$d_2 = -102.35\psi^3 + 319.73\psi^2 - 324.13\psi + 110.44 \tag{3-37}$$

式中，ψ 为考虑长径比和约束效应影响的系数，取 $\psi = \varphi_1 \cdot \theta$，其中试验数据回归分析得出的稳定系数 φ_1 按式（3-29）计算。

图 3-15 给出了部分试件拟合出的应力-应变全过程曲线和试验实测的应力-应变全过程曲线对比情况。由图可见，由拟合公式计算出的试件轴压应力-应变本构关系能较好地反映出试验实测结果。

3.1.3.4 全过程分析

分析轴压圆钢管钢渣混凝土柱力学性能，在钢管和钢渣混凝土应力-应变关系模型的基础上，采用纤维模型法，编制 MATLAB 程序，建立轴压圆钢管钢渣混凝土柱数值分析模型。

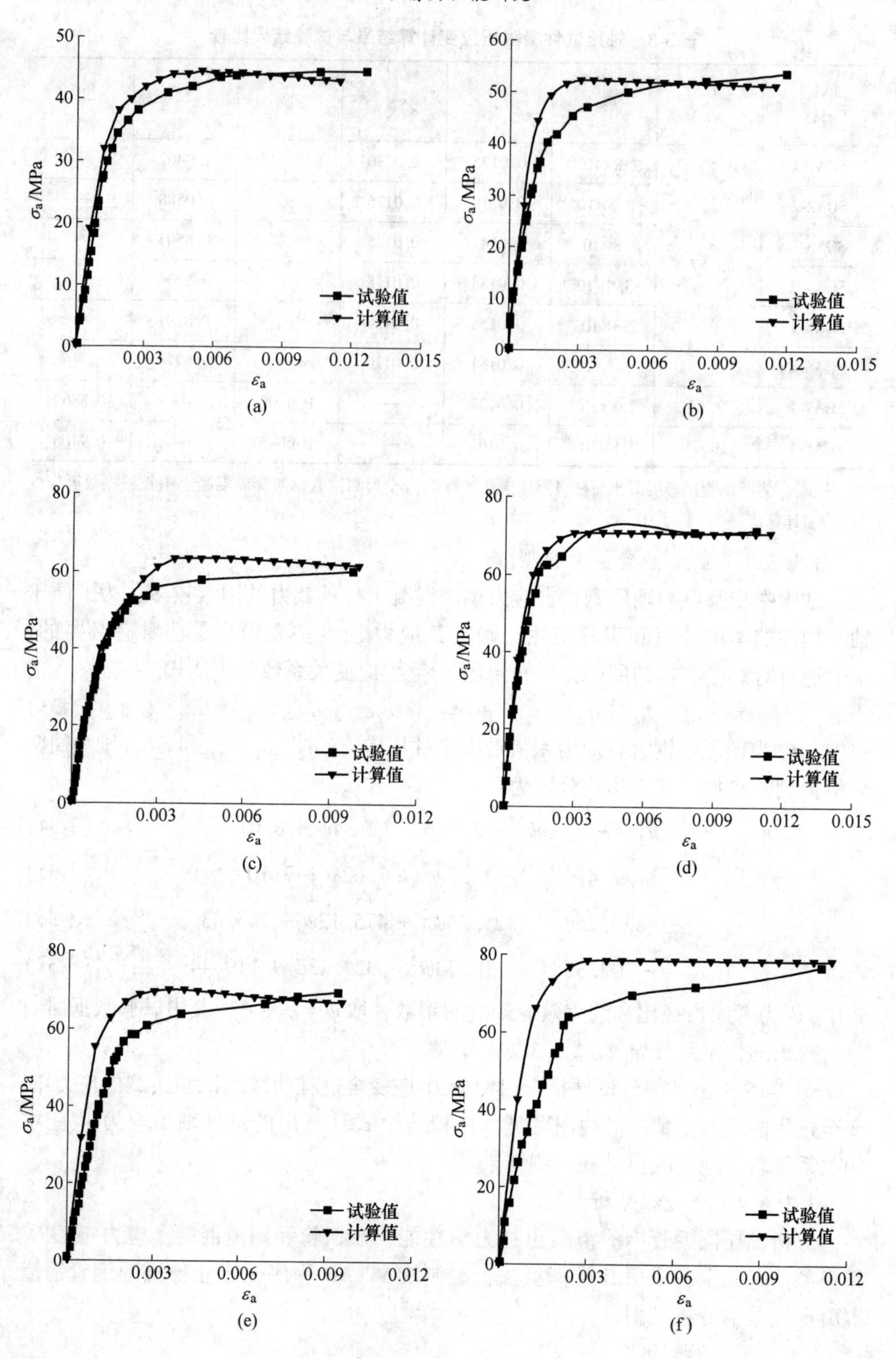

σa/MPa
εa
试验值
计算值
(a)
(b)
(c)
(d)
(e)
(f)

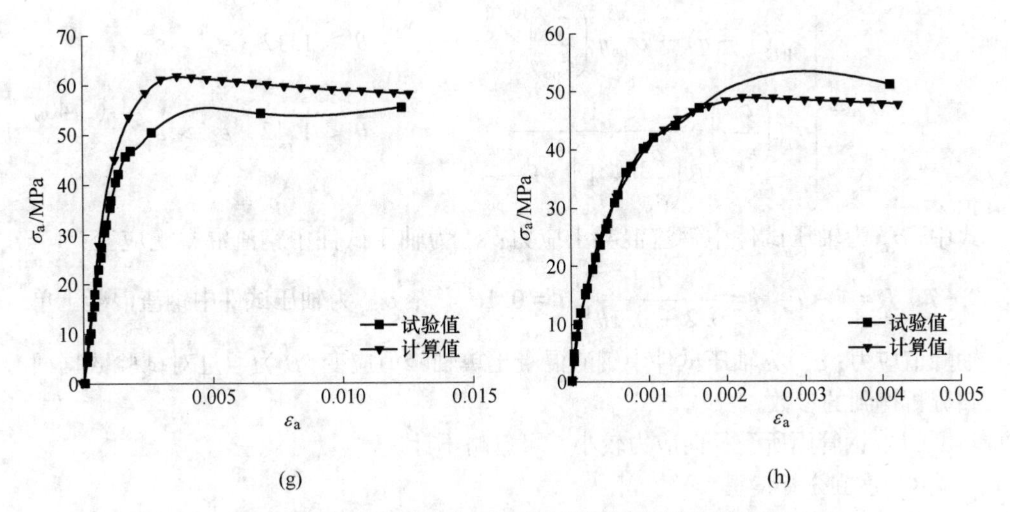

图 3-15 轴压试件应力-应变关系计算值与试验值比较

(a) 试件 SCA1-1；(b) 试件 SCA2-2；(c) 试件 SCA3-1；(d) 试件 SCA4-2；(e) 试件 SCA5-1；(f) 试件 SCA6-2；(g) 试件 SCA7-1；(h) 试件 SCA8-1

A 基本假设

(1) 钢管与核心钢渣混凝土之间无滑移。

(2) 钢管应力-应变关系[97]采用图 3-16 及式（3-38）所示模型。

$$\sigma_s = \begin{cases} E_s \varepsilon_s & 0 \leqslant \varepsilon_s \leqslant \varepsilon_{s1} \\ f_{sy} & \varepsilon_{s1} \leqslant \varepsilon_s \leqslant \varepsilon_{s2} \\ f_{sy} + E_{st}(\varepsilon_s - \varepsilon_{s2}) & \varepsilon_{s2} \leqslant \varepsilon_s \leqslant \varepsilon_{s3} \\ f_{su} & \varepsilon_s \geqslant \varepsilon_{s3} \end{cases} \tag{3-38}$$

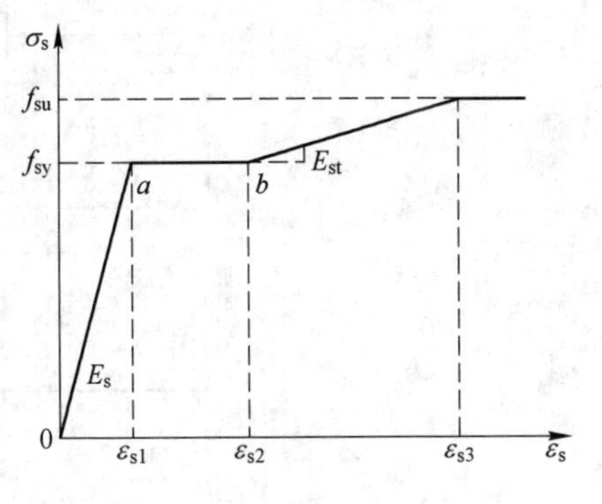

图 3-16 钢管应力-应变关系

式中，σ_s 为钢材等效应力；ε_s 为钢材等效应变；ε_{s1} 为钢材屈服应变，ε_{s2} 为钢材强化时应变，取 $\varepsilon_{s2} = 12\varepsilon_{s1}$；$\varepsilon_{s3}$ 为钢材达到极限强度时应变，取 $\varepsilon_{s3} = 120\varepsilon_{s1}$；$E_s$ 为钢材弹性模量，取 $E_s = 200\text{GPa}$；f_{sy} 为钢材屈服强度；f_{su} 为钢材极限强度，取 $f_{su} = 1.5f_{sy}$。

(3) 核心钢渣混凝土应力-应变关系采用式（3-39）和式（3-40）所示模型：

$$\sigma_c = \sigma_{po}\left[A\frac{\varepsilon_c}{\varepsilon_{po}} - B\left(\frac{\varepsilon_c}{\varepsilon_{po}}\right)^2\right] \qquad \varepsilon_c \leqslant \varepsilon_{po} \tag{3-39}$$

$$\sigma_{c}=\begin{cases}\sigma_{po}(1-q)+\sigma_{po}q\left(\dfrac{\varepsilon_{c}}{\varepsilon_{po}}\right)^{0.1\theta} & \theta \geqslant 1.12 \quad \varepsilon_{c}>\varepsilon_{po}\\ \sigma_{po}\left(\dfrac{\varepsilon_{c}}{\varepsilon_{po}}\right)\dfrac{1}{\beta\left(\dfrac{\varepsilon_{c}}{\varepsilon_{po}}-1\right)^{2}+\dfrac{\varepsilon_{c}}{\varepsilon_{po}}} & \theta < 1.12 \quad \varepsilon_{c}>\varepsilon_{po}\end{cases} \tag{3-40}$$

式中，σ_c 为轴压试件中钢渣混凝土应力；ε_c 为轴压试件中钢渣混凝土应变；$A=2-T$，$B=1-T$，$q=\dfrac{T}{0.2+0.1\theta}$，$T=0.1\theta^{0.745}$；$\sigma_{po}$ 为轴压试件中钢渣混凝土单轴峰值应力；ε_{po} 为轴压试件中钢渣混凝土单轴峰值应变；β 为通过对试验数据回归分析得到的参数。

（4）钢管因所受径向应力较小，可忽略不计。

B　数值分析模型

基于上述假设，轴压圆钢管钢渣混凝土柱在受力过程中应符合内外力平衡条件，钢管与核心钢渣混凝土满足变形协调条件。根据内外力平衡条件和变形协调条件，编制 MATLAB 程序，建立轴压钢管钢渣混凝土柱数值分析模型，对轴压圆钢管钢渣混凝土柱应力-应变关系进行分析。图 3-17 为该程序计算流程图。

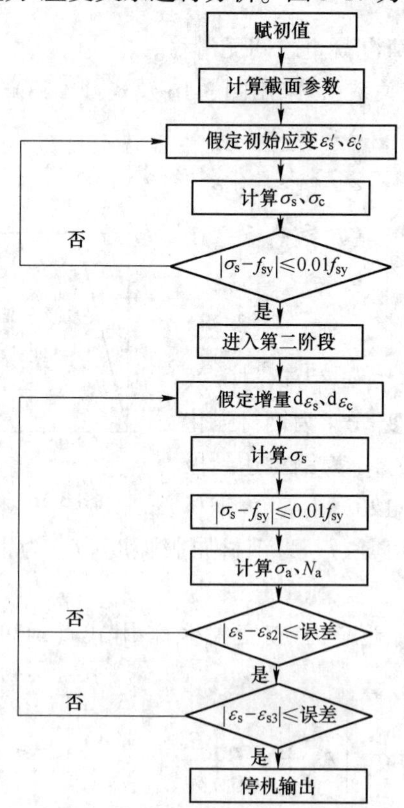

图 3-17　轴压试件数值分析流程图

具体分析过程如下：

（1）假定钢管与钢渣混凝土初始轴向应变分别为 ε'_s 和 ε'_c；

（2）根据变形协调条件和钢管与核心钢渣膨胀混凝土的应力-应变关系，计算得到对应 ε'_s 和 ε'_c 的钢管与核心钢渣混凝土的应力 σ_s 和 σ_c；

（3）根据内力平衡条件和钢管与核心钢渣混凝土的应力，计算对应 ε'_s 和 ε'_c 的试件承载力 N_a 和轴向应力 σ_a；

（4）假定应变增量 $d\varepsilon_s$ 和 $d\varepsilon_s$，重复步骤（1）~步骤（3）；

（5）当不满足 $\sigma_s \leqslant f_{sy}$ 后，试件进入弹塑性阶段，假定应变增量 $d\varepsilon_s$ 和 $d\varepsilon_s$，重复步骤（1）~步骤（3），输出试件应力-应变关系曲线。

C 分析程序验证

根据非线性分析程序，得出轴压圆钢管钢渣混凝土柱应力-应变关系曲线计算值，图 3-18 为轴压试件应力-应变关系计算结果与试验结果比较，从图中可以看出，数值分析模型计算结果与试验结果吻合较好。

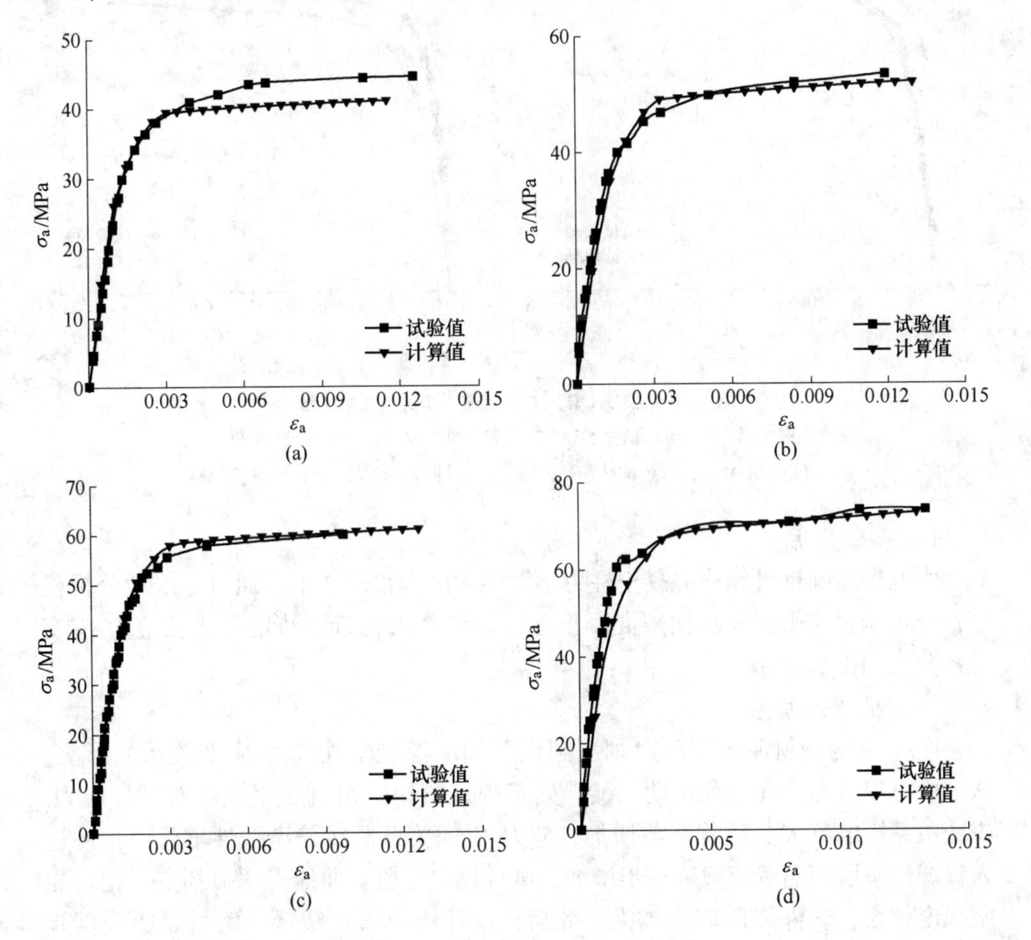

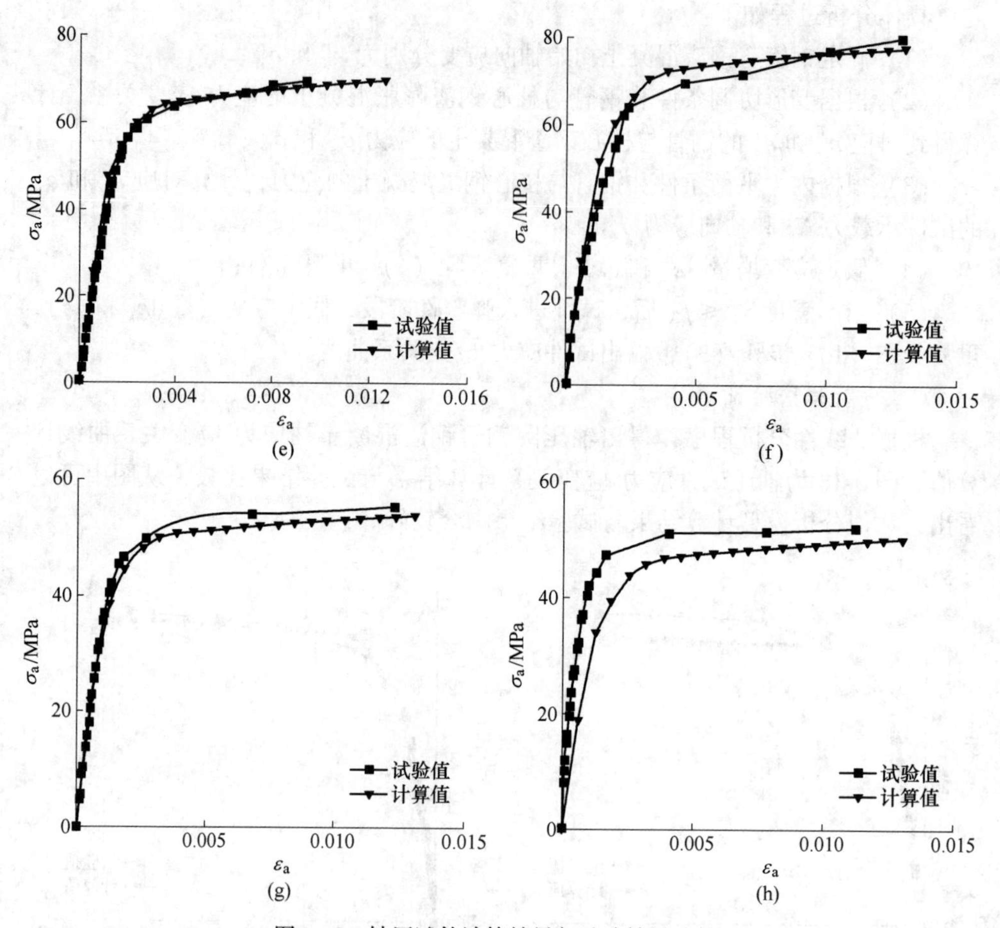

图 3-18　轴压试件计算结果与试验结果比较

（a）试件 SCA1-1；（b）试件 SCA2-2；（c）试件 SCA3-1；（d）试件 SCA4-2；
（e）试件 SCA5-1；（f）试件 SCA6-2；（g）试件 SCA7-1；（h）试件 SCA8-1

D　参数分析

影响轴压圆钢管钢渣混凝土柱力学性能的因素很多，本书通过非线性分析程序，分析钢材屈服强度和钢渣混凝土强度等级对圆钢管钢渣混凝土柱应力-应变关系曲线的影响规律。

a　钢材屈服强度

图 3-19 为钢材屈服强度对轴压圆钢管钢渣混凝土柱应力-应变关系的影响，从图中可以看出，在加载初期，试件处于弹性阶段，钢材屈服强度对试件应力-应变关系影响不大。随着荷载增加，应力-应变关系曲线偏离线性增长，试件进入弹塑性阶段。随着荷载进一步增加，试件发生屈服，曲线有明显拐点，钢材屈服强度越大，试件屈服应力越大。此后，试件应力增长缓慢，钢材屈服强度越

大，试件应变增长速度越慢。

b 钢渣混凝土强度等级

图3-20为钢渣混凝土强度等级对轴压圆钢管钢渣混凝土柱应力-应变关系的影响，从图中可以看出，在加载初期，试件处于弹性阶段，钢渣混凝土强度等级对试件应力-应变关系影响不大。随着荷载增加，应力-应变关系曲线偏离线性增长，试件进入弹塑性阶段。随着荷载进一步增加，试件发生屈服，曲线有明显拐点，钢渣混凝土强度越大，试件屈服应力越大。此后，试件应力有下降趋势，应变迅速增长，且钢渣混凝土强度越高，曲线下降趋势越明显，试件应变增长速度越慢。

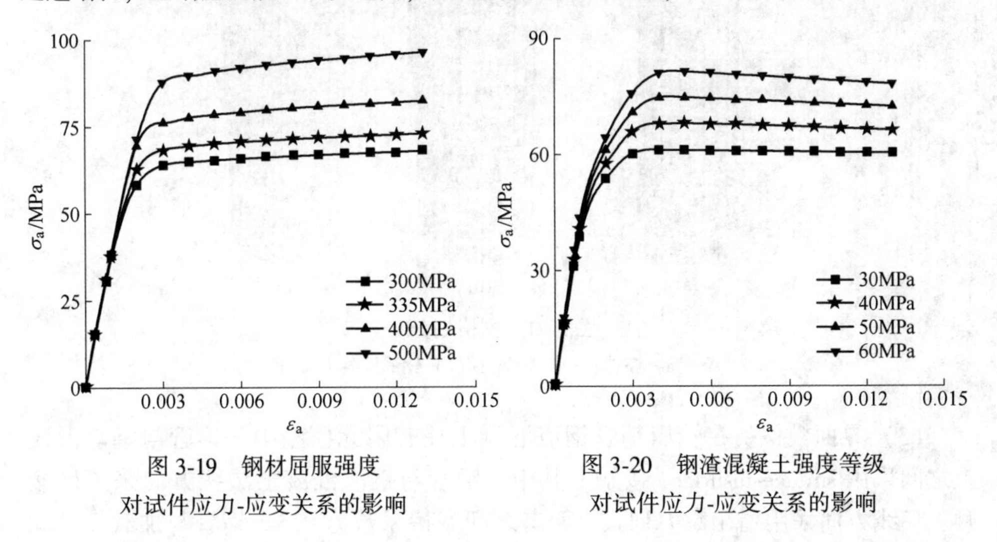

图3-19 钢材屈服强度对试件应力-应变关系的影响

图3-20 钢渣混凝土强度等级对试件应力-应变关系的影响

3.1.4 轴压柱有限元分析

在材料合理的应力-应变关系模型的基础上，选取单元类型，确定边界条件与加载方式，进行网格划分，定义收敛准则，建立轴压荷载作用下圆钢管钢渣膨胀混凝土柱有限元分析模型，并验证有限元分析模型的正确性。利用该模型分析圆钢管钢渣膨胀混凝土柱的受力性能，揭示钢管与核心钢渣混凝土在加载过程中的工作机理。

3.1.4.1 材料应力-应变关系模型

在圆钢管钢渣混凝土轴压柱有限元模型中，核心钢渣混凝土应力-应变关系模型按照式(3-39)和式(3-40)计算，钢材应力-应变关系模型按照式(3-38)计算。

3.1.4.2 轴压柱有限元模型

(1) 单元选取。与核心钢渣混凝土相比，钢管尺寸较小，因此，钢管采用四节点完全积分的壳单元（S4R）来模拟，沿壳单元厚度方向采用九节点的Simpson积分。核心钢渣混凝土采用八节点减缩积分的三维实体单元来模拟。

（2）网格划分。网格划分是影响有限元模型计算结果的重要因素，网格划分的精细程度及质量好坏直接影响模型分析过程是否顺利，计算结果是否准确。本书采用结构化网格划分技术，每个网格尺寸为2cm。具体网格划分如图3-21所示。

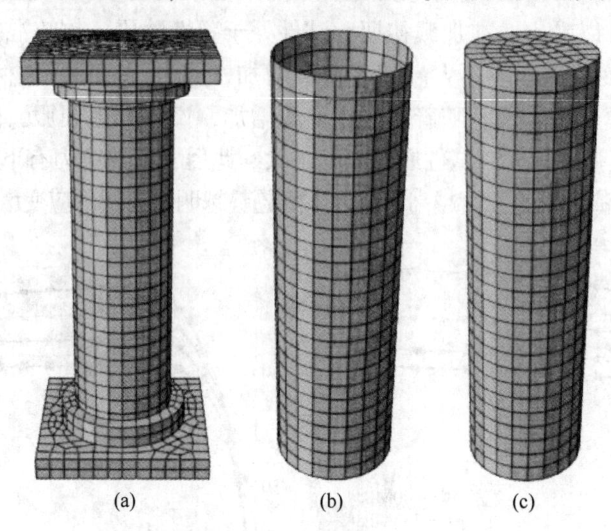

图3-21 网格划分

（a）整体；（b）钢管；（c）钢渣混凝土

（3）界面模拟。在轴压钢管钢渣混凝土柱有限元模型中，钢管与钢渣混凝土之间采用 surface-tosurface 接触，其中，钢管与钢渣混凝土法线方向采用硬接触，切线方向采用罚函数力列式，两者之间摩擦系数为0.5。钢管与加载板之间采用 shell-to-solid-coupling 约束，混凝土与加载板之间采用 tie 约束。

（4）加载方式及边界条件。在轴压钢管钢渣混凝土柱有限元分析模型中，采用位移加载方式，轴压圆钢管钢渣混凝土柱的底边采用固定约束，柱顶端采用 X 和 Y 方向的约束，保证试件只在 Z 方向产生位移。

（5）非线性方程求解过程。非线性有限元分析模型采用增量迭代法求解。为便捷有效的求解非线性方程，采用自动增量步长，初始增量步设置为0.01，最小增量步设置为 1×10^{-5}，最大增量步设置为10，按照牛顿法进行迭代计算。

3.1.4.3 有限元模型验证

表3-9为轴压圆钢管钢渣混凝土柱承载力和极限压应变有限元模型计算结果与试验结果的比较，表中 N_{ac} 和 ε_{ac} 分别为有限元模型计算的轴压承载力和极限压应变，有限元模型计算的试件承载力 N_{ac} 与试验值 N_{ae} 之比的平均值为1.051，均方差为0.0691，有限元模型计算的试件极限压应变 ε_{ac} 与试验值 ε_{a} 之比的平均值为0.948，均方差为0.0156，因此，本书建立的轴压试件有限元模型具有较高的计算精度。

表 3-9　轴压试件有限元计算结果与试验结果比较

试件编号	$\frac{D}{t_s}$	P_{ct}	N_{ae} /kN	ε_{au}	N_{af} /kN	ε_{af}	$\frac{N_{ac}}{N_{ae}}$	$\frac{\varepsilon_{ac}}{\varepsilon_{au}}$
SCA1-1	67.30	2.8×10^{-4}	625	−0.0125	711	−0.0117	1.138	0.936
SCA2-2		-3.5×10^{-4}	737	−0.0119	841	−0.0113	1.141	0.950
SCA3-1	38.56	2.8×10^{-4}	1016	−0.0147	1035	−0.0139	1.019	0.946
SCA4-2		-3.5×10^{-4}	1147	−0.0134	1141	−0.0131	0.995	0.978
SCA5-1	33.17	2.8×10^{-4}	1123	−0.0158	1129	−0.0148	1.005	0.937
SCA6-2		-3.5×10^{-4}	1223	−0.0151	1231	−0.0142	1.007	0.940

图 3-22 所示为轴压圆钢管钢渣混凝土柱应力-应变关系曲线有限元模型计算结果与试验结果的比较，从图中可以看出，非线性有限元模型计算值与试验值吻合较好。

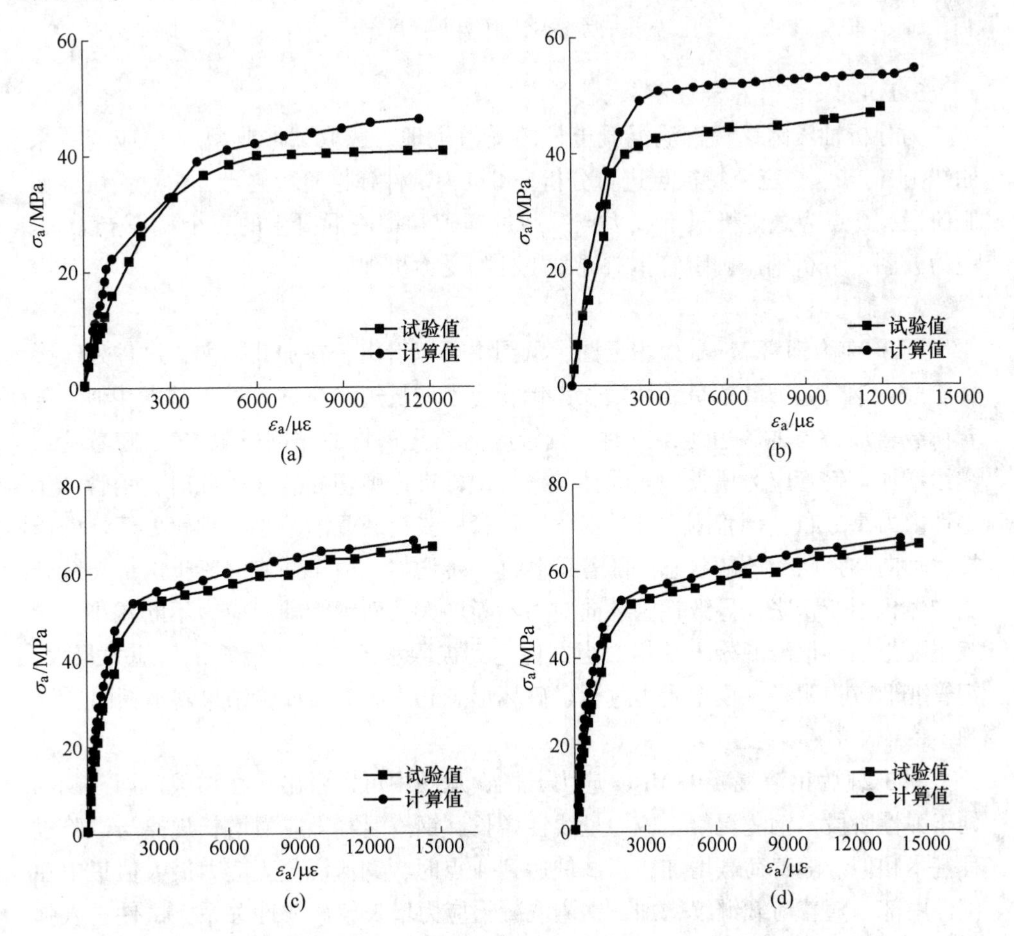

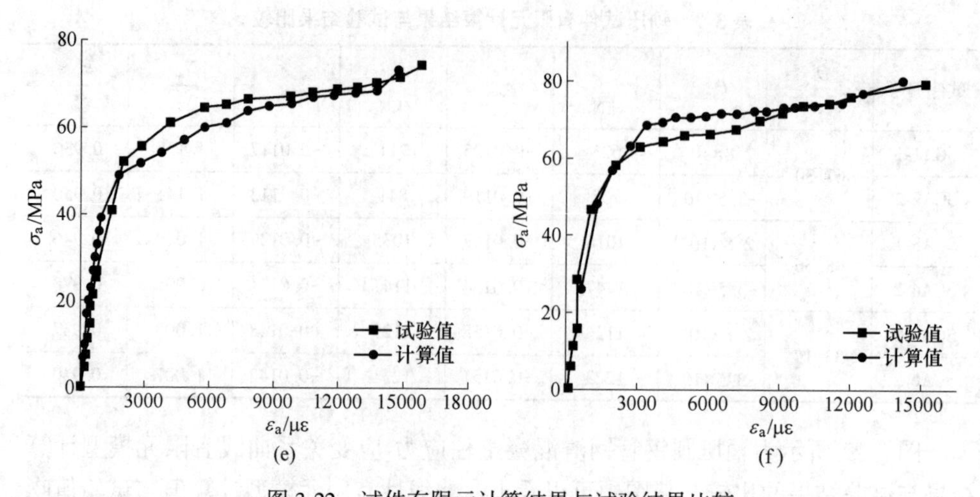

图 3-22 试件有限元计算结果与试验结果比较

(a) 试件 SCA1-1；(b) 试件 SCA2-2；(c) 试件 SCA3-1；(d) 试件 SCA4-2；
(e) 试件 SCA5-1；(f) 试件 SCA6-2

3.1.4.4 工作机理分析

为分析轴压圆钢管钢渣混凝土柱的受力机理，选取试件典型应力-应变关系曲线上 A、B、C 三个特征点进行分析。A 点为试件弹性阶段终点，B 点为试件屈服阶段，C 点为试件极限承载力点。通过钢管和钢渣混凝土的三个特征点 Mises 应力云图，分析轴压圆钢管钢渣混凝土柱的受力机理。

A 钢管

图 3-23 为钢管 Mises 应力云图，从图中可以看出，在加载初期，试件处于弹性阶段，钢管应力基本呈线性增长，钢管应力增长规律与试验过程基本相似。随着荷载增加，当试件达到 A 点时，钢管应力约为钢材的比例极限 f_{sp}。随着荷载继续增加，钢管应力增长偏离线性关系，试件进入弹塑性阶段，此时，钢管产生塑性内力重分布，钢管刚度开始退化，钢管所受荷载逐渐减小，钢管处于环向受拉，轴向和径向受压的状态。随着荷载进一步增加，由于钢渣混凝土内部裂缝开展和体积不断膨胀，导致钢管环向应力不断增大，而钢管轴向应力不断减小，荷载主要由核心钢渣混凝土承担，当试件达到极限承载力时，钢管中部应力最大，钢管变形较为明显，模型受力过程、破坏形态和承载力与试验结果基本相同。

B 钢渣混凝土

图 3-24 为钢渣混凝土 Mises 应力云图，从图中可以看出，在加载初期，试件处于弹性阶段，钢渣混凝土应力呈线性增长，钢渣混凝土应力增长规律与试验过程基本相似。随着荷载增加，当试件达到 A 点时，钢渣混凝土应力最大值集中在试件中部。随着荷载继续增加，钢渣混凝土应力增长偏离线性关系，试件进入弹

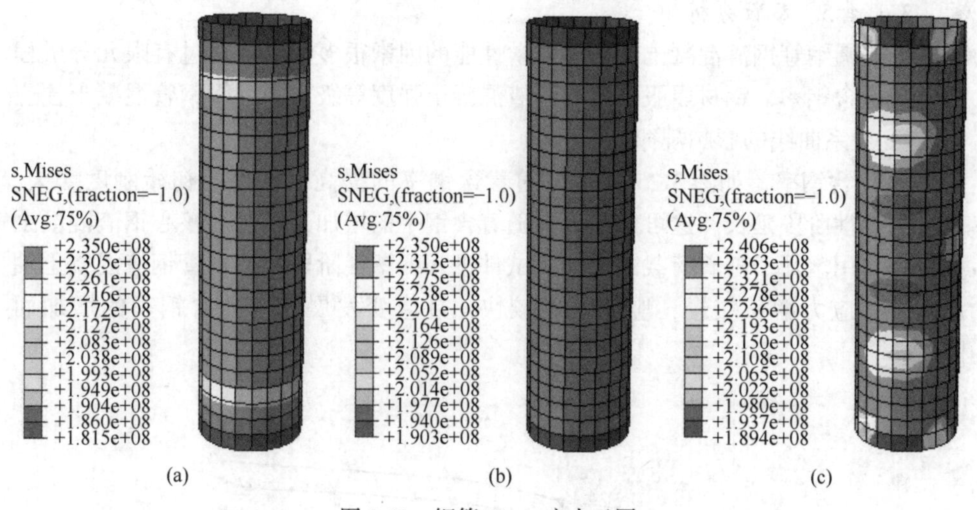

图 3-23 钢管 Mises 应力云图

(a) A 点；(b) B 点；(c) C 点

塑性阶段，此时，与钢管相比，钢渣混凝土所受荷载较大，这主要因为，与钢管相比，钢渣混凝土刚度退化速度较慢，由于钢管的约束作用，使钢渣混凝土处于三向受压状态。随着荷载进一步增加，主要荷载由钢渣混凝土承担，钢渣混凝土内部裂缝和体积不断增加，其横向变形迅速发展，当试件达到极限承载力时，约束钢渣混凝土峰值应力大于钢渣混凝土单轴抗压强度，其变形较为明显，模型受力过程、破坏形态和承载力与试验结果基本相同。

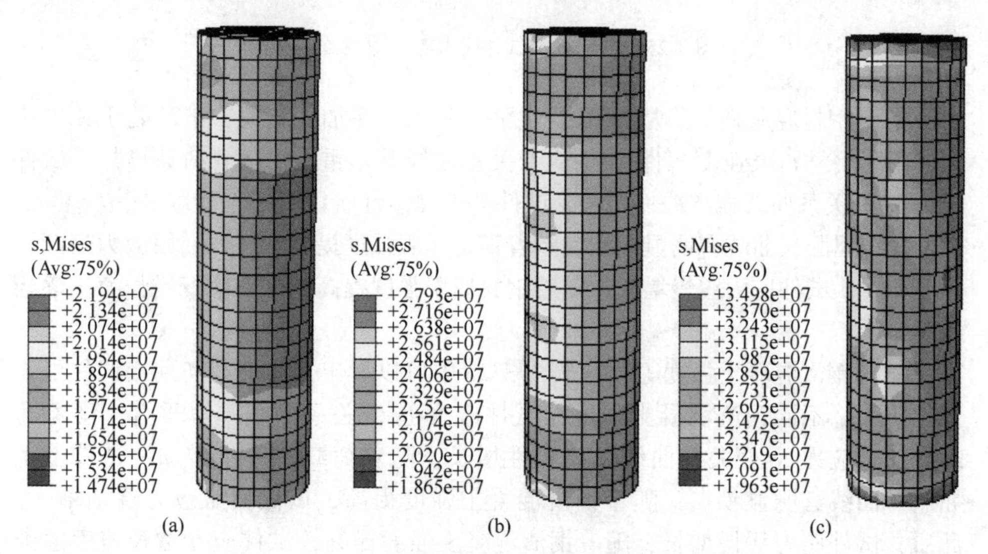

图 3-24 钢渣混凝土 Mises 应力云图

(a) A 点；(b) B 点；(c) C 点

3.1.4.5　参数分析

影响圆钢管钢渣混凝土轴压柱力学性能的因素很多，本节通过有限元分析程序，分析含钢率、钢材屈服强度和钢渣混凝土强度等级对圆钢管钢管混凝土柱应力-应变关系曲线的影响规律。

(1) 含钢率。如图 3-25 所示，随着含钢率的提高，试件的初始刚度增大，试件的弹性阶段延长。这可能是因为随着含钢率的增加，钢管对核心钢渣混凝土的约束作用增强。随着荷载的增加，试件进入弹塑性阶段，圆钢管钢渣混凝土轴压短柱的应力增长缓慢，应变发展较快，且应变发展速率随含钢率的增加而降低。

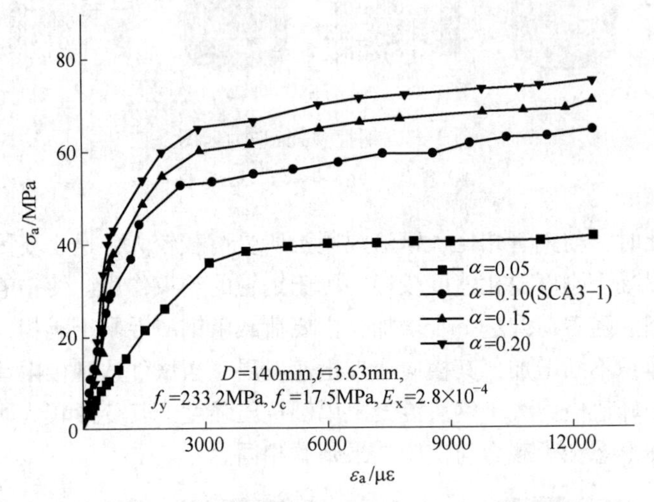

图 3-25　含钢率对试件应力-应变关系的影响

(2) 钢材屈服强度。从图 3-26 中可以看出，在加载初期，试件处于弹性阶段，不同钢材屈服强度试件应力-应变关系曲线基本重合。随着荷载增加，试件应力-应变关系曲线偏离线性增长，试件进入弹塑性阶段。随着荷载进一步增加，试件发生屈服，曲线有明显拐点，随着钢材屈服强度提高，试件屈服应力逐渐增大。此后，试件应力缓慢增长，随着钢材屈服强度提高，试件应变增长速度逐渐减小。

(3) 钢渣混凝土强度等级。从图 3-27 中可以看出，在加载初期，试件处于弹性阶段，不同钢渣混凝土强度的试件应力-应变关系曲线基本重合。随着荷载增加，应力-应变关系曲线偏离线性增长。随着荷载进一步增加，试件发生屈服，曲线有明显拐点，随着钢渣混凝土强度提高，试件屈服应力逐渐增大。此后，试件应力缓慢增长，随着钢渣混凝土强度提高，试件应变增长速度逐渐减小。

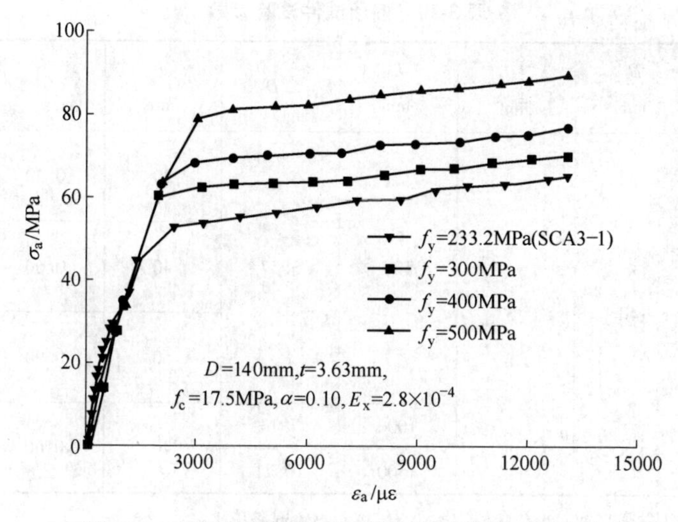

图 3-26 钢材屈服强度对试件应力-应变关系的影响

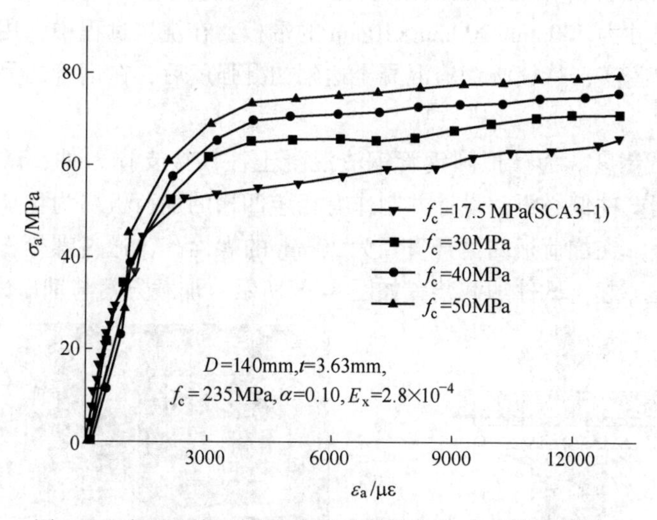

图 3-27 钢渣混凝土强度等级对试件应力-应变关系的影响

3.2 圆钢管自应力钢渣混凝土柱偏压性能研究

3.2.1 偏压柱试验研究

（1）试件设计。共设计 8 根圆钢管钢渣混凝土偏压柱试件，考虑了钢渣混凝土膨胀率、长径比和偏心距 3 个试验参数，所用材料与轴压柱相同，具体参数如表 3-10 所示。

表 3-10 偏压试件试验参数

试件编号	D /mm	t_s /mm	L /mm	L/D	e /mm	e/r_c	P_{ct}
SCA9-1	140	3.63	500	3.57	20	0.30	2.8×10^{-4}
SCA10-2							-3.5×10^{-4}
SCA11-1					40	0.60	2.8×10^{-4}
SCA12-2							-3.5×10^{-4}
SCA13-1					60	0.90	2.8×10^{-4}
SCA14-2							-3.5×10^{-4}
SCA15-1			1000	7.14	40	0.60	2.8×10^{-4}
SCA16-1			1500	10.71			2.8×10^{-4}

注：e 为荷载偏心距；e/r_c 为荷载偏心率；r_c 为核心钢渣混凝土半径。

（2）试件制作。在钢渣混凝土浇筑前，将钢管两端截面车平，并在钢管一端对中焊上尺寸为 300mm×300mm×10mm 的端板，在浇筑过程中，用振捣棒将钢渣混凝土振捣密实，待核心钢渣混凝土达到初凝强度后，在钢管的另一端对中焊上端板。

（3）加载制度。为模拟圆钢管钢渣混凝土柱铰接支撑条件，试件采用刀口铰加载。根据试件偏心距，设计并制作有相应凹槽的加荷板。为保证试验安全和试件对中准确，在加荷板四角开直径为 20mm 的螺栓孔，通过螺栓将其与试件两端端板固定在一起。试件加载装置如图 3-28 所示，加载方案与轴压试件相同。

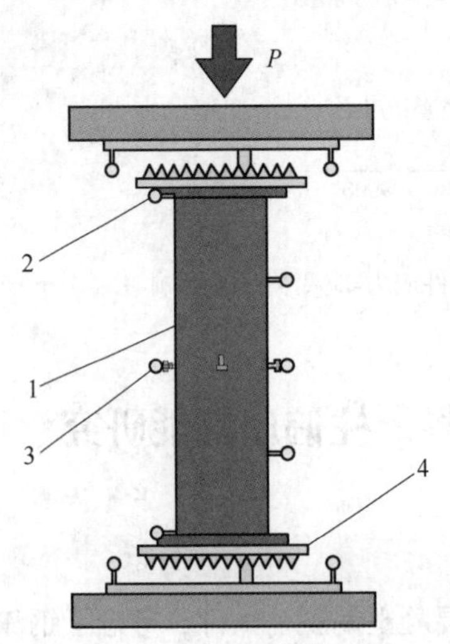

图 3-28 偏压试验加载图

1—偏压试件；2—位移计；3—应变片；4—刀口铰

（4）量测方案。为测得圆钢管钢渣混凝土偏压柱侧向挠度，在试件 1/4、1/2 和 3/4 高度处各设置 1 个位移计，并在试件两侧各设置 1 个位移计，以量测偏压试件轴向总变形。为测得偏压试件轴向和环向变形，在偏压短柱中部轴向和环向各布置 4 个应变片，在偏压长柱 1/4、1/2 和 3/4 高度处各布置 8 个应变片，其中 4 个应变片测量试件轴向变形，其余 4 个测量试件环向变形。

3.2.2　试验结果分析

3.2.2.1　破坏形态

A　圆钢管钢渣混凝土偏压短柱破坏形态

对于钢渣混凝土膨胀率为-3.5×10^{-4}的试件，在加载初期，试件处于弹性阶段，其应变和挠度呈线性增长，对于偏心距较小的试件，试件处于全截面受压状态，远离轴向力一侧试件轴向应变为负值；对于偏心距较大试件，其弹性阶段较短，这主要因为，随着偏心距增加，钢管对钢渣混凝土的约束作用减小。随着荷载增加，试件应变和挠度开始偏离线性增长，试件进入弹塑性阶段，试件靠近轴向力一侧应变增长速度大于远离轴向力一侧应变。随着试件附加挠度的产生，远离轴向力一侧钢渣混凝土的裂缝逐渐向靠近轴向力一侧开展。当荷载加到试件极限承载力的 80%左右时，试件发生屈服，出现明显挠曲变形。与轴压短柱相比，偏压短柱屈服承载力较小。随着荷载进一步增加，可以听到靠近轴向力一侧的钢渣混凝土被压碎的声音，偏心距越大，试件挠度增长速度随偏心距的增加而加快，与轴压短柱相比，偏压短柱极限承载力较小，试件发生压弯屈曲破坏，其破坏形态如图 3-29 所示。

(a)

(b)

(c)

图 3-29　圆钢管钢渣混凝土偏压短柱破坏形态

（a）试件 SCA10-2；（b）试件 SCA12-2；（c）试件 SCA14-2

B　圆钢管钢渣膨胀混凝土偏压短柱破坏形态

对于钢渣混凝土膨胀率为 2.8×10^{-4} 的试件，在加载初期，试件处于弹性阶段，与圆钢管钢渣混凝土偏压柱相比，圆钢管钢渣膨胀混凝土柱的试件弹性阶段较长，这主要因为，在自应力作用下，靠近轴向力一侧的钢渣混凝土一直处于三向受压状态，限制其远离轴向力一侧的裂缝过早开展。随着荷载增加，试件应变和挠度开始偏离线性增长，试件进入弹塑性阶段。当试件产生附加挠度时，远离轴向力一侧钢渣混凝土的裂缝逐渐向靠近轴向力一侧开展。当荷载加到试件极限承载力的85%左右时，试件发生屈服，出现明显挠曲变形，与轴压短柱相比，偏压短柱屈服承载力较小。随着荷载进一步增加，可以听到靠近轴向力一侧的钢渣混凝土被压碎的声音，随着偏心距增加，试件挠度增长速度加快。与圆钢管钢渣混凝土偏压短柱相比，圆钢管钢渣膨胀混凝土短柱的承载力提高幅度较大，与圆钢管钢渣膨胀混凝土轴压柱相比，偏压短柱承载力降低幅度较大，试件发生压弯屈曲破坏，其破坏形态如图 3-30 所示。

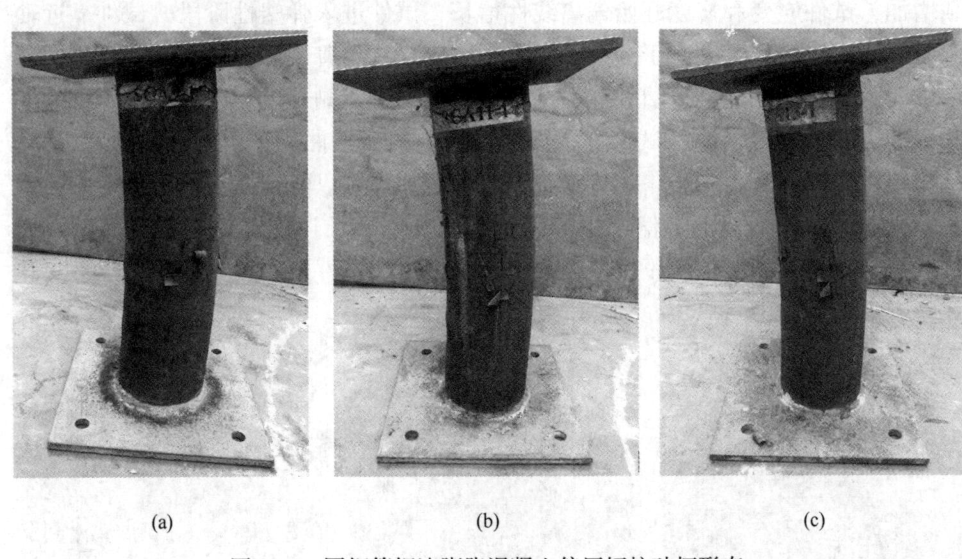

(a)　(b)　(c)

图 3-30　圆钢管钢渣膨胀混凝土偏压短柱破坏形态

（a）试件 SCA9-1；（b）试件 SCA11-1；（c）试件 SCA13-1

C　圆钢管钢渣膨胀混凝土偏压中长柱破坏形态

对于圆钢管钢渣混凝土偏压中长柱，在加载初期，试件处于弹性阶段，其变形与偏压短柱相似。随着荷载增加，试件产生附加挠度，远离轴向力一侧钢渣混凝土的裂缝逐渐向靠近轴向力一侧开展。当荷载加到试件极限承载力的85%左右时，试件发生屈服，试件出现明显挠曲变形，与偏压短柱和轴压中长柱相比，偏压中长柱屈服承载力较小。随着荷载进一步增加，试件挠曲变形逐渐增大，随着长径比增加，试件侧向挠度增长速度加快，与偏压短柱和轴压中长柱相比，偏压中长柱屈服承载力较小，试件发生弹塑性失稳破坏，其破坏形态如图 3-31 所示。

(a) (b)

图 3-31 圆钢管钢渣混凝土偏压中长柱破坏形态
（a）试件 SCA15-1；（b）试件 SCA16-1

3.2.2.2 承载力分析

表 3-11 为圆钢管钢渣混凝土偏压柱承载力试验结果，从表中可以看出，与膨胀率为-3.5×10^{-4}的试件相比，膨胀率为2.8×10^{-4}的试件承载力提高幅度较大，这主要因为，在钢管与钢渣混凝土之间的自应力作用下，试件中靠近轴向力一侧的钢渣混凝土一直处于三向受压状态，限制其远离轴向力一侧的裂缝过早开展。

表 3-11 圆钢管钢渣混凝土偏压柱试验结果

试件编号	e /mm	L/D	N_{et} /kN	N_{ee} /kN	$\frac{N_{ee}}{N_{et}}$	f_{ey} /mm	f_{eu} /mm	M_e /kN·m	Δ_{sc}
SCA9-1	20	3.57	590	684	1.159	1.61	12.44	22.18	7.73
SCA10-2			723	791	1.094	1.53	9.65	23.44	6.31
SCA11-1	40		433	489	1.129	1.68	13.25	26.99	7.88
SCA12-2			531	594	1.119	1.47	8.71	28.95	6.3
SCA13-1	60		350	398	1.137	2.79	14.13	29.19	5.06
SCA14-2			429	421	0.982	2.03	13.49	30.82	6.65
SCA15-1	40	7.14	345	403	1.168	2.75	6.53	18.75	2.37
SCA16-1		10.71	304	378	1.24	6.65	16.965	21.53	2.55

注：表中 N_{et} 为参照《钢管混凝土结构技术规程》（CECS 28：2012）计算的普通钢管混凝土偏压柱承载力；N_{ee} 为圆钢管钢渣混凝土偏压柱实测承载力；M_e 偏压试件极限弯矩；f_{ey} 和 f_{eu} 分别为试件屈服承载力和极限承载力对应的挠度；Δ_{sc} 为试件位移延性系数。

图 3-32 为各因素对圆钢管钢渣混凝土偏压柱承载力的影响，从图中可以看出，钢渣混凝土膨胀可显著提高偏压试件极限承载力，与膨胀率为-3.5×10^{-4}的试件相比，膨胀率为2.8×10^{-4}的圆钢管钢渣混凝土偏压柱极限承载力提高幅度较大；随着长径比增大，偏压试件极限承载力逐渐减小，但偏压试件极限承载力提高幅度逐渐增大；随着偏心距增大，圆钢管钢渣混凝土偏压柱承载力逐渐减小，

这主要因为，由于偏心距的作用，削弱了钢管对核心钢渣混凝土的约束效应，偏心距越大，钢管对核心钢渣混凝土的紧箍力越小；对于膨胀率为 2.8×10^{-4} 的试件，与轴压短柱相比，偏压短柱承载力提高幅度较大，当偏心距大于 20mm 时，试件承载力提高幅度逐渐减小。

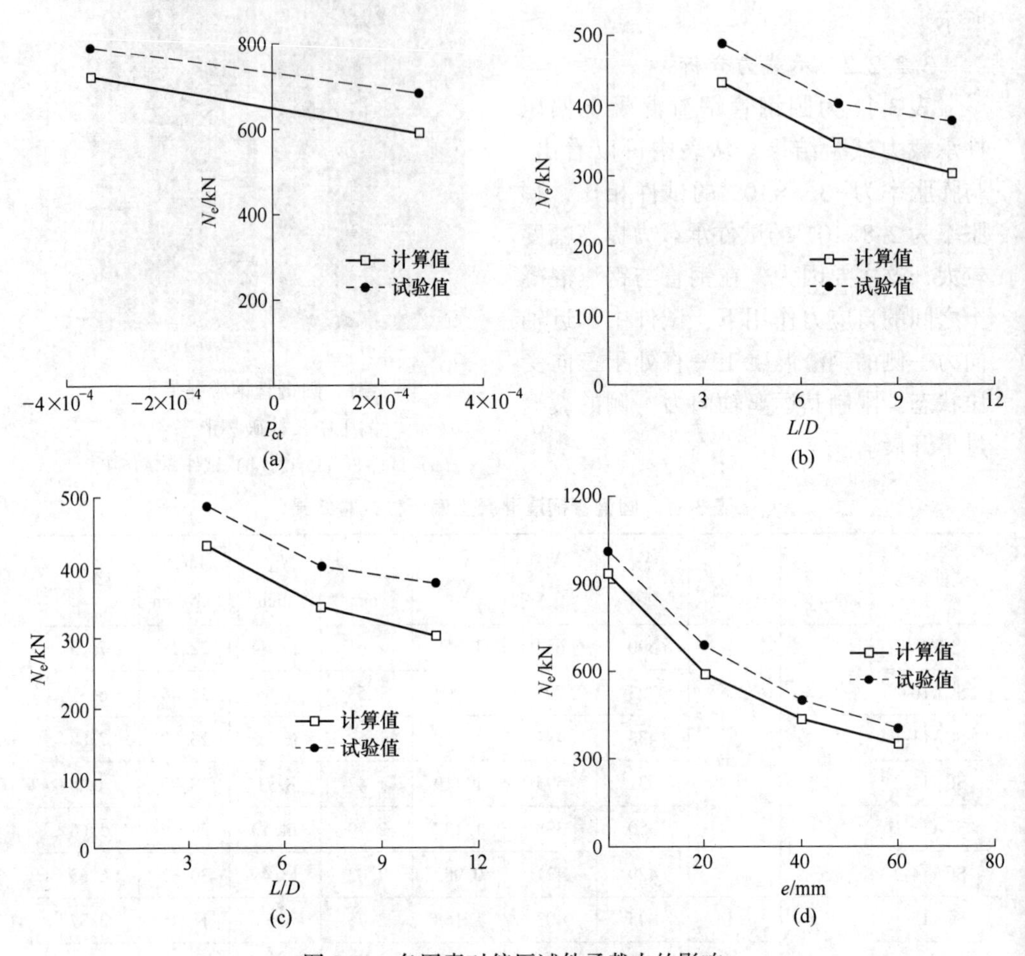

图 3-32　各因素对偏压试件承载力的影响

（a）膨胀率；（b）长径比；（c）偏心距（钢渣膨胀混凝土）；（d）偏心距（普通钢渣混凝土）

3.2.2.3　延性分析

延性是用来衡量试件变形能力的重要指标，本节用位移延性系数来反映圆钢管钢渣混凝土偏压柱的延性，按式（3-41）计算：

$$\Delta_{sc}=\frac{f_{eu}}{f_{ey}} \tag{3-41}$$

偏压试件位移延性系数计算结果如表 3-11 所示，图 3-33 为各因素对圆钢管钢渣混凝土偏压柱延性的影响。从图中可以看出，钢渣混凝土膨胀率对试件延性影响不大，不同膨胀率试件位移延性系数基本相同；随着长径比增大，试件位移延性系数逐渐减小；随着偏心距增大，试件位移延性系数逐渐减小。

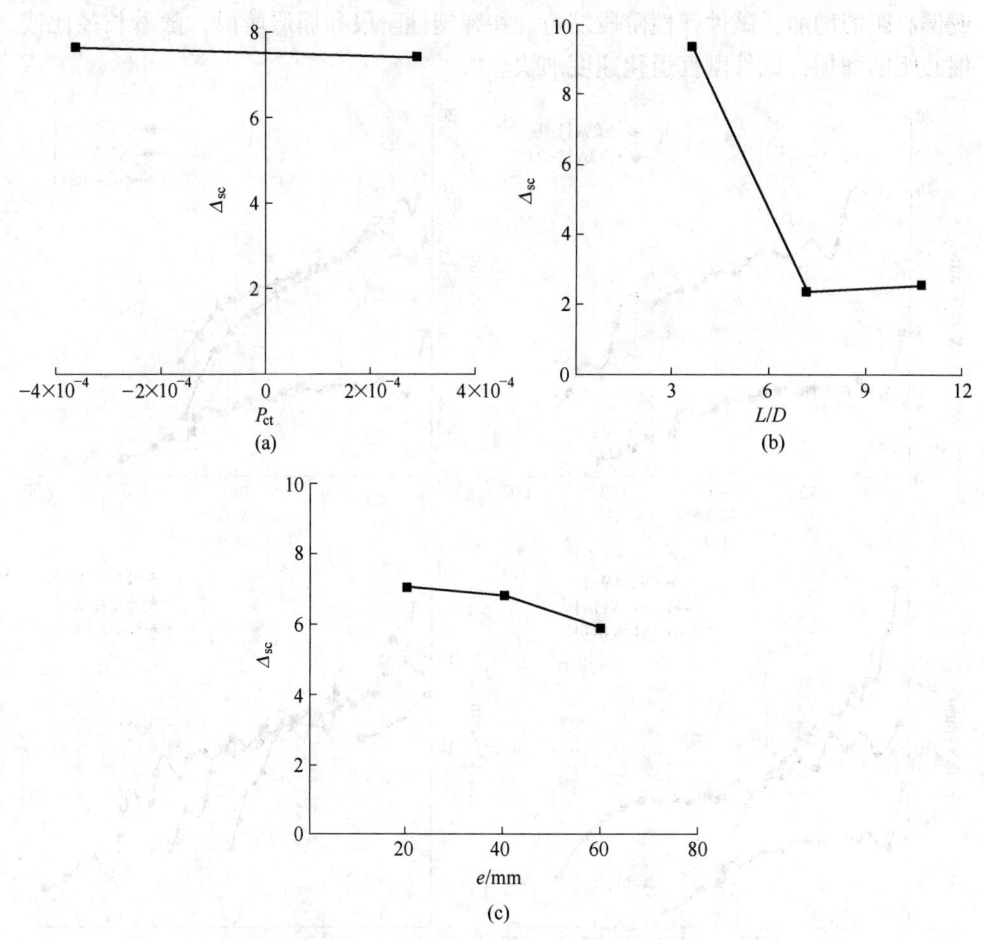

图 3-33 各因素对偏压试件延性的影响

(a) 膨胀率；(b) 长径比；(c) 偏心距

3.2.2.4 刚度分析

图 3-34 为各因素对圆钢管钢渣混凝土偏压柱刚度的影响，从图 3-34（a）中可以看出，在加载初期，试件刚度曲线呈水平状态，与轴压试件相比，偏压试件弹性阶段较短。随着荷载增加，试件进入弹塑性阶段，试件刚度开始退化，与膨胀率为 2.8×10^{-4} 的试件相比，膨胀率为 -3.5×10^{-4} 的试件刚度退化速度较快，这主要因为，在钢管与钢渣混凝土之间自应力作用下，限制远离轴向力一侧钢渣混凝土的裂缝过早开展，延缓试件刚度的退化。试件发生屈服后，刚度退化速度加

快，与膨胀率为 2.8×10⁻⁴的试件相比，膨胀率为-3.5×10⁻⁴的试件刚度曲线斜率较大，刚度退化速度较快。

从图 3-34（b）和图 3-34（c）、(d）中可以看出，在加载初期，随着长径比或偏心距的增加，试件弹性阶段缩短。在弹塑性阶段和屈服阶段，随着长径比或偏心距的增加，试件刚度退化速度加快。

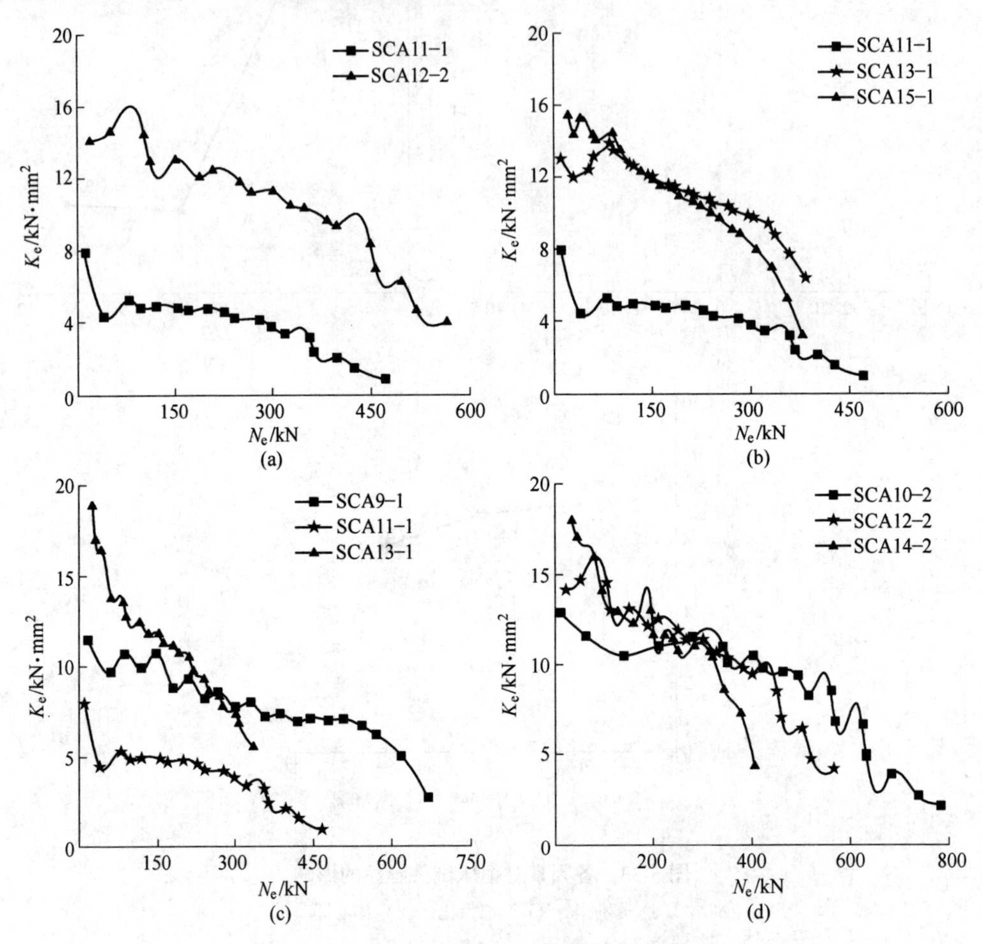

图 3-34 各因素对偏压试件刚度的影响

（a）膨胀率；(b）长径比；(c）偏心距（钢渣膨胀混凝土）；(d）偏心距（普通钢渣混凝土）

3.2.2.5 应力-应变关系分析

图 3-35 为各因素对圆钢管钢渣混凝土偏压柱应力-应变关系的影响，图中 ε_{ea} 和 ε_{el} 分别为圆钢管钢渣混凝土偏压柱靠近荷载侧和远离荷载侧轴向应变。从图 3-35（a）中可以看出，在弹性阶段，不同钢渣混凝土膨胀率试件应力-应变关系曲线基本重合，与膨胀率为-3.5×10⁻⁴的试件相比，膨胀率为 2.8×10⁻⁴的试件

弹性阶段较长。随着荷载增加，试件应力-应变关系偏离线性，试件进入弹塑性阶段。随着荷载进一步增加，靠近轴向力一侧试件发生屈服，应力-应变关系曲线有明显拐点，与轴压试件相比，偏压试件屈服应力较小。此后，试件应力缓慢增长，与膨胀率为-3.5×10^{-4}的试件相比，膨胀率为2.8×10^{-4}的试件应变增长速度较快。

从图3-35（b）和图3-35（c）、(d）中可以看出，在弹性阶段，偏心距较小的试件处于全截面受压状态，随着长径比或偏心距的增加，试件弹性阶段缩短，屈服应力减小。屈服后，短柱出现强化阶段，中长柱应力缓慢增长，随着长径比或偏心距增加，试件应变增长速度加快。

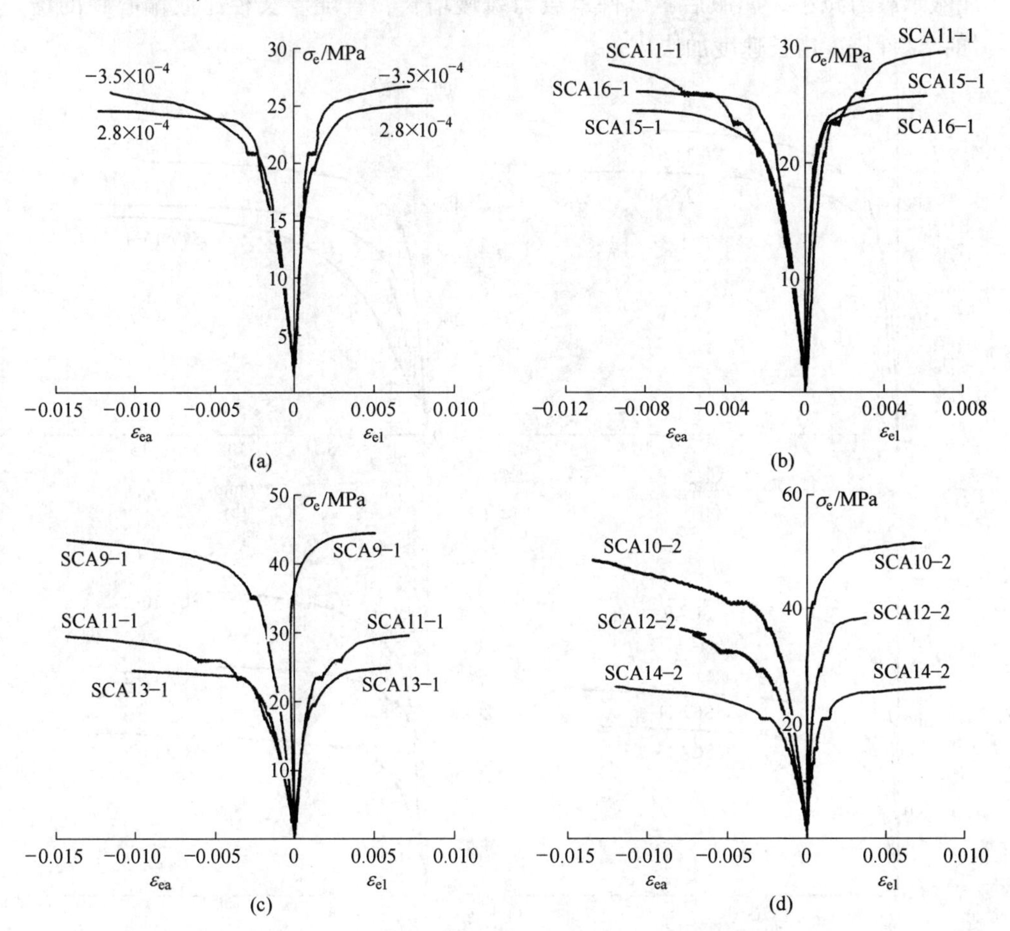

图3-35 各因素对偏压试件应力-应变关系的影响

(a) 膨胀率；(b) 长径比；(c) 偏心距（钢渣膨胀混凝土）；(d) 偏心距（普通钢渣混凝土）

3.2.2.6 荷载-挠度关系分析

图3-36为各因素对圆钢管钢渣混凝土偏压柱荷载-挠度关系的影响，从图3-36

（a）中可以看出，在加载初期，试件处于弹性阶段，与膨胀率为-3.5×10^{-4}的试件相比，膨胀率为2.8×10^{-4}的试件弹性阶段较长。随着荷载增加，试件荷载-挠度关系曲线偏离线性关系，试件进入弹塑性阶段。随着荷载进一步增加，靠近轴向力一侧试件发生屈服，荷载-挠度关系曲线有明显拐点。此后，试件承载力缓慢增长，与膨胀率为-3.5×10^{-4}的试件相比，膨胀率为2.8×10^{-4}的试件挠度增长速度较快，极限挠度较大。

从图 3-36（b）和图 3-36（c）、（d）中可以看出，随着长径比或偏心距的增大，试件荷载-挠度关系曲线斜率减小，挠度增长速度加快，试件弹性阶段缩短，屈服承载力减小。屈服后，试件承载力缓慢增长，且随着长径比或偏心距的增加，试件挠度增长速度加快。

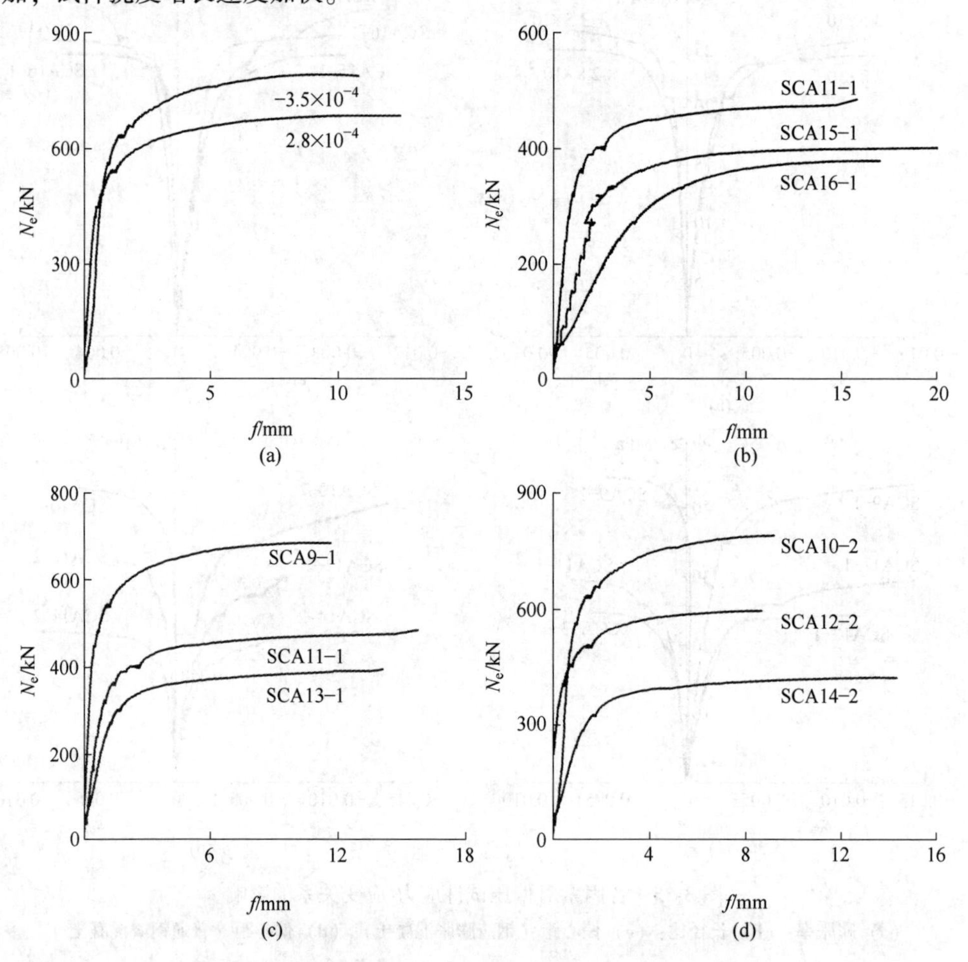

图 3-36 各因素对偏压试件荷载-挠度关系的影响

（a）膨胀率；（b）长径比；（c）偏心距（钢渣膨胀混凝土）；（d）偏心距（普通钢渣混凝土）

3.2.2.7 弯矩-曲率关系分析

图 3-37 为各因素对圆钢管钢渣混凝土偏压柱弯矩-曲率关系的影响，从图 3-37（a）中可以看出，在加载初期，试件弯矩-曲率关系呈线性增长，与膨胀率为 -3.5×10^{-4} 的试件相比，膨胀率为 2.8×10^{-4} 的试件弹性阶段较长。随着荷载增加，试件弯矩-曲率关系曲线偏离线性增长，试件进入弹塑性阶段。随着荷载进一步增加，靠近轴向力一侧试件发生屈服。此后，试件弯矩缓慢增长，与膨胀率为 -3.5×10^{-4} 的试件相比，膨胀率为 2.8×10^{-4} 的试件曲率增长速度较快。

从图 3-37（b）中可以看出，随着长径比的增大，试件弯矩-曲率关系曲线斜率增加，弹性阶段缩短，屈服弯矩增大。屈服后，试件弯矩缓慢增长，且随着长径比的增加，曲率增长速度加快。

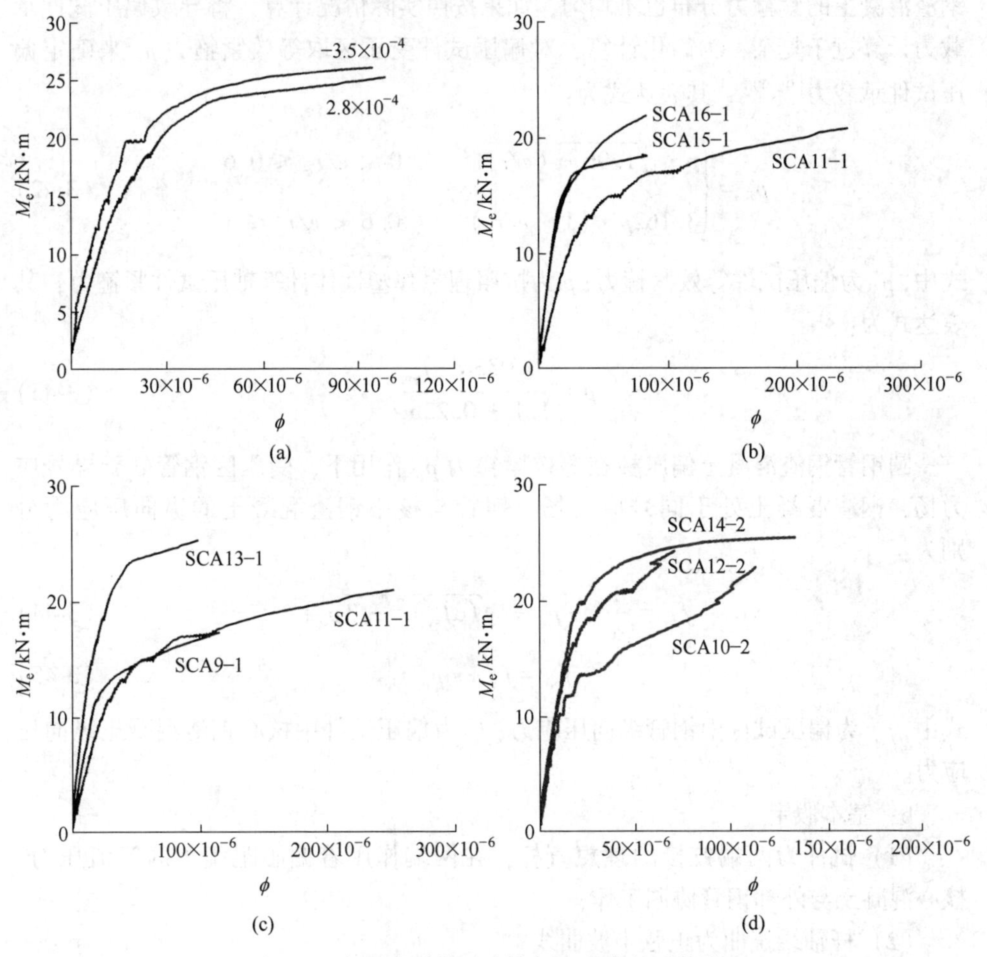

图 3-37 各因素对偏压试件弯矩-曲率关系的影响

（a）膨胀率；（b）长径比；（c）偏心距（钢渣膨胀混凝土）；（d）偏心距（普通钢渣混凝土）

从图 3-37（c）、（d）中可以看出，随着偏心距的增加，试件弯矩-曲率关系曲线斜率增加，曲率增长速度减慢，弹性阶段缩短，屈服弯矩减小。屈服后，随着偏心距的增加，试件曲率增长速度加快。

3.2.3　偏压柱力学性能计算模型

3.2.3.1　承载力计算模型

A　偏压短柱承载力计算模型

a　钢管对钢渣混凝土紧箍力计算公式

为得到圆钢管钢渣混凝土偏压柱承载力计算公式，首先确定钢管对核心钢渣混凝土紧箍力的大小。由于偏压试件截面上应力分布不均匀，因此，钢管对核心钢渣混凝土的紧箍力分布也不均匀，如果按照实际情况计算，将导致偏压试件承载力计算过于复杂，为简化计算，对偏压试件受压区取等效紧箍力 p_e 来确定偏压试件承载力[98-99]，其表达式为：

$$p_e = \begin{cases} p \cdot \sqrt{1.96 - (e/r_c)^2} & 0 < e/r_c \leqslant 0.6 \\ 3.162p \cdot (1 - e/r_c) & 0.6 < e/r_c \leqslant 1 \end{cases} \tag{3-42}$$

式中，p_e 为偏压试件等效紧箍力；p 为按照理想弹塑性体计算轴压试件紧箍力，其表达式为：

$$p = \frac{0.033\alpha \cdot f_{sy}}{1.1 + 0.225\alpha} \tag{3-43}$$

圆钢管钢渣混凝土偏压柱在等效紧箍力 p_e 作用下，受压区钢管处于异号应力场，钢渣混凝土处于同号应力场，钢管与核心钢渣混凝土的纵向压应力分别为：

$$f_{se} = \frac{1}{\alpha}\left[-p_e + \sqrt{(\alpha f_{sy})^2 - 3p_e}\right] \tag{3-44}$$

$$f_{ce} = f_c + 4p_e \tag{3-45}$$

式中，f_{se} 为偏压试件中钢管纵向压应力；f_c 为偏压试件中核心钢渣混凝土纵向压应力。

b　基本假定

（1）试件为两端铰接的理想直杆，在两端作用着偏心距相等的等值压力，核心混凝土与外部钢管协调工作；

（2）杆轴线挠曲为正弦半波曲线；

（3）整个受力过程引入平截面假定；

（4）假设受拉区钢渣混凝土不参加工作。

c 偏压短柱承载力计算公式

根据压溃理论，考虑钢管与核心钢渣混凝土之间的自应力影响，引入钢渣混凝土强度增强系数μ，推导圆钢管钢渣混凝土偏压短柱承载力计算公式，图 3-38 为偏压短柱受力简图，根据静力平衡条件可得：

$$N_e = f_{se}A_s - N_s + N_c \tag{3-46}$$

$$N_e \cdot e = M_s + M_c \tag{3-47}$$

式中，N_e为圆钢管钢渣混凝土偏压短柱承载力；M_s和M_c分别为N_s和N_c对截面重心轴的弯矩。

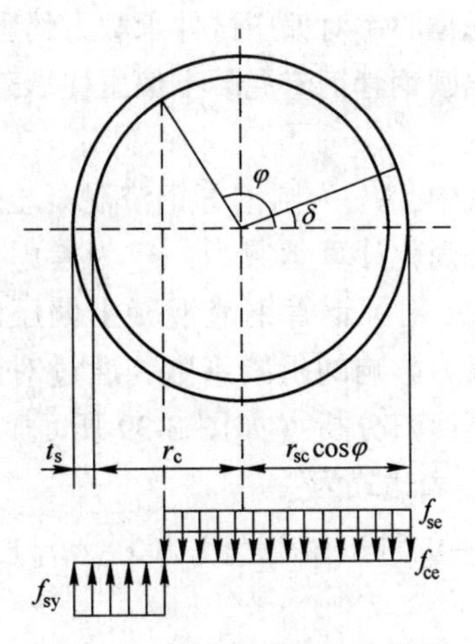

图 3-38 偏压短压柱受力简图

由于 $\mathrm{d}A_s = \left(r_c + \dfrac{t_s}{2}\right)t\mathrm{d}\delta$；$\mathrm{d}A_c = r_c^2\sin^2\delta\mathrm{d}\delta$，则$N_s$、$N_c$、$M_s$和$M_c$表达式分别为：

$$N_s = 2\int_{\varphi}^{\pi}(f_{sy} + f_{se})\mathrm{d}A_s = 2\int_{\varphi}^{\pi}(f_{sy} + f_{se})(r_c + t_s/2)\mathrm{d}\delta \tag{3-48}$$

$$N_c = 2\int_0^{\varphi}f'_{ce}\mathrm{d}A_c = 2\int_0^{\varphi}f'_{ce}r_c^2\sin^2\delta\mathrm{d}\delta \tag{3-49}$$

$$M_s = N_s(r_c + t_s/2)\cos\delta = 2\int_{\varphi}^{\pi}(f_{sy} + f_{se})(r_c + t_s/2)^2 t_s\cos\delta\mathrm{d}\delta \tag{3-50}$$

$$M_c = N_c r_c\cos\delta = 2\int_0^{\varphi}f'_{ce}r_c^3\sin^2\delta\cos\delta\mathrm{d}\delta \tag{3-51}$$

将式（3-48）~式（3-51）分别代入式（3-46）和式（3-47）中，可得：

$$N_e = A_c\left\{\alpha\left(1 + \frac{\alpha}{4}\right)\left[-f_{sy} + \frac{\varphi}{\pi}(f_{sy} + f_{se})\right] + \frac{f'_{ce}}{\pi}(\varphi - \cos\varphi\sin\varphi)\right\} \tag{3-52}$$

$$N_e = A_c\frac{r_c}{e}\left[\frac{2}{3\pi}f'_{ce}\sin3\varphi + \frac{\alpha(f_{sy} + f_{se})}{\pi}\left(1 + \frac{\alpha}{4}\right)2\sin\varphi\right] \tag{3-53}$$

根据式（3-52）和式（3-53）可得：

$$\alpha\left(1 + \frac{\alpha}{4}\right)\left\{\frac{f_{se} + f_{sy}}{\pi}\left[\varphi - \frac{r_c}{e}\left(1 + \frac{\alpha}{4}\right)\sin\varphi\right] - f_{sy}\right\} + \frac{f'_{ce}}{\pi}\left(\varphi - \cos\varphi\sin\varphi - \frac{2}{3}\frac{r_c}{e}\sin^3\varphi\right) = 0 \tag{3-54}$$

由式（3-54）计算得到φ值，然后将φ代入式（3-52）中计算得到圆钢管钢渣混凝土偏压柱承载力。

d 偏压短柱承载力简化计算公式

试验研究表明，偏心率对圆钢管钢渣混凝土柱极限承载力有较大影响，随着偏心率增大，偏压试件承载力逐渐降低，因此，在轴压试件承载力的基础上，考虑偏心率对偏压试件承载力的影响，对试验数据回归分析（如图 3-38 所示），提出圆钢管钢渣混凝土偏压柱承载力简化计算公式为：

$$N'_e = \varphi_e N_a \tag{3-55}$$

式中，N'_e 为圆钢管钢渣混凝土偏压短柱简化计算承载力；φ_e 为考虑偏心率 e/r_c 对圆钢管钢渣混凝土偏压短柱承载力影响的折减系数，通过对试验数据回归分析（如图 3-39 所示），可得 φ_e 表达式为：

$$\varphi_e = 0.549\,(e/r_c)^2 - 1.165\,(e/r_c) + 0.993 \tag{3-56}$$

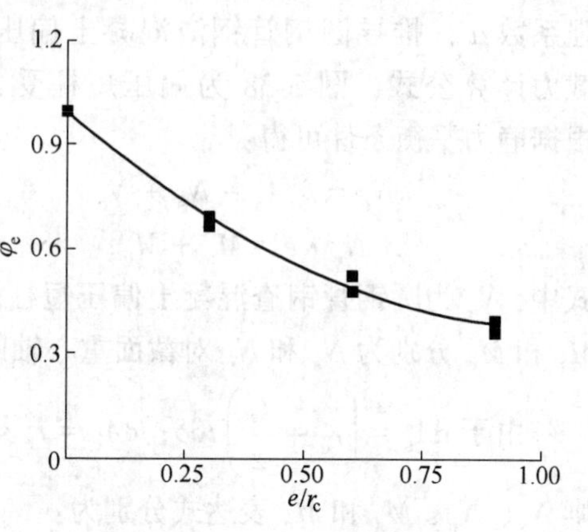

图 3-39 φ_e 与 e/r_c 的关系

e 计算公式验证

表 3-12 为偏压短柱承载力计算公式计算结果与试验结果的比较，理论公式计算值 N_e 与试验值 N_{ee} 之比的平均值为 0.997，均方差为 0.082。简化计算公式计算值 N'_e 与试验值 N_{ee} 之比的平均值为 0.978，均方差为 0.061，因此，本书提出的承载力计算公式具有较高的计算精度。

表 3-12 偏压短柱极限承载力计算结果与试验结果比较

试件编号	D/t_s	e/mm	N_e/kN	N'_e/kN	N_{ee}/kN	N_e/N_{ee}	N'_e/N_{ee}
SCA9-1	38.6	20	602.8	703	684	0.881	1.028
SCA10-2			713.1	794	791	0.902	1.004
SCA11-1		40	522.7	499	484	1.080	1.031
SCA12-2			621.9	564	594	1.047	0.949
SCA13-1		60	428.0	395	394	1.086	1.003
SCA14-2			512.5	446	421	0.984	0.856

B 偏压中长柱承载力计算模型

a 基本假定

（1）偏压试件为两端铰接的理想直杆，在试件两端，荷载偏心距相同；

（2）杆轴线挠曲为正弦半波曲线；

（3）只考虑杆件中的内外力平衡；

（4）假设受拉区钢渣混凝土不参加工作。

b 偏压中长柱承载力计算公式

本书在轴力与弯矩相关方程[4]的基础上，引入钢渣混凝土强度增强系数 μ，提出圆钢管钢渣混凝土偏压中长柱承载力计算公式，其表达式为：

$$\begin{cases}\dfrac{1}{\xi}\dfrac{N_{el}}{N_a}+\dfrac{a_3}{d_3}\left(\dfrac{M_{el}}{N_b}\right)=1 & \left(\dfrac{N_{el}}{N_a}\geqslant 2\xi^3\eta_0\right)\\ -b_3\left(\dfrac{N_{el}}{N_a}\right)^2-c_3\dfrac{N_{el}}{N_a}+\dfrac{1}{d_3}\left(\dfrac{M_{el}}{N_b}\right)=1 & \left(\dfrac{N_{el}}{N_a}<2\xi^3\eta_0\right)\end{cases} \tag{3-57}$$

式中，N_{el} 为圆钢管钢渣混凝土偏压长柱承载力；M_{el} 为圆钢管钢渣混凝土偏压长柱弯矩；$a_3=1-2\xi^2\cdot\eta_0$；$b_3=\dfrac{1-\theta_0}{\xi^3\eta_0^2}$；$c_3=\dfrac{2\cdot(\theta_0-1)}{\eta_0}$；$d_3=1-0.4\dfrac{N_{el}}{N_{al}}$；$\theta_0=0.18\theta^{-1.15}+1$；$N_b$ 为抗弯承载力；ξ 为轴压稳定系数，N_b、η_0、ξ 的表达式分别如下：

$$N_b=\gamma_m\cdot W_m\cdot f_y \tag{3-58}$$

$$\eta_0=\begin{cases}0.5-0.245\cdot\theta & (\theta\leqslant 0.4)\\ 0.1+0.14\cdot\theta^{-0.84} & (\theta>0.4)\end{cases} \tag{3-59}$$

$$\xi=\begin{cases}1 & (\lambda\leqslant\lambda_e)\\ a_4\lambda^2+b_4\lambda+c_4 & (\lambda_0<\lambda\leqslant\lambda_p)\\ \dfrac{d_4}{(\lambda+35)^2} & (\lambda_p<\lambda)\end{cases} \tag{3-60}$$

式中，$a_4=\dfrac{1+(35+2\cdot\lambda_p-\lambda_e)\cdot e_1}{(\lambda_p-\lambda_e)^2}$；$b_4=e_4-2\cdot a_4\cdot\lambda_p$；$c_4=1-a_4\cdot\lambda_e^2-b_4\cdot\lambda_e$；$d_4=\left[13000+4657\cdot\ln\left(\dfrac{235}{f_{sy}}\right)\right]\cdot\left(\dfrac{25}{\mu f_{uo}+5}\right)^{0.3}\cdot\left(\dfrac{\alpha}{0.1}\right)^{0.05}$；$e_4=\dfrac{-d_3}{(\lambda_p+35)^3}$；$\lambda$ 为试件长细比，取 $\lambda=\dfrac{4L}{D}$；λ_p 和 λ_e 分别为轴压试件弹性和弹塑性失稳的界限长细比；W_m 试件抗弯刚度；γ_m 为抗弯承载力强度系数，λ_e、λ_p、γ_m、W_m 的表达式分别为：

$$\lambda_e=\pi\sqrt{\frac{420\theta+550}{(1.02\theta+1.14)\cdot\mu f_{co}}} \tag{3-61}$$

$$\lambda_p=1743\sqrt{f_{sy}} \tag{3-62}$$

$$\gamma_m=1.1+0.48\ln(\theta+0.1) \tag{3-63}$$

$$W_m=\frac{\pi\cdot D^3}{32} \tag{3-64}$$

c 偏压中长柱承载力简化计算公式

由于圆钢管钢渣混凝土偏压短柱承载力理论计算公式较为复杂，不便于工程计算，因此，在轴压短柱承载力基础上，考虑长径比和偏心距对试件承载力的影响，提出偏压中长柱承载力简化计算公式为：

$$N'_{el} = \varphi_e \cdot \varphi_l \cdot N_a \tag{3-65}$$

式中，N'_{el} 为圆钢管钢渣混凝土偏压中长柱稳定承载力，φ_e 按式（3-56）计算，φ_l 按式（3-29）计算。

d　计算公式验证

表 3-13 为圆钢管钢渣混凝土偏压中长柱承载力计算结果与试验结果的比较，承载力公式计算值 N_{el} 与试验值 N_{ee} 之比的平均值为 1.0045，均方差为 0.0045。按承载力简化计算公式计算的承载力 N'_{el} 与试验值 N_{ee} 之比的平均值为 0.095，均方差为 0.00695，因此，本书提出的承载力计算公式具有较高的计算精度。

表 3-13　偏压中长柱极限承载力计算结果与试验结果比较

试件编号	L/D	e /mm	N_{el} /kN	N_{ee} /kN	N'_{el} /kN	$\frac{N'_{el}}{N_{ee}}$	$\frac{N_{el}}{N_{ee}}$
SCA15-1	7.14	40	383.65	403	406.6	1.0089	0.9519
SCA16-1	10.71		353.75	377	377	1	0.938

3.2.3.2　全过程分析

A　偏压试件弯矩-曲率关系曲线

a　基本假定

（1）钢管钢渣混凝土偏压柱为两端铰接的等直杆，挠曲线为正弦半波曲线；

（2）钢管钢渣混凝土柱截面符合平截面假定；

（3）钢管与核心钢渣膨胀混凝土之间无相对滑移；

（4）忽略剪切应力对钢管钢渣混凝土偏压柱变形的影响。

b　平衡方程

根据假定（2），试件跨中截面应变呈线性分布，截面任意单元中心处应变为：

$$\varepsilon_i = \frac{\pi^2}{L^2} x_i f + \varepsilon_0 \tag{3-66}$$

式中，x_i 为截面形心到条带中心的距离；ε_0 为截面形心处应变。

由式（3-66）可得各条带中心应变值，根据钢管与核心钢渣混凝土的应力-应变关系模型，即可得各条带钢管与钢渣混凝土的应力值 σ_{si}、σ_{ci}，再根据数值积分可得杆件中轴力和弯矩，分别为：

$$N_{\mathrm{in}} = \sum_{i=1}^{n} (\sigma_{\mathrm{s}i} \mathrm{d}A_{\mathrm{s}i} + \sigma_{\mathrm{c}i} \mathrm{d}A_{\mathrm{c}i}) = N_{\mathrm{e}} \tag{3-67}$$

$$M_{\mathrm{in}} = \sum_{i=1}^{n} (\sigma_{\mathrm{s}i} x_i \mathrm{d}A_{\mathrm{s}i} + \sigma_{\mathrm{c}i} x_i \mathrm{d}A_{\mathrm{c}i}) = N_{\mathrm{e}}(e + f) \tag{3-68}$$

c 截面划分

图 3-40 为圆钢管钢渣混凝土偏压柱在荷载作用下的变形，根据基本假定，钢管钢渣混凝土偏压柱为两端铰接的等直杆，挠曲线为正弦半波曲线，可表示为：

$$y = f\sin\frac{\pi}{L}x \tag{3-69}$$

式中，x 为杆件上某点距端点距离；y 为此点挠度；f 为试件跨中挠度。

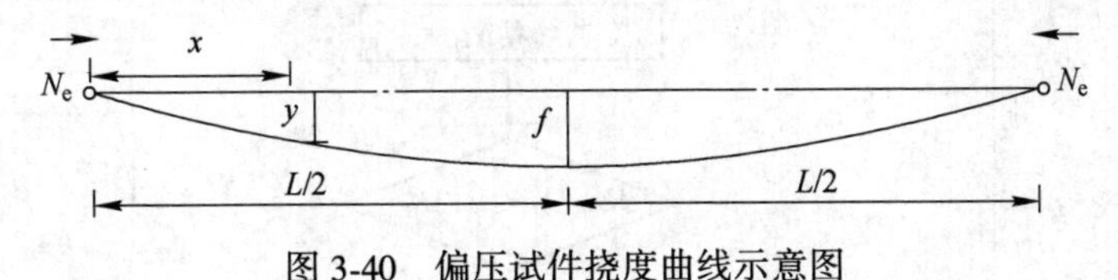

图 3-40 偏压试件挠度曲线示意图

对式（3-69）求二阶导数，可得试件跨中截面曲率 ϕ 为：

$$\phi = \frac{\pi^2}{L^2}f \tag{3-70}$$

利用纤维模型法，将试件跨中截面划分为有限个条带，每个条带均包括钢管与核心钢渣混凝土单元，截面条带划分如图 3-41 所示。

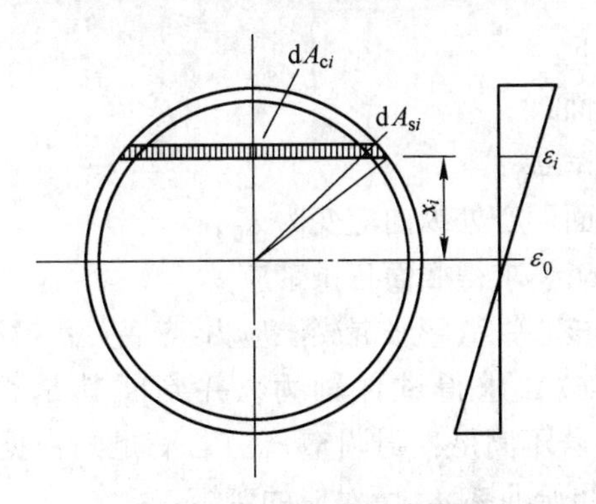

图 3-41 截面条带划分简图

d 偏压试件弯矩-曲率关系分析程序

利用纤维模型法，编制 MATLAB 程序，建立偏压试件弯矩-曲率关系数值分析模型，数值分析流程如图 3-42 所示。

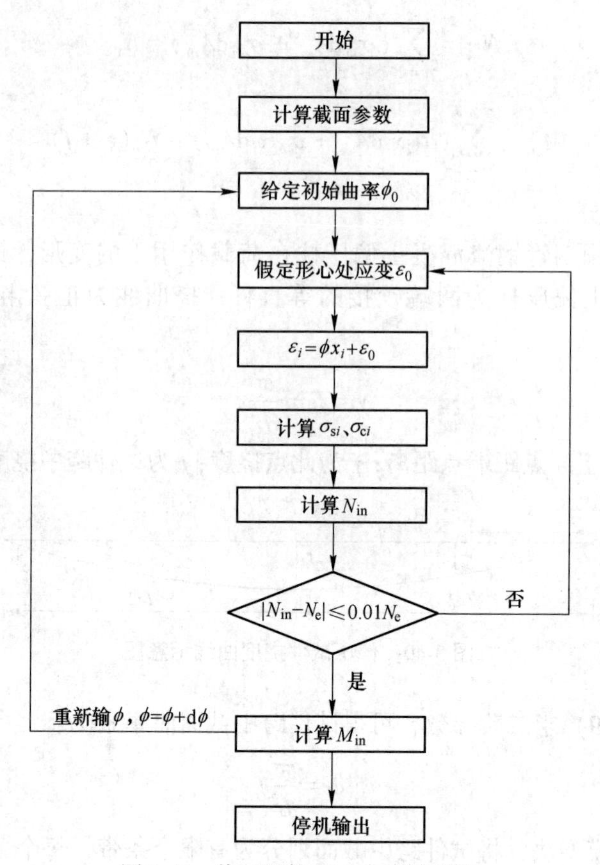

图 3-42　偏压试件 M-ϕ 程序流程图

具体计算步骤如下：

（1）划分试件截面；

（2）给定初始曲率 ϕ_0；

（3）假定试件截面形心处纵向应变为 ε_0；

（4）利用式（3-66）求得截面各条带应变；

（5）根据钢管与核心钢渣膨胀混凝土应力-应变关系模型求得各条带应力；

（6）根据式（3-67）求得试件轴力，并判断其是否满足轴力平衡条件 $|N_{in}-N_e|\leqslant 0.01N_e$，若不满足，则调整 ε_0，若满足则根据式（3-68）计算试件弯矩，从而得到试件初始曲率 ϕ_0 所对应的弯矩；

（7）循环上述步骤，可得钢管钢渣混凝土偏压柱 M_e-ϕ 曲线。

e　计算程序验证

图 3-43 为圆钢管钢渣混凝土偏压柱弯矩-曲率关系曲线计算结果与试验结果的比较，从图中可以看出，偏压试件弯矩-曲率关系曲线计算结果与试验结果吻合较好。

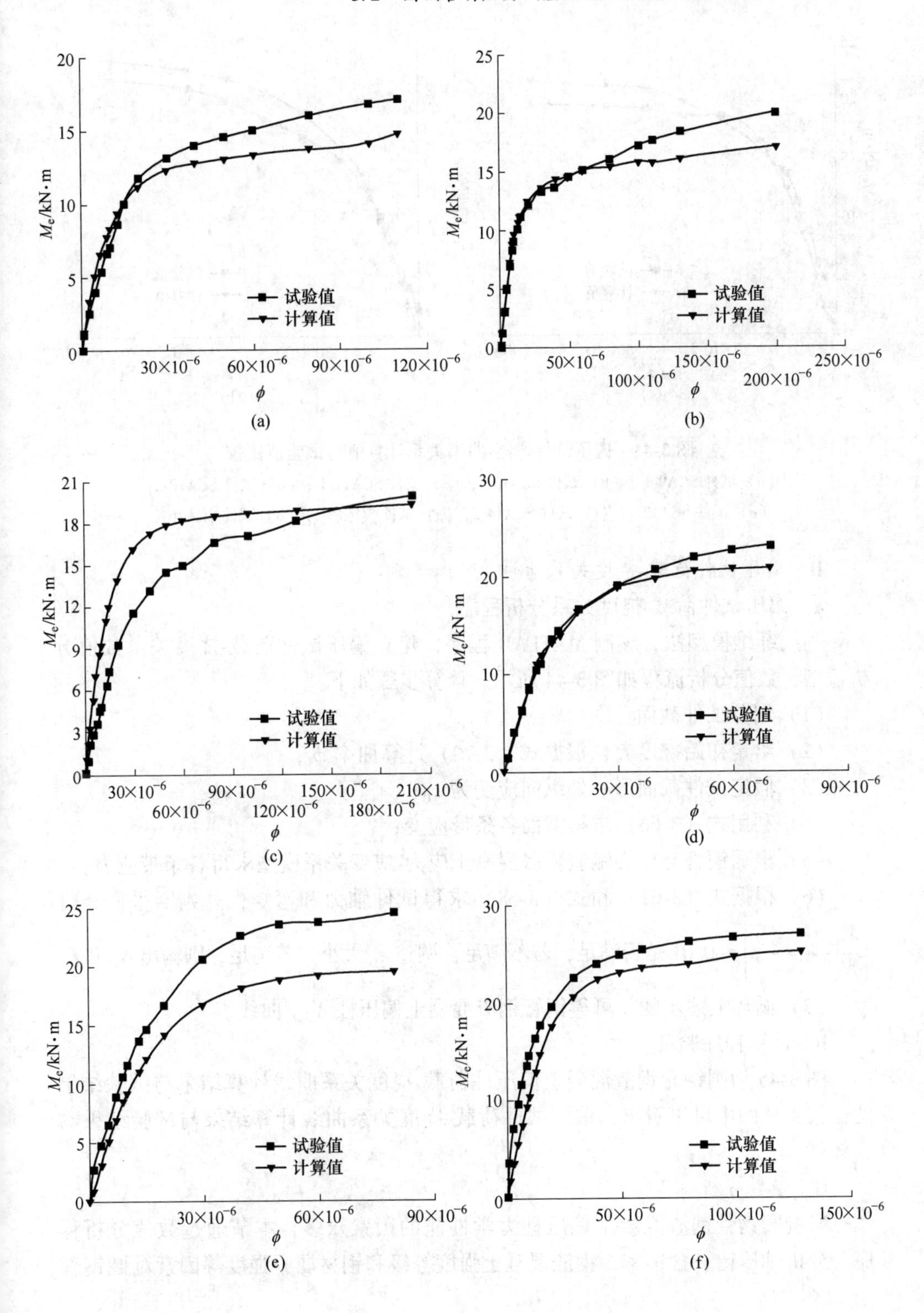
(a)
(b)
(c)
(d)
(e)
(f)
试验值
计算值
M_e/kN·m
ϕ

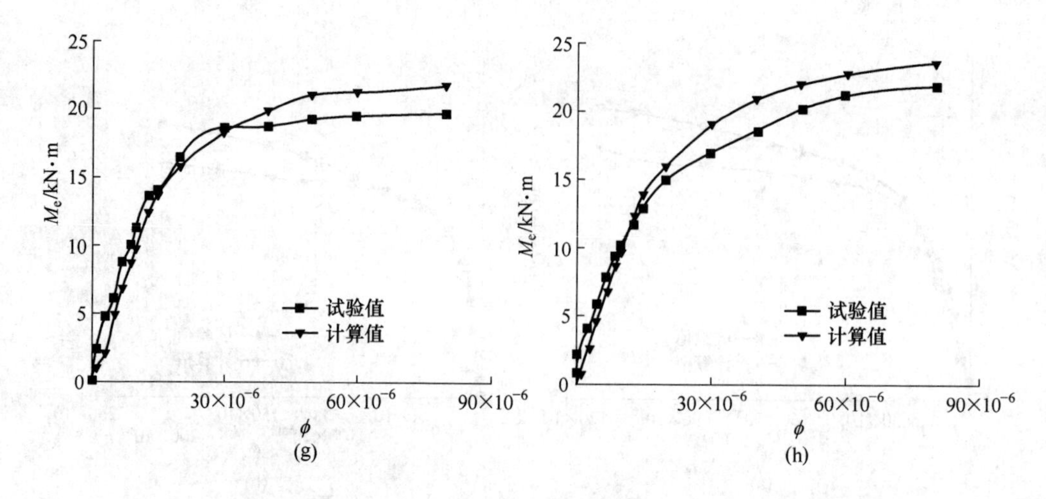

图 3-43　偏压试件弯矩-曲率关系计算值与试验值比较

(a) 试件 SCA9-1；(b) 试件 SCA10-2；(c) 试件 SCA11-1；(d) 试件 SCA12-2；(e) 试件 SCA13-1；(f) 试件 SCA14-2；(g) 试件 SCA15-1；(h) 试件 SCA16-1

B　偏压试件荷载-挠度关系曲线

a　偏压试件荷载-挠度关系分析程序

利用纤维模型法，编制 MATLAB 程序，建立偏压试件荷载-挠度关系数值分析模型，数值分析流程如图 3-44 所示，计算步骤如下：

(1) 划分试件截面；

(2) 给定初始挠度 f_0，根据式 (3-70) 计算曲率 ϕ；

(3) 假定试件截面形心处纵向应变为 ε_0；

(4) 利用式 (3-66) 求得截面各条带应变；

(5) 根据钢管与核心钢渣膨胀混凝土应力-应变关系模型求得各条带应力；

(6) 根据式 (3-67) 和式 (3-68) 求得试件轴力和弯矩，并判断平衡条件 $\left|\frac{M_{in}}{N_{in}} - e - f\right| \leqslant 0.01$ 是否满足，若不满足，调整 ε_0 大小，若满足，则输出 N_e 和 f；

(7) 循环上述步骤，可得钢管钢渣混凝土偏压柱 N_e-f 曲线。

b　计算程序验证

图 3-45 为圆钢管钢渣混凝土偏压柱荷载-挠度关系曲线计算结果与试验结果的比较，从图中可以看出，偏压试件荷载-挠度关系曲线计算结果与试验结果吻合较好。

C　参数分析

影响圆钢管钢渣混凝土偏压柱力学性能的因素众多，本节通过数值分析程序，分析轴压比、含钢率、钢渣混凝土强度等级和钢材屈服强度等因素对圆钢管

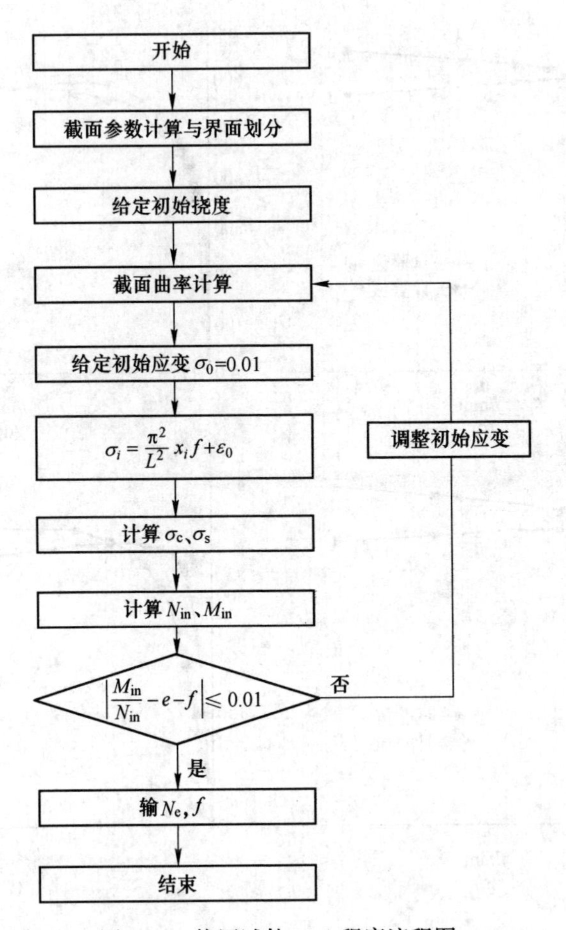

图 3-44 偏压试件 M-ϕ 程序流程图

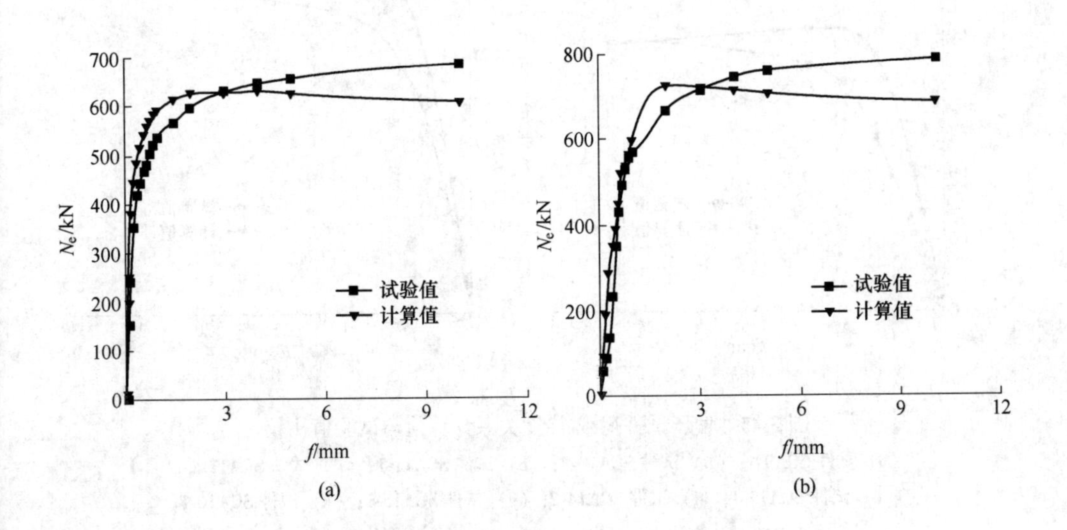

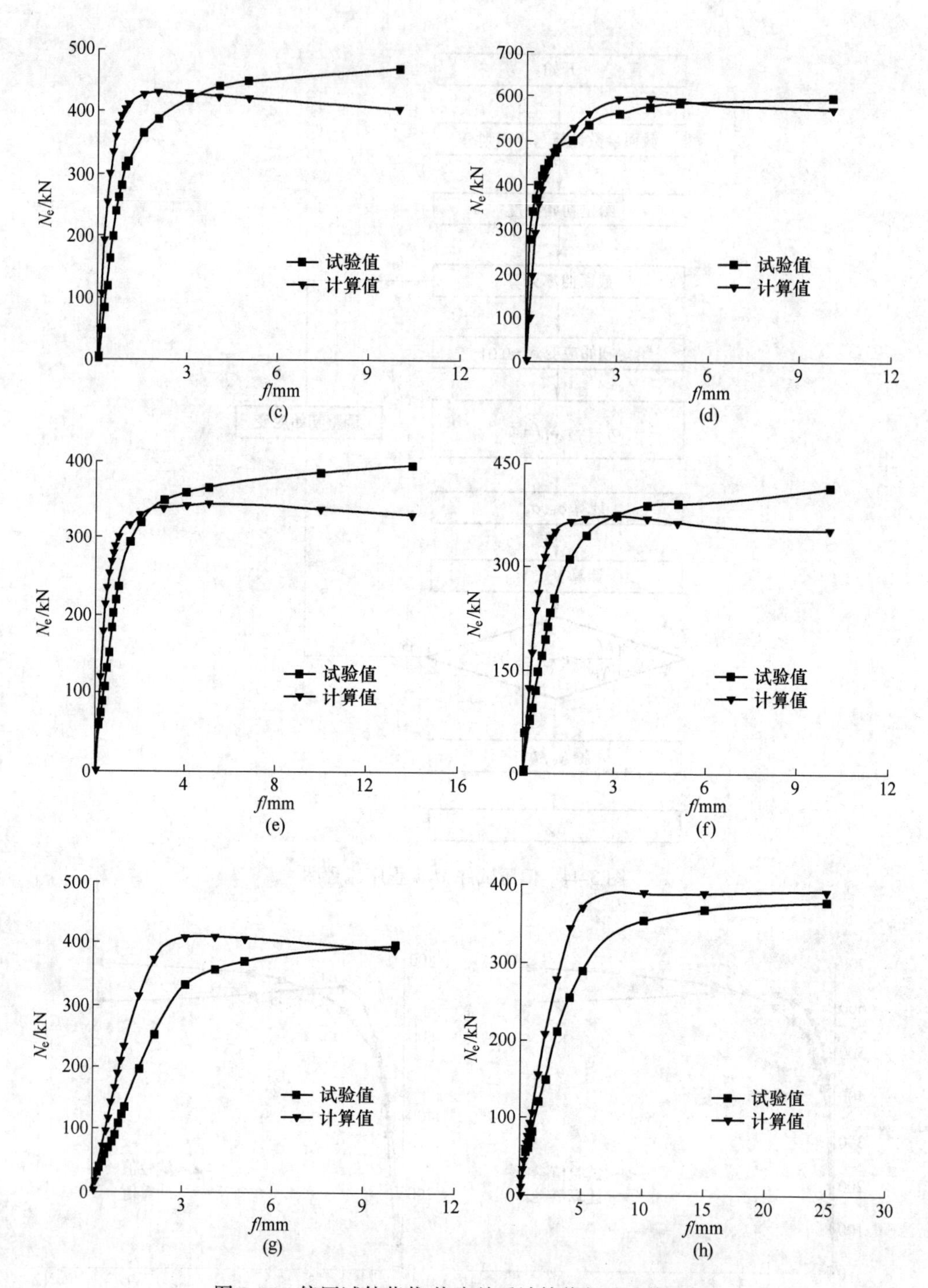

图 3-45 偏压试件荷载-挠度关系计算值与试验值比较

(a) 试件 SCA9-1；(b) 试件 SCA10-2；(c) 试件 SCA11-1；(d) 试件 SCA12-2；
(e) 试件 SCA13-1；(f) 试件 SCA14-2；(g) 试件 SCA15-1；(h) 试件 SCA16-1

钢渣混凝土偏压柱弯矩-曲率关系与荷载-挠度关系的影响规律。

a 轴压比的影响

从图 3-46 中可以看出，在加载初期，不同轴压比试件弯矩-曲率和荷载-挠度关系曲线重合，试件处于弹性阶段。随着荷载增加，试件弯矩-曲率、荷载-挠度关系偏离线性，随着轴压比增大，试件弯矩-曲率关系曲线斜率减小，荷载-挠度关系曲线斜率增大。试件发生屈服时，曲线有明显拐点，随着轴压比增大，试件屈服弯矩减小，屈服荷载增大。此后，荷载有轻微下降趋势，试件弯矩缓慢增长，而侧向挠度增长迅速。随着轴压比增大，试件曲率增长速度加快，侧向挠度增长速度减小。

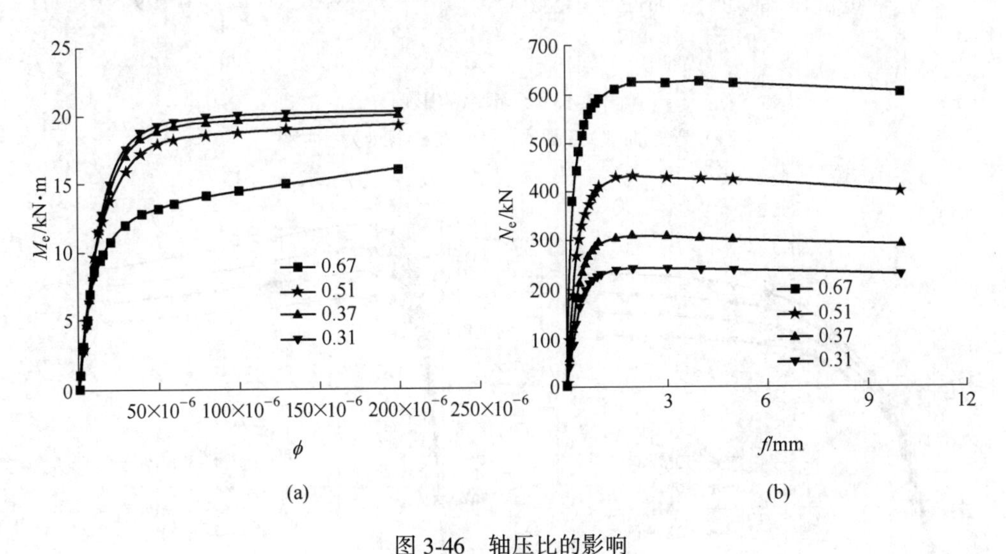

图 3-46 轴压比的影响

（a）弯矩-曲率关系曲线；（b）荷载-挠度关系曲线

b 含钢率的影响

从图 3-47 中可以看出，在弹性阶段，不同含钢率的试件弯矩-曲率和荷载挠度关系曲线重合。在弹塑性阶段，随着含钢率的增大，试件弯矩-曲率及荷载-挠度关系曲线斜率增大，试件的屈服荷载和屈服弯矩增大。此后，随着含钢率增大，荷载下降趋势更明显，试件挠度增长速度减小。

c 钢渣混凝土强度等级的影响

从图 3-48 中可以看出，在加载初期，不同钢渣混凝土强度的试件弯矩-曲率和荷载挠度关系曲线重合。在弹塑性阶段，随着钢渣混凝土强度增加，试件弯矩-曲率和荷载-挠度关系曲线斜率增大，试件屈服荷载和屈服弯矩增大。此后，试件弯矩缓慢增长，曲率快速增长，随着钢渣混凝土强度增大，荷载下降趋势更明显，试件曲率及挠度增长速度降低。

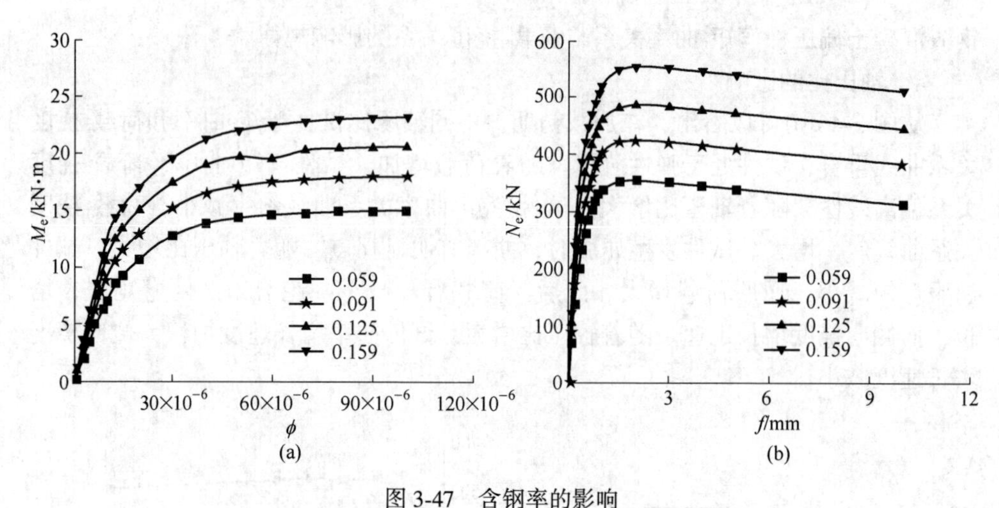

图 3-47 含钢率的影响

（a）弯矩-曲率关系曲线；（b）荷载-挠度关系曲线

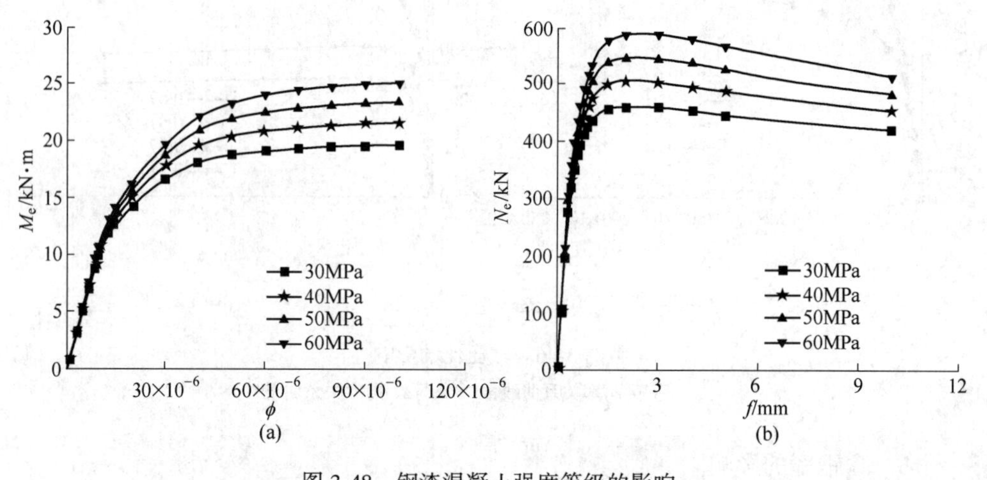

图 3-48 钢渣混凝土强度等级的影响

（a）弯矩-曲率关系曲线；（b）荷载-挠度关系曲线

d 钢材屈服强度的影响

从图 3-49 中可以看出，在加载初期，不同钢材屈服强度的试件弯矩-曲率和荷载-挠度关系曲线重合。在弹塑性阶段，随着钢材屈服强度的提高，试件弯矩-曲率和荷载-挠度关系曲线斜率增大，试件屈服弯矩和屈服荷载增大。屈服后，随着钢材屈服强度的提高，试件挠度和曲率增长速度降低。

3.2.3.3 偏压柱应力-应变关系模型

试验研究表明，长径比、轴压比和约束效应系数是影响圆钢管钢渣混凝土柱应力-应变关系的主要因素，本文对试验数据回归分析，得到圆钢管钢渣混凝土

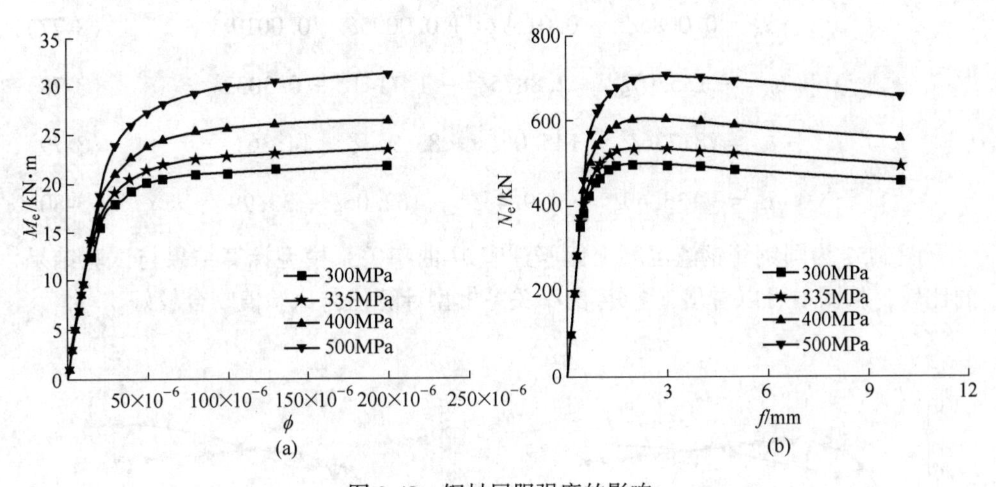

图 3-49 钢材屈服强度的影响

(a) 弯矩-曲率关系曲线；(b) 荷载-挠度关系曲线

偏压柱应力-应变关系模型为：

$$\sigma_e = a_5\varepsilon_e^3 + b_5\varepsilon_e^2 + c_5\varepsilon_e + d_5 \tag{3-71}$$

式中，σ_e 为圆钢管钢渣混凝土偏压柱靠近荷载一侧压应力；ε_e 为圆钢管钢渣混凝土偏压柱靠近荷载一侧应变；a_5、b_5、c_5 和 d_5 为通过回归分析得到的参数，其表达式分别为：

$$a_5 = 185.63\zeta^3 + 370.49\zeta^2 - 230.12\zeta + 619 \tag{3-72}$$

$$b_5 = -4.51\zeta^3 + 8.43\zeta^2 - 5.29\zeta + 9.37 \tag{3-73}$$

$$c_5 = 6.23\zeta^3 - 1.29\zeta^2 + 7.98\zeta - 1.93 \tag{3-74}$$

$$d_5 = -75.336\zeta^3 + 152.38\zeta^2 - 95.22\zeta + 20.01 \tag{3-75}$$

式中，ζ 为考虑长径比、轴压比和约束效应系数影响的系数，取 $\zeta = n \cdot \varphi_1 \cdot \theta_a$，$n$ 为试件轴压比。

图 3-50 为圆钢管钢渣混凝土偏压短柱应力-应变关系模型计算结果与试验结果的比较，从图中可以看出，应力-应变关系模型计算值与试验值吻合较好。

3.2.3.4 偏压柱弯矩-曲率关系模型

通过对圆钢管钢渣混凝土偏压柱进行数值分析，可以发现，圆钢管钢渣混凝土偏压柱的弯矩-曲率关系主要与长径比 L/D 、轴压比 n 和等效轴压约束效应系数 θ_a 有关。本书在大量参数分析的基础上，对数据进行回归分析，得到圆钢管钢渣混凝土偏压柱的弯矩-曲率关系模型，表达式为：

$$M_e = a_6 \cdot \phi^3 + b_6 \cdot \phi^2 + c_6 \cdot \phi + d_6 \tag{3-76}$$

式中，a_6、b_6、c_6 和 d_6 为通过回归分析得到的参数，其表达式分别为：

$$a_6 = 0.0085\zeta^3 - 0.0159\zeta^2 + 0.0095\zeta - 0.0019 \tag{3-77}$$

$$b_6 = -1.5307\zeta^3 + 2.8875\zeta^2 - 1.7141\zeta + 0.3033 \tag{3-78}$$

$$c_6 = 78.736\zeta^3 - 145.06\zeta^2 + 83.964\zeta - 14.361 \tag{3-79}$$

$$d_6 = -133.69\zeta^3 + 259.43\zeta^2 - 162.06\zeta + 33.99 \tag{3-80}$$

图 3-51 为圆钢管钢渣混凝土偏压柱弯矩-曲率关系模型计算结果与试验结果的比较，从图中可以看出，弯矩-曲率关系模型计算值与试验值吻合较好。

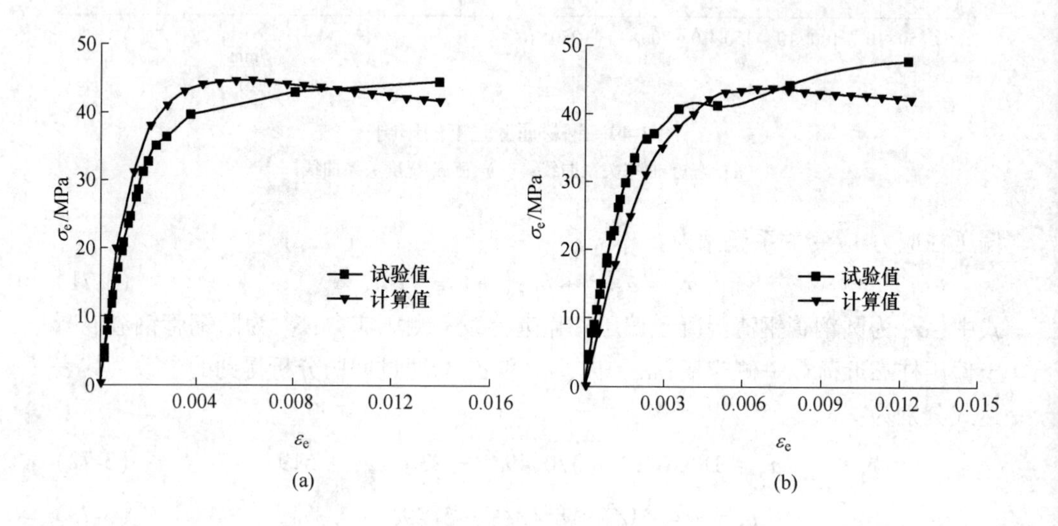

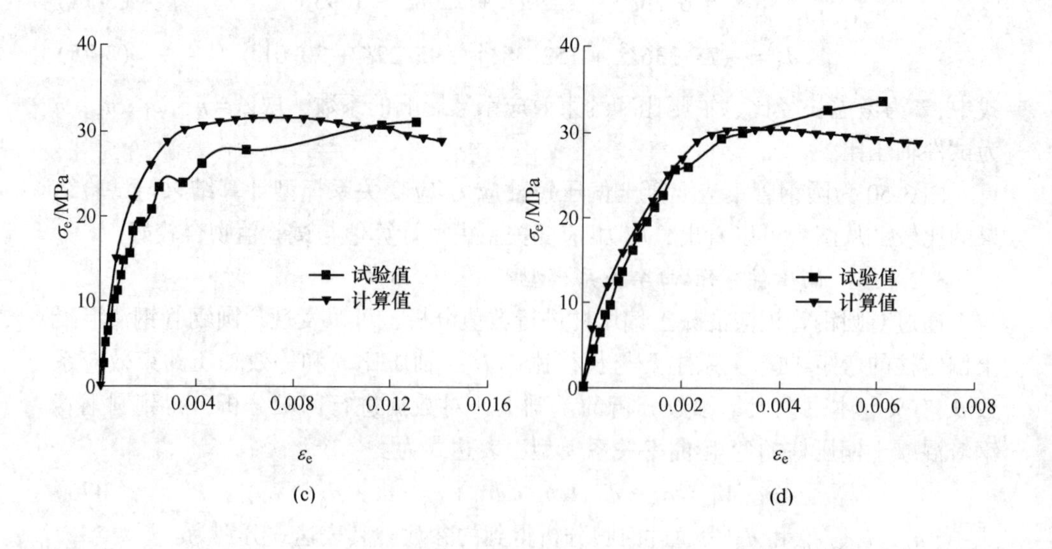

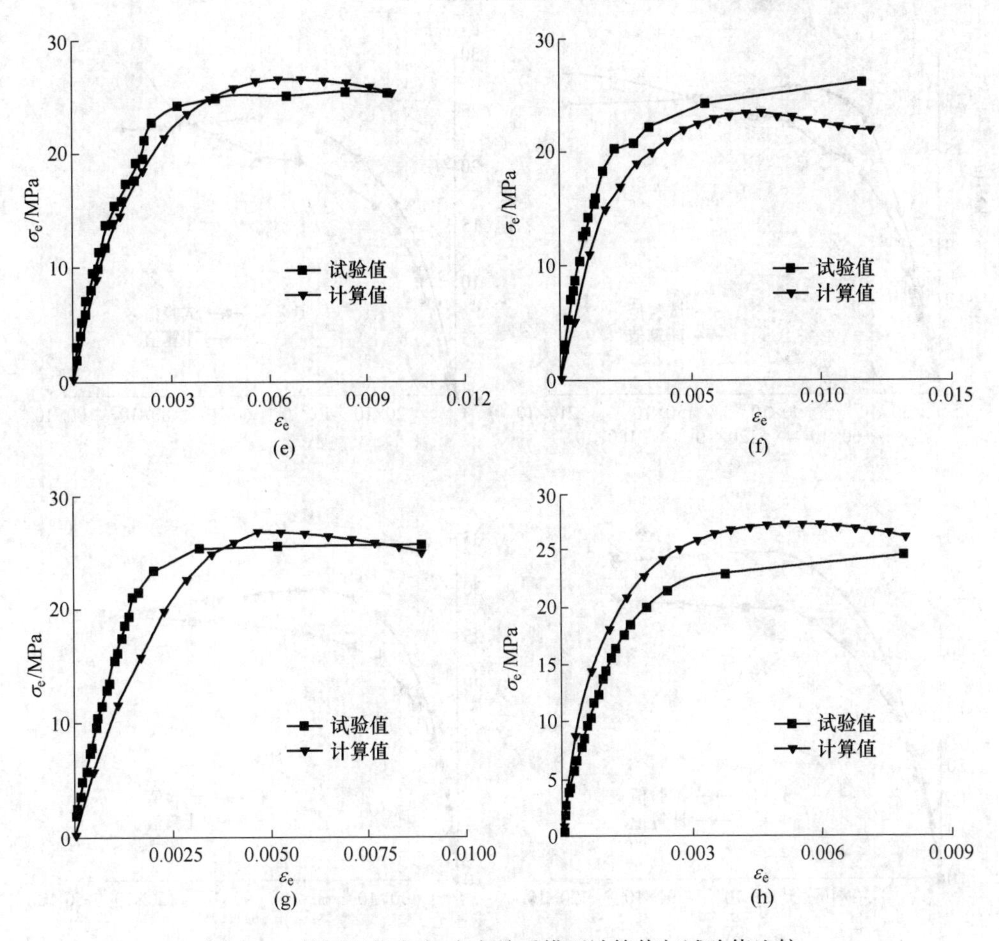

图 3-50 偏压短柱应力-应变关系模型计算值与试验值比较

（a）试件 SCA9-1；（b）试件 SCA10-2；（c）试件 SCA11-1；（d）试件 SCA12-2；（e）试件 SCA13-1；（f）试件 SCA14-2；（g）试件 SCA15-1；（h）试件 SCA16-1

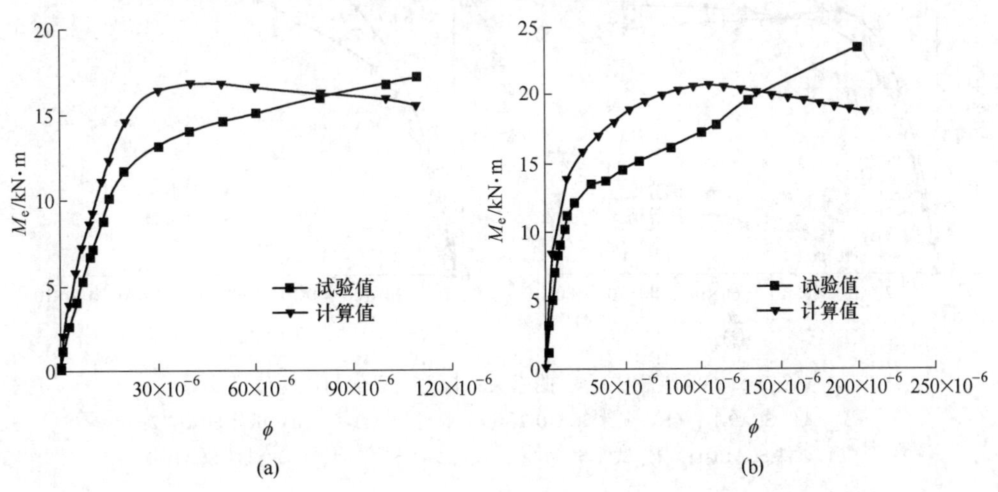

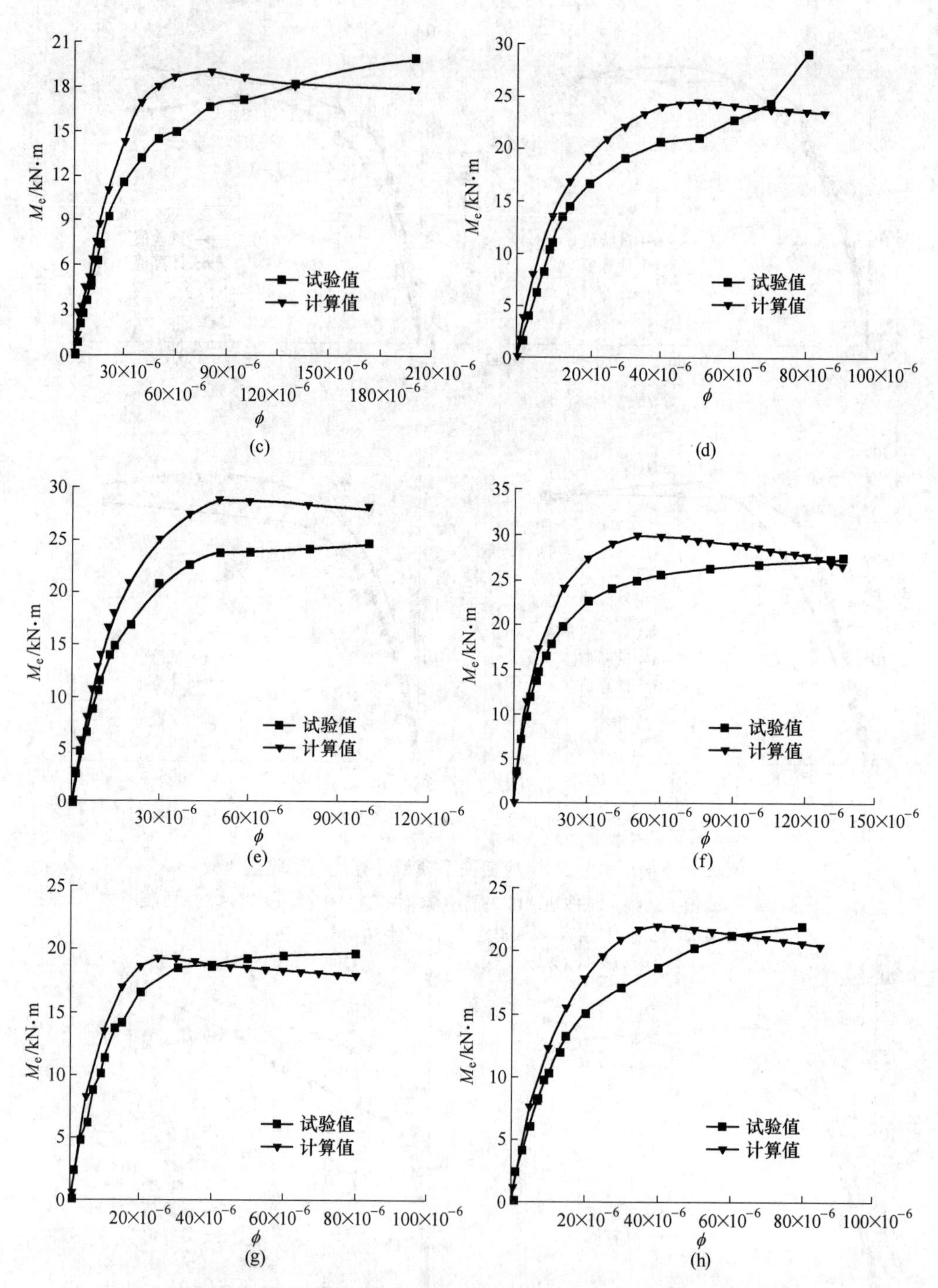

图 3-51　偏压短柱弯矩-曲率关系模型计算值与试验值比较

(a) 试件 SCA9-1；(b) 试件 SCA10-2；(c) 试件 SCA11-1；(d) 试件 SCA12-2；
(e) 试件 SCA13-1；(f) 试件 SCA14-2；(g) 试件 SCA15-1；(h) 试件 SCA16-1

3.2.3.5 偏压柱荷载-挠度关系模型

通过对圆钢管钢渣混凝土偏压柱进行数值分析，可以发现，圆钢管钢渣膨胀混凝土偏压柱的荷载-挠度关系主要与偏压试件长径比折减系数 φ_1 、轴压比 n 和等效轴压约束效应系数 θ_a 有关。本书在大量参数分析的基础上，对数据进行回归分析，得到圆钢管钢渣膨胀混凝土偏压柱的荷载-挠度关系模型，其表达式为：

$$N_e = a_7 f^3 + b_7 \cdot f^2 + c_7 f + d_7 \tag{3-81}$$

式中，a_7、b_7、c_7 和 d_7 为通过回归分析得到的参数，其表达式分别为：

$$a_7 = -92.732\zeta^3 + 183.34\zeta^2 - 103.24\zeta + 19.07 \tag{3-82}$$

$$b_7 = 0.90\zeta^3 - 1825.32\zeta^2 - 11569.14\zeta + 2272.2 \tag{3-83}$$

$$c_7 = -8356\zeta^3 + 15641\zeta^2 - 8785\zeta + 1678 \tag{3-84}$$

$$d_7 = 12137\zeta^3 - 23793\zeta^2 + 15214\zeta - 3053 \tag{3-85}$$

图 3-52 为圆钢管钢渣混凝土偏压柱荷载-挠度关系模型计算结果与试验结果的比较，从图中可以看出，荷载-挠度关系模型计算值与试验值吻合较好。

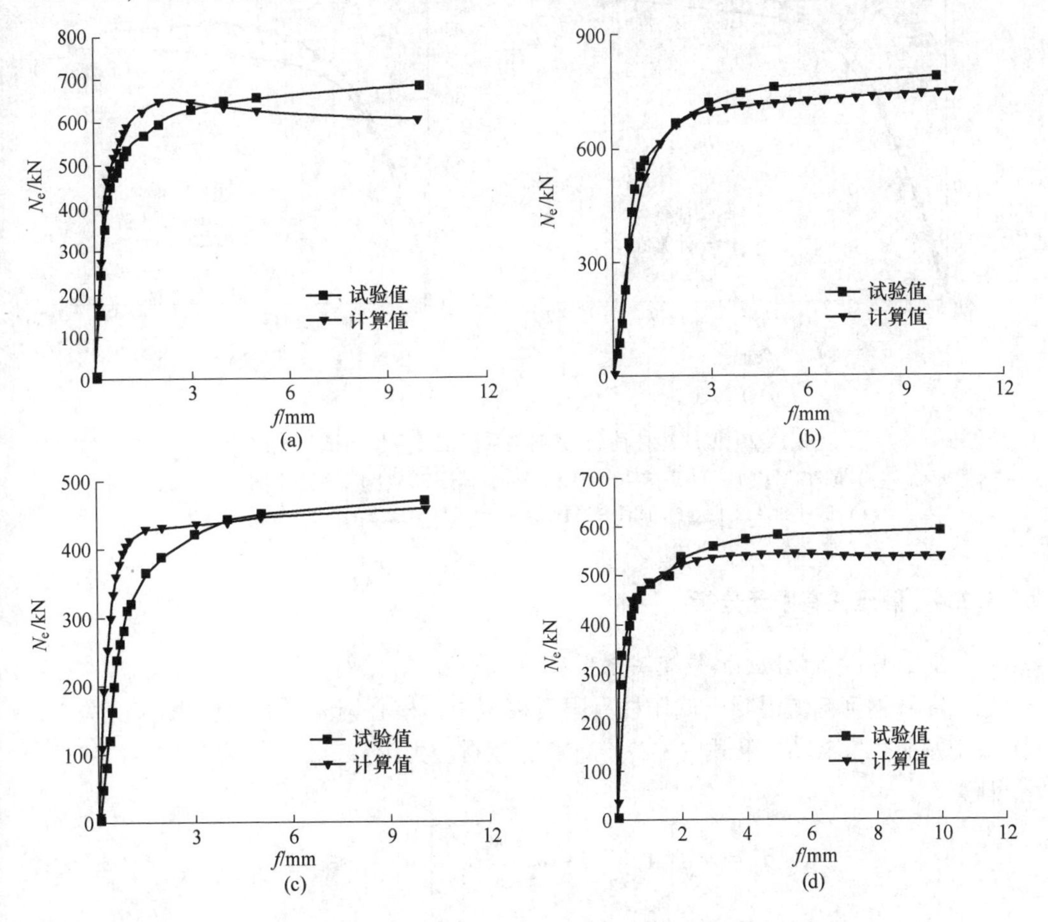

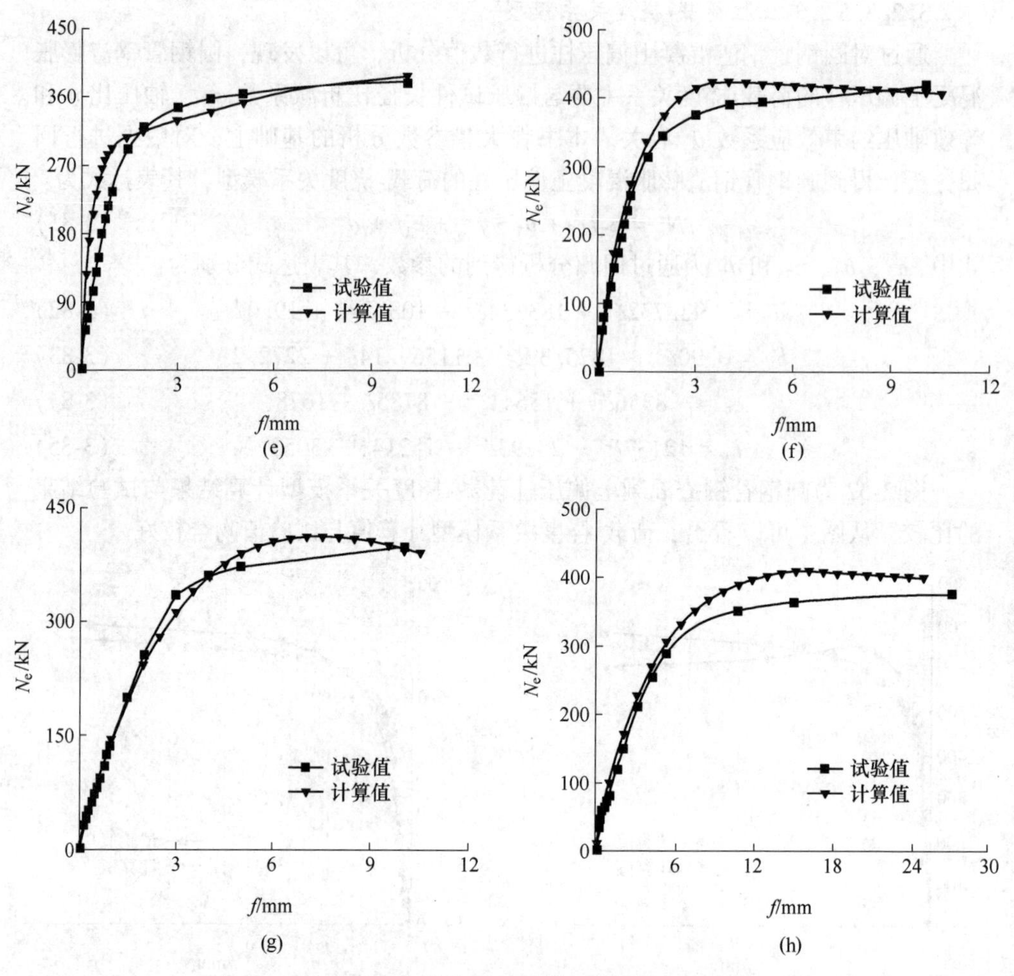

图 3-52 偏压短柱荷载-挠度关系模型计算值与试验值比较

（a）试件 SCA9-1；（b）试件 SCA10-2；（c）试件 SCA11-1；（d）试件 SCA12-2；
（e）试件 SCA13-1；（f）试件 SCA14-2；（g）试件 SCA15-1；（h）试件 SCA16-1

3.2.4 偏压柱有限元分析

3.2.4.1 材料应力-应变关系模型

在圆钢管钢渣混凝土偏压柱有限元模型中，核心钢渣混凝土应力-应变关系模型按照式（3-86）和式（3-87）计算，钢材应力-应变关系模型按照式（3-38）计算。

$$\sigma_c = \sigma'_{po}\left[A_2\frac{\varepsilon_c}{\varepsilon_{po}} - B_2\left(\frac{\varepsilon_c}{\varepsilon_{po}}\right)^2\right] \qquad \varepsilon_c \leqslant \varepsilon_{po} \tag{3-86}$$

$$\sigma_c = \begin{cases} \sigma'_{po}(1-q') + \sigma'_{po}q'\left(\dfrac{\varepsilon_c}{\varepsilon_{po}}\right)^{0.1\theta'} & \theta \geqslant 1.12 \quad \varepsilon_c > \varepsilon_{po} \\ \sigma'_{po}\left(\dfrac{\varepsilon_c}{\varepsilon_{po}}\right)\dfrac{1}{\beta'\left(\dfrac{\varepsilon_c}{\varepsilon_{po}}-1\right)^2+\dfrac{\varepsilon_c}{\varepsilon_{po}}} & \theta < 1.12 \quad \varepsilon_c > \varepsilon_{po} \end{cases} \tag{3-87}$$

式中，$A_2 = 2 - T'$；$B_2 = 1 - T'$；$T' = 0.1\theta'^{0.745}$；$q' = \dfrac{T'}{0.2 + 0.1\theta'}$；$\theta'$ 为考虑偏心距影响的等效约束效应系数；σ'_{po} 为考虑偏心距影响的钢渣混凝土单轴峰值应力；β' 为通过对试验数据回归分析得到的参数。

3.2.4.2 偏压柱有限元模型

圆钢管钢渣混凝土偏压柱有限元模型中，单元选取、界面接触、网格划分、边界条件、加载方式和非线性方程求解过程与圆钢管钢渣混凝土轴压柱有限元模型基本相同，支座与加载板之间采用 tie 约束。

3.2.4.3 有限元模型验证

表 3-14 为圆钢管钢渣混凝土偏压柱承载力和极限挠度有限元模型计算结果与试验结果的比较，表中 N_{ec} 和 f_{ec} 分别为有限元模型计算的偏压承载力和极限挠度，有限元模型计算的试件承载力 N_{ec} 与试验值 N_{ee} 之比的平均值为 0.96，均方差为 0.074，有限元模型计算的试件极限挠度 f_{ec} 与试验值 f_{eu} 之比的平均值为 0.99，均方差为 0.082，因此，本书建立的偏压试件有限元模型具有较高的计算精度。

表 3-14 偏压试件有限元计算结果与试验结果比较

试件编号	e /mm	P_{ct}	N_{ee} /kN	f_{eu} /mm	N_{ec} /kN	f_{ec} /mm	$\dfrac{N_{ec}}{N_{ee}}$	$\dfrac{f_{ec}}{f_{eu}}$
SCA9-1	20	2.8×10^{-4}	684	12.44	669	11.95	0.98	0.96
SCA10-2		-3.5×10^{-4}	791	9.65	787	9.32	0.99	0.97
SCA11-1	40	2.8×10^{-4}	489	13.25	493	13.10	1.01	0.99
SCA12-2		-3.5×10^{-4}	594	9.71	601	8.53	1.01	0.88
SCA13-1	60	2.8×10^{-4}	398	14.97	382	14.70	0.96	0.98
SCA14-2		-3.5×10^{-4}	521	11.63	415	13.41	0.80	1.15

图 3-53 和图 3-54 分别为偏压圆钢管钢渣混凝土柱弯矩-曲率关系曲线与荷载-挠度关系曲线有限元模型计算结果与试验结果的比较，从图中可以看出，非线性有限元模型计算值与试验值吻合较好。

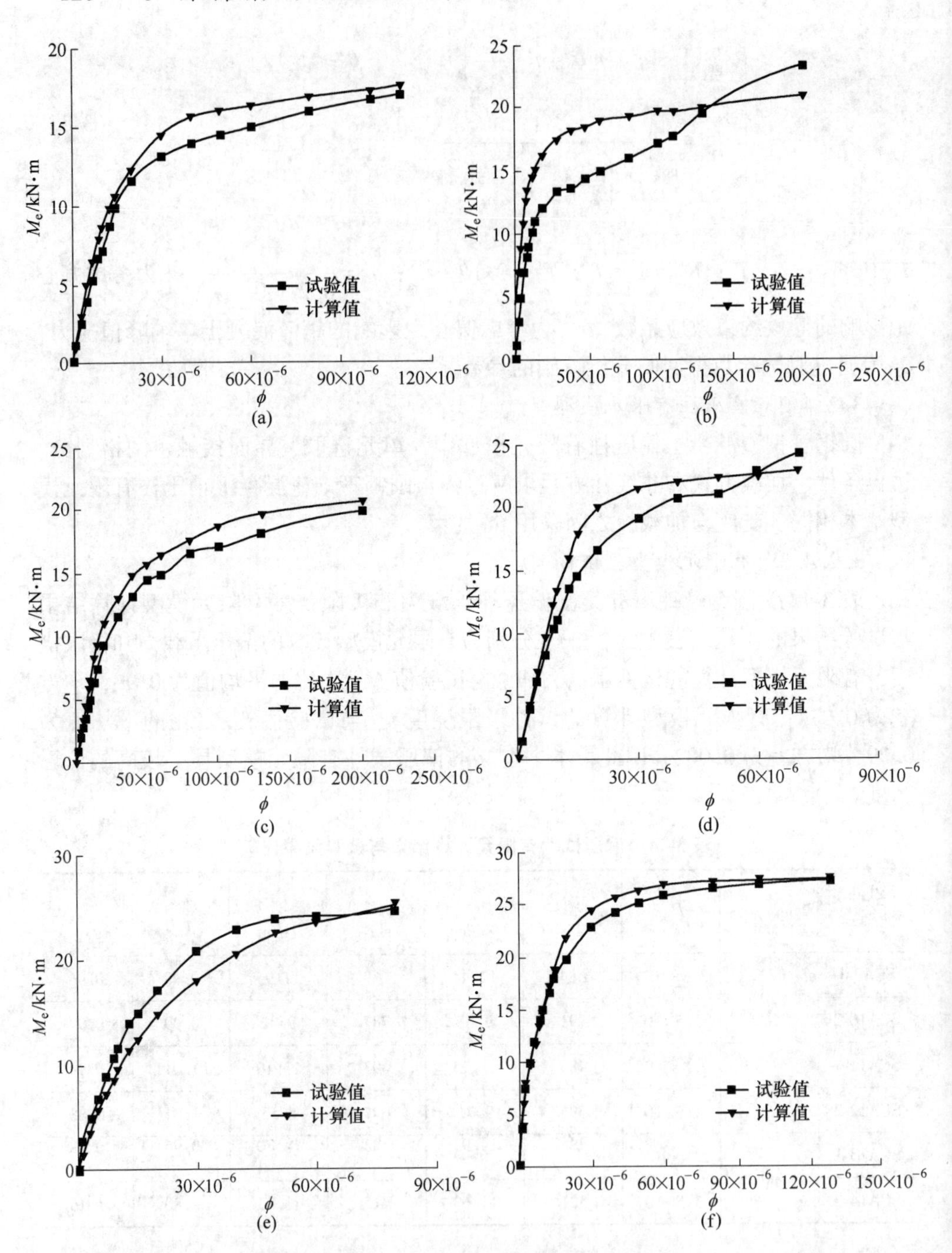

图 3-53　偏压试件弯矩-曲率关系计算值与试验值比较

(a) 试件 SCA9-1；(b) 试件 SCA10-2；(c) 试件 SCA11-1；(d) 试件 SCA12-2；
(e) 试件 SCA13-1；(f) 试件 SCA14-2

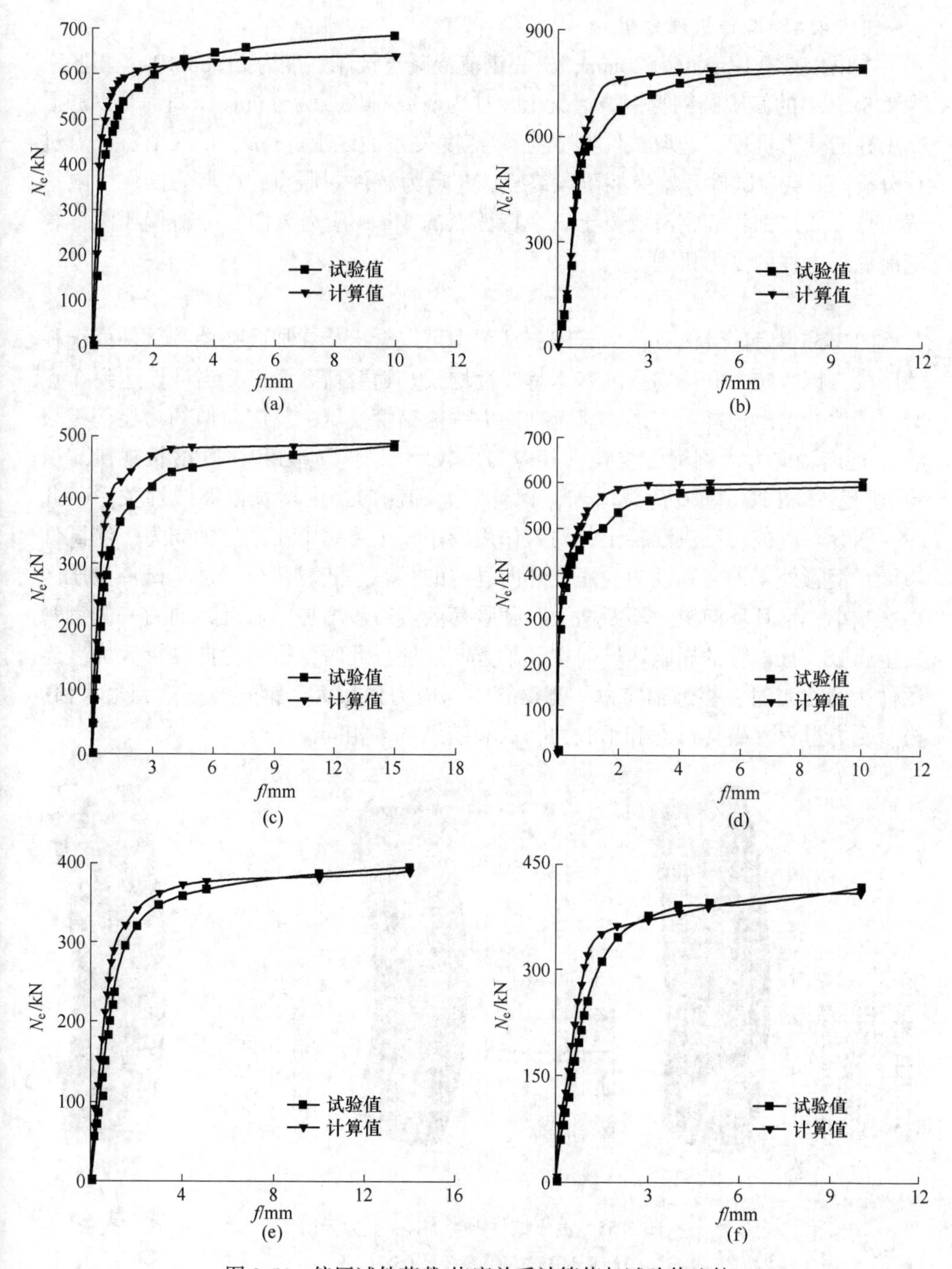

图 3-54 偏压试件荷载-挠度关系计算值与试验值比较

（a）试件 SCA9-1；（b）试件 SCA10-2；（c）试件 SCA11-1；（d）试件 SCA12-2；
（e）试件 SCA13-1；（f）试件 SCA14-2

3.2.4.4 工作机理分析

本书以荷载偏心距为20mm，核心钢渣混凝土抗压强度为21.85MPa，膨胀率为2.8×10^{-4}的偏压圆钢管钢渣混凝土短柱为研究对象。为分析偏压圆钢管钢渣混凝土柱的受力机理，选取试件典型荷载-挠度关系曲线上A、B、C三个特征点进行分析。A点为试件开始弹性阶段终点，B点为试件屈服点，C点为试件极限承载力点。通过钢管和钢渣混凝土三个特征点的Mises应力云图，分析偏压圆钢管钢渣混凝土柱的受力机理。

A 钢管

图3-55为钢管Mises应力云图，从图中可以看出，在加载初期，试件处于弹性阶段，钢管应力和侧向挠度基本呈线性增长。随着荷载增加，当试件达到A点时，试件开始出现挠曲变形，靠近轴向力一侧钢管受压，其应力值约为比例极限f_{sp}，远离轴向力一侧钢管受拉，其应力值较小，钢管应力和挠度增长规律与试验过程基本相似。随着荷载增加，钢管应力和侧向挠度增长偏离线性关系，此时，钢管与对核心钢渣混凝土的约束作用较小，主要集中在靠近轴向力一侧试件边缘，钢管处于轴向和径向受压，环向受拉的状态。随着荷载增加，试件受压区高度减小，钢管环向应力不断增大。随着荷载进一步增加，靠近轴向力一侧钢管发生屈服，且钢管的屈服区域向中和轴方向发展，此时，钢管挠曲变形较大。当试件达到C点时，靠近轴向力一侧钢管中部应力值最大，钢管挠度达到最大值，模型受力过程、破坏形态和承载力与试验结果基本相同。

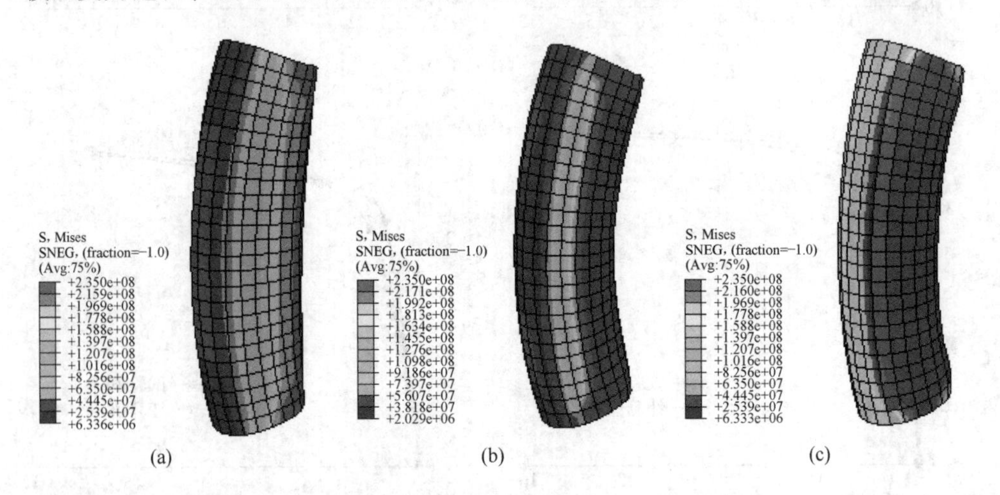

图3-55 偏压试件钢管Mises应力云图

(a) A点；(b) B点；(c) C点

B 钢渣混凝土

图3-56为钢渣混凝土Mises应力云图，从图中可以看出，在加载初期，试件

处于弹性阶段，钢渣混凝土应力和挠度呈线性增长趋势。随着荷载增加，当试件达到 A 点时，试件开始出现挠曲变形，靠近轴向力一侧钢渣混凝土受压，远离轴向力一侧钢渣混凝土受拉，钢渣混凝土压应力和挠度增长规律与试验过程相似。随着荷载增加，钢渣混凝土压应力和挠度增长偏离线性，对于试件远离轴向力一侧，钢渣混凝土达到极限拉应变，退出工作，主要拉应力由钢管承担；对于试件靠近轴向力一侧，在钢管的约束下，钢渣混凝土处于三向受压状态。随着荷载继续增加，试件受压区高度减小，钢管对钢渣混凝土的紧箍力逐渐增大，并向中和轴方向发展，钢渣混凝土压应力和挠度持续增大。随着荷载进一步增大，靠近轴向力一侧试件发生屈服，此时，钢渣混凝土挠度变形较大。当试件达到 C 点时，靠近轴向力一侧钢渣混凝土中部应力值最大，钢渣混凝土挠度达到最大值，模型受力过程、破坏形态和承载力与试验结果基本相同。

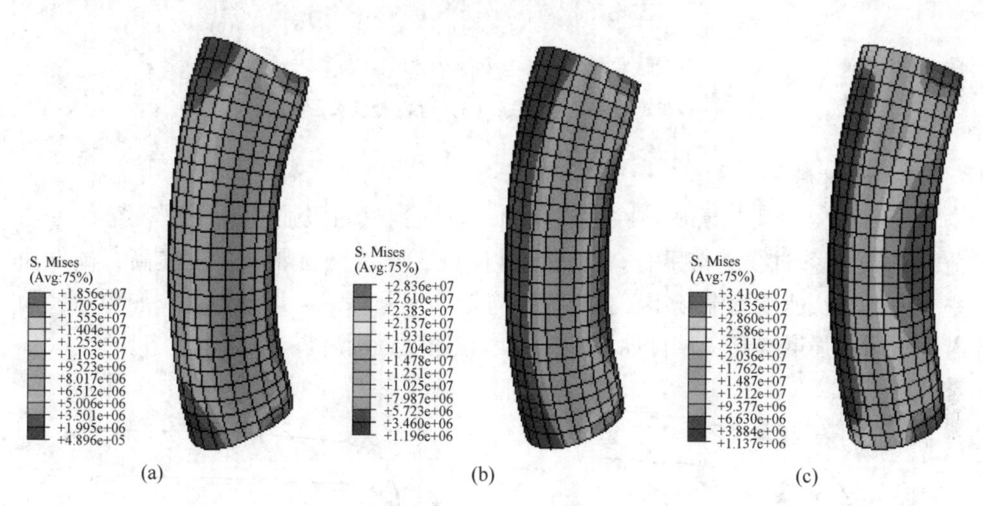

图 3-56 偏压试件钢渣混凝土 Mises 应力云图

(a) A 点；(b) B 点；(c) C 点

3.2.4.5 参数分析

影响圆钢管钢渣混凝土偏压柱力学性能的因素众多，本书通过有限元分析程序，分析含钢率、钢材屈服强度和钢渣混凝土强度等级等因素对圆钢管钢渣混凝土偏压柱弯矩-曲率关系与荷载-挠度关系的影响规律。

A 含钢率

从图 3-57 中可以看出，在加载初期，试件处于弹性阶段，不同含钢率试件弯矩-曲率和荷载-挠度关系曲线基本重合。随着荷载增加，试件弯矩-曲率和荷载-挠度关系偏离线性，随着含钢率增大，试件曲率和挠度增长速度逐渐减小，试件进入弹塑性阶段。随着荷载进一步增加，试件发生屈服，随着含钢率增大，试件屈服弯矩和屈服承载力逐渐增大。此后，弯矩缓慢增长，随着含钢率增大，试件曲率和挠度增长速度逐渐减小。

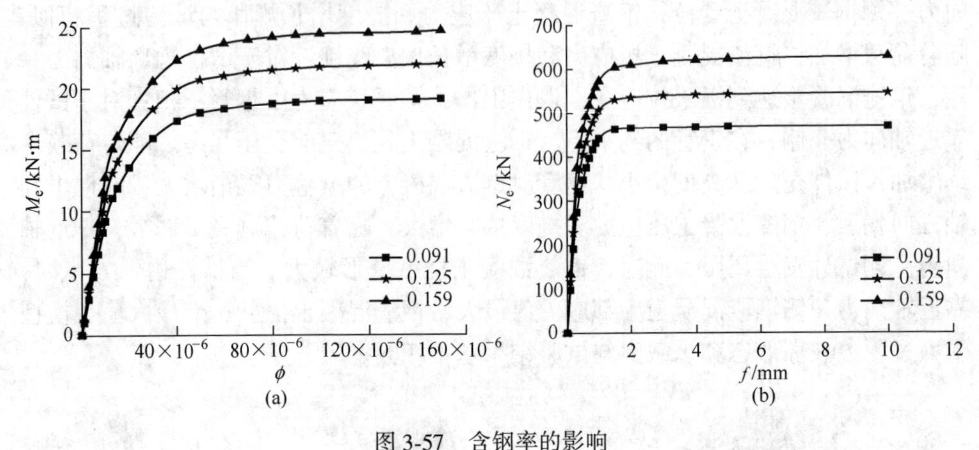

图 3-57　含钢率的影响

（a）弯矩-曲率关系曲线；（b）荷载-挠度关系曲线

B　钢材屈服强度

从图 3-58 中可以看出，在加载初期，不同钢材屈服强度试件的弯矩-曲率与荷载-挠度关系曲线基本重合。在弹塑性阶段，随着钢材屈服强度提高，试件曲率和挠度增长速度逐渐减小，试件屈服弯矩和屈服承载力逐渐增大。屈服后，随着钢材屈服强度提高，试件曲率和挠度增长速度逐渐减慢。

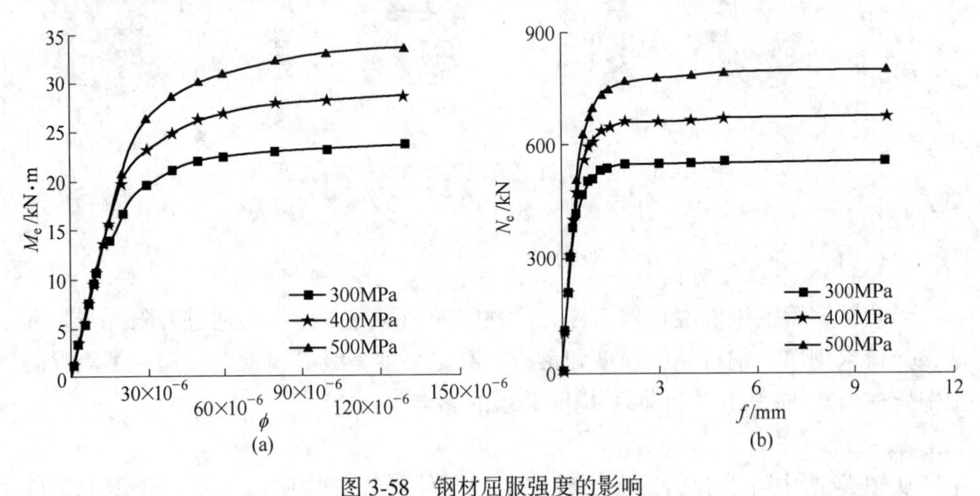

图 3-58　钢材屈服强度的影响

（a）弯矩-曲率关系曲线；（b）荷载-挠度关系曲线

C　钢渣混凝土强度等级

从图 3-59 中可以看出，在弹性阶段，不同钢渣混凝土强度试件的弯矩-曲率与荷载-挠度关系曲线基本重合。在弹塑性阶段，随着钢渣混凝土强度提高，试件曲率和挠度增长速度降低，试件屈服弯矩和屈服承载力逐渐增大。屈服后，随着钢渣混凝土强度提高，试件曲率和挠度增长速度逐渐减缓。

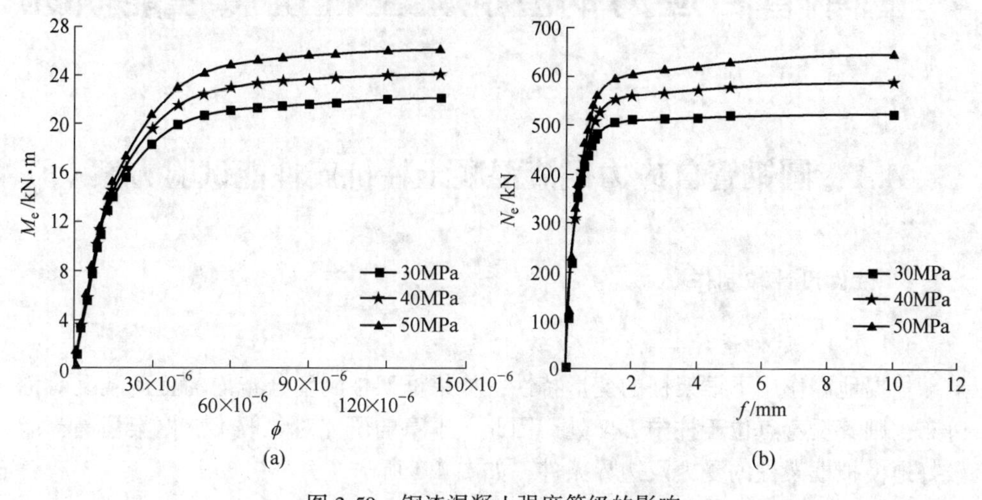

图 3-59 钢渣混凝土强度等级的影响

（a）弯矩-曲率关系曲线；（b）荷载-挠度关系曲线

4 圆钢管自应力钢渣混凝土柱抗震性能研究

4.1 圆钢管自应力钢渣混凝土柱抗震性能试验方案

4.1.1 试件设计和制作

4.1.1.1 试件设计

根据地震作用下框架柱的变形特性，如果框架柱刚度分布均匀且荷载反对称分布，则其反弯点位于柱中 $L/2$ 处。因此，本章的研究对象取 1/2 框架柱高，能较好地模拟框架柱的受力及边界条件，如图 4-1 所示。

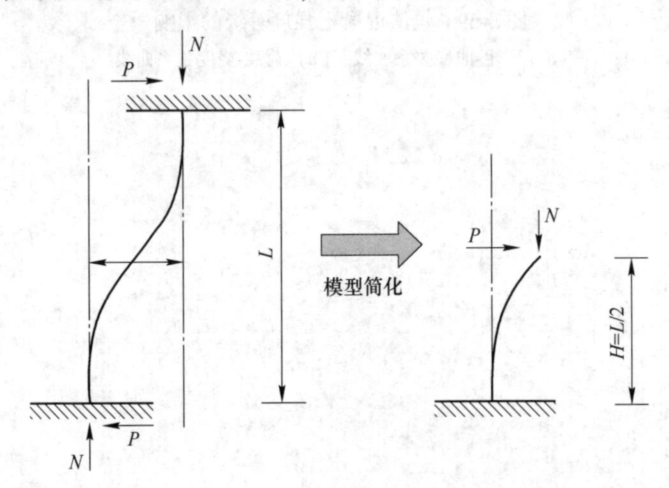

图 4-1 框架柱简化模型

试件设计时考虑采用实际尺寸的 1/2 进行缩尺，共设 10 根圆钢管自应力钢渣混凝土柱和 4 根圆钢管普通钢渣混凝土对比柱，考虑轴压比、径厚比、剪跨比和钢渣混凝土膨胀率 4 个因素对柱抗震性能的影响。所有试件均设计成工字型，总高为 1600mm，其中柱头尺寸为 400mm×400mm×400mm，基础设计尺寸为 1500mm×400mm×400mm，柱区间段净高分别为 400mm、600mm 和 800mm。

试件钢管采用 Q235 直焊缝钢管，外径为 219mm，壁厚分别为 2. 85mm、3. 73mm 和 4. 88mm；钢筋采用 HPB300 和 HRB400 级钢筋。柱头混凝土保护层厚度为 15mm，采用钢筋网状布筋，纵向均匀分布 4 层 4×4 的Φ 8 钢筋网片，每层钢筋网片之间通过 4×4 的Φ 8 钢筋网片连接；基础混凝土保护层厚度为 35mm，采用梁式基础配筋，纵向钢筋为上下两层 4 根Φ 18 的钢筋，沿纵筋以 100mm 等间距排布Φ 8 箍筋，靠近钢管两侧各采用两根Φ 18 箍筋替代Φ 8 箍筋。试件详细配筋如图 4-2 所示。

钢管内的核心钢渣混凝土采用 C35 自应力钢渣混凝土和 C35 普通钢渣混凝土，基础和柱头采用 C35 普通商品混凝土。为了模拟底部柱端的固结作用，将基础设计成刚性，钢管柱设计为插入式，插入基础深度为 350mm，插入柱头深度为 250mm，钢管底端焊接 10mm 厚钢板，顶端焊接 10mm 厚的开孔钢板。试件编号及试验参数如表 4-1 所示，试件尺寸及加工钢管如图 4-3 所示。

表 4-1 圆钢管自应力钢渣混凝土柱抗震试件参数

试件编号	柱高/mm	钢管外径/mm	钢管壁厚/mm	轴压比	径厚比	剪跨比	膨胀率
S1-ST11-1	800	219	2.85	0.2	76.84	1.83	11.1×10^{-4}
S1-ST21-1	800	219	3.73	0.2	58.71	1.83	11.1×10^{-4}
S1-ST31-1	800	219	4.88	0.2	44.88	1.83	11.1×10^{-4}
S1-ST12-1	600	219	2.85	0.2	76.84	1.37	11.1×10^{-4}
S1-ST13-1	400	219	2.85	0.2	76.84	0.91	11.1×10^{-4}
S1-ST11-2	800	219	2.85	0.4	76.84	1.83	11.1×10^{-4}
S1-ST21-2	800	219	3.73	0.4	58.71	1.83	11.1×10^{-4}
S1-ST31-2	800	219	4.88	0.4	44.88	1.83	11.1×10^{-4}
S1-ST12-2	600	219	2.85	0.4	76.84	1.37	11.1×10^{-4}
S1-ST13-2	400	219	2.85	0.4	76.84	0.91	11.1×10^{-4}
S2-ST11-1	800	219	2.85	0.2	76.84	1.83	-3.4×10^{-4}
S2-ST12-1	600	219	2.85	0.2	76.84	1.37	-3.4×10^{-4}
S2-ST13-1	400	219	2.85	0.2	76.84	0.91	-3.4×10^{-4}
S2-ST11-2	800	219	2.85	0.4	76.84	1.83	-3.4×10^{-4}

注：S1-ST11-1 为试件编号，从左至右，第一个数值代表钢渣混凝土膨胀率，“1”代表钢渣混凝土的自由膨胀率为 11.1×10^{-4}，“2”代表钢渣混凝土的自由膨胀率为 -3.4×10^{-4}；第二个数值代表径厚比，“1”“2”和“3”分别代表径厚比为 76.84、58.71 和 44.88；第三个数值代表剪跨比，“1”“2”和“3”分别代表剪跨比为 1.83、1.37 和 0.91；第四个数值代表轴压比，“1”和“2”分别代表轴压比为 0.2 和 0.4。

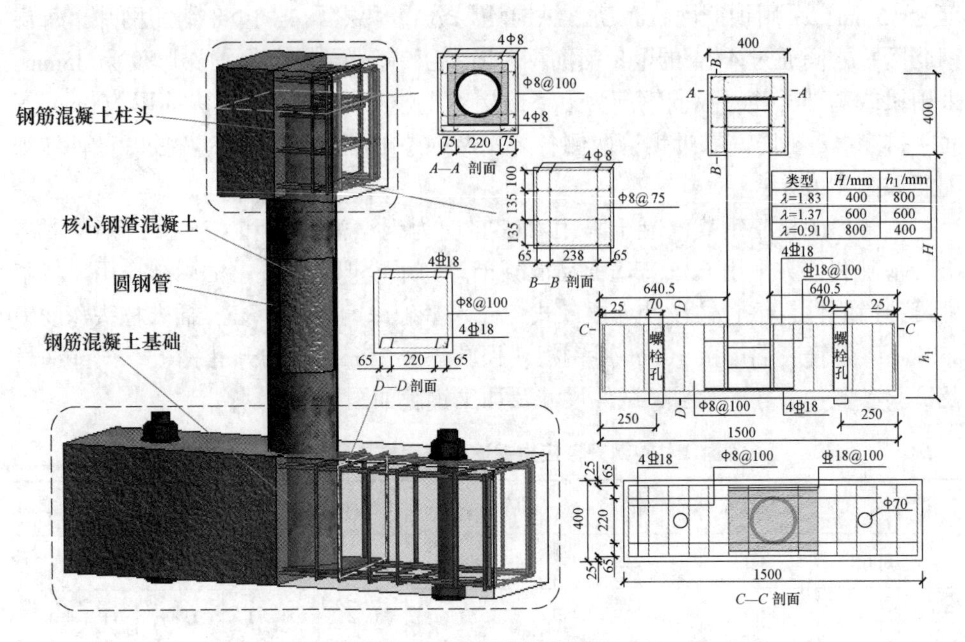

类型	H/mm	h_1/mm
λ=1.83	400	800
λ=1.37	600	600
λ=0.91	800	400

图 4-2　试件配筋示意图

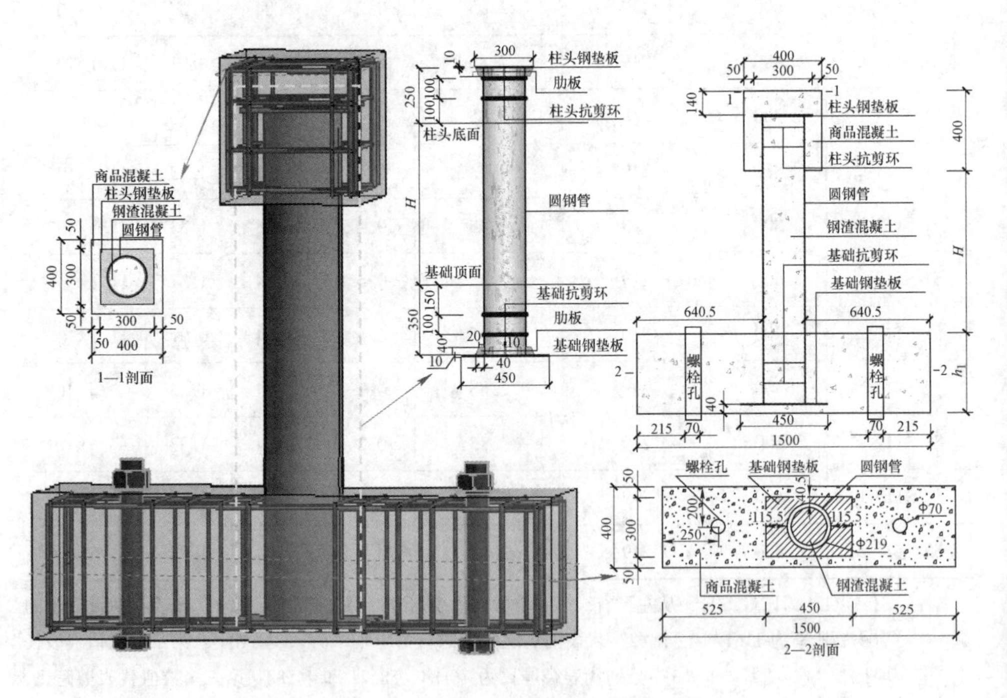

图 4-3　试件尺寸及钢管加工图

4.1.1.2 试件制作

A 钢管制作

依据试件设计尺寸预先对钢管进行加工，在钢管底端焊接尺寸为 450mm×300mm 的 10mm 厚钢板，顶端焊接尺寸为 300mm×300mm 的 10mm 厚钢板，在上钢板的中心处切割 100mm 的圆孔。为提高钢管与钢板之间的整体性，在钢板的八个方位用 10mm 厚梯形肋板焊接。考虑到钢管与混凝土之间的黏结性，在钢管表面焊接抗剪环。钢管加工如图 4-3 所示。

B 钢筋笼及模板制作

钢管加工完成后，按照试件配筋图进行钢筋绑扎，绑扎过程中将已加工好的钢管放入，制作成稳固的钢筋笼，如图 4-4（a）所示。根据试件的形状和尺寸，

图 4-4 钢筋笼及模板制作

（a）试件钢筋笼制作；（b）试件模板制作与支护

预先制作好柱头及柱基础模板，将钢筋笼放入制作完成的模板并预留出保护层厚度。为了在基础上预留试件安装所用的螺栓孔，在模板相应位置固定内径为70mm 的 PVC 管。模板制作过程中，采用激光定位调整。浇筑混凝土前，需再次检查模板轴线、支撑，确保模板的牢固性和平整性。模板制作与支护如图 4-4（b）所示。

C　混凝土浇筑及养护

混凝土分两阶段浇筑：第一阶段为钢管内核心混凝土（人工拌制）的浇筑，采用连续浇筑并用三项振捣棒插入钢管内进行振捣，边浇筑边振捣密实，钢渣混凝土浇筑到与钢管顶面齐平后停止浇筑；第二阶段为基础和柱头处商品混凝土的浇筑，在核心钢渣混凝土浇筑完成并初凝后进行柱头和基础商品混凝土的浇筑，浇筑前对试件进行二次定位调整，浇筑完成后将混凝土表面抹平，用塑料薄膜封面，减少水分散失，置于自然条件下养护。

4.1.2　试验材料力学性能

4.1.2.1　钢管力学性能试验

为测得钢材的抗拉强度，制作拉伸试样如图 3-2 所示；为测得钢材弹性模量和泊松比，制作高度为 500mm，外径为 219mm，壁厚分别为 2.85mm、3.73mm 和 4.88mm 的三种钢管，分别进行轴压试验。轴压试件在 1/2 高度处布置 8 个应变片，4 个用于测量试件的轴向应变，其余 4 个用于测定环向应变。

实测各类钢管的应力-应变关系曲线，如图 4-5（a）所示，图中 ε_z 和 ε_h 分别为钢管的纵向应变和环向应变，σ_s 为钢管的压应力。测得各类钢管环向应变与轴向应变之间的关系，如图 4-5（b）~（d）所示。实测钢管力学性能试验结果如表 4-2 所示。

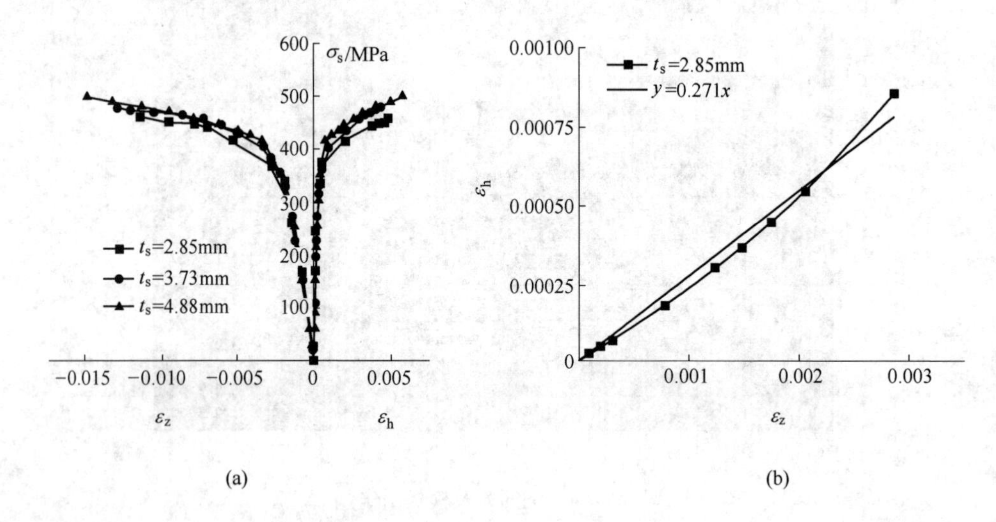

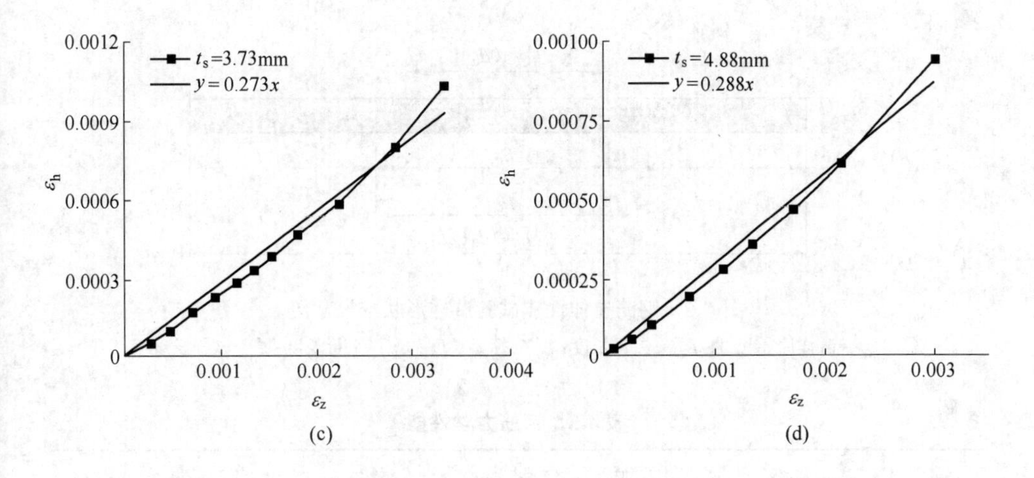

图 4-5 实测钢管应力-应变关系

（a）钢管应力-应变关系曲线；（b）2.85mm 钢管环向-纵向应变关系；

（c）3.73mm 钢管环向-纵向应变关系；（d）4.88mm 钢管环向-纵向应变关系

表 4-2 钢管力学性能试验结果

壁厚/mm	屈服强度/MPa		极限强度/MPa		弹性模量/MPa	泊松比
	实测值	平均值	实测值	平均值		
	343		570			
2.85	331	336	538	561		
	334		576			
	319		552			
3.73	305	314	509	532	2.02×10^5	0.277
	320		536			
	309		517			
4.88	308	308	494	504		
	307		501			

4.1.2.2 钢筋力学性能试验

参照《金属材料拉伸试验：室温试验方法》（GB/T 228.1—2021），制作钢筋拉伸试样开展拉伸试验，如图 4-6 所示，测得钢筋力学性能如表 4-3 所示。

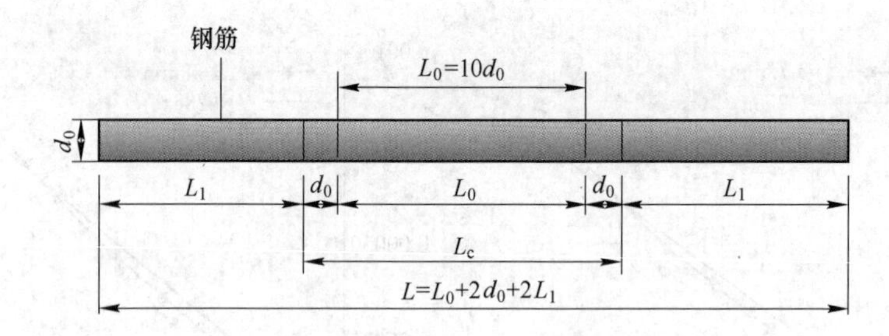

图 4-6　钢筋拉伸性能试验试样形状与尺寸图

d_0 —试样原始尺寸；L_1 —夹具长度；L_0 —标距长度；L_1 —平行长度；L —试样长度

表 4-3　钢筋力学性能

试件编号	钢筋种类	屈服强度 f_y/MPa		极限强度 f_u/MPa		弹性模量 E_s/MPa	
		试验值	平均值	试验值	平均值	试验值	平均值
S1	ф8	311	308	429	426	2.03×10^5	2.01×10^5
S2		304		423		1.99×10^5	
S3		309		425		2.01×10^5	
S4	Ф18	459	465	631	633	1.94×10^5	1.95×10^5
S5		469		633		1.99×10^5	
S6		468		634		1.91×10^5	

4.1.2.3　钢渣混凝土力学性能试验

A　抗压强度试验

试验中所使用的各类混凝土配合比如表 4-4 所示，参照《混凝土物理力学性能试验方法标准》(GB/T 50081—2019)，制作 100mm×100mm×100mm 立方体试块进行混凝土抗压强度试验，实测混凝土的力学性能如表 4-5 所示。

表 4-4　混凝土配合比

试验编号	水灰比	每立方米混凝土材料用量/kg · m^{-3}					
		水	水泥	砂	钢渣砂	石子	粗钢渣
自应力钢渣混凝土	0.5	198.2	396.3	0	779.6	777.8	261.1
普通钢渣混凝土	0.58	189.8	326.9	0	780.6	0	1038.9
商品混凝土	0.38	205	539	563	0	1143	0

表 4-5 混凝土实测力学性能

试件编号	立方体抗压强度/MPa		轴心抗压强度/MPa	弹性模量/MPa
	实测值	平均值		
自应力钢渣混凝土	37.1	38.40	25.73	2.958×10^4
	39.1			
	39.0			
普通钢渣混凝土	38.6	38.27	25.64	2.953×10^4
	36.9			
	39.3			
商品混凝土	40.6	39.07	26.18	2.983×10^4
	39.4			
	37.2			

B 膨胀性能试验

按照 2.2 节所述钢渣混凝土膨胀率测定方法，制作尺寸为 100mm×100mm×300mm 棱柱体试模，测得 90d 内钢渣混凝土自由膨胀率随龄期变化关系曲线如图 4-7 所示。从图中可以看出，普通钢渣混凝土的自由膨胀率随着龄期的增加呈负增长，且收缩速率较快，在 25d 左右收缩速率放缓，最终趋于平稳，最终自由膨胀率为 -3.4×10^{-4}，与普通混凝土相似。自应力钢渣混凝土的自由膨胀率随着龄期的增加先快速增长，20d 以后自由膨胀率开始缓慢下降，最终稳定在 11.1×10^{-4}，满足钢管自应力混凝土中对混凝土膨胀率的要求。

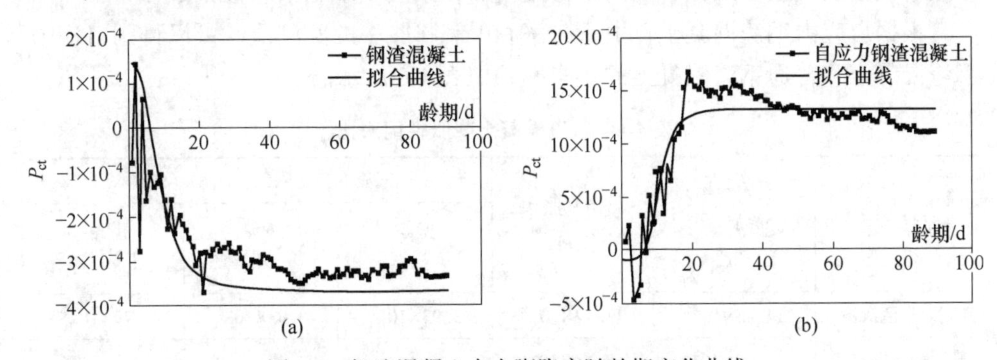

图 4-7 钢渣混凝土自由膨胀率随龄期变化曲线

(a) 普通钢渣混凝土自由膨胀率变化曲线；(b) 自应力钢渣混凝土自由膨胀率变化曲线

为模拟圆钢管约束条件下自应力钢渣混凝土的膨胀性能，在参考文献［78］的基础上，采用高度为 200mm 的钢管对自应力钢渣混凝土进行约束。试件浇注后将其上下面抹平，与钢管对齐，用环氧树脂将其表面密封。在钢管中部环向和纵向各贴 2 个电阻应变片，以测量钢管纵向和环向的变形，试件制作及采集过程如图 4-8 所示。

(a)

(b)

图 4-8　限制膨胀率测量试验

（a）试件制作；（b）采集过程

通过实测各类钢管约束条件下自应力钢渣混凝土的限制膨胀率，绘制钢管约束自应力钢渣混凝土的限制膨胀率随龄期变化曲线，如图 4-9 所示。从图中可以看出，随着龄期增加，限制膨胀率在 0~16d 快速增大，16~21d 达到最大限制膨胀率，22~90d 缓慢下降最终趋于平稳。随着试件径厚比的减小，钢渣混凝土限制膨胀率降低，实测钢管径厚比分别为 77. 84、58. 71 和 44. 88 的限制膨胀率的比值为 1∶0. 87∶0. 66。这是因为，随着径厚比增加，钢管壁厚减小，相同自由膨胀率钢渣混凝土受到钢管的约束作用增加，钢渣混凝土限制膨胀率增加。

根据自应力钢渣混凝土自由膨胀率和限制膨胀率的实测值，可以得到自应力钢渣混凝土和普通钢渣混凝土的膨胀率，如表 4-6 所示。

表 4-6　钢渣混凝土膨胀性能对比

试件类型	峰值自由膨胀率 P_{ctm}	自由膨胀率（90d）	钢渣混凝土限制膨胀率（90d）		
			壁厚 2. 85mm	壁厚 3. 73mm	壁厚 4. 88mm
自应力钢渣混凝土	14.45×10^{-4}	11.12×10^{-4}	3.93×10^{-4}	3.33×10^{-4}	2.79×10^{-4}
普通钢渣混凝土	-3.52×10^{-4}	-3.44×10^{-4}	—		

自应力钢渣混凝土的自由膨胀率和限制膨胀率随着龄期变化的曲线，如图 4-10 所示。从图中可以看出，自由膨胀率与限制膨胀率随着龄期的变化规律基本一致。在自由膨胀率达到峰值膨胀率前，自由膨胀率浮动较大，且稍微迟于限制膨胀率的增长，但自由膨胀率和限制膨胀率基本均在 16~21d 内出现峰值膨胀率。

当自由膨胀率超过峰值膨胀率后，随着龄期的增加，自应力钢渣混凝土的自由膨胀率和限制膨胀率均缓慢下降，且下降幅度较小，最终膨胀率趋于平稳。在试验参数范围内，实测自应力钢渣混凝土稳定时的限制膨胀率为自由膨胀率的25%~35%。随着径厚比减小，稳定时自应力钢渣混凝土限制膨胀率减小。结合文献［100］可知，在钢管约束状态下，自应力钢渣混凝土在水化过程中膨胀受到限制，自由膨胀能并不能完全转化为有利于产生自应力的有效膨胀能，其限制膨胀率与自由膨胀率之间的关系，如式（4-1）所示。

$$P_{cr} = \varepsilon_h = P_{ct} - \varepsilon_a - \varepsilon_e - \varepsilon_c \tag{4-1}$$

式中，P_{cr}、P_{ct} 分别表示限制膨胀率和自由膨胀率；ε_h、ε_a、ε_e、ε_c 分别表示限制变形、无效变形、弹性变形和徐变变形。

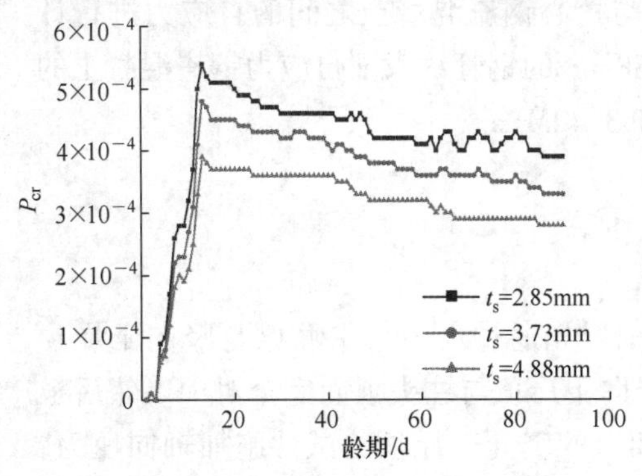

图 4-9　限制膨胀率随龄期变化曲线

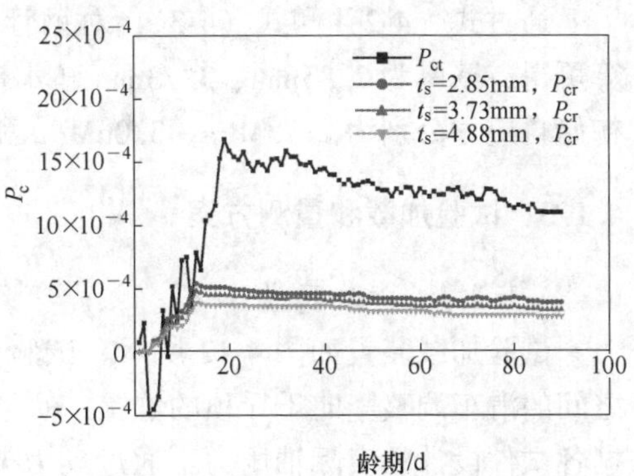

图 4-10　自由膨胀率与限制膨胀率对比

结合以上试验分析可知，在钢渣混凝土膨胀过程中，钢管与自应力钢渣混凝土之间形成侧压力，使得圆钢管环向受拉，而钢渣混凝土处于三向受压状态，如图4-11所示。假设环向应变沿钢管壁厚均匀分布，忽略径向应力。根据实测应变值计算钢管的环向应力，如式（4-2）所示。

扫码看彩图

图 4-11　钢管及钢渣混凝土受力图

$$\sigma_{h} = \frac{E_{s}}{1 + \nu^{2}}(\varepsilon_{h} + \nu\varepsilon_{z}) \tag{4-2}$$

式中，σ_h 为钢管的环向应力；ε_h、ε_z 分别为实测钢管的环向应变和纵向应变；E_s、ν 分别为钢管的弹性模量和泊松比。

根据图 4-11 的受力关系，建立力的平衡关系，计算核心钢渣混凝土的初始自应力，如式（4-3）所示。

$$\sigma_{0} = \frac{t_{s}}{R_{c}}\sigma_{h} \tag{4-3}$$

式中，σ_0 为核心钢渣混凝土的自应力；t_s、R_c 分别为钢管的壁厚和核心混凝土的内半径。

通过式（4-2）和式（4-3），对钢管与核心钢渣混凝土之间的自应力进行计算可得，壁厚为 2. 85mm、3. 73mm 和 4. 88mm 的钢管约束下自应力钢渣混凝土的初始自应力分别为 2. 73MPa、3. 06MPa 和 3. 42MPa。

4. 1. 3 试验加载和量测方案

4. 1. 3. 1 加载装置

试验加载装置如图 4-12 所示。试验前，先通过反力架平衡梁与竖向千斤顶之间的滑车调整竖向千斤顶的位置，使竖向千斤顶与柱头顶面完全对中。然后根据各试件设计的实际轴压力，通过反力架上的竖向千斤顶给试件施加轴向压力，调节油泵使竖向千斤顶与柱头顶面缓慢接触，为防止加载过程中试件被冲切破坏，当油泵开始出现读数，回油减缓加载速率，等加载速率稳定后，加油让油泵上的示数稳定地加载至设计的轴压力，然后保持轴压力恒定。水平荷载由反力墙上的 100t MTS 水平作动器施加，其量程为±350mm，为保证实验过程中试件不发生相对平移，通过两根地锚螺栓将基础上预留的两个螺栓孔与预应力混凝土固定牢固。支座反力架四周通过水平拉杆拉紧，在试件两侧用支座千斤顶顶住柱基础底座，并用钢板塞实，以确保试件底部基础固定。

4. 1. 3. 2 加载制度

加载时，利用竖向千斤顶对试件施加轴压力，并且保持轴力恒定。低周往复荷载采用全位移加载制度，如图 4-13 所示，试件屈服前，采用单级循环位移加载，位移增量为 1mm；试件屈服后，切换成等幅三级循环位移加载，每级位移增量为屈服位移 Δ_y 的整数倍，每级位移循环三次，直至水平承载力降至试件峰值承载力的 85%时，认定试件破坏，停止加载。

4. 1. 3. 3 测量方案

A 量测内容

（1）测量柱顶水平位移和水平荷载；

(a)

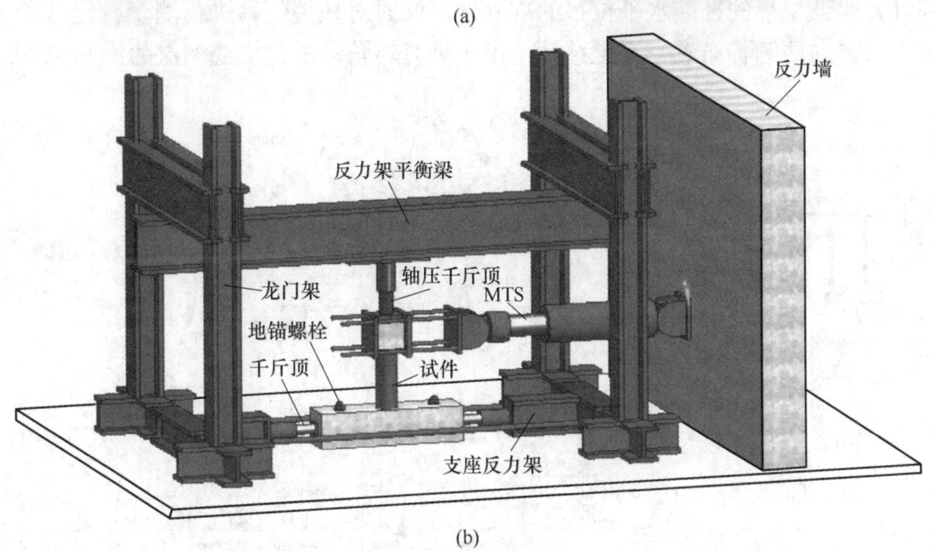

(b)

图 4-12 试验加载装置
(a) 加载装置实物图; (b) 加载装置模型图

(2) 测量柱中水平位移;

(3) 测量前后侧, 沿柱身高度方向钢管表面的纵向和环向应变;

(4) 测量左右侧, 沿柱身高度方向钢管表面斜向剪切应变 γ , 可用应变花测得。按 $\gamma = 2\varepsilon_{45^\circ} - (\varepsilon_h + \varepsilon_z)$ 计算。

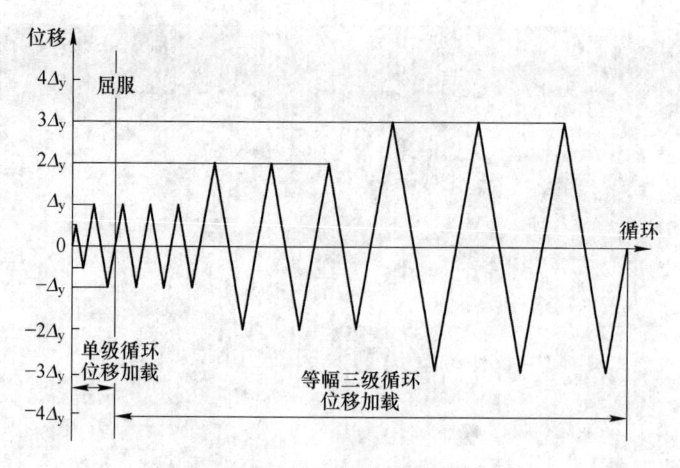

图 4-13　水平荷载加载制度

B　测点布置

试件位移计和应变测点布置如图 4-14 所示，柱头前侧布置一个水平方向位移计，验证采集的柱端水平位移的准确性，同时对柱端位移进行测量；柱区段中部加载方向两侧各布置一个位移计，用于计算转角。试件应变测点的布置包括，

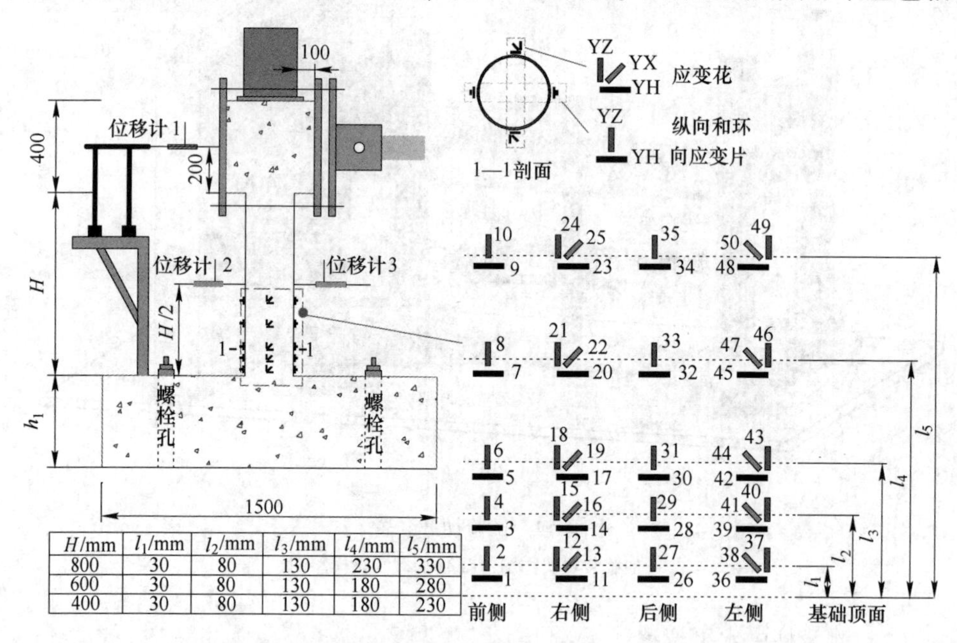

H/mm	l_1/mm	l_2/mm	l_3/mm	l_4/mm	l_5/mm
800	30	80	130	230	330
600	30	80	130	180	280
400	30	80	130	180	230

图 4-14　位移计与应变片布置图

（图中 l_1 ~ l_5 分别为应变片与基础顶面之间的距离，具体数据如图中表格所示；YH、YZ 和 YX 分别表示环向应变片、纵向应变片和斜向 45°应变片；数值 1~50 表示应变片的布置编号）

在横截面上沿前后左右侧四个方位布置，在竖直方向，沿柱高方向的相同横截面位置上布置。在前后侧的应变片布置为纵向和环向，用于测量钢管的纵向拉压应变及环向约束应变。在左右侧的应变片布置为应变花，即纵、环、斜三个方向的应变片，用于测量钢管的剪切应变。

4.2 圆钢管自应力钢渣混凝土柱抗震性能试验结果分析

4.2.1 试件破坏形态

根据破坏形态不同，将试件分成两组：高剪跨比（剪跨比为1.83）试件和低剪跨比（剪跨比小于1.83）试件，其破坏过程均经历弹性、弹塑性及塑性三个阶段。

4.2.1.1 高剪跨比试件

在加载初期，试件承受的水平荷载较小，随着水平位移增加，荷载呈线性增长，外钢管纵向应变增加，环向应变和剪切应变基本保持不变，圆钢管自应力钢渣混凝土柱与对比柱外部钢管表面均未出现局部鼓曲，未发现铁锈脱落现象，卸载和加载过程未产生残余变形，试件处于弹性阶段。当试件的水平位移达到10mm时，外部钢管前后侧纵向应变超过1893με，试件屈服，前后侧柱底钢管纵向应变急剧增加，此时外钢管的纵向应变为2159με，环向压应变为432με，剪切应变为151με。

试件进入弹塑性阶段后，荷载增长速度放缓，且呈非线性增长，外钢管纵向应变和环向应变迅速增大，剪切应变基本不变，试件外部钢管并未局部鼓曲，未出现脱落的铁锈，试件有残余应变产生。当水平位移为20mm时，可听到轻微的闷响声，随着水平位移增加，这种闷响声越来越清晰，频率越来越高。这是因为，在低周反复荷载作用下，核心钢渣混凝土产生的细小裂纹逐渐发展，钢管的约束下骨料间的相互咬合产生闷响声，与自应力试件相比，非自应力试件闷响声出现得更早，相应的位移为18mm，这说明圆钢管对自应力钢渣混凝土的约束作用更大，有效抑制核心钢渣混凝土裂缝出现和开展。当水平位移达到24mm时，试件水平承载力不再增加，试件达到峰值荷载。此时，钢管底部最大的纵向应变为5520με，环向压应变为2326με，剪切应变为-259με。

随着水平位移继续增大，试件承载力逐渐下降，钢管纵向应变和环向应变逐渐增大，剪切应变仍然无明显变化。当水平位移为30mm时，试件与基础交接处钢管表面出现微鼓区，钢管表面有微量铁锈脱落，试件出现较明显的残余变形。随着水平位移进一步增加，钢管表面脱落铁锈逐渐增加，钢管表面的已有鼓曲继续发展，当荷载降至试件峰值荷载85%左右时，认定试件发生破坏，钢管底部鼓曲变形急剧发展，最终形成两道肉眼可见的鼓曲波。各试件的破坏形态如图 4-15 所示。

试验结束后，将试件外层圆钢管剥离，可以观察到柱底核心钢渣混凝土均被压碎，呈现比较明显的粉末状碎渣。与非自应力试件相比，在试件非加载方向，核心自应力钢渣混凝土竖向受拉表皮撕裂产生的裂缝宽度和深度均较小，自应力试件完整性较好。这是因为，自应力的存在，增强钢管与核心钢渣混凝土之间的侧向压力，圆钢管对核心钢渣混凝土的套箍效应增加，核心钢渣混凝土承载能力增强，破坏程度减小，完整性较好。

从整个试验过程中可以看出，高剪跨比试件的破坏形态主要表现为：柱底 200mm 范围钢管屈服，试件形成双向鼓曲波，鼓曲波沿环向发展，形成鼓曲环。柱底 50mm 范围内核心钢渣混凝土被压碎。试件最终产生较大的塑性变形，呈现压弯破坏特征。随着轴压比增加，试件鼓曲程度减小；随着钢渣混凝土膨胀率增加，试件鼓曲程度增加；径厚比对试件鼓曲程度影响不明显。

试件整体破坏面

试件整体破坏形态　　钢渣混凝土破坏面　　钢渣混凝土破坏形态

(a)

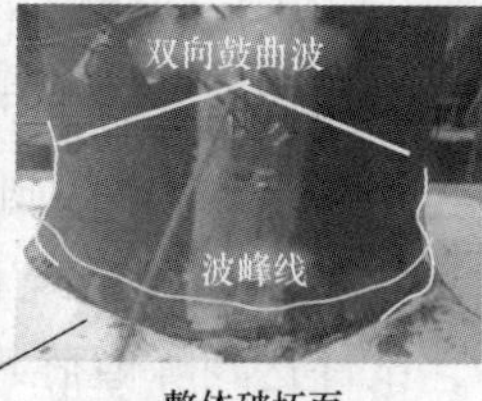

整体破坏面

试件整体破坏形态　　钢渣混凝土破坏面　　钢渣混凝土破坏形态

(b)

试件整体破坏形态

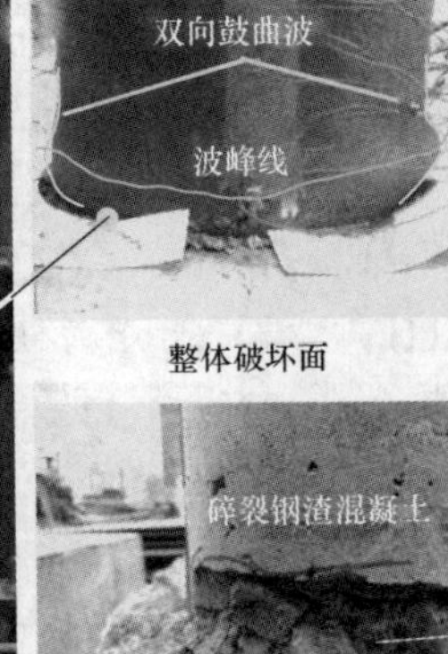

整体破坏面

钢渣混凝土破坏面

钢渣混凝土破坏形态

(c)

试件整体破坏形态

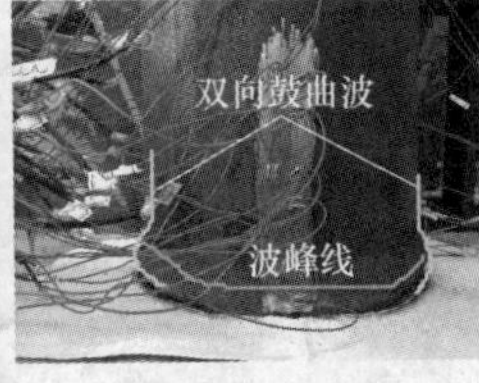

整体破坏面

钢渣混凝土破坏面

钢渣混凝土破坏形态

(d)

试件整体破坏形态

整体破坏面

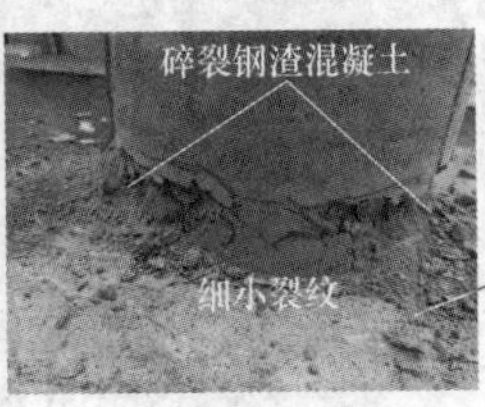

钢渣混凝土破坏面

钢渣混凝土破坏形态

(e)

图 4-15　高剪跨比试件破坏形态

(a) 试件 S1-ST11-1 破坏形态；(b) 试件 S1-ST21-1 破坏形态；(c) 试件 S1-ST31-1 破坏形态；(d) 试件 S1-ST11-2 破坏形态；(e) 试件 S1-ST21-2 破坏形态；(f) 试件 S1-ST31-2 破坏形态；(g) 试件 S2-ST11-1 破坏形态；(h) 试件 S2-ST11-2 破坏形态

4.2.1.2 低剪跨比试件

在加载初期，随着水平位移增加，荷载呈线性增长，外钢管纵向应变增加，环向应变和剪切应变基本保持不变，试件外观无明显变化，柱底白色卡纸未发现铁锈脱落现象，卸载和加载过程未产生残余变形，试件处于弹性工作状态。与高剪跨比试件相比，低剪跨比试件的荷载增加速率较大。这是因为，随着剪跨比减小，试件的有效高度降低，试件所受弯矩增加速度减小，水平位移增加速度降低，从而使得承载能力增加。当试件水平位移为6mm时，钢管前后侧纵向应变超过1893με（实测钢管屈服应变），随后，试件屈服，水平承载力保持不变，柱底钢管纵向应变急剧增加。此时钢管应变与高剪跨比试件基本一致。在此阶段，与高剪跨比试件相比，低剪跨比试件的屈服位移较小，但屈服荷载较大。这是因为，随着剪跨比减小，试件有效高度减小，使得试件所受弯矩增加速度减小，水平位移增加速度降低，从而使得试件屈服承载力增加，屈服位移降低。

试件屈服后，加载方式由单级循环位移加载改为等幅三级循环位移加载，随着水平位移增加，试件进入弹塑性阶段。试件荷载增长速度放缓，呈非线性增长，钢管纵向应变和环向应变迅速增大，剪切应变开始缓慢增加，试件产生残余应变。与高剪跨比试件相比，低剪跨比试件的剪切应变开始增加，这说明低剪跨比试件所受的剪力较大，剪应变发展速度加快。当水平位移增加到12mm时，可听到轻微的闷响声传出，并随着水平位移增加，这种闷响声越来越清晰，频率越来越高。当水平位移达到18mm时，试件达到峰值荷载。此时，钢管底部的纵向应变为6119με，环向应变为1526με，剪切应变为2110με，但此时剪切应变并未屈服。

随着水平位移继续增大，试件承载力逐渐下降，钢管纵向应变、环向应变以及剪切应变明显增大。与高剪跨比试件相比，低剪跨比试件承载力下降速率较大。这是因为，随着剪跨比减小，在相同水平位移下，试件有效高度降低，刚度退化速度加快，承载力下降速率增大。当水平位移为24mm时，试件与基础交接处钢管表面出现微鼓区，钢管表面有微量铁锈脱落，试件出现较明显的残余变形。随着水平位移进一步增加，钢管表面脱落铁锈迅速增加，与高剪跨比试件相比，随着位移的继续增加，低剪跨比试件外部钢管鼓曲程度不再增加，管波峰处产生一道水平裂缝，裂缝沿着环向发展。当试件水平承载力降低至峰值荷载的85%时，认定试件发生破坏。各试件的破坏形态如图4-16所示。

将试件外层圆钢管剥离，可以观察到柱底核心钢渣混凝土均被压碎，呈现比较明显的颗粒状碎渣。在试件非加载方向，核心自应力钢渣混凝土被水平剪断，形成一条肉眼可见的水平裂缝。与非自应力试件相比，在试件非加载方向，核心自应力钢渣混凝土竖向受拉表皮撕裂产生的裂缝宽度和深度均较小，自应力试件完整性更好。与高剪跨比试件相比，核心钢渣混凝土碎裂程度减小，水平裂缝增加，试件破坏过程短促，短柱效应明显，试件变形不够充分，碎裂程度减小。

从整个试验过程可以看出，低剪跨比试件的破坏形态主要表现为：柱底120mm范围内钢管屈服，试件形成双向鼓曲波，鼓曲波沿环向发展，形成鼓曲环，同时波峰处形成一道水平裂缝。柱底40mm范围内核心钢渣混凝土被压碎。在试件非加载方向，核心自应力钢渣混凝土被水平剪断，形成一道肉眼可见的水平裂缝，试件最终产生较大的塑性变形，既具有压弯破坏特征又具有剪切破坏特征，呈现弯-剪黏滞破坏。

试件整体破坏形态

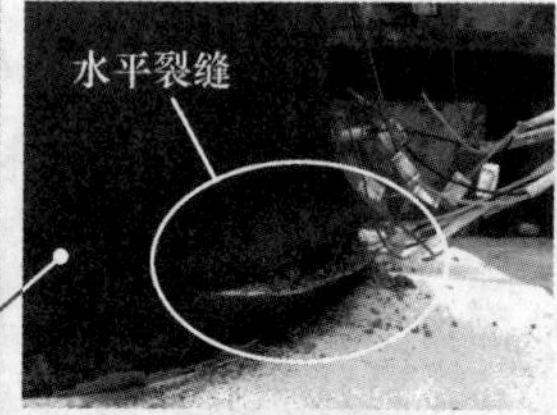

整体破坏面

钢渣混凝土破坏面

钢渣混凝土破坏形态

(a)

试件整体破坏形态

整体破坏面

钢渣混凝土破坏面

钢渣混凝土破坏形态

(b)

试件整体破坏形态　整体破坏面　钢渣混凝土破坏面　钢渣混凝土破坏形态

(c)

试件整体破坏形态　整体破坏面　钢渣混凝土破坏面　钢渣混凝土破坏形态

(d)

试件整体破坏形态　整体破坏面　钢渣混凝土破坏面　钢渣混凝土破坏形态

(e)

试件整体破坏形态　　钢渣混凝土破坏面　　钢渣混凝土破坏形态

(f)

图 4-16　低剪跨比试件破坏形态

(a) 试件 S1-ST12-1 破坏形态；(b) 试件 S1-ST13-1 破坏形态；(c) 试件 S1-ST12-2 破坏形态；(d) 试件 S1-ST13-2 破坏形态；(e) 试件 S2-ST12-1 破坏形态；(f) 试件 S2-ST13-1 破坏形态

4.2.2　滞回性能分析

4.2.2.1　滞回曲线

A　滞回曲线特征

图 4-17 为试件荷载-位移滞回曲线，从图中可以看出，所有试件的荷载-位移滞回曲线比较饱满，大致可以分为弹性阶段、弹塑性阶段及塑性阶段三个受力阶段。

在加载初期，水平荷载较小，试件荷载-位移滞回曲线呈线性，所包围的面积很小，刚度基本不变，未产生残余变形，此时试件处于弹性阶段。此阶段，试件刚度较大，荷载增加较快，在弹性阶段末期，随着水平位移增加，水平荷载增长放缓，荷载-位移骨架线偏离线性，试件屈服。

试件屈服后，进入弹塑性阶段，加载方式由单级循环位移加载改为等幅三级循环位移加载。随着水平位移增加，试件水平承载力增长速度逐渐变缓，荷载呈非线性缓慢增加。试件荷载-位移滞回曲线包围的面积逐渐增加，此时滞回环呈现饱满的梭形。当荷载卸载为零时，试件位移不再降为零，出现一定量的残余变形。随着水平位移增加，试件水平承载力不再增加，试件达到峰值荷载。

随着位移的进一步增加，试件水平承载力降低，残余变形不断增大。随着核心钢渣混凝土裂缝不断发展，钢管与核心钢渣混凝土之间发生一定的黏结滑移，

P-Δ 曲线出现“捏缩”现象，曲线形状由饱满的梭形逐渐变为弓形。从图中荷载-位移滞回曲线的外部形貌可以看出，试件的荷载-位移滞回曲线比较饱满，具有较好的耗能能力和抗震性能。

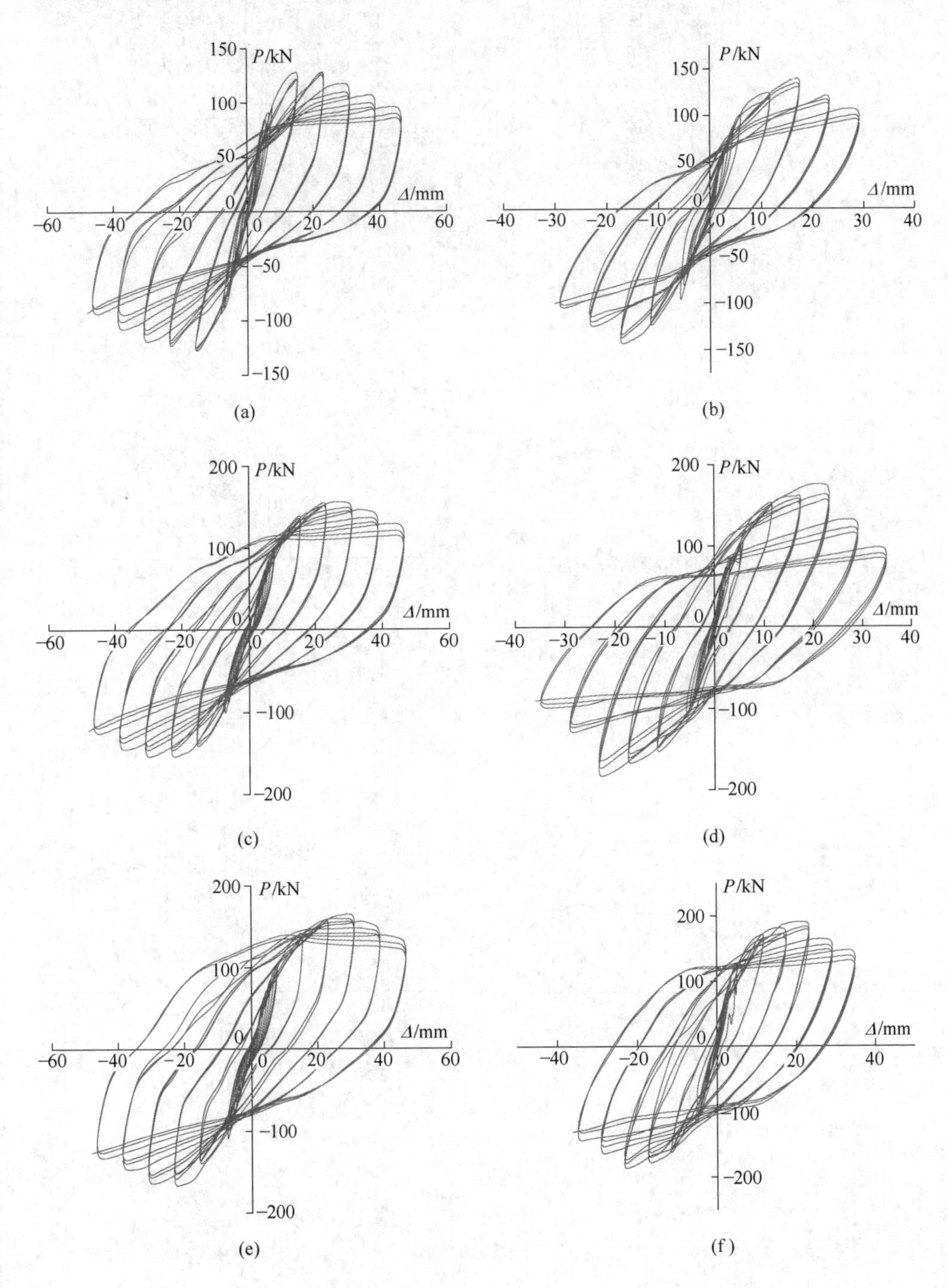

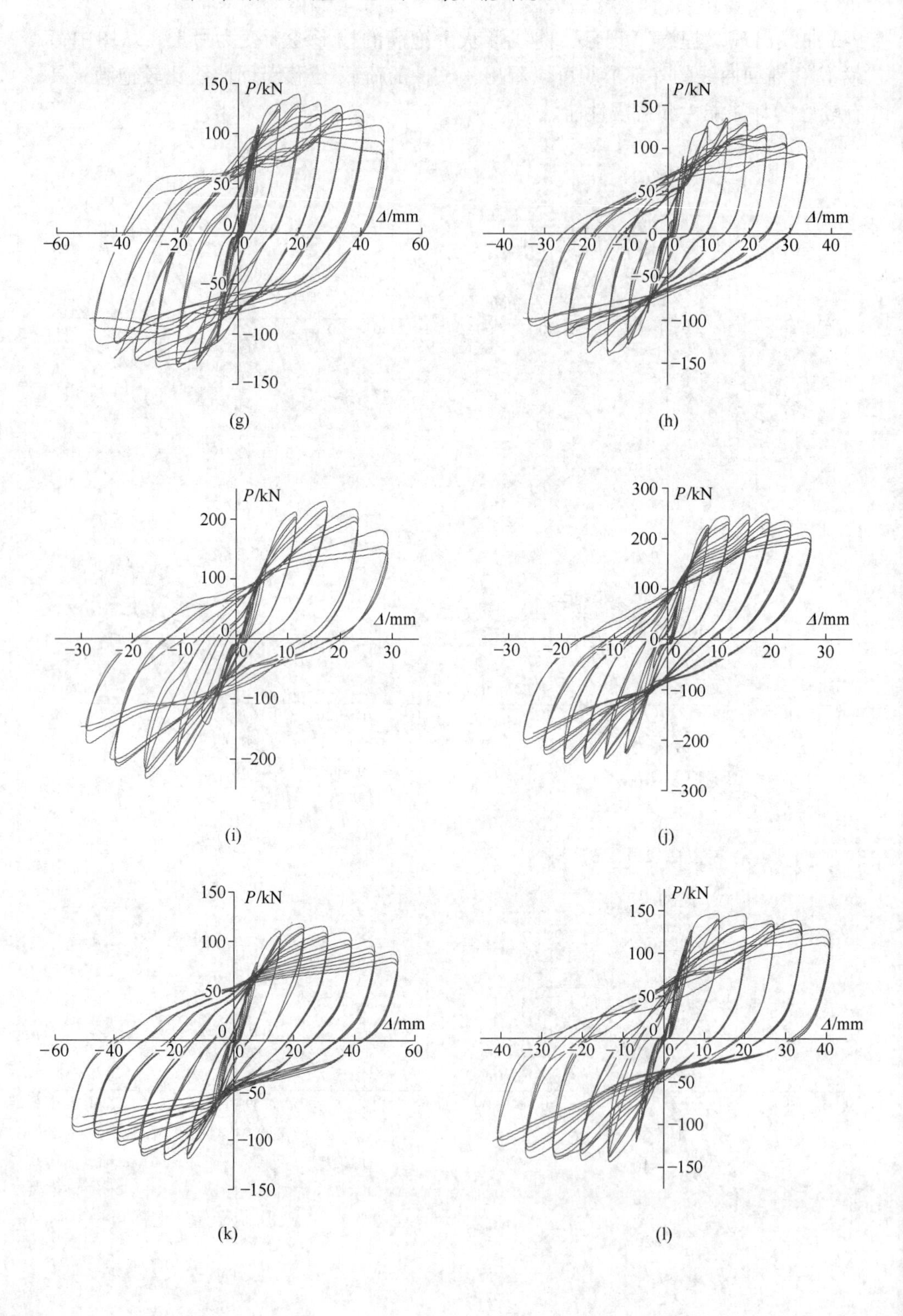
P/kN
Δ/mm
150
100
50
0
−50
−100
−150
−60
−40
−20
20
40
60
(g)
(h)
(i)
(j)
(k)
(l)
200
300
−200
−300
−30
−10
10
30

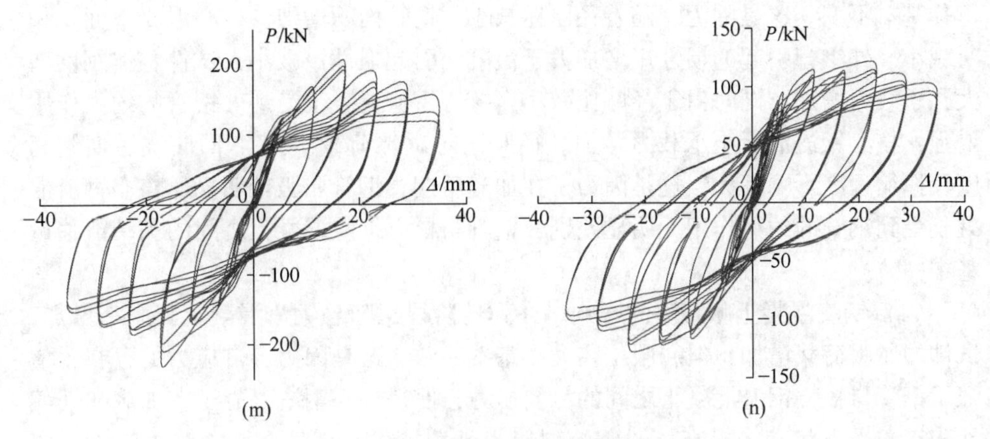

图 4-17　荷载-位移滞回曲线

(a) S1-ST11-1；(b) S1-ST11-2；(c) S1-ST21-1；(d) S1-ST21-2；(e) S1-ST31-1；(f) S1-ST31-2；(g) S1-ST12-1；(h) S1-ST12-2；(i) S1-ST13-1；(j) S1-ST13-2；(k) S2-ST11-1；(l) S2-ST12-1；(m) S2-ST13-1；(n) S2-ST11-2

B　影响因素分析

(1) 轴压比的影响。在弹性阶段，随着轴压比增加，水平荷载增长速度微增，试件屈服承载力增加，屈服位移减小。这是因为，随着轴压比增加，核心钢渣混凝土受到外钢管的约束效应增加，此时，试件水平位移较小，附加弯矩影响不明显。在弹塑性阶段，随着轴压比增加，试件峰值承载力增加，峰值位移减小。这是因为，试件屈服后，随着水平位移增加，试件“二阶效应”的影响逐渐凸显，试件承载力有下降的趋势，但试件轴压比的增加，钢管对核心钢渣混凝土的约束作用增大，核心钢渣混凝土承载力提高较大，试件峰值荷载增大。在塑性阶段，随着轴压比增加，试件 P-Δ 曲线饱满度降低，“捏缩”程度增加。试件承载力下降速率增加，极限位移减小，破坏前经历循环次数减少，试件延性和抵抗变形的能力降低。这是因为，试件进入塑性阶段后，试件变形较大，“二阶效应”的影响明显，试件承载能力下降速率增加，极限位移减小。

(2) 剪跨比的影响。在试件受力各阶段，随着剪跨比增加，试件 P-Δ 曲线更加饱满，各阶段的承载力减小，位移增加，破坏前 P-Δ 曲线循环次数增加，试件延性和抵抗变形的能力增加。这是因为，随着剪跨比增加，试件有效高度增加，使得试件所受弯矩和水平位移的增加速度加快，从而使得试件承载能力减小，位移增加，试件捏缩现象更明显。这是因为，随着剪跨比增加，试件有效高度增加，试件所受水平荷载增加，钢管与核心钢渣混凝土之间的黏结滑移现象增加，试件捏缩现象越明显。

(3) 径厚比的影响。在试件受力各阶段，随着径厚比减小，承载力增加，位移基本不变。这是因为，随着径厚比减小，钢管面积增加，核心混凝土面积相对减小，外钢管引起的惯性矩增加大于混凝土引起惯性矩减小，试件整体刚度增大，承载力增加，同时由于径厚比减小，核心钢渣混凝土受到外钢管的约束作用增强，核心钢渣混凝土承载力增加。径厚比对试件荷载-位移滞回曲线后期饱满度及捏缩程度影响不大，这是因为，在加载后期，钢管屈服较明显，核心钢渣混凝土受到钢管的约束作用无明显差别，钢管与核心钢渣混凝土之间的黏结滑移量基本一致。

(4) 钢渣混凝土膨胀率的影响。在弹性阶段，随着钢渣混凝土膨胀率增加，试件的屈服荷载增加，但屈服位移大小基本一致。这是因为，自应力的存在，增强了钢管与核心钢渣混凝土之间的侧向压力，使得核心钢渣混凝土在加载初期就处于三向受力状态，提高核心钢渣混凝土承载能力，试件屈服承载力增加。同时，由于自应力的存在，使得外钢管也处于三向应力状态，有效防止外部钢管过早发生局部屈曲，使得本该减小的屈服位移增加，最终与非自应力试件屈服位移基本相同。在弹塑性阶段及塑性阶段，随着钢渣混凝土膨胀率增加，试件 $P\text{-}\Delta$ 曲线更加饱满，试件承载能力增加，峰值承载力提高幅度介于 10.8%~13.3%，位移微增，破坏前荷载-位移滞回曲线循环次数增加，试件延性和抵抗变形的能力增加。整体来看，随着钢渣混凝土膨胀率增加，试件捏缩现象减弱，这说明自应力的存在有效的改善钢管与核心钢渣混凝土之间的黏结滑移性能。

4.2.2.2　骨架曲线

A　骨架曲线特征

所有试件的骨架曲线较为完整，均经历弹性阶段、弹塑性阶段及塑性阶段。在弹性阶段，试件荷载-位移骨架曲线呈线性，初始刚度基本不变，试件刚度较大，变形较小，在弹性阶段末期，随着水平位移增加，当试件承载力达到试件峰值荷载的 68%~78%，试件屈服，水平承载力增长放缓，荷载-位移骨架线偏离线性增长，出现明显拐点，斜率减小，试件开始刚度降低。随着水平位移进一步增加，试件达到峰值荷载，曲线斜率为零，试件水平承载力开始降低。之后，试件荷载-位移骨架曲线下降斜率逐渐增加，当试件承载力降至峰值荷载的 85%时，认定试件达到极限位移。

B　影响因素分析

各因素对圆钢管钢渣混凝土柱的荷载-位移骨架曲线的影响如图 4-18 所示。

(1) 轴压比的影响。从图 4-18 (a) 中可以看出，在弹性阶段，随着轴压比增加，试件荷载-位移骨架曲线斜率微增，初始刚度增大，试件屈服承载力增加，屈服位移减小。在弹塑性阶段，随着轴压比增加，试件荷载-位移骨架曲线斜率增加，峰值承载力增加，峰值位移减小。在塑性阶段，随着轴压比增加，荷载-位移骨架曲线下降斜率增加，极限荷载增加，极限位移减小。与试件 S1-ST11-1

相比，高轴压比试件 S1-ST11-2 的峰值承载力提高 4.0%。极限位移降低 15.2%。

（2）剪跨比的影响。从图 4-18（b）中可以看出，在弹性阶段，随着剪跨比减小，试件荷载-位移骨架曲线斜率增加，初始刚度增加，试件屈服荷载增加，屈服位移减小。在弹塑性阶段，随着剪跨比增加，试件荷载-位移骨架曲线斜率增加，试件水平承载力增加，位移减小。在塑性阶段，随着剪跨比减小，试件荷载-位移骨架曲线下降段斜率逐渐增加，极限位移减小。与试件 S1-ST11-2 相比，试件 S1-ST12-2 及试件 S1-ST13-2 峰值承载力分别提高 25.4%和 99.2%。

（3）径厚比的影响。从图 4-18（c）中可以看出，在弹性阶段，随着径厚比减小，初始刚度增加，试件荷载-位移骨架曲线斜率增加。在弹塑性阶段及塑性阶段，随着径厚比增加，试件承载能力增加，极限位移无明显影响。这说明，径厚比不改变试件整体的变形特征，只提高了各阶段的水平荷载。在试件 S1-ST11-1 峰值荷载的基础上，试件 S1-ST21-1 和 S1-ST31-1 提高幅度分别为 14.3%和 22.5%，平均提高幅度为 18.4%，而高轴压比试件峰值荷载的平均提高幅度为 28.2%。

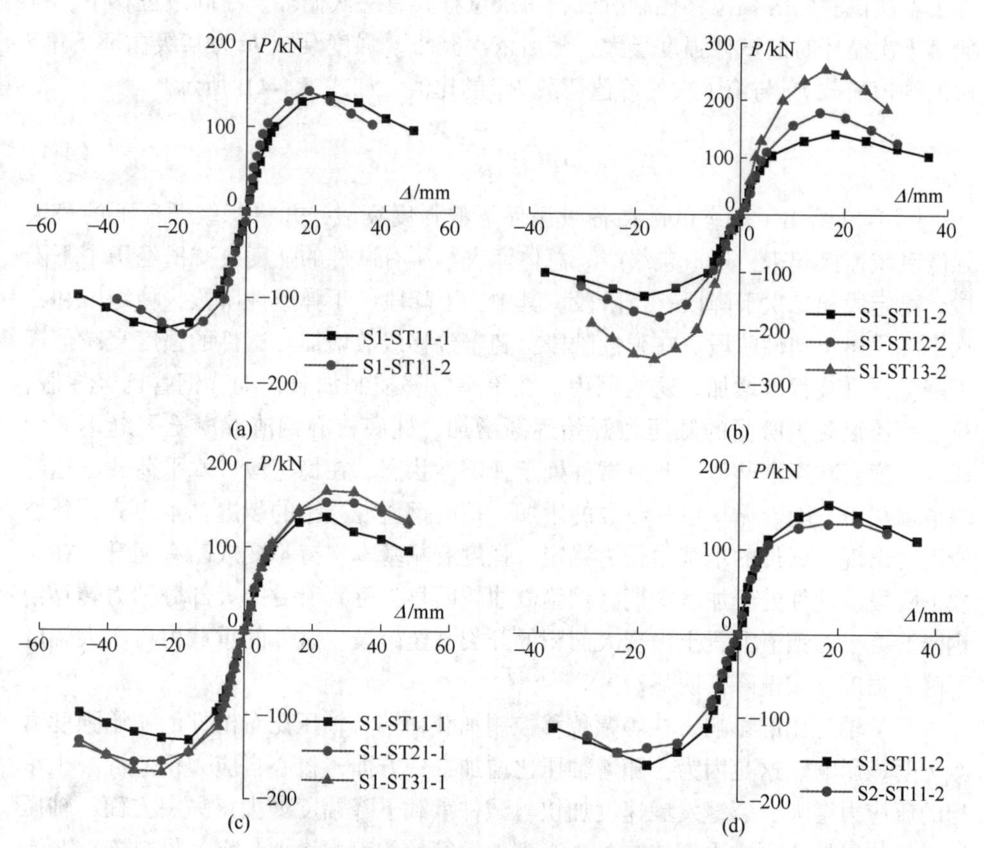

图 4-18 各因素对荷载-位移骨架曲线的影响

（a）轴压比；（b）剪跨比；（c）径厚比；（d）钢渣混凝土膨胀率

(4) 钢渣混凝土膨胀率的影响。从图 4-18 (d) 中可以看出，在弹性阶段，随着钢渣混凝土膨胀率增加，试件荷载-位移骨架曲线斜率微增，屈服承载力增加，屈服位移基本一致，与试件 S2-ST11-2 相比，试件 S1-ST11-2 的抗弯刚度提高了 6.14%。在弹塑性阶段及塑性阶段，随着钢渣混凝土膨胀率增加，试件的水平承载力增加，极限位移微增。这说明，自应力的存在，不但提高试件的承载能力，而且改善试件的变形能力，增加试件的延性。在相同条件下，自应力钢渣混凝土试件的峰值荷载普遍高于普通钢渣混凝土试件，提高幅度介于 10.8%~13.3%之间，平均提高 12.0%。

4.2.3　强度衰减分析

强度衰减是指在同级位移下的三次循环中，构件承载能力随循环次数的增加而出现降低的现象。强度衰减是结构抗震性能的重要指标之一。结构抵抗外界作用的能力会因为损伤的不断累积而发生衰减，强度衰减是损伤不断累积的反映。

本次试验的等幅位移控制阶段，每级位移共有三次循环。在同级位移下，一般第 1 次循环时的试件强度最大，随后依次减小。强度衰减 Γ 为某级循环下第 i 次的峰值荷载 P_i 与第 1 次的峰值荷载 P_{j1} 的比值，如式 (4-4) 所示。

$$\Gamma = \frac{P_i}{P_{j1}} \tag{4-4}$$

图 4-19 给出了所有试件在各级循环下的强度衰减，并将每级循环下的最大强度衰减连接起来，形成包络线。总体而言，所有试件的强度衰减值经历了下降段、稳定段和二次下降段三个阶段。其中，下降段属于弹塑性阶段，稳定段和二次下降段属于塑性阶段。在弹性阶段，随着位移级数增加，试件的强度衰减值逐渐降低，衰减程度增加。这是因为，在等幅位移控制加载初期，钢管已经屈服，核心钢渣混凝土所受的轴压力开始逐渐增加，柱底核心钢渣混凝土裂缝逐渐形成，强度衰减逐渐凸显，此时试件处于弹塑性状态。在稳定段，水平荷载已达到峰值承载力，随着循环位移级数的增加，核心钢渣混凝土的裂缝基本出齐，新裂缝不再出现，试件的承载力较为稳定，强度衰减基本保持不变或略有回升。在二次下降段，试件处于加载末期，钢管鼓曲较明显，钢管所受的大部分轴力转移给钢渣混凝土，钢渣混凝土出现大面积的开裂甚至碎裂，试件的承载力再次大幅度下降，强度衰减值降低明显。

(1) 轴压比的影响。在等幅位移控制加载初期，轴压比对试件的初始强度衰减无明显影响。这是因为，随着轴压比增加，一方面，核心自应力钢渣混凝土承担的压应力增大，裂缝发展速度加快，试件承载下降幅度增大；另一方面，轴压比增加使得核心自应力钢渣混凝土受到外钢管的约束力增加，有效限制核心钢渣

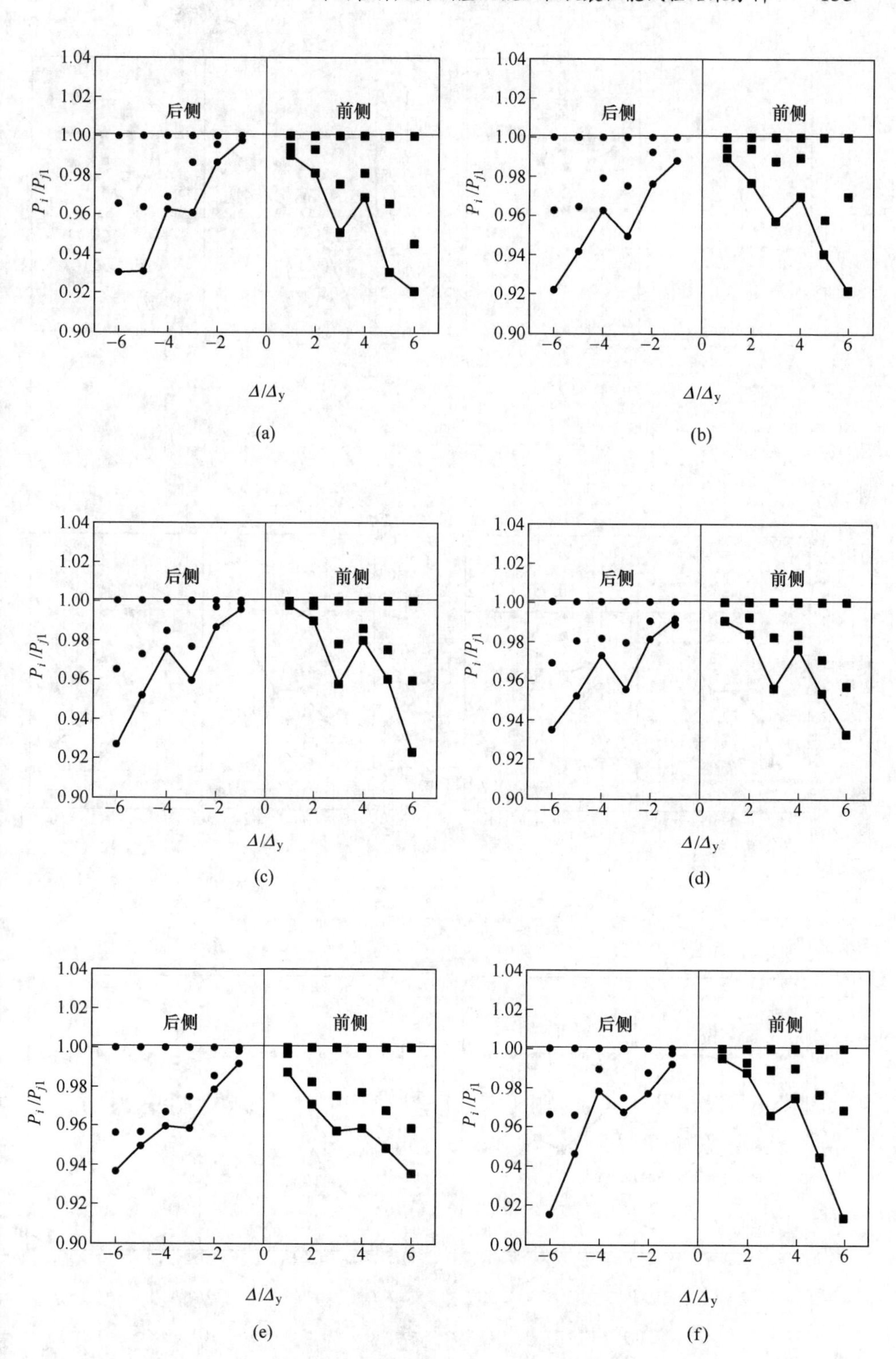
后侧
前侧
P_i/P_{j1}
Δ/Δ_y
(a)
(b)
(c)
(d)
(e)
(f)

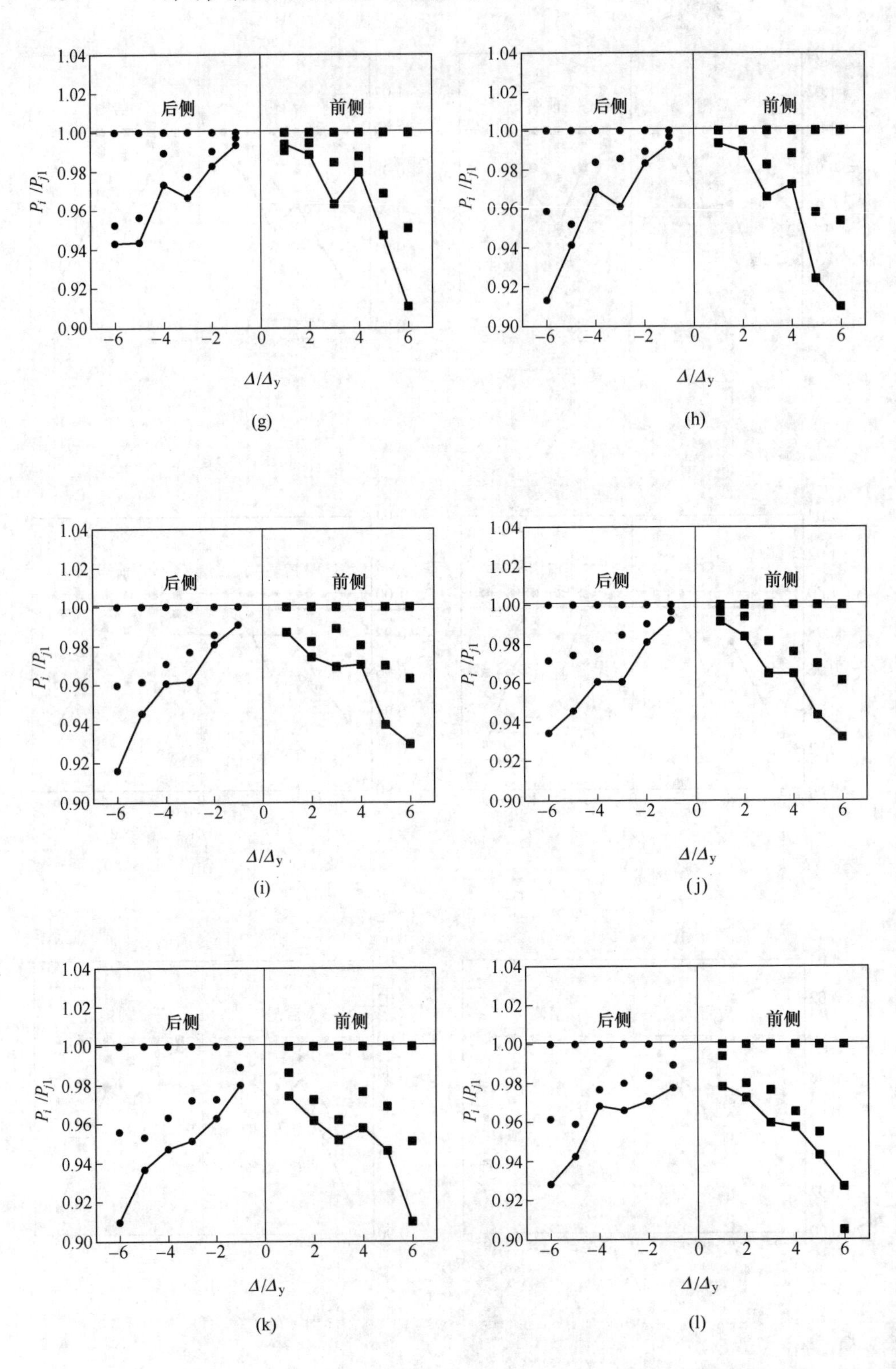
后侧
前侧
P_i/P_{j1}
Δ/Δ_y
1.04
1.02
1.00
0.98
0.96
0.94
0.92
0.90
−6
−4
−2
0
2
4
6

(g)

(h)

(i)

(j)

(k)

(l)

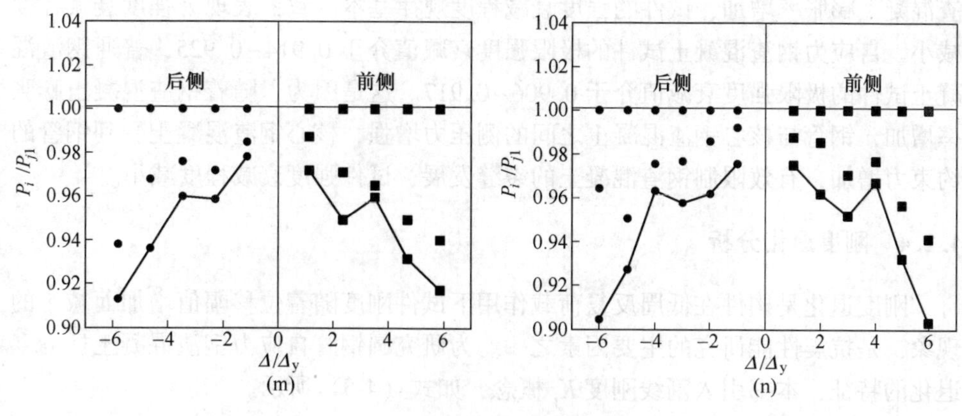

图 4-19 强度衰减

(a) S1-ST11-1；(b) S1-ST21-1；(c) S1-ST31-1；(d) S1-ST12-1；(e) S1-ST13-1；(f) S1-ST11-2；(g) S1-ST21-2；(h) S1-ST31-2；(i) S1-ST12-2；(j) S1-ST13-2；(k) S2-ST11-1；(l) S2-ST12-1；(m) S2-ST13-1；(n) S2-ST11-2

混凝土裂缝的发展，本该下降的承载力得到相应回升，总体表现为强度衰减值基本一致。试件在稳定段及二次下降段，随着轴压比增加，强度衰减规律基本一致，均表现为强度衰减逐渐增强。试件 S1-ST11-1 和 S1-ST11-2 极限强度衰减值分别为 0.925 和 0.914。这是因为，在塑性阶段，外钢管均已屈服，试件的塑性变形较大，钢管对核心自应力钢渣混凝土的约束作用不再增加，而随着轴压比增大，核心钢渣混凝土破坏明显，强度衰减程度较大。

（2）剪跨比的影响。在等幅位移控制加载初期，随着剪跨比减小，试件初始强度衰减程度增加。这是因为，随着剪跨比减小，在相同幅值下，试件受到的水平荷载增加，核心自应力钢渣混凝土所受的应力增大，其裂缝发展加快，强度衰减程度更明显。当进入塑性发展阶段，试件水平承载力开始下降，随着剪跨比增加，试件强度衰减程度增加。试件 S1-ST11-2、S1-ST12-2 和 S1-ST13-2 极限强度衰减值分别为 0.914、0.922 和 0.933。这是因为，随着剪跨比增加，试件耗能增加，变形能力增强，延缓试件破坏，极限强度衰减增加。

（3）径厚比的影响。在下降段，随着径厚比增加，试件强度衰减程度减小，但减小并不明显。这是因为，随着径厚比增加，试件含钢率减小，钢管对核心钢渣混凝土的约束作用增加，有效限制核心钢渣混凝土的裂缝发展，试件强度衰减程度减小，但由于此阶段约束力还较小，这种减小并不明显。在稳定段及二次下降段，径厚比对试件强度衰减无明显影响。所有径厚比变化试件的极限强度衰减值介于 0.912~0.925。这是因为，在塑性阶段，钢管已经屈服，壁厚优势对核心钢渣混凝土裂缝发展的影响不再明显，试件强度衰减程度无明显影响。

（4）钢渣混凝土膨胀率的影响。在下降段、稳定段以及二次下降段，随着钢渣混凝土膨胀率增加，试件的强度衰减程度规律基本一致，表现为强度衰减程度减小。自应力钢渣混凝土试件的极限强度衰减值介于 0. 914~0. 925，普通钢渣混凝土试件的极限强度衰减值介于 0. 906~0. 917。这是因为，随着钢渣混凝土膨胀率增加，钢管与核心钢渣混凝土之间的侧压力增强，核心钢渣混凝土受到钢管的约束力增加，有效限制钢渣混凝土的裂缝发展，试件强度衰减程度减小。

4. 2. 4　刚度退化分析

刚度退化是构件在低周反复荷载作用下试件刚度随着位移幅值增加而减小的现象，是抗震性能研究的主要因素之一。为研究圆钢管自应力钢渣混凝土柱刚度退化的特征，本书引入割线刚度 K_{j} 概念，如式（4-5）所示。

$$K_{\mathrm{j}} = \frac{|+P_j| + |-P_j|}{|+\Delta_j| + |-\Delta_j|} \tag{4-5}$$

式中，$\pm P_j$ 为第 j 级加载时峰值荷载；$\pm \Delta_j$ 为第 j 级加载时峰值位移。

从图 4-20 中可以看出，所有试件的刚度退化趋势一致，大致呈现凹曲线，可分为下降段及平稳段两个阶段，其中，下降段对应弹性阶段和弹塑性阶段，平稳段对应塑性阶段。在加载初期，钢管与核心钢渣混凝土均处于弹性状态，初始弹性刚度为钢管和核心钢渣混凝土的刚度叠加，即为试件刚度退化曲线中的最高点。在下降段，随着水平位移增加，试件的刚度退化明显，刚度退化速率较大，曲线走势较陡。这是因为，在弹塑性阶段，核心钢渣混凝土处于裂缝发展阶段，随着水平位移增加，钢渣混凝土内部裂缝的数量增加，裂缝处的钢渣混凝土不断退出工作，试件的刚度降低明显。当试件达到峰值荷载后，曲线开始出现转折点，进入平稳段，此时核心钢渣混凝土内部基本没有新的裂缝产生，试件刚度退化速率减缓，在加载末期，刚度退化速率达到最小，此时试件残留割线刚度较小。

从图 4-20（a）中可以看出，随着轴压比增加，试件的初始弹性刚度微增。在下降段，随着轴压比增加，试件的刚度增加，刚度退化速率减小。在塑性阶段，试件刚度退化曲线斜率减小，试件刚度曲线进入稳定阶段，随着轴压比增加，试件的刚度退化速率增加，刚度-位移曲线更陡峭。

从图 4-20（b）中可以看出，随着剪跨比减小，试件的初始刚度明显增加。与试件 S1-ST13-2 相比，试件 S1-ST12-2 和 S1-ST11-2 初始刚度降低幅度分别为 130%和 219%。在下降段和稳定段，随着剪跨比减小，试件有效高度减小，水平承载力增加，试件破坏加快，核心钢渣混凝土裂缝发展加快，刚度退化速度增加。

从图 4-20（c）中可以看出，随着水平位移增加，不同径厚比试件的走势相同，径厚比对试件各阶段的影响规律基本一致。在下降段，随着径厚比减小，试件的初始刚度增大，与试件 S1-ST11-1 相比，试件 S1-ST21-1 和 S1-ST31-1 初始刚度提高幅度分别为 28.1%和 47.2%。在平稳段，随着径厚比减小，试件刚度增加，但径厚比对试件刚度退化速度无明显影响。

从图 4-20（d）中可以看出，随着钢渣混凝土膨胀率增加，试件的初始刚度增加，这说明，将自应力钢渣混凝土运用于钢管中可以提高试件的初始刚度。当剪跨比为 1.37 时，与非自应力试件相比，自应力试件的初始刚度提高幅度约为 12.88%，且高轴压比试件增加幅度与低轴压比试件基本一致。在下降段及稳定段，随着钢渣混凝土膨胀率增加，试件的刚度退化速率降低。

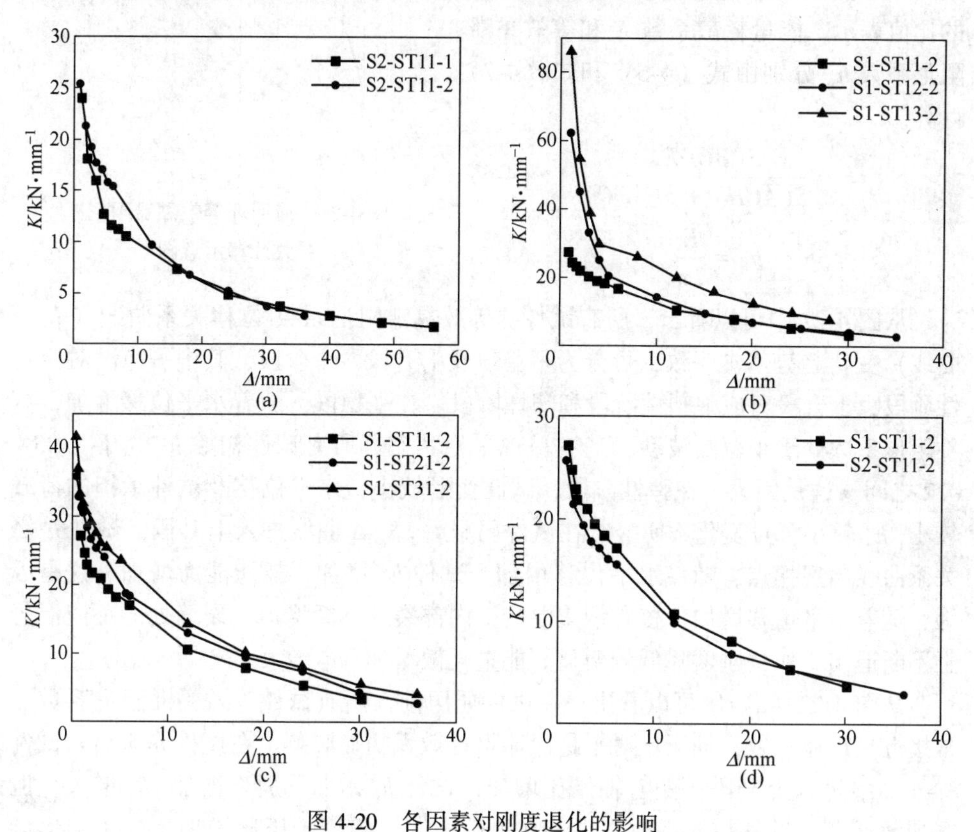

图 4-20 各因素对刚度退化的影响

（a）轴压比；（b）剪跨比；（c）径厚比；（d）钢渣混凝土膨胀率

4.2.5 耗能能力分析

耗能能力是通过构件吸收和释放的能量来衡量的，加载滞回曲线与位移轴围成的面积反映了试件吸能大小，卸载滞回曲线与位移轴围成的面积反映了试件放能大小，而滞回环的面积反映了试件能量耗散的大小。在工程实践中，地震能量传递到结构上，结构处于能量吸收和耗散的一个持续循环的过程，同等变形条件下，滞回环所包围的面积越大，构件耗能能力越强。评价能量耗散指标主要有耗散系数 E 和等效黏滞阻尼系数 h_e，随着 E 和 h_e 增加，试件耗能能量增强。

图 4-21 为构件某位移下对应的滞回环，从图中可以看出，滞回环面积 $S(BCDEF)$ 为试件的能量耗散，三角形 ACH 以及三角形 AEG 的面积之和为试件等效弹性体吸收的能量，则等效黏滞阻尼系数 h_e 可由试件的能量耗散与试件释放能量的比值表示，能量耗散系数 E 和等效黏滞阻尼系数 h_e 分别由式（4-6）和式（4-7）计算。

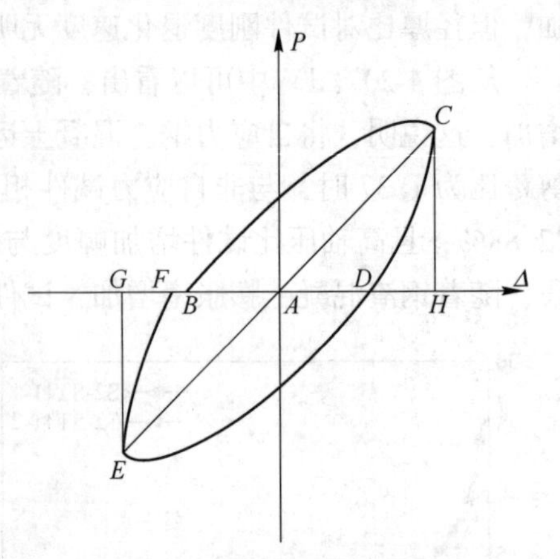

图 4-21　滞回环等效黏滞阻尼系数计算示意图

$$E = \frac{S(BCDEF)}{S(ACH) + S(AEG)} \tag{4-6}$$

$$h_e = \frac{E}{2\pi} \tag{4-7}$$

从图 4-22 中可以看出，所有试件的等效黏滞阻尼系数-位移关系曲线（h_e-Δ 曲线）变化趋势基本一致，可分为平稳段及上升段两个阶段，其中平稳段对应弹性阶段，上升段对应弹塑性阶段和塑性阶段。在平稳段，随着水平位移增加，试件阻尼系数处于小范围波动，基本呈现平稳状态，所有试件初始 h_e 介于 0.05~0.2之间。这是因为，在弹性阶段，试件变形较小，水平位移及试件承担的荷载较小，h_e 较小，且变化不明显。在试件屈服后，h_e-Δ 曲线进入上升段，试件 h_e-Δ 关系曲线出现拐点，随着水平位移增加，试件 h_e 增加，耗能能力增加。这是因为，随着水平位移增加，核心钢渣混凝土内部裂缝不断增加，裂缝处的钢渣混凝土不断退出工作，刚度降低较明显。能量耗散增加，h_e 增大。

从图 4-22（a）中可以看出，在试件屈服前，所有试件等效黏滞阻尼系数非常接近且规律一致，轴压比对平稳段能量耗散无明显影响。在试件屈服后，试件 h_e-Δ 曲线进入上升段，随着轴压比增加，试件 h_e-Δ 曲线斜率增加，h_e 增大。但在加载后期，试件耗能系数略小。在加载末期，随着轴压比增加，试件变形能力和延性降低，试件的破坏过程缩短，试件 h_e-Δ 曲线上升段缩短，极限 h_e 略小。

从图 4-22（b）中可以看出，在试件屈服前，剪跨比对平稳段能量耗散无明显影响。在试件屈服后，试件 h_e-Δ 曲线进入上升段，随着剪跨比减小，试件 h_e-Δ 曲线斜率增加。与试件 S1-ST11-1 相比，试件 S1-ST12-1、S1-ST13-1 极限 h_e 提高幅度分别为−2%和−15.6%。这是因为，随着剪跨比减小，试件后期变形能力减弱，试件的破坏过程缩短，试件 h_e-Δ 曲线上升段缩短，极限 h_e 减小。

从图4-22（c）中可以看出，在试件屈服前，径厚比对平稳段能量耗散无明显影响。在试件屈服后，试件 h_e-Δ 曲线进入上升段，随着径厚比增加，h_e-Δ 关系曲线基本重合，径厚比对试件 h_e-Δ 曲线斜率及极限 h_e 影响较小。

从图4-22（d）中可以看出，在试件屈服前，钢渣混凝土膨胀率对平稳段能量耗散无明显影响。在试件屈服后，随着钢渣混凝土膨胀率增加，试件的 h_e-Δ 曲线更陡，极限 h_e 更大。总体来看，所有普通钢管钢渣混凝土试件的极限 h_e 介于0.43~0.48之间，而钢管自应力钢渣混凝土试件极限 h_e 介于0.54~0.79之间，与非自应力试件相比，自应力试件对极限 h_e 的提高幅度介于25.8%~50%之间。

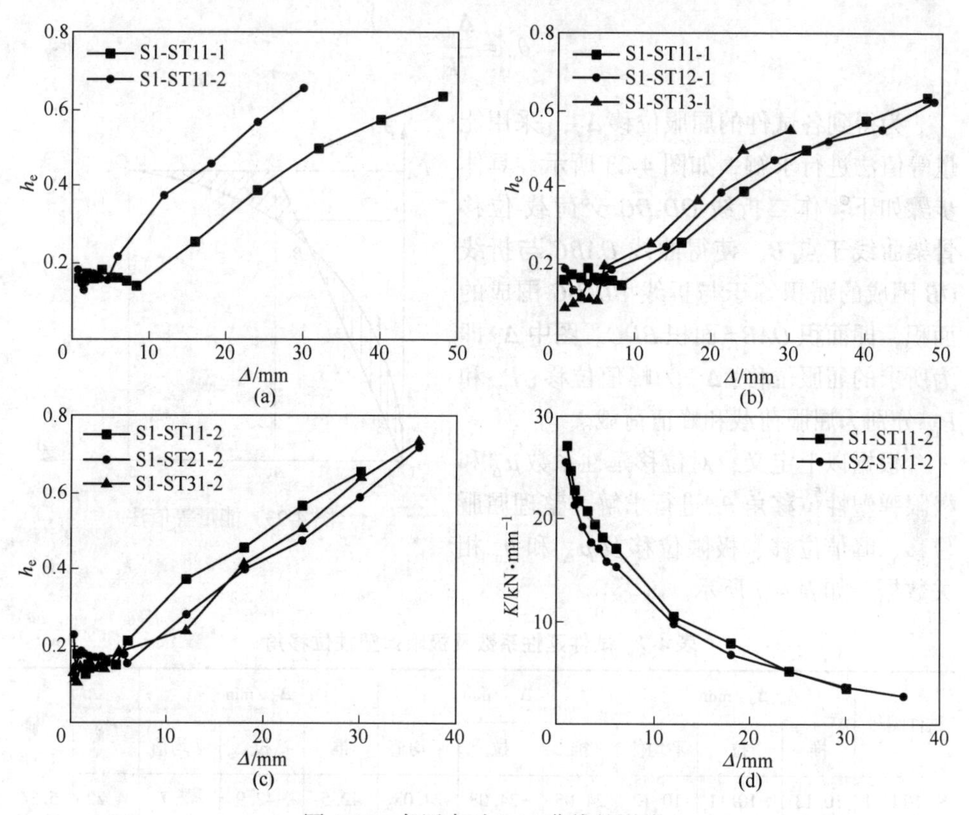

图4-22 各因素对 h_e-Δ 曲线的影响

（a）轴压比；（b）剪跨比；（c）径厚比；（d）钢渣混凝土膨胀率

4.2.6 延性分析

在结构的抗震性能指标中，延性是衡量结构变形能力的重要指标。延性反映了结构在承载力未明显降低的情况下所具有的变形能力。通常用延性系数和弹塑性位移转角来反映延性的强弱，其中延性系数为极限变形与屈服变形之比，如式（4-8）所示。

$$\mu_{\Delta} = \frac{\Delta_u}{\Delta_y} \tag{4-8}$$

式中，μ_{Δ} 为位移延性系数；Δ_u 为极限位移，取水平荷载下降到85%的峰值荷载时所对应的位移值；Δ_y 为屈服位移，由能量等值法求得。

极限弹塑性位移角 θ_u 是试件延性的另一个指标，θ_u 用试件的极限位移与试件有效高度表示，如式（4-9）所示。

$$\theta_u = \frac{\Delta_u}{H} \tag{4-9}$$

为得到各试件的屈服位移 Δ_y，采用能量等值法进行求解，如图 4-23 所示。具体步骤如下：作二折线 *OD-DC* 交荷载-位移骨架曲线于点 *B*，使得曲线 *OABC* 与折线 *OB* 围成的面积等于与折线 *BD-DC* 围成的面积，即面积 *OAB* = 面积 *BDC*。图中 Δ_y 即为所求的屈服位移；Δ_m 为峰值位移；P_y 和 P_m 分别为屈服荷载和峰值荷载。

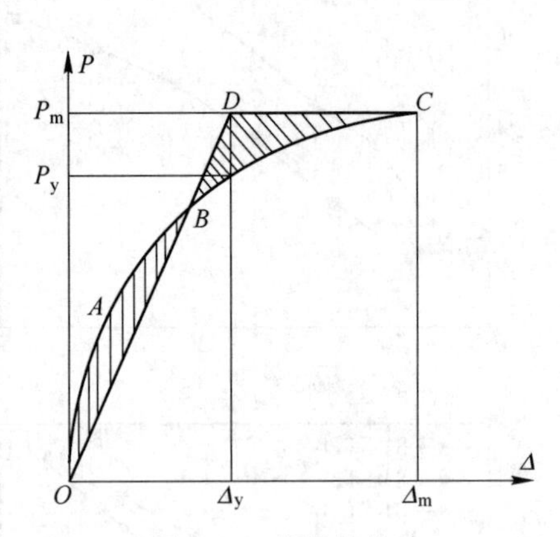

图 4-23　能量等值法

根据以上定义，对位移延性系数 μ_{Δ} 和极限弹塑性位移角 θ_u 进行求解，整理屈服位移、峰值位移、极限位移及 μ_{Δ} 和 θ_u 相关数据，如表 4-7 所示。

表 4-7　试件延性系数及极限弹塑性位移角

试件编号	Δ_y /mm			Δ_m /mm			Δ_u /mm			μ_{Δ}	θ_u
	推	拉	平均值	推	拉	平均值	推	拉	平均值		
S1-ST11-1	10.13	−10.11	10.12	24.08	−24.08	24.08	42.5	−42.9	42.7	4.22	5.34
S1-ST21-1	10.17	−10.15	10.16	24.07	−24.11	24.09	42.78	−44.78	43.78	4.31	5.47
S1-ST31-1	10.23	−10.09	10.16	24.06	−24.08	24.07	44.56	−44.7	44.63	4.39	5.58
S1-ST12-1	8.27	−8.27	8.27	21.13	−21.09	21.11	36.71	−36.59	36.65	4.43	6.11
S1-ST13-1	6.04	−6.06	6.05	18.06	−18.06	18.06	28.78	−28.9	28.84	4.77	7.21
S1-ST11-2	9.91	−9.27	9.59	20.05	−20.07	20.06	36.09	−36.35	36.22	3.78	4.53
S1-ST21-2	9.55	−9.55	9.55	20.03	−20.03	20.03	36.65	−36.05	36.35	3.81	4.54

续表 4-7

试件编号	Δ_y /mm			Δ_m /mm			Δ_u /mm			μ_Δ	θ_u
	推	拉	平均值	推	拉	平均值	推	拉	平均值		
S1-ST31-2	9.57	-9.59	9.58	20.08	-20.1	20.09	37.05	-36.03	36.54	3.81	4.57
S1-ST12-2	7.05	-7.07	7.06	15.05	-15.09	15.07	30.39	-28.39	29.39	4.16	4.90
S1-ST13-2	5.34	-5.4	5.37	12.06	-12.06	12.06	24.62	-24.56	24.59	4.58	6.15
S2-ST11-1	10.6	-10.66	10.63	24.02	-24.04	24.03	40.15	-40.17	40.16	3.78	5.02
S2-ST12-1	7.96	-8.72	8.34	21.08	-21.08	21.08	33.43	-33.55	33.49	4.02	5.58
S2-ST13-1	6.26	-6.02	6.14	18.02	-18.08	18.05	26.29	-26.49	26.39	4.30	6.60
S2-ST11-2	9.5	-9.52	9.51	20.06	-20.08	20.07	32.16	-32.56	32.36	3.40	4.05

图 4-24 为各因素对试件位移延性系数和弹塑性位移转角的影响，从图 4-24（a）中可以看出，随着轴压比增加，试件的位移延性系数和弹塑性位移转角减小。与低轴压比试件相比，高轴压比试件的位移延性系数的提高幅度分别为 -10.5%、-11.7%、-13.2%、-6.0%、-3.9% 和 -9.9%，平均提高幅度为 -9.1%。弹塑性位移转角平均提高幅度为-16.9%。这是因为，随着轴压比增加，荷载-位移骨架曲线下降段急促，刚度退化速率增加，后期变形能力较弱。位移延性系数降低，弹塑性位移转角减小。所有试件的弹塑性位移转角介于 4.0%~7.2%之间，远大于《建筑抗震试验规程》（JGJ/T 101—2015）规定的限值 1/50，这说明试件防倒塌能力较强，抗震性能较好。

从图 4-24（b）中可以看出，随着剪跨比的增大，所有试件的位移延性系数和弹塑性位移角减小。与试件 S1-ST11-1 相比，试件 S1-ST12-1 和 S1-ST13-1 的位移延性系数的提高幅度分别为 5.0%和 12.9%，弹塑性位移转角提高幅度分别为 14.4%和 35.1%。这是因为位移延性系数不仅与钢管底部塑性铰转动有关，而且与构件有效长度相关。在低周反复荷载作用下，压弯构件屈服位移随着试件长度近似二次方增长，而极限位移在钢管底部出现塑性铰后仅以接近试件长度的一次方增长。

从图 4-24（c）中可以看出，径厚比对圆钢管自应力钢渣混凝土柱的位移延性系数影响不明显。与试件 S1-ST11-1 相比，试件 S1-ST21-1 和 S1-ST31-1 的位移延性系数的提高幅度分别为 2.1%和 4.1%，弹塑性位移转角的提高幅度分别为 2.5%和 4.5%。

从图 4-24（d）中可以看出，随着钢渣混凝土膨胀率增加，试件的位移延性系数及弹塑性位移角增加。与非自应力试件相比，自应力试件位移延性系数的平均提高幅度为 10.9%，弹塑性位移转角的平均提高幅度为 9.2%。

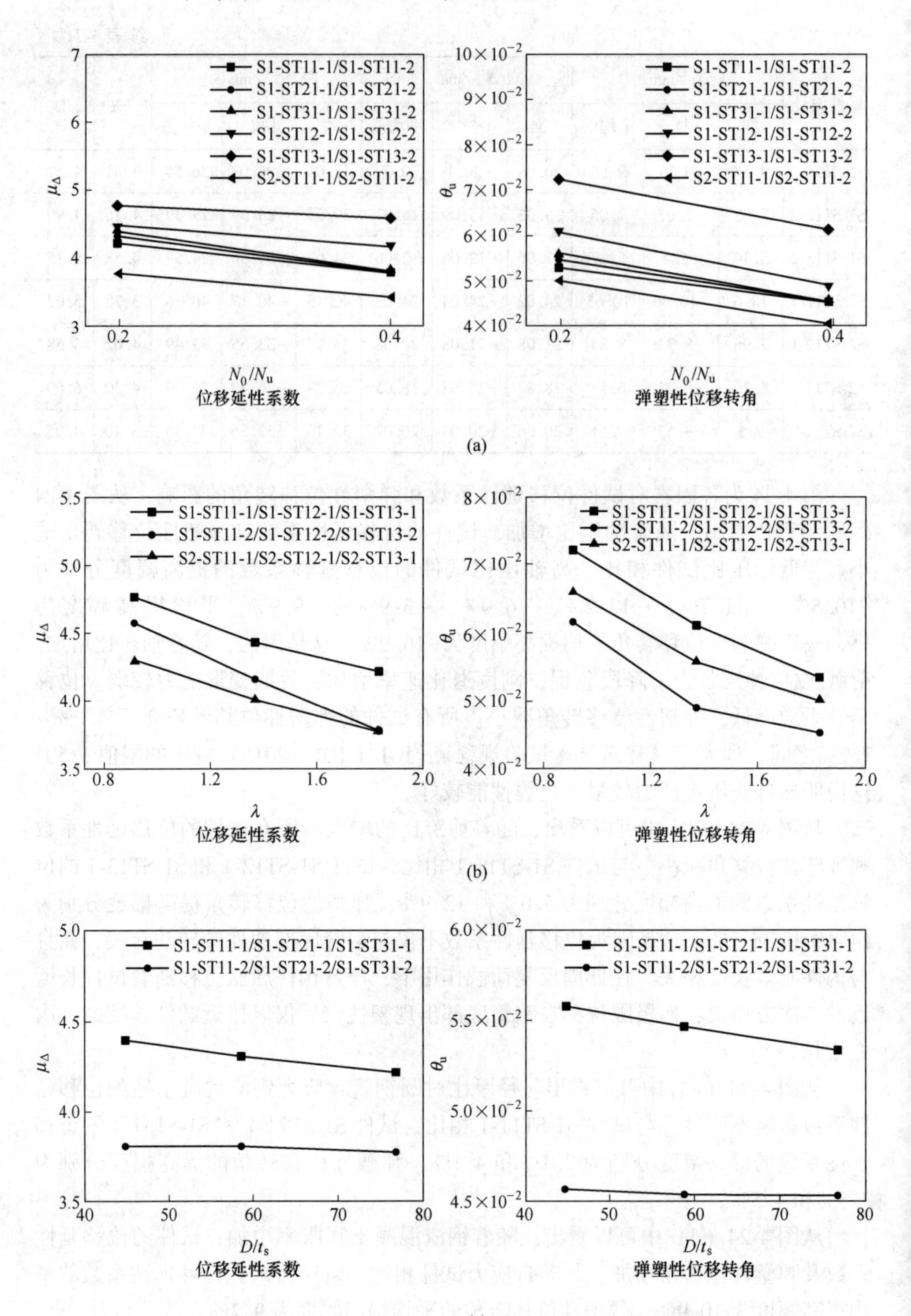
S1-ST11-1/S1-ST11-2
S1-ST21-1/S1-ST21-2
S1-ST31-1/S1-ST31-2
S1-ST12-1/S1-ST12-2
S1-ST13-1/S1-ST13-2
S2-ST11-1/S2-ST11-2
μ_Δ
θ_u
N_0/N_u
位移延性系数
弹塑性位移转角
(a)
S1-ST11-1/S1-ST12-1/S1-ST13-1
S1-ST11-2/S1-ST12-2/S1-ST13-2
S2-ST11-1/S2-ST12-1/S2-ST13-1
λ
位移延性系数
弹塑性位移转角
(b)
S1-ST11-1/S1-ST21-1/S1-ST31-1
S1-ST11-2/S1-ST21-2/S1-ST31-2
D/t_s
位移延性系数
弹塑性位移转角
(c)

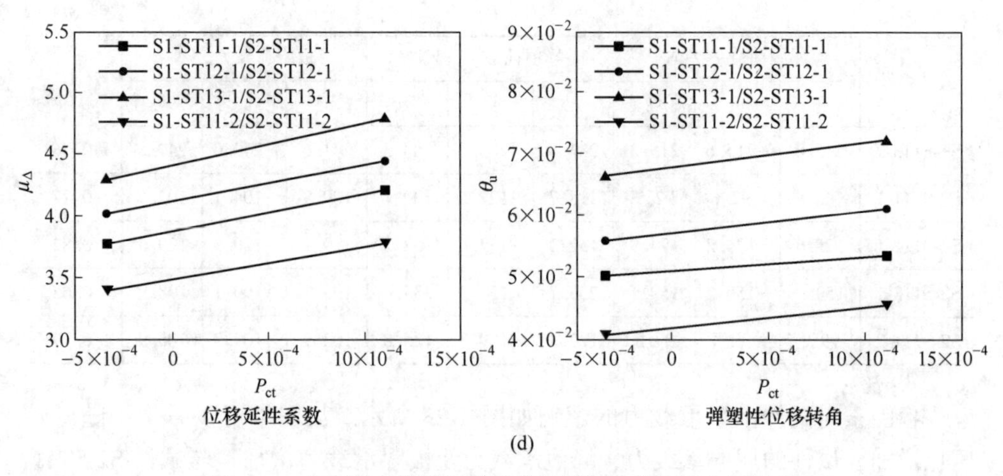

图 4-24 各因素对位移延性系数和弹塑性位移转角的影响

(a) 轴压比的影响；(b) 剪跨比的影响；(c) 径厚比的影响；(d) 钢渣混凝土膨胀率的影响

4.2.7 水平承载力分析

为分析试件在加载过程中，各特征点的水平承载力变化规律，本节将所有试件的屈服荷载、峰值荷载以及极限荷载进行整理，如表 4-8 所示。其中屈服荷载通过能量等值法确定，峰值荷载为荷载-位移骨架曲线峰值点对应的荷载，极限荷载为峰值承载力的 85%。为消除加载时正、反向荷载的差异，各试件的屈服荷载、峰值荷载以及极限荷载均取正、反向荷载绝对值的平均值进行计算。

表 4-8 试件承载力试验结果

试件编号	屈服荷载 P_y/kN			峰值荷载 P_m/kN			极限荷载 P_u/kN			P_y/P_m
	正	负	平均值	正	负	平均值	正	负	平均值	
S1-ST11-1	111.8	−115.7	113.8	135.9	−137.5	136.7	115.5	−116.8	116.2	0.83
S1-ST21-1	115.2	−116.6	115.9	156.3	−156.1	156.2	132.8	−132.7	132.8	0.74
S1-ST31-1	118.6	−118.5	118.6	166.5	−168.3	167.4	141.6	−143.1	142.3	0.71
S1-ST12-1	118.3	−118.4	118.4	168.4	−169.0	168.7	143.2	−143.6	143.4	0.7
S1-ST13-1	204.4	−203.9	204.1	262.2	−261.0	261.6	222.1	−222.7	222.4	0.78
S1-ST11-2	114.4	−113.6	114.0	141.4	−142.9	142.2	120.2	−121.5	120.9	0.8
S1-ST21-2	133.9	−132.6	133.2	174.2	−174.5	174.4	148.0	−148.4	148.2	0.76
S1-ST31-2	152.1	−152.6	152.3	189.7	−190.7	190.2	161.2	−162.1	161.7	0.8
S1-ST12-2	116.8	−116.5	116.6	178.4	−178.3	178.3	151.6	−151.5	151.6	0.65

续表 4-8

试件编号	屈服荷载 P_y/kN			峰值荷载 P_m/kN			极限荷载 P_u/kN			P_y/P_m
	正	负	平均值	正	负	平均值	正	负	平均值	
S1-ST13-2	215.0	-215.6	215.3	283.6	-283.0	283.3	241.6	-240.0	240.8	0.76
S2-ST11-1	92.9	-92.6	92.7	118.7	-122.5	120.6	100.9	-104.1	102.5	0.77
S2-ST12-1	125.6	-124.2	124.9	152.2	-152.4	152.3	129.1	-129.9	129.5	0.82
S2-ST13-1	159.0	-159.2	159.1	233.7	-234.3	234.0	198.7	-199.1	198.9	0.68
S2-ST11-2	99.2	-99.4	99.3	122.2	-129.3	125.8	103.9	-109.9	106.9	0.79

各因素对试件水平承载力的影响如图 4-25 所示。从图中可以看出，随着轴压比增加，试件的屈服承载力、峰值承载力及极限承载力增加。与试件 S2-ST11-1 相比，试件 S2-ST11-2 的屈服承载力提高幅度为 2.8%，峰值承载力与极限承载力提高幅度均为 4.3%。随着剪跨比增加，试件屈服承载力和峰值承载力均明显减小。与试件 S1-ST11-1 相比，试件 S1-ST12-1 和 S1-ST13-1 的屈服承载力提高幅度分别为 31.9%和 104%，峰值承载力提高幅度分别为 23.4%和 91.4%。随着径厚比增加，试件屈服承载力及峰值承载力减小。与试件 S1-ST11-2 相比，试件 S1-ST21-2 和 S1-ST31-2 的屈服承载力提高幅度为 17.5%和 30.9%，极限承载力提高幅度为 22.6%和 33.8%。随着钢渣混凝土膨胀率增加，试件屈服承载力和极限承载力均提高。与非自应力试件 S2-ST11-2 相比，自应力试件 S1-ST11-2 的屈服承载力提高幅度为 8.1%，极限承载力提高幅度为 13.0%。随着钢渣混凝土膨胀率增加，所有试件的屈服承载力平均提高幅度为 11.7%，极限承载力平均提高幅度为 12.0%。这说明，将自应力钢渣混凝土运用于钢管混凝土结构中，可以较好地提高试件的承载能力。

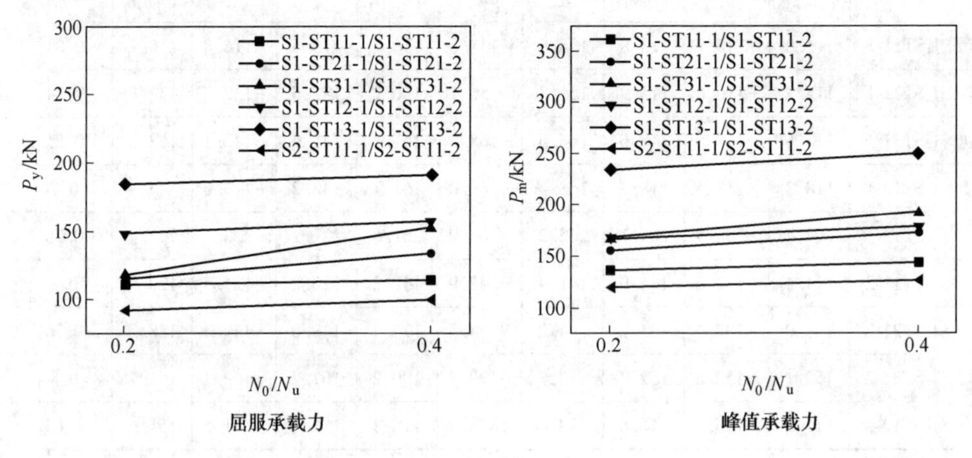

(a)

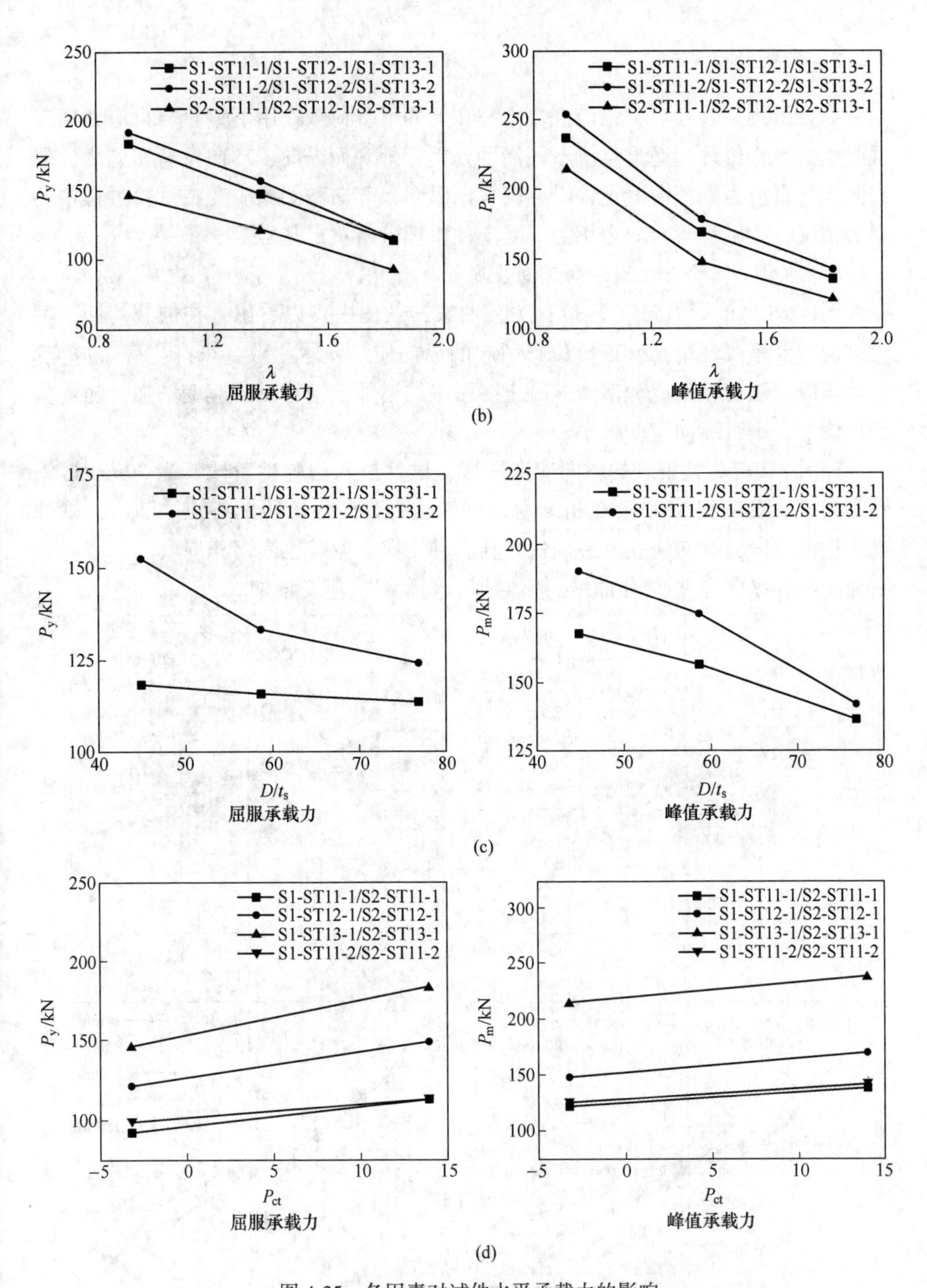

图 4-25 各因素对试件水平承载力的影响

(a) 轴压比的影响；(b) 剪跨比的影响；(c) 径厚比的影响；(d) 钢渣混凝土膨胀率的影响

4.2.8　应变分析

为分析圆钢管自应力钢渣混凝土柱在低周反复荷载作用下钢管与自应力钢渣混凝土的工作机理，通过量测不同高度处钢管外表面纵向、环向及剪切应变，研究圆钢管自应力钢渣混凝土柱沿柱高方向纵向、环向和侧向应变在试验过程中的受力情况，为圆钢管自应力钢渣混凝土柱机理分析奠定基础。

4.2.8.1　钢管沿柱高方向纵向应变分析

图 4-26 为钢管纵向应变-位移关系曲线，从图中可以看出，在加载初期，钢管纵向应变呈线性增长，正负位移引起的纵向应变基本一致，未产生残余应变。在此阶段，随着轴压比和钢渣混凝土膨胀率的增加，钢管纵向应变增加；随着剪跨比增加，钢管纵向应变减小。

随后，30mm 处钢管的纵向应变屈服，试件进入弹塑性阶段。当 30mm 处钢管纵向应变发展到 3500~5000με 时，试件达到弹塑性阶段的终点。随后，试件进入塑性阶段，纵向应变发展加快。随着轴压比、剪跨比或钢渣混凝土膨胀率的增加，钢管纵向应变-位移曲线斜率增加，钢管纵向应变增加。

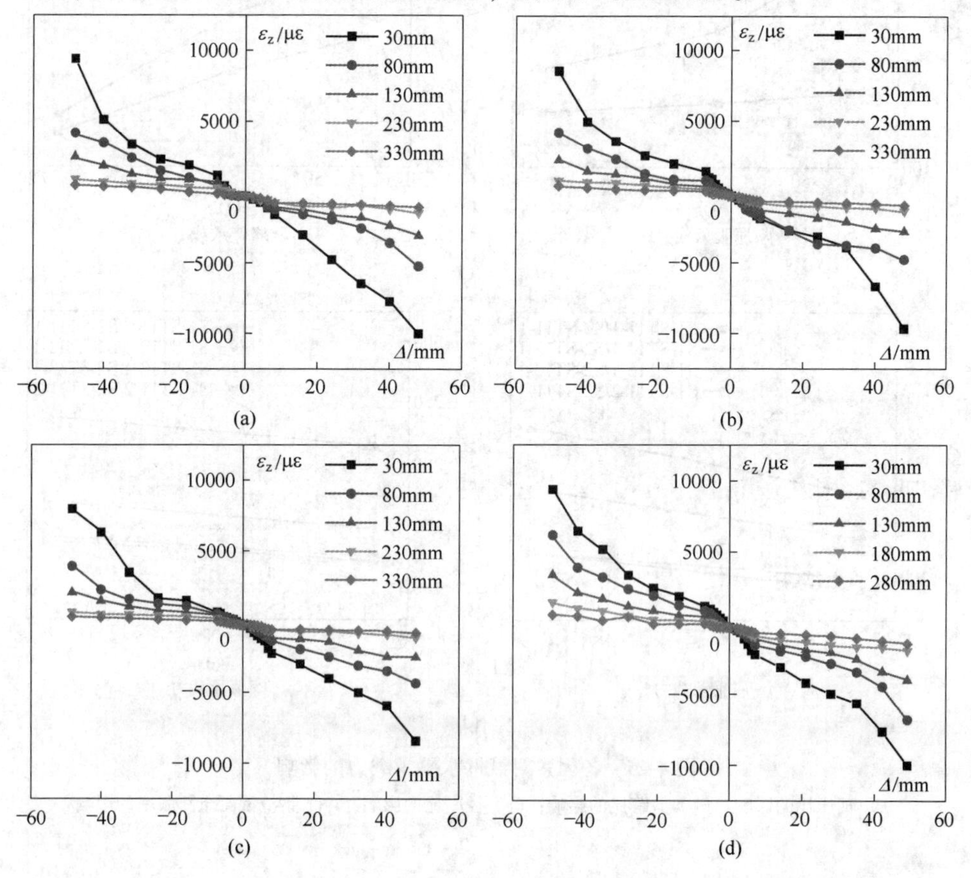

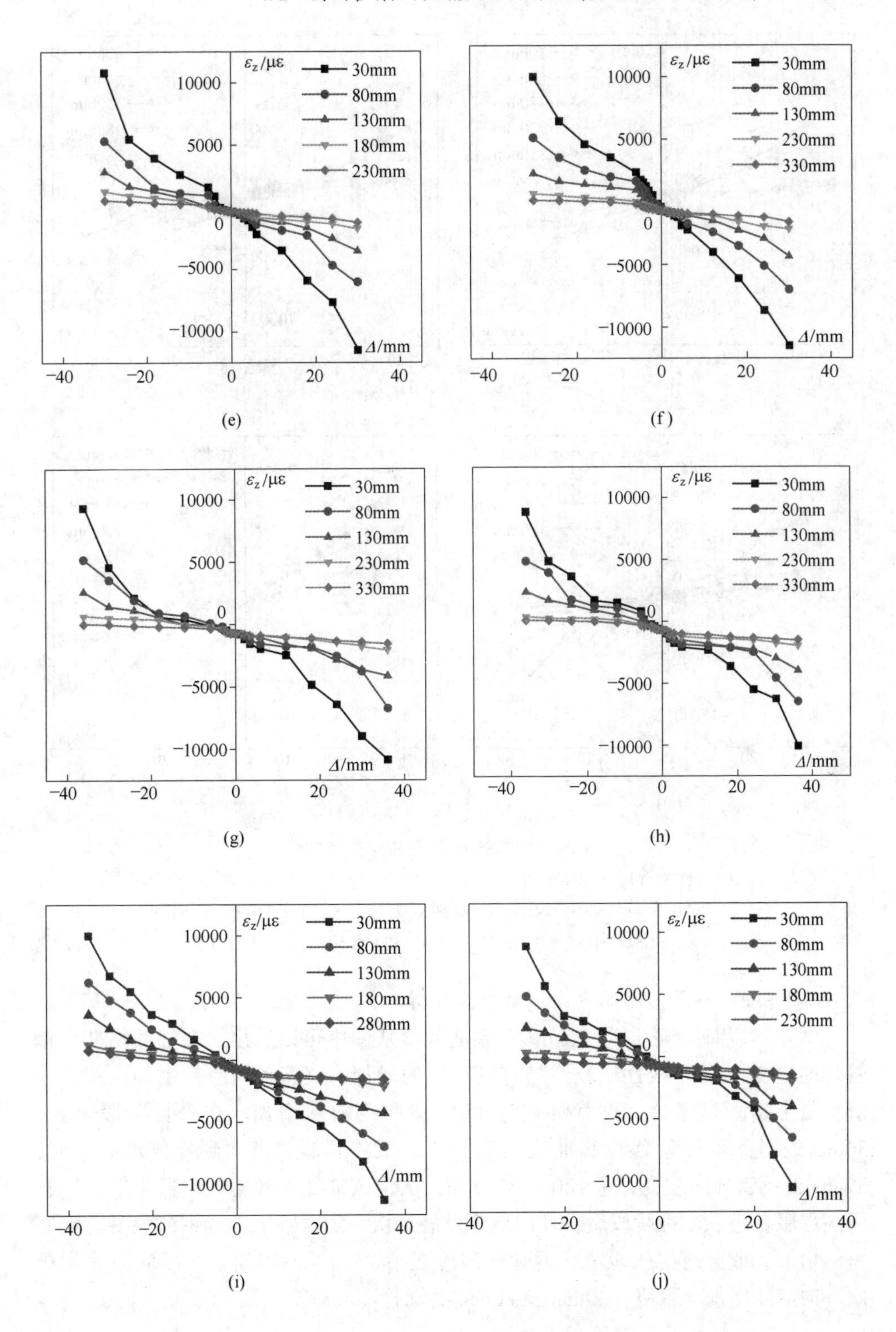
ε_z/με
30mm
80mm
130mm
180mm
230mm
330mm
280mm
Δ/mm
10000
5000
0
-5000
-10000
-40
-20
0
20
40

(e) (f)

(g) (h)

(i) (j)

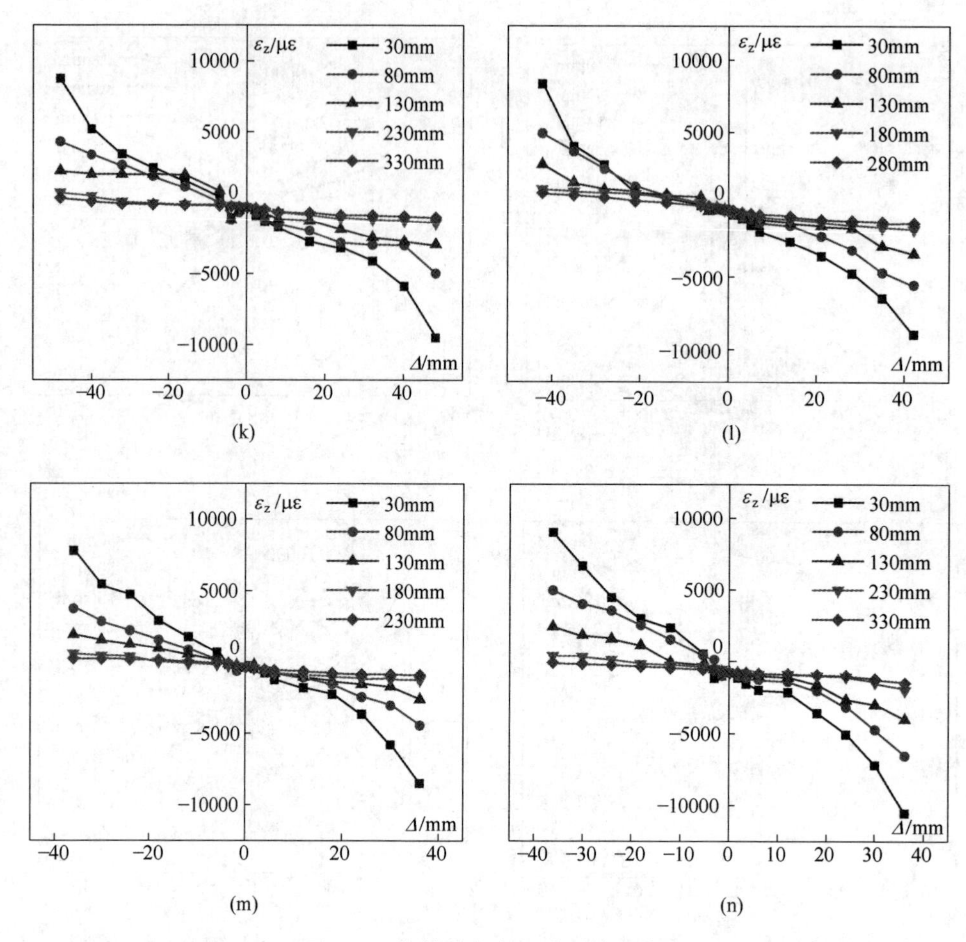

图 4-26　钢管纵向应变-位移关系曲线

（a） S1-ST11-1；（b） S1-ST21-1；（c） S1-ST31-1；（d） S1-ST12-1；（e） S1-ST13-1；
（f） S1-ST11-2；（g） S1-ST21-2；（h） S1-ST31-2；（i） S1-ST21-2；（j） S1-ST31-2；
（k） S2-ST11-1；（l） S2-ST12-1；（m） S2-ST13-1；（n） S2-ST11-2

4.2.8.2　钢管沿柱高方向环向应变分析

图 4-27 为钢管环向应变-位移关系曲线，从图中可以看出，在加载初期，钢管环向应变-位移呈线性增长，随着轴压比的增加，钢管环向应变增加；随着钢渣混凝土膨胀率增加，钢管环向应变-位移曲线斜率增加。在弹性阶段末期，30mm 处钢管环向应变-位移曲线出现拐点，试件屈服。当达到峰值承载力时，30mm 处钢管环向应变介于 1800~2500με，认定试件处于弹塑性阶段末期，钢管环向屈服。进入塑性阶段后，环向应变发展加快。随着轴压比或钢渣混凝土膨胀率的增加，或剪跨比的减小，钢管环向应变-位移曲线斜率增加，环向应变和极限环向应变增加。最终，30mm 及 80mm 处钢管环向应变屈服。

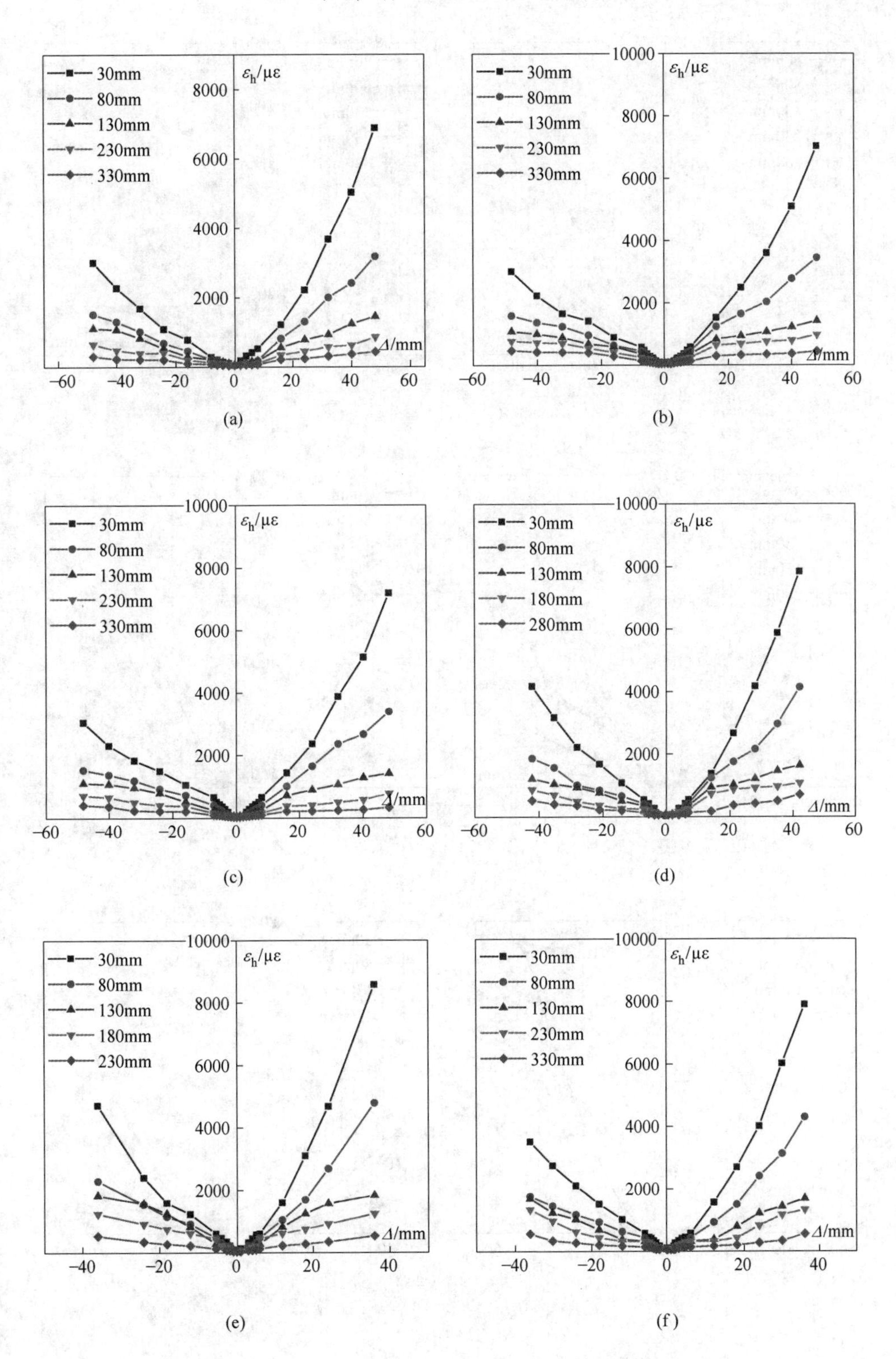

30mm
80mm
130mm
230mm
330mm
180mm
280mm
$\varepsilon_h/\mu\varepsilon$
Δ/mm
(a)
(b)
(c)
(d)
(e)
(f)

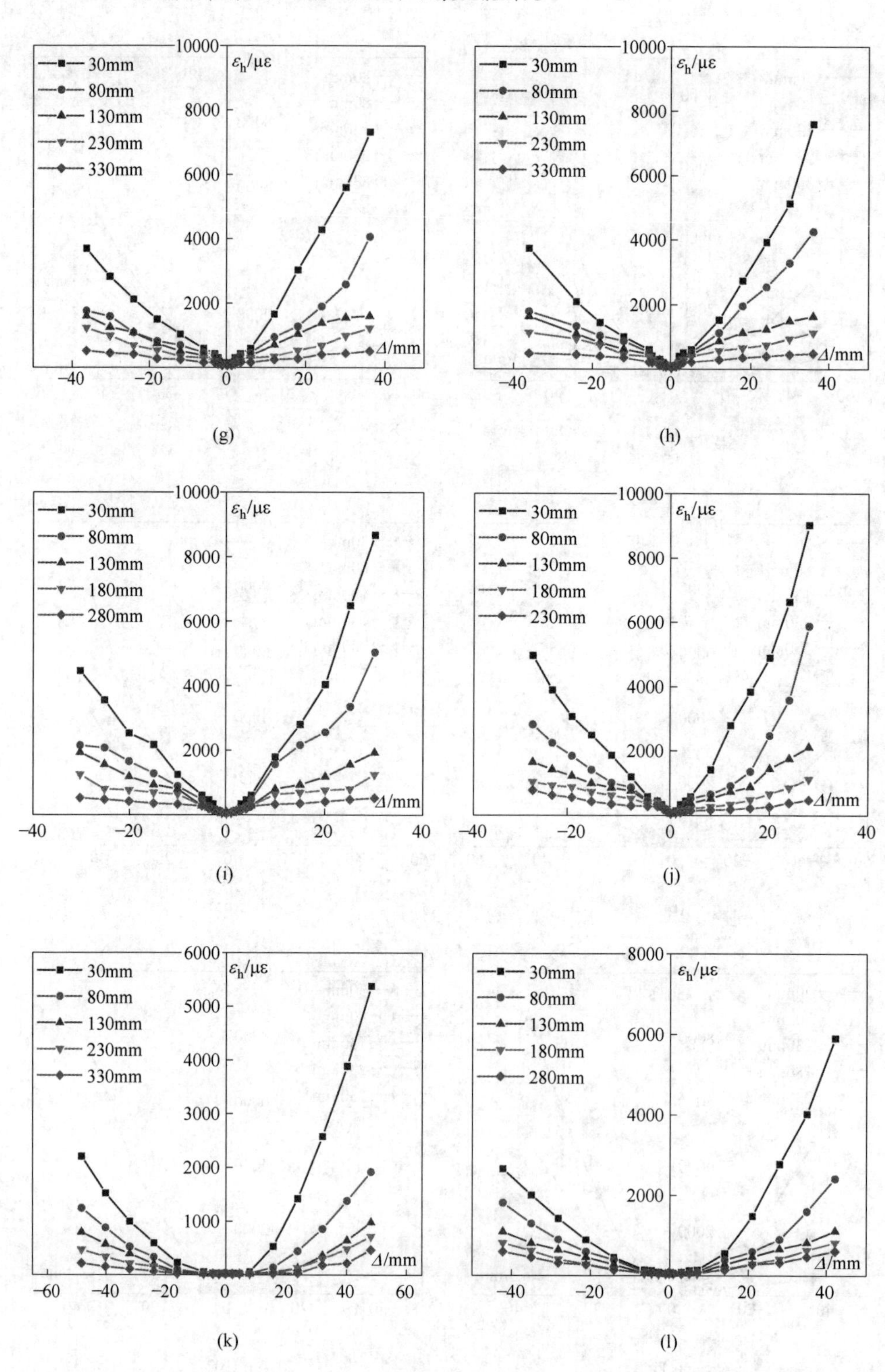

(g)
(h)
(i)
(j)
(k)
(l)
30mm
80mm
130mm
180mm
230mm
280mm
330mm
ε_h/με
Δ/mm

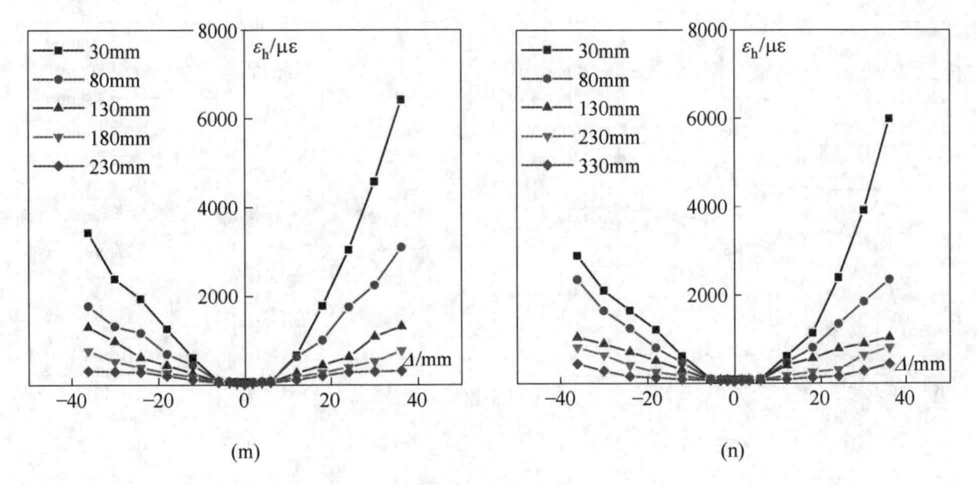

图 4-27 钢管环向应变-位移关系曲线

(a) S1-ST11-1；(b) S1-ST21-1；(c) S1-ST31-1；(d) S1-ST12-1；(e) S1-ST13-1；(f) S1-ST11-2；(g) S1-ST21-2；(h) S1-ST31-2；(i) S1-ST12-2；(j) S1-ST13-2；(k) S2-ST11-1；(l) S2-ST12-1；(m) S2-ST13-1；(n) S2-ST11-2

4.2.8.3 钢管沿柱高方向侧面剪切应变分析

图 4-28 为钢管剪切应变-位移关系曲线，从图中可以看出，试件剪切应变大致可分为上升段、稳定段及下降段。在上升段，剪切应变呈线性增长，随着轴压比、钢渣混凝土膨胀率增加或剪跨比减小，剪切应变-位移曲线斜率增加。进入稳定段后，曲线偏离线性，出现拐点，但所有试件剪切应变均未达到屈服应变。随着轴压比增加或剪跨比减小，钢管剪切应变-位移曲线提前出现拐点。在下降段，钢管剪切应变逐渐减小。随着轴压比增加或剪跨比减小，钢管剪切应变-位移曲线斜率增加；随着钢渣混凝土膨胀率增加，钢管剪切应变增加。

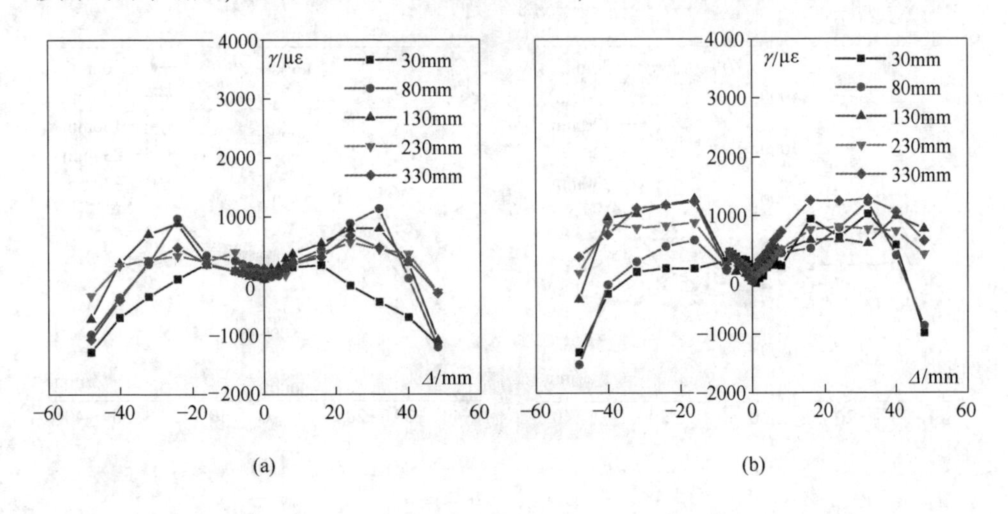

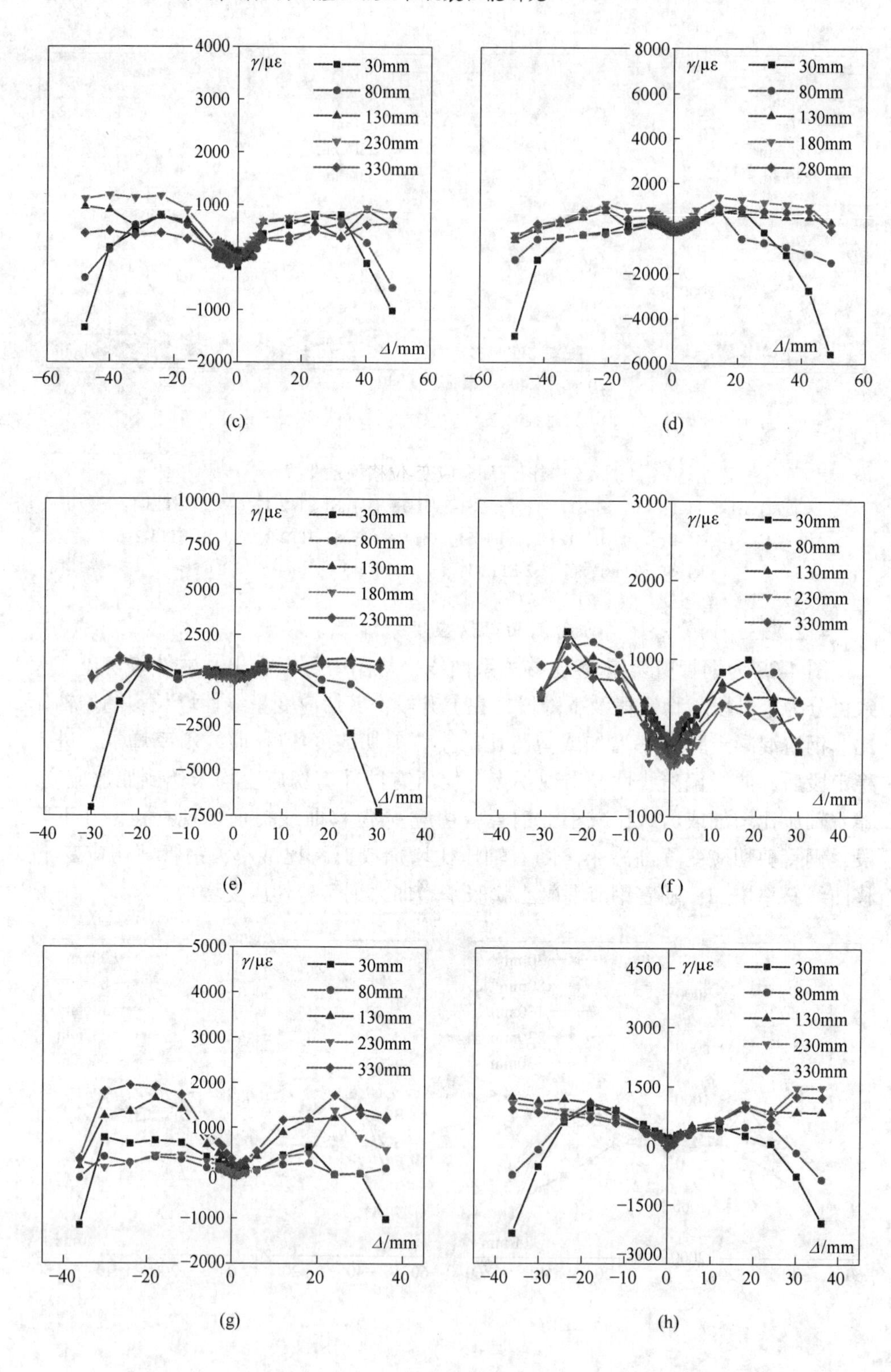

(c)　(d)　(e)　(f)　(g)　(h)

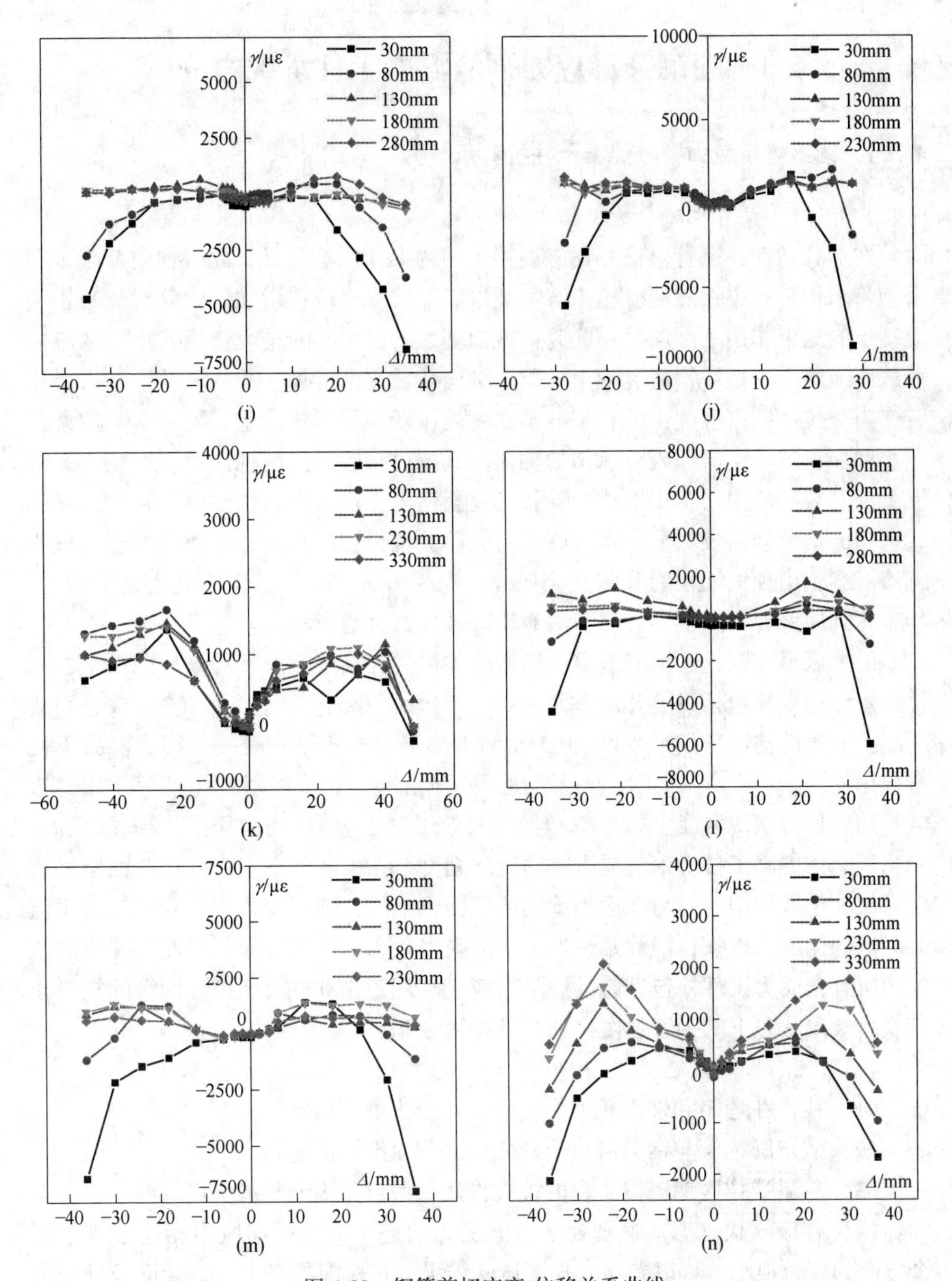

图 4-28 钢管剪切应变-位移关系曲线

(a) S1-ST11-1；(b) S1-ST21-1；(c) S1-ST31-1；(d) S1-ST12-1；(e) S1-ST13-1；(f) S1-ST11-2；(g) S1-ST21-2；(h) S1-ST31-2；(i) S1-ST12-2；(j) S1-ST13-2；(k) S2-ST11-1；(l) S2-ST12-1；(m) S2-ST13-1；(n) S2-ST11-2

4.3 圆钢管自应力钢渣混凝土柱承载力分析

4.3.1 圆钢管自应力钢渣混凝土柱抗弯承载力

4.3.1.1 抗弯机理分析

在加载初期，钢管对核心钢渣混凝土的约束作用不明显，此时轴向荷载主要由钢管承担，核心钢渣混凝土未产生裂缝。随着水平位移增加，钢管对核心钢渣混凝土的约束作用不断增强。此时，截面塑性的区域不断增大，钢管承担的轴向荷载逐渐减小，核心钢渣混凝土承担的轴向荷载逐渐增加。卸载区域逐渐由受压转变为受拉，钢渣混凝土已有裂缝不断发展，新裂缝不断产生。随着水平位移进一步增加，核心钢渣混凝土承担的轴向荷载超过钢管承担的轴向荷载。核心钢渣混凝土开裂后的损伤累积增加，导致其逐渐退出工作状态，塑性发展较快。在加载末期，钢管鼓曲较明显，钢管所受的大部分轴力转移给核心钢渣混凝土，核心钢渣混凝土出现大面积的开裂甚至压碎。在受力全过程，剪切应变变化不明显，均未达到屈服剪切应变，忽略剪力对压弯破坏试件的影响。

综上可得，圆钢管钢渣混凝土压弯构件试件在极限状态下的破坏截面上，试件抗弯作用主要包括以下几个方面：（1）钢管本身的抗弯作用；（2）核心钢渣混凝土本身的抗弯作用；（3）轴压比和钢渣混凝土膨胀率对核心钢渣混凝土抗弯作用的影响；（4）轴压比、径厚比及钢渣混凝土膨胀率对钢管抗弯作用的影响。随着核心钢渣混凝土膨胀率增加，有效限制自应力钢渣混凝土裂缝的发展，相当于间接提高了核心钢渣混凝土的抗压强度。在极限状态下，破坏截面圆钢管已发展为全截面塑性。与普通钢管钢渣混凝土不同，圆钢管由于受到自应力钢渣混凝土的侧压力较强，钢管始终处于三向受力状态，钢管的局部屈曲现象得到改善，所有自应力试件外包钢管的极限拉应变均超过 10000$\mu\varepsilon$，接近钢管的极限拉应变，极限状态下的钢管强度得到充分利用。

4.3.1.2 基本假定

（1）构件在弯矩和轴心压力作用下，符合平截面假定。

（2）假定圆钢管与钢渣混凝土柱之间无相对滑移。

（3）忽略受拉区钢渣混凝土的抗拉作用，假设其纵向抗拉强度为零。

（4）在极限状态下，钢管处于三向受力状态，由于径向应力相比于其余两个方向的应力很小，可以忽略。根据试验结果，在极限状态下，钢管已经处于强化状态，考虑核心钢渣混凝土膨胀率对钢管力学性能的提高，引入钢管强度利用系数 ψ，定义其为实际钢材发挥的强度 f_{yp} 与钢材屈服强度 f_y 的比值。

为得到适用范围更广、精确度更高的钢管强度利用系数计算公式，基于本章试验研究，结合文献［101］进行分析，可知钢管强度利用率随着轴压比和钢渣混凝土膨胀率的增加而增加，随着径厚比的增加而减小，各因素与钢管强度利用系数大致呈线性关系。因此本节采用多元线性回归进行分析，可得钢管强度利用系数如式（4-10）所示。

$$\psi = 0.737n + 1.376\eta - 0.00067D/t_s + 1.166 \tag{4-10}$$

式中，η 为核心钢渣混凝土自应力水平，自应力水平为初始自应力与钢渣混凝土抗体强度的比值，$\eta = \sigma_0/f_{co}$，$f_{co} = 0.67f_{cu}$，考虑到本书轴压比的参数设计范围，取 $n = 0 \sim 0.4$。

（5）在极限状态下，受压区钢渣混凝土的本构关系采用文献［4］给出的模型，其表达式如下：

$$\begin{cases} \sigma_c = \sigma_{co}\left[A\dfrac{\varepsilon_c}{\varepsilon_{co}} - A\left(\dfrac{\varepsilon_c}{\varepsilon_{po}}\right)^2\right] & \varepsilon_c \leqslant \varepsilon_{co} \\ \sigma_c = \sigma_{co}(1-q) + \sigma_{co}q\left(\dfrac{\varepsilon_c}{\varepsilon_{co}}\right)^{0.1\xi} & \xi \geqslant 0.92,\ \varepsilon_c > \varepsilon_{co} \\ \sigma_c = \sigma_{co}\dfrac{\varepsilon_c}{\varepsilon_{co}}\dfrac{1}{\beta\left(\dfrac{\varepsilon_c}{\varepsilon_{co}}-1\right)^2 + \dfrac{\varepsilon_c}{\varepsilon_{co}}} & \xi < 0.92,\ \varepsilon_c > \varepsilon_{co} \end{cases} \tag{4-11}$$

$$\sigma_{co} = f_{co}\left[1.194 + \left(\frac{13}{\mu f_{co}}\right)^{0.45}(-0.07485\xi^2 + 0.5789\xi)\right] \tag{4-12}$$

$$\varepsilon_{co} = 1300 + 14.93f_{co} + \left(1400 + 800\frac{f_{co}-20}{20}\right)\xi^{0.2} \tag{4-13}$$

$$\beta = (2.36 \times 10^{-6})^{[0.25+(\xi-0.5)^7]}f_{co}^2 \times 5 \times 10^{-4} \tag{4-14}$$

$$A = 2 - k \tag{4-15}$$

$$B = 1 - k \tag{4-16}$$

$$k = 0.1\xi^{0.745} \tag{4-17}$$

$$q = \frac{k}{0.2 + 0.1\xi} \tag{4-18}$$

式中，σ_c 为核心混凝土压应力；ε_c 为核心混凝土压应变；σ_{co} 为核心混凝土单轴峰值应力；ε_{co} 为核心混凝土单轴峰值应变；β 为试验数据回归分析得到的参数；ξ 为约束效应系数，取 $\xi = f_yA_s/(f_{co}A_c)$，其中 A_s、A_c 分别为钢管及核心混凝土的横截面面积。

由于本章研究的核心自应力钢渣混凝土在加载初期就处于三向围压受力状态，承载能力得到相应提高。为考虑钢渣混凝土自应力对试件承载力的影响，引入钢渣混凝土强度增强系数 μ，根据横截面力的极限平衡条件，得到核心钢渣混凝土初始状态下的轴心抗压强度表达式，如式（4-19）所示。

$$f'_{co} = f_{co} + 4\sigma_0 = \left(1 + 4\frac{\sigma_0}{f_{co}}\right) f_{co} \tag{4-19}$$

式中，f'_{co} 为初始状态下钢渣混凝土等效轴压强度。

设：$\mu = 1 + 4\frac{\sigma_0}{f_{co}}$，则可简化式（4-19），得到 f'_{co} 与 f_{co} 的关系，如式（4-20）所示。

$$f'_{co} = \mu f_{co} \tag{4-20}$$

由式可以看出，钢渣混凝土强度增强系数为大于 1 的数，随着自应力增加，钢渣混凝土强度增强系数 μ 增加。

4.3.1.3　核心钢渣混凝土约束力计算

由于压弯试件截面上应力分布不均匀，钢管对核心钢渣混凝土的约束力分布也不均，考虑钢管对钢渣混凝土不均匀约束效应的影响，将钢管横截面的环向应变平均值等效为钢管的环向应变，通过平均应变计算出环向应力，根据力的平衡条件，如图 4-29 所示，得到核心钢渣混凝土的等效约束应力计算公式，如式（4-21）所示。

$$P_e = \frac{t_s}{R_c}\overline{\sigma_h} \tag{4-21}$$

式中，P_e 为钢渣混凝土的等效约束力；$\overline{\sigma_h}$ 为钢管的平均环向应变。

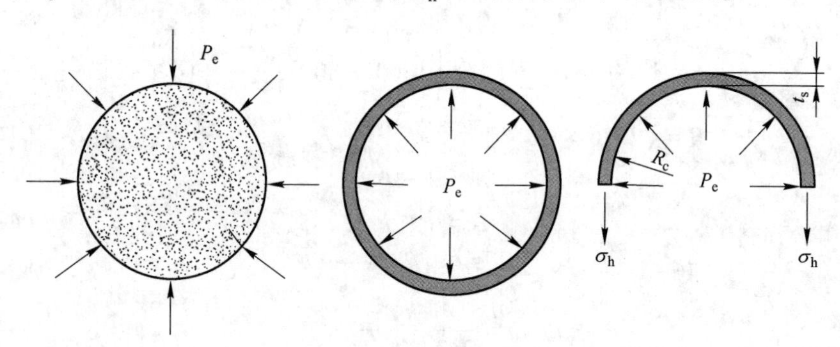

图 4-29　钢管及钢渣混凝土的应力状态

根据文献［99］给出的理想弹塑性计算轴压试件约束力 P_0 的表达式，考虑到压弯试件钢渣混凝土自应力的影响，引入约束力不均匀系数 γ，通过多项式拟合，建立等效约束力 P_e 与约束力 P_0 的关系。

$$P_0 = \frac{0.067\alpha f_y}{1.2 + 0.2\alpha} \tag{4-22}$$

$$P_e = \gamma P_0 \tag{4-23}$$

$$\gamma = -942.1\eta^2 + 146.76\eta + 3.62 \tag{4-24}$$

式中，α 为试件的含钢率，$\alpha = A_s/A_c$；γ 为约束力不均匀系数，通过本书试验数据拟合得到。

约束力不均匀系数 γ 的拟合曲线，如图 4-30 所示。

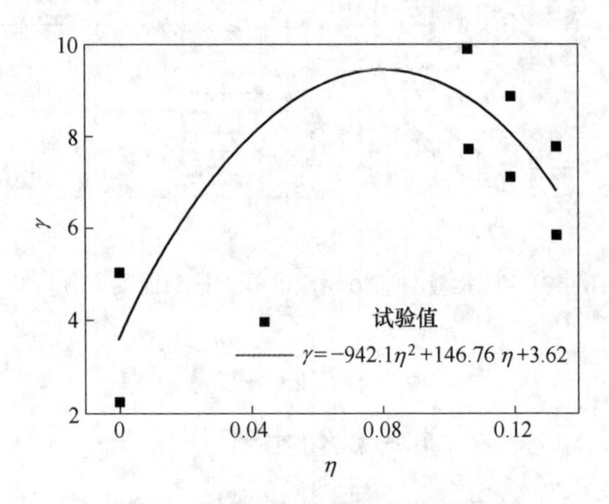

图 4-30 约束力不均匀系数拟合公式

在等效约束力计算公式的基础上，可对圆钢管自应力钢渣混凝土极限状态下的破坏横截面进行受力分析，根据力的极限平衡条件，得到圆钢管自应力钢渣混凝土柱在极限状态的核心钢渣混凝土的等效轴心抗压强度 f_{cp}。

$$f_{cp} = f'_{co} + 4.0P_e \tag{4-25}$$

4.3.1.4 抗弯承载力计算

图 4-31 为极限状态下圆钢管自应力钢渣混凝土柱截面受力分析，根据试件在低周反复荷载作用下的受力状态，受到柱端轴向力 N_0 和弯矩 M_u 的共同作用，在竖直方向上，根据极限平衡条件，建立平衡方程，如式（4-26）所示。

$$N_0 = f_{cp}^- A_c^- + f_{yp}^- A_s^- - f_{yp}^+ A_s^+ \tag{4-26}$$

式中，N_0 为试件柱端轴向力；f_{yp}^-、f_{yp}^+ 分别为受压区钢管的等效强度、受拉区钢管的等效强度；f_{cp}^- 为修正后的受压区核心钢渣混凝土的等效轴心抗压强度；A_s^-、A_s^+、A_c^- 分别表示受压区钢管面积、受拉区钢管面积和受压区核心钢渣混凝土面积。

本试验中钢管外径与内径的比值为 1.03~1.05≤1.15，属于薄壁圆钢管。与试件的半径相比，薄壁钢管的厚度相对很小，可认为受压区钢渣混凝土角度和受压区钢管角度无限接近，因此假定 $\theta_1 \approx \theta$。则受压区钢渣混凝土面积，如式（4-27）所示。

$$A_c^- = \frac{1}{2}R_c^2[\pi - 2\theta - \sin(2\theta)] \tag{4-27}$$

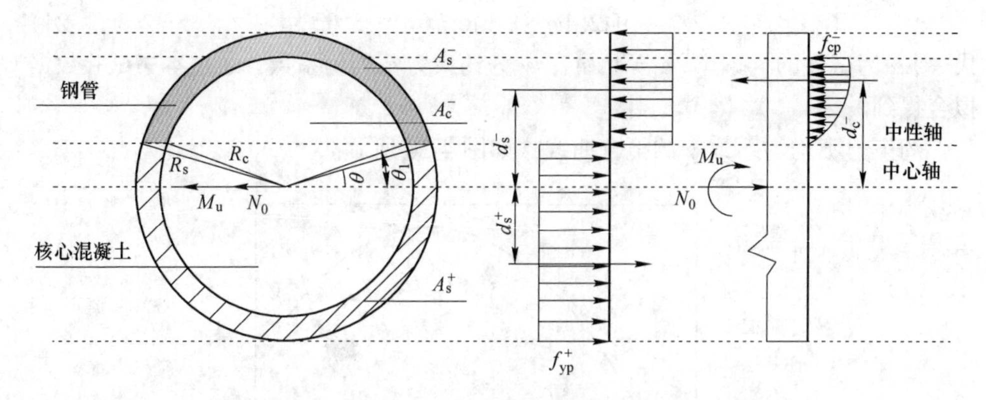

图 4-31　圆钢管自应力钢渣混凝土柱截面受力分析图

$$A_s^- = t_s \overline{R}_s(\pi - 2\theta) \tag{4-28}$$

$$A_s^+ = t_s \overline{R}_s(\pi + 2\theta) \tag{4-29}$$

式中，θ 为受压区高度角补角的 1/2；$\overline{R}_s$ 为钢管的平均半径，$\overline{R}_s = \dfrac{R_s + R_c}{2}$。

根据试件的受力特征，在极限状态下，受压区钢管与受拉区钢管均达到钢管的等效强度，则 $f_{yp} = f_{yp}^- = f_{yp}^+$；受压区核心钢渣混凝土达到钢渣混凝土的等效抗压强度，则 $f_{cp} = f_{cp}^-$。

将式（4-27）~式（4-29）代入式（4-26）中，可得圆钢管自应力钢渣混凝土柱端轴向力，如式（4-30）所示。

$$N_0 = \frac{\pi}{2}R_c^2 f_{cp} - \frac{1}{2}R_c^2 f_{cp}[2\theta + \sin(2\theta)] - 4f_{yp}t_s \overline{R}_s\theta \tag{4-30}$$

采用线性拟合法，将式(4-30)中的非线性部分 $2\theta + \sin(2\theta)$ 进行简化，误差对比如图 4-32 所示。结合本章试验研究，当 θ 的取值范围为 0 ~ 6.2rad，容许误差是 3.7%时，可按式（4-31）进行简化。

$$2\theta + \sin(2\theta) = 1.84948\theta + 0.46638 \tag{4-31}$$

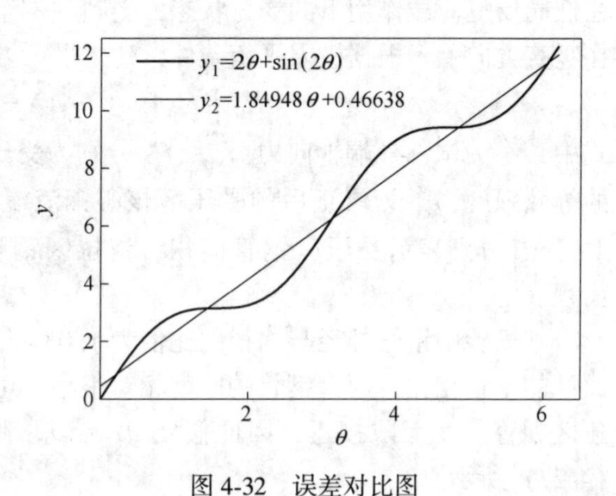

图 4-32　误差对比图

将式（4-31）代入式（4-30）中，可得：

$$\theta = \left[\left(1 - \frac{0.46638}{\pi}\right)f_{cp}A_s - 2N_0\right] \bigg/ \left(\frac{4}{\pi}f_{yp}A_s + \frac{1.84948}{\pi}f_{cp}A_c\right) \tag{4-32}$$

为简化计算，将试件柱端轴压力 N_0 用轴压比 n 和试件名义极限轴压承载力 N_u 代替，不考虑钢管和核心钢渣混凝土之间的相互作用，名义极限轴压承载力可由式 $N_u = f_y A_s + f_{co} A_c$ 进行计算，得到试件柱端轴压力简化计算公式。

$$N_0 = n(f_y A_s + f_{co} A_c) \tag{4-33}$$

将式（4-33）代入式（4-32）中，可得：

$$\theta = \frac{|2.67362(\mu + 4P_e/f_{co}) - 2n\pi(\xi + 1)|}{4\psi\xi + 1.84948(\mu + 4P_e/f_{co})} \tag{4-34}$$

令 $\mu' = \mu + 4P_e/f_{co}$，则式（4-34）可变为：

$$\theta = \frac{|2.67362\mu' - 2n\pi(\xi + 1)|}{4\psi\xi + 1.84948\mu'} \tag{4-35}$$

根据横截面的弯矩平衡条件，可得：

$$M_u = M_s^+ + M_s^- + M_c^- \tag{4-36}$$

式中，M_s^+、M_s^- 分别为受拉区钢管承受的弯矩、受压区钢管承受的弯矩；M_c^- 为受压区钢渣混凝土承受的弯矩。

根据图 4-31 的截面受力分析，对截面中心轴进行取矩，得到 M_s^+、M_s^-、M_c^- 的弯矩计算公式。

$$M_s^+ = f_{yp}^+ A_s^+ d_s^+ \tag{4-37a}$$

$$M_s^- = f_{yp}^- A_s^- d_s^- \tag{4-38a}$$

$$M_c^- = f_{cp}^- A_c^- d_c^- \tag{4-39a}$$

式中，d_s^+、d_s^-、d_c^- 分别为受拉区钢管距中心轴的距离、受压区钢管距中心轴的距离以及受压区自应力钢渣混凝土距中心轴的距离。

采用积分方法求解各部分弯矩，分别得到：

$$M_s^+ = 2f_{yp}^+\left(\int_{-\frac{\pi}{2}}^{-\theta} \frac{t_s}{\cos\theta}\overline{R}_s^2 \sin\theta\cos\theta d\theta + \int_{-\theta}^{+\theta} \frac{t_s}{\cos\theta}\overline{R_s^2} \sin\theta\cos\theta d\theta\right) \tag{4-37b}$$

$$M_s^- = 2f_{yp}^-\int_{\theta}^{\frac{\pi}{2}} \frac{t_s}{\cos\theta}\overline{R}_s^2 \sin\theta\cos\theta d\theta \tag{4-38b}$$

$$M_c^- = 2f_{cp}^-\int_{\theta}^{\frac{\pi}{2}} R_c^3 \sin\theta \cos^2\theta d\theta \tag{4-39b}$$

对式（4-37b）、式（4-38b）和式（4-39b）进行计算后代入式（4-36）中，可得试件的极限抗弯承载力 M_u 的表达式。

$$M_u = \frac{f_{co}A_c}{\pi}G(\theta, \xi, \mu, \psi) \tag{4-40}$$

$$G(\theta, \xi, \mu, \psi) = \frac{2}{3}\mu' R_c \cos^3\theta + \psi\xi(R_c + R_s)\cos\theta \tag{4-41}$$

国内外学者对钢管混凝土柱的抗震性能研究发现，钢管混凝土柱滞回性能骨架线与对应的单调加载时的加载曲线基本重合，地震反复荷载作用下，试件的极限抗弯承载力影响不明显[4]。故本书圆钢管自应力钢渣混凝土柱抗弯承载力计算公式同样适用于低周反复荷载作用下试件的抗弯承载力计算。

4.3.1.5 圆钢管自应力钢渣混凝土柱抗弯简化计算公式

本节建立的圆钢管自应力钢渣混凝土柱抗弯承载力计算公式虽然可以较好地计算试件的抗弯承载力，但形式繁琐。为了便于计算，本节在已有钢管混凝土试件抗弯承载力计算公式的基础上，考虑自应力的影响，提出圆钢管自应力钢渣混凝土柱抗弯承载力简化计算公式。

国内对于钢管混凝土极限弯矩的计算方法，一般基于对轴心抗压强度计算方法的基础上，用轴心抗压强度乘上钢管混凝土截面特征值和特定的系数得到的。文献［2］认为对于梁式构件，可以以挠度达到 1/50 时对应的荷载作为可承载的极限值，并提出抗弯强度公式。

$$M_o = 0.4N_uR_c \tag{4-42}$$

$$N_u = A_cf_{co}(1 + 2\xi) \tag{4-43}$$

式中，N_u 为钢管混凝土试件极限轴压强度，当 $\xi \leqslant 1.235$ 时，按式（4-43）计算。

考虑到本书的钢管为薄壁钢管，相对于核心钢渣混凝土半径而言，钢管壁厚可以忽略不计，即认为 $R_c = R_s$，则试件抗弯承载力计算公式（4-40）可简化为：

$$M_u = 0.4f_{co}A_cR_c\left(\frac{5\mu'\cos^3\theta}{3\pi} + \frac{5}{\pi}\psi\xi\cos\theta\right) \tag{4-44}$$

考虑钢渣混凝土自应力的影响，采用待定系数法对式（4-44）进行简化。设待定系数形式为：

$$\left(\frac{5\mu'\cos^3\theta}{3\pi} + \frac{5}{\pi}\psi\xi\cos\theta\right) - (1 + 2\xi) = f(\eta) = A\eta + B \tag{4-45}$$

结合试验数据，进行拟合，如图 4-33 所示，可知 $f(\eta)$ 为分段函数。其表达式为：

$$f(\eta) = \begin{cases} 30.854\eta - 3.1650 & 0.1 \leqslant \eta < 0.15 \\ 2.811\eta - 0.201 & 0 \leqslant \eta < 0.1 \end{cases} \tag{4-46}$$

考虑钢渣混凝土自应力的影响，得到圆钢管自应力钢渣混凝土柱抗弯承载力简化计算公式，如式（4-47）所示。

$$M_u = 0.4f_{co}A_cR_c(1 + 2\xi + f(\eta)) \tag{4-47}$$

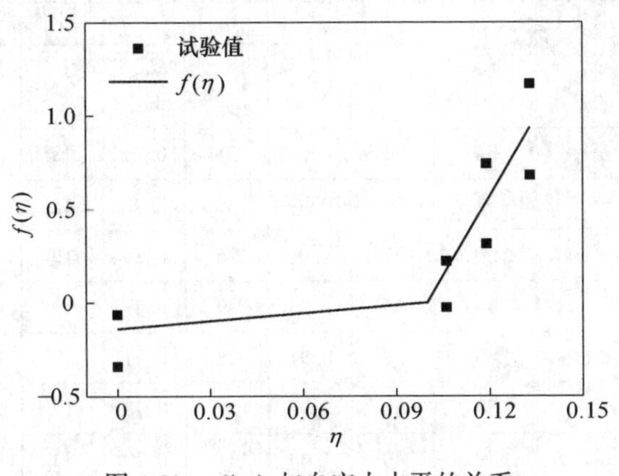

图 4-33 $f(\eta)$ 与自应力水平的关系

式（4-47）既能计算自应力试件，同时也能计算非自应力试件，当自应力水平在 0~0.1 范围内时，核心钢渣混凝土的膨胀性能相对较低，对试件抗弯承载力的提高效应不明显，当自应力水平在 0.1~1.5 范围内时，核心钢渣混凝土的膨胀率较大，试件抗弯承载力的提高明显。

4.3.1.6 抗弯承载力验证

为验证本书推导的圆钢管自应力钢渣混凝土柱抗弯承载力计算公式的正确性，收集有关圆钢管自应力混凝土试件抗弯性能研究的文献数据[78,101]，利用本节提出的抗弯承载力计算公式及各国已有相关钢管混凝土设计规范进行验证，结果如表 4-9 所示。

表 4-9 极限抗弯承载力计算值与试验值对比

文献来源	试件编号	M_{ue}	本书公式		中国规范[102]		美国规范[103]		欧洲规范[104]	
			M_{uc1}	$\frac{M_{uc1}}{M_{ue}}$	M_{uc2}	$\frac{M_{uc2}}{M_{ue}}$	M_{uc3}	$\frac{M_{uc3}}{M_{ue}}$	M_{uc4}	$\frac{M_{uc4}}{M_{ue}}$
本书	S1-ST11-1	94	85	0.9	64	0.68	34	0.36	69	0.73
	S1-ST21-1	119	105	0.88	80	0.67	45	0.38	71	0.6
	S1-ST31-1	150	133	0.89	104	0.69	62	0.42	77	0.52
	S1-ST11-2	103	113	1.1	64	0.62	34	0.33	69	0.66
	S1-ST21-2	136	134	0.99	80	0.59	45	0.33	71	0.52
	S1-ST31-2	168	163	0.97	104	0.62	62	0.37	77	0.46
	S2-ST11-1	82	80	0.99	64	0.78	34	0.41	69	0.84
	S2-ST11-2	93	94	1.01	64	0.68	34	0.36	69	0.73

续表 4-9

文献来源	试件编号	M_{ue}	本书公式		中国规范[102]		美国规范[103]		欧洲规范[104]	
			M_{uc1}	$\frac{M_{uc1}}{M_{ue}}$	M_{uc2}	$\frac{M_{uc2}}{M_{ue}}$	M_{uc3}	$\frac{M_{uc3}}{M_{ue}}$	M_{uc4}	$\frac{M_{uc4}}{M_{ue}}$
文献［101］	Wq1-o	34	31	0.91	31	0.89	18	0.54	35	1.03
	Wq1-a	33	32	0.99	26	0.8	18	0.56	35	1.08
	Wq1-b	30	32	1.06	26	0.85	19	0.61	35	1.17
	Wq1-c	34	35	1.04	29	0.87	19	0.55	35	1.05
	Wq1-d	35	32	0.91	28	0.81	19	0.53	35	1.01
	Wq1-e	37	35	0.93	29	0.77	19	0.5	35	0.94
	Wq2-o	39	40	1.03	31	0.79	24	0.61	35	0.89
	Wq2-a	42	40	0.95	37	0.88	24	0.56	35	0.82
	Wq2-b	42	42	0.99	33	0.79	24	0.57	35	0.83
	Wq2-c	42	46	1.1	37	0.88	24	0.57	35	0.82
	Wq3-o	46	46	0.99	41	0.9	29	0.63	33	0.72
	Wq3-a	47	47	0.99	42	0.89	29	0.62	33	0.71
	Wq3-b	48	48	1.01	42	0.88	29	0.62	33	0.7
	Wq3-c	50	55	1.11	35	0.71	29	0.59	33	0.67
文献［78］	ZT1-1	276	330	1.19	204	0.73	89	0.32	224	0.81
	ZT6-1	263	318	1.3	189	0.77	90	0.37	221	0.9
	PT1-1	224	296	1.22	197	0.81	90	0.37	223	0.92
平均值				1.02		0.77		0.48		0.81
均方差				0.01		0.01		0.01		0.03

从表 4-9 中可以看出，采用本节提出的抗弯承载力公式计算结果与试验值比值的平均值为 1.02，均方差为 0.01，吻合较好。中国和欧洲规范计算结果更接近本书自应力试件，而美国规范偏小。这是因为，美国规范对钢管混凝土压弯构件的承载力计算过程中忽略了核心混凝土的抗弯作用，只考虑钢管的抗弯作用，因此计算结果偏小；而中国规范和欧洲规范在计算过程中同时考虑钢管和核心混凝土的抗弯作用，计算结果与钢管自应力混凝土试件试验结果比较接近，但由于未充分考虑钢管与核心混凝土之间的协调作用以及核心钢渣混凝土的自应力提高效应，中国规范与欧洲规范抗弯承载力计算值为本书试验值的 80%左右，可用于指导圆钢管自应力混凝土试件的设计。

4.3.2 圆钢管自应力钢渣混凝土柱抗剪承载力

4.3.2.1 抗剪机理分析

在加载初期，压弯剪构件与压弯构件的受力过程无明显差别；随着钢管对核心钢渣混凝土的约束作用不断增强。试件发生轴力重分布，水平剪力通过钢管逐渐传递给核心钢渣混凝土。随着钢管屈服面积增加，核心钢渣混凝土剪切裂缝不断形成并发展，构件刚度下降。但由于钢管对核心钢渣混凝土的约束作用，使得核心钢渣混凝土裂缝发展减缓。与压弯构件相比，压弯剪构件剪切应变增加明显，剪应力不断增加。在加载后期，构件水平剪力增长明显，剪切效应逐渐凸显，核心钢渣混凝土裂缝发展加快。随着位移进一步增加，钢管由于塑性发展承担剪力的作用减弱，核心钢渣混凝土沿对角线方向应变较大，且大致均匀。核心钢渣混凝土处于复杂受力状态，显现出斜压柱的传力性质，此时试件的破坏表现为钢管的剪切滑移和核心钢渣混凝土的斜向压溃。

综上所述，可得到圆钢管钢渣混凝土压弯剪构件在极限状态下破坏截面的抗剪作用主要包括以下几个方面：(1) 钢管本身的抗剪作用；(2) 核心钢渣混凝土的抗剪作用；(3) 轴压比、剪跨比和钢渣混凝土膨胀率对核心钢渣混凝土抗剪作用的影响。在极限状态下，破坏截面圆钢管由于塑性发展承担剪力的作用较弱。圆钢管的抗剪作用受到剪跨比的影响较明显，随着剪跨比的增加，钢管抗剪作用减弱。在钢管约束作用下，核心钢渣混凝土处于复杂受力状态，显现出斜压柱的传力性质。随着核心钢渣混凝土膨胀率增加，核心钢渣混凝土受到钢管的约束作用增加，有效限制钢渣混凝土裂缝的发展，核心钢渣混凝土抗剪能力增强。核心钢渣混凝土的抗剪作用不但受到核心钢渣混凝土膨胀率的影响，还受到剪跨比和轴压比的影响。随着剪跨比的增加，核心钢渣混凝土抗剪能力减弱，随着轴压比增加，核心钢渣混凝土抗剪能力增强。在低周反复荷载作用下，考虑钢渣混凝土的软化。

4.3.2.2 基本假定

(1) 试件在压弯剪受力状态下，截面符合平截面假定；

(2) 钢管与核心钢渣混凝土黏结良好，不考虑相对滑移；

(3) 不考虑斜裂缝混凝土之间骨料的咬合作用以及纵筋的销栓作用；

(4) 当试件达到承载力极限状态时，自应力钢渣混凝土到达极限抗剪承载力，钢管约束下核心钢渣混凝土的本构关系与 4.3.1 节一致；

(5) 当试件达到承载力极限状态时，钢管的应力-应变关系与 4.3.1 节一致，极限状态下考虑钢管的强度利用系数 ψ 的影响。

4.3.2.3 抗剪承载力计算

圆钢管自应力钢渣混凝土的抗剪承载力由钢管的抗剪作用 V_s 和核心钢渣混

凝土的抗剪作用 V_c 组成，钢管与核心钢渣混凝土的受力状态，如图 4-34 所示。根据叠加原理，可知试件的抗剪承载力 V_u 如式（4-48）所示。

$$V_u = V_s + V_c \tag{4-48}$$

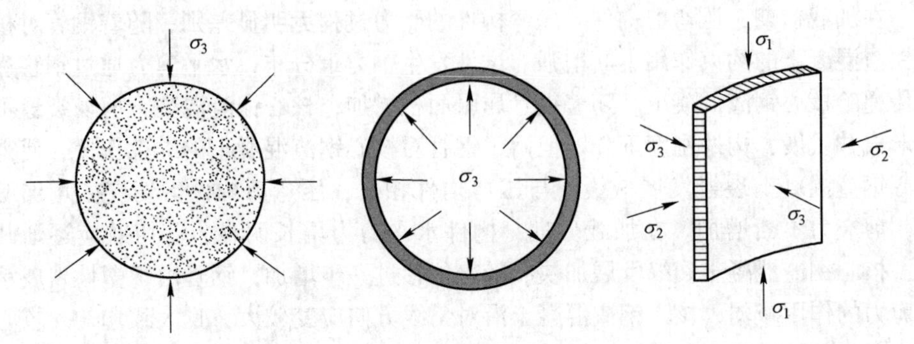

图 4-34　钢管与钢渣混凝土的受力状态

A　圆钢管的抗剪承载力

根据材料力学方法，可对钢管的纯剪承载力进行如下计算。

$$V_{s0} = \frac{2I_s t_s \tau_{max}}{S_s} = \frac{\pi t_s R_s^3 \times 2t_s}{2t_s R_s^2} \times \tau_{max} = \pi t_s R_s \tau_{max} \tag{4-49}$$

式中，V_{s0} 为纯剪状态下钢管的抗剪承载力；S_s 为圆钢管的面积距，取 $S_s = 2t_s R_s^2$；I_s 为钢管的截面惯性矩，取 $I_s = \pi t_s R_s^3$；τ_{max} 为钢管承担最大剪切应力。

文献［105］通过试验以及大量数据拟合，得到钢管混凝土试件中钢管的极限抗剪强度为 $\tau_{max} = 0.58f_y$，结合本书试验数据，考虑钢渣混凝土初始自应力对钢管抗剪承载力的提高效应，引入钢管强度利用系数 ψ，得到极限状态下圆钢管自应力钢渣混凝土试件中钢管承担的剪力，如式（4-50）计算。

$$V'_{s0} = \psi \times 0.6\pi t_s R_s f_y \tag{4-50}$$

式中，V'_{s0} 为钢管在纯剪状态下的抗剪承载力；ψ 按式（4-10）计算。

根据本书试验分析，结合文献［35］表明，钢管自应力钢渣混凝土柱在剪跨比 $\lambda \geqslant 1.5$ 时为弯曲型破坏。由材料力学方法可知，在塑性状态下，钢管纯弯时的容许弯矩 M_v，如式（4-51）所示。

$$M_v = \frac{f_y D^3}{8}(1 - a_v^3) = V'_s H \tag{4-51}$$

$$a_v = (D - 2t_s)/D \tag{4-52}$$

式中，a_v 为钢管内径与外径的比值；M_v 为钢管纯弯时的容许弯矩；V'_s 为钢管纯弯状态下所对应的剪力。

将式（4-52）代入式（4-51）中，可得，当剪跨比 $\lambda = 1.5$ 时，钢管的抗剪承载力如式（4-53）所示。

$$V_s' = \frac{f_y D^3}{8}(1 - a_v^3)H \tag{4-53}$$

为考虑剪跨比对钢管抗剪承载力的影响，本书采用线性插值法计算压弯剪构件的钢管抗剪承载力。当 $\lambda = 1.5$ 时，根据式（4-50）和式（4-53），采用线性插值法，得到钢管的抗剪强度，如式（4-54）所示。

$$V_s = \left[\frac{f_y D^3}{8}(1 - a_v^3)H - \psi \times 0.6\pi t_s R_s f_y\right](1.5 - \lambda) \tag{4-54}$$

B 核心钢渣混凝土的抗剪承载力

在圆钢管自应力钢渣混凝土试件中，核心钢渣混凝土实际上为有侧向约束的素混凝土短柱，当剪跨比小于 1.5 时，试件发生弯-剪破坏，核心钢渣混凝土在破坏截面上，前后侧被压碎，非加载面上核心钢渣混凝土形成斜向剪裂纹，柱底形成水平裂缝。在弯-剪强度的确定中，可采用斜压柱进行分析，核心钢渣混凝土的传力如图 4-35 所示。

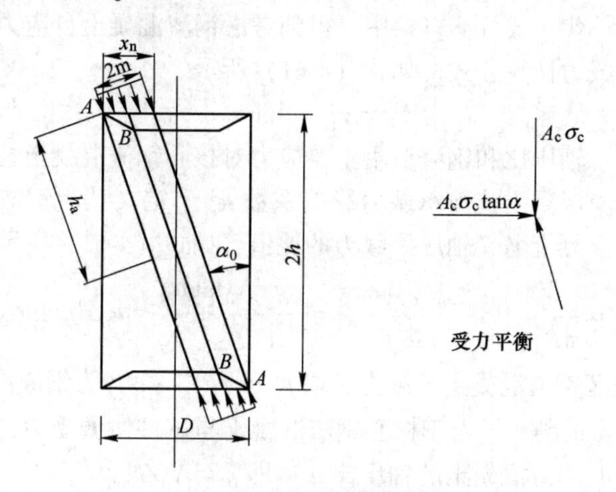

图 4-35 核心钢渣混凝土传力机构

根据受力平衡条件，可求得核心钢渣混凝土的抗剪承载力如式（4-55）所示。

$$V_c = \tau_c A_c^- \tan\alpha_0 \tag{4-55}$$

$$A_c^- = \frac{4}{3}x_n\sqrt{Dx_n - x_n^2}\cos\alpha \tag{4-56}$$

式中，α_0 为核心钢渣混凝土的传力角；τ_c 为核心钢渣混凝土的剪切强度；A_c^- 根据几何关系求得；x_n 为核心钢渣混凝土横截面受压区高度。

参考文献［35］，取 $\tau_c = (0.11\beta + 0.77)f_{co}$，考虑钢渣混凝土膨胀率对核心

钢渣混凝土抗压强度的提高，引入钢渣混凝土强度增强系数μ，得到适用于本书自应力钢渣混凝土的抗剪强度计算公式，如式（4-57）所示。

$$\tau_{cp} = (0.11\beta + 0.77)f_{cp} \tag{4-57}$$

$$\beta = \frac{h_a}{m} = \frac{4\lambda^2 + (1+x)x}{2x\lambda} \tag{4-58}$$

式中，τ_{cp} 为核心钢渣混凝土等效抗剪强度；m 为受压区宽度；$x = x_n/D$；f_{cp} 为极限状态下钢渣混凝土等效轴压强度，按式（4-25）进行计算。

在低周反复荷载作用下，钢渣混凝土截面在受拉开裂后重新受压，开裂截面会产生骨料咬合的裂面效应，而微裂缝的发展，在加卸载过程中钢渣混凝土又形成软化效应。因此，考虑试件在加卸载过程的影响，引入钢渣混凝土的软化系数ν_c，得到自应力钢渣混凝土的抗剪强度计算公式，如式（4-59）所示。

$$\tau_{cp} = (0.11\beta + 0.77)\nu_c f_{cp} \tag{4-59}$$

结合本书试验数据，核心钢渣混凝土的软化系数与剪跨比的相关关系为：

$$\nu_c = 0.033\ln\lambda + 0.55 \tag{4-60}$$

将式（4-56）代入式（4-54）中，得到考虑钢渣混凝土自应力提高作用的钢渣混凝土抗剪承载力计算公式，如式（4-61）所示。

$$V_{cp} = \tau_{cp}A_c^- \tan\alpha_0 \tag{4-61}$$

考虑剪跨比、轴压比和钢渣混凝土自应力对核心钢渣混凝土抗剪承载力的影响，引入核心钢渣混凝土抗剪承载力影响系数κ_c，定义其为钢渣混凝土实际抗剪承载力与钢渣混凝土名义轴压承载力的比值，如式（4-62）所示。

$$\kappa_c = \frac{V_c}{\pi R_c^2 f_{co}} = \frac{\tau_{cp}A_c^- \tan\alpha_0}{\pi R_c^2 f_{co}} = \frac{\nu_c \mu' N_0 \tan\alpha_0}{N_{cu}} = \nu_c \mu' n \tan\alpha_0 \tag{4-62}$$

式中，N_0 为受压区钢渣混凝土承载力，取 $N_0 = \tau_c A_c^-$；N_{cu} 为钢渣混凝土名义轴压承载力，取 $N_{cu} = \pi R_c^2 f_{co}$，由于核心钢渣混凝土与试件协调受力，可以认为试件的轴压比即为核心钢渣混凝土的轴压比 n，即 $n = N_0/N_{cu}$。

通过图 4-35 中的几何关系，可求得核心钢渣混凝土传力方向与竖直方法的夹角 α_0。

$$\tan\alpha = \frac{D - x_n}{2h} = \frac{1-x}{2\lambda} \tag{4-63}$$

$$n = (c_1\beta + c_2)\frac{16}{3\pi}x\sqrt{x - x^2}\cos^2\alpha \tag{4-64}$$

将式（4-63）代入式（4-64）中，可得：

$$n = \left[c_1 \frac{4\lambda^2 + (1+x)x}{2x\lambda} + c_2\right]\frac{16}{3\pi}x\sqrt{x - x^2}\frac{4\lambda^2}{4\lambda^2 + (1-x)^2} \tag{4-65}$$

联立式（4-63）和式（4-62），可求出钢渣混凝土抗剪承载力影响系数 κ_c。

$$\kappa_c = \nu_c \mu' n \frac{1-x}{2\lambda} \tag{4-66}$$

κ_c 是剪跨比、轴压比及钢渣混凝土自应力的函数，$\kappa_c = f(n, \lambda, \mu)$。为方便计算，本书通过非线性曲面拟合方法进行简化，得到钢渣混凝土抗剪承载力影响系数 κ_c，如式（4-67）所示。

$$\kappa_c = f(n, \lambda, \mu) = \nu_c \mu'(0.064 - 0.127\lambda + 0.821n + 0.058\lambda^2 - 0.576n^2 - 0.258\lambda n) \tag{4-67}$$

将式（4-67）代入式（4-62），可以得到考虑轴压比、剪跨比及钢渣混凝土自应力影响的核心钢渣混凝土抗剪承载力计算方法，如式（4-68）所示。

$$V_c = \pi R_c^2 f_{co} \nu_c \mu'(0.064 - 0.127\lambda + 0.821n + 0.058\lambda^2 - 0.576n^2 - 0.258\lambda n) \tag{4-68}$$

综上所述，圆钢管自应力钢渣混凝土柱压弯剪构件的抗剪承载力计算公式如式（4-69）所示。

$$V_u = \left[\frac{f_y D^3}{8}(1 - a_v^3)H - \psi \times 0.6\pi t_s R_s f_y\right](1.5 - \lambda) + \pi R_c^2 f_{co} \kappa_v \tag{4-69}$$

4.3.2.4 抗剪承载力简化计算公式

为简化试件抗剪承载力的计算，在钢管混凝土单肢柱的抗剪承载力研究成果基础上，考虑钢渣混凝土自应力的影响，建立圆钢管自应力钢渣混凝土柱抗剪承载力简化计算公式。

徐春丽[106]和肖从真[107]对钢管混凝土单肢柱的抗剪性能进行试验研究，得到考虑轴压比、剪跨比的钢管混凝土抗剪承载力计算公式为：

$$V_5 = \left[\frac{0.17}{\lambda + 0.25} + (0.65 - 0.45\lambda)\xi\right] A_c f_c + 0.18N_0 \tag{4-70}$$

结合本章试验结果及方小丹[105]的研究，发现轴压力对试件抗剪承载力的提高效应为 $0.07N_0$。本节采用试验数据除以考虑剪跨比、轴压比和含钢率的钢管混凝土抗剪承载力计算值作为拟合数据的因变量，将自应力水平 η 作为自变量，基本数学形式如式（4-71）所示。通过回归分析，当采用线性拟合时，自变量与因变量的相关关系明显，COD=0.99。拟合曲线如图 4-36 所示。

$$\frac{V_{uc}}{[0.2A_c f_c(1 + 3\xi) + 0.07N_0](1 - 0.45\sqrt{H/D})} = G(\eta) \tag{4-71}$$

由此得到圆钢管自应力钢渣混凝土压弯剪构件抗剪承载力简化计算公式，如式（4-72）所示。

$$V'_{uc} = [0.2A_c f_c(1 + 3\xi) + 0.07N_0](1 - 0.45\sqrt{H/D})(1 + 1.141\eta) \tag{4-72}$$

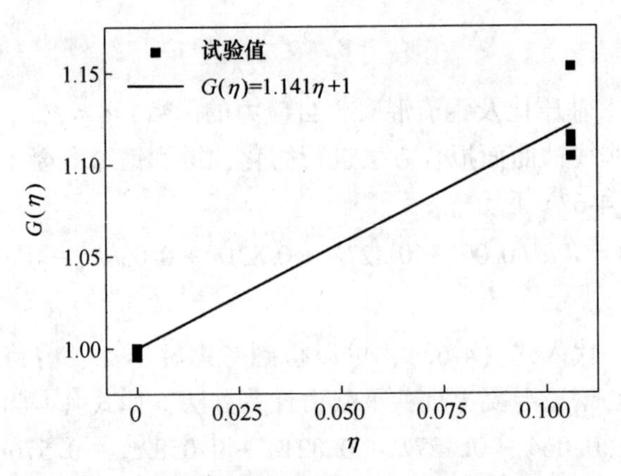

图 4-36　钢渣混凝土自应力水平对抗剪承载力的影响

4.3.2.5　抗剪承载力验证

为验证抗剪承载力公式的正确性，利用本节提出的公式对本章试验数据和相关研究结果进行验证，并参考已有相关设计规范进行对比分析，结果如表 4-10 所示。

表 4-10　极限抗剪承载力计算值与试验值对比

文献来源	试件编号	V_{ue}	本书公式		中国规范[102]		美国规范[103]	
			V_{uc1}	$\frac{V_{uc1}}{V_{ue}}$	V_{uc2}	$\frac{V_{uc2}}{V_{ue}}$	V_{uc3}	$\frac{V_{uc3}}{V_{ue}}$
本书	S1-ST12-1	168.7	173.9	1.03	147.7	0.88	312.7	1.85
	S1-ST13-1	261.6	264.6	1.01	226.8	0.87	312.7	1.20
	S1-ST12-2	178.3	181.3	1.02	157.3	0.88	312.7	1.75
	S1-ST13-2	283.3	272.1	0.96	241.6	0.85	312.7	1.10
	S2-ST12-1	152.3	144.1	0.95	147.7	0.97	312.7	2.05
	S2-ST13-1	234	242.2	1.03	226.8	0.97	312.7	1.34
文献［106］	s11-c1-1	625	509	0.81	694	1.11	528.0	0.84
	s11-c2-1	675	515	0.76	716	1.06	528.0	0.78
	s11-c3-1	650	503	0.77	706	1.09	528.0	0.81
	s21-c1-1	515	407	0.79	563	1.09	404.3	0.79
	s21-c2-1	568	435	0.77	588	1.03	404.3	0.71
	s21-c3-1	525	423	0.80	577	1.10	404.3	0.77
	s31-c1-1	375	349	0.93	476	1.27	326.8	0.87

续表 4-10

文献来源	试件编号	V_{ue}	本书公式		中国规范[102]		美国规范[103]	
			V_{uc1}	$\frac{V_{uc1}}{V_{ue}}$	V_{uc2}	$\frac{V_{uc2}}{V_{ue}}$	V_{uc3}	$\frac{V_{uc3}}{V_{ue}}$
文献［106］	s31-c2-1	415	377	0.91	502	1.21	326.8	0.79
	s31-c3-1	385	365	0.95	491	1.27	326.8	0.85
	s11-c1-2	728	492	0.68	694	0.95	528.0	0.73
	s11-c2-2	750	520	0.69	716	0.96	528.0	0.70
	s11-c3-2	780	508	0.65	706	0.91	528.0	0.68
	s21-c1-2	630	411	0.65	563	0.89	404.3	0.64
	s21-c2-2	658	441	0.67	588	0.89	404.3	0.61
	s21-c3-2	675	427	0.63	577	0.85	404.3	0.60
	s31-c1-2	480	353	0.74	476	0.99	326.8	0.68
	s31-c2-2	485	383	0.79	502	1.04	326.8	0.67
	s31-c3-2	495	370	0.75	491	0.99	326.8	0.66
	s11-c1-3	800	496	0.62	694	0.87	528.0	0.66
	s11-c2-3	766	525	0.69	716	0.94	528.0	0.69
	s21-c2-3	574	446	0.78	588	1.02	404.3	0.70
	s31-c1-3	588	358	0.61	476	0.81	326.8	0.56
	s12-c3-1	700	1235	1.76	706	1.01	528.0	0.75
	s22-c1-1	525	971	1.85	563	1.07	404.3	0.77
	s22-c2-1	575	1004	1.75	588	1.02	404.3	0.70
	s22-c3-1	563	989	1.76	577	1.02	404.3	0.72
	s32-c1-1	400	808	2.02	476	1.19	326.8	0.82
	s32-c2-1	425	841	1.98	502	1.18	326.8	0.77
	s32-c3-1	410	827	2.02	491	1.20	326.8	0.80
	s12-c1-2	900	1222	1.36	694	0.77	528.0	0.59
	s12-c2-2	1000	1254	1.25	716	0.72	528.0	0.53
	s12-c3-2	950	1239	1.30	706	0.74	528.0	0.56
	s22-c1-2	825	975	1.18	563	0.68	404.3	0.49
	s22-c2-2	900	1009	1.12	588	0.65	404.3	0.45
	s22-c3-2	850	994	1.17	577	0.68	404.3	0.48

续表 4-10

文献来源	试件编号	V_{ue}	本书公式		中国规范[102]		美国规范[103]	
			V_{uc1}	$\frac{V_{uc1}}{V_{ue}}$	V_{uc2}	$\frac{V_{uc2}}{V_{ue}}$	V_{uc3}	$\frac{V_{uc3}}{V_{ue}}$
文献［106］	s32-c1-2	675	813	1.20	476	0.71	326.8	0.48
	s32-c2-2	750	847	1.13	502	0.67	326.8	0.44
	s32-c3-2	700	831	1.19	491	0.70	326.8	0.47
	s12-c1-3	1000	1226	1.23	694	0.69	528.0	0.53
	s12-c2-3	1125	1259	1.12	716	0.64	528.0	0.47
	s12-c3-3	1200	1244	1.04	706	0.59	528.0	0.44
	s22-c1-3	1025	979	0.96	563	0.55	404.3	0.39
	s22-c2-3	1015	1015	1.00	588	0.58	404.3	0.40
	s22-c3-3	900	999	1.11	577	0.64	404.3	0.45
	s32-c1-3	765	817	1.07	476	0.62	326.8	0.43
	s32-c2-3	825	852	1.03	502	0.61	326.8	0.40
	s32-c3-3	860	836	0.97	491	0.57	326.8	0.38
平均值				1.06		0.89		0.73
均方差				0.14		0.04		0.12

从表 4-10 中可以看出，采用本节提出的公式计算值与试验值比值的平均值为 1.06，均方差为 0.14，吻合较好。对比发现，美国规范中钢管混凝土抗剪承载力计算偏大，这是因为美国规范并未考虑剪跨比对试件承载力的影响，而中国规范中钢管混凝土单肢柱抗剪承载力计算值与本文试验值比较接近，计算结果为本书试验结果的 89%，可用于指导圆钢管自应力混凝土试件抗剪承载力的设计。

4.3.3 轴压比限值计算

在结构抗震设计中，轴压比是影响构件延性的主要因素，也是确定圆钢管自应力钢渣混凝土柱截面尺寸的重要依据。因此，合理地确定圆钢管自应力钢渣混凝土柱轴压比限值是解决结构设计问题的前提。

4.3.3.1 基本假定

（1）构件在弯矩和轴心压力作用下，截面保持平面，符合平截面假定。

（2）假定圆钢管与自应力钢渣混凝土柱之间黏结良好，无相对滑移。

（3）忽略受拉区钢渣混凝土的抗拉作用，假设其纵向抗拉强度为零，只起限制钢管横向变形的作用。

（4）与钢筋混凝土结构相同，圆钢管自应力钢渣混凝土柱在压弯状态下，同样存在少筋、适筋及超筋三种破坏形态。因此，给定压弯试件的适筋界限破坏形态为：在受拉区钢管最外层纤维屈服的同时，受压区钢渣混凝土边缘纤维也达到其极限压应变值。

（5）钢管和钢渣混凝土在极限状态下的强度符合 4.3.1 节中的基本假定。

4.3.3.2 压弯破坏试件轴压比限值计算

根据本章试验研究，当 $\lambda \geqslant 1.5$ 时，试件发生压弯破坏，随着剪跨比增加，试件延性增加，故 $\lambda = 1.5$ 的试件可作为压弯构件的轴压比限值代表。此时，钢管和核心钢渣混凝土的应力-应变状态为界限破坏状态。根据图 4-37 中压弯状态下的横截面应变分布，由平衡条件可得：

$$n_0 = \frac{N_0}{f_{co}A_c} = \frac{N_c + N_s}{f_{co}A_c} \tag{4-73}$$

式中，n_0 为轴压比限值；N_c、N_s 分别为核心钢渣混凝土承担的轴压力和钢管承担的轴压力。

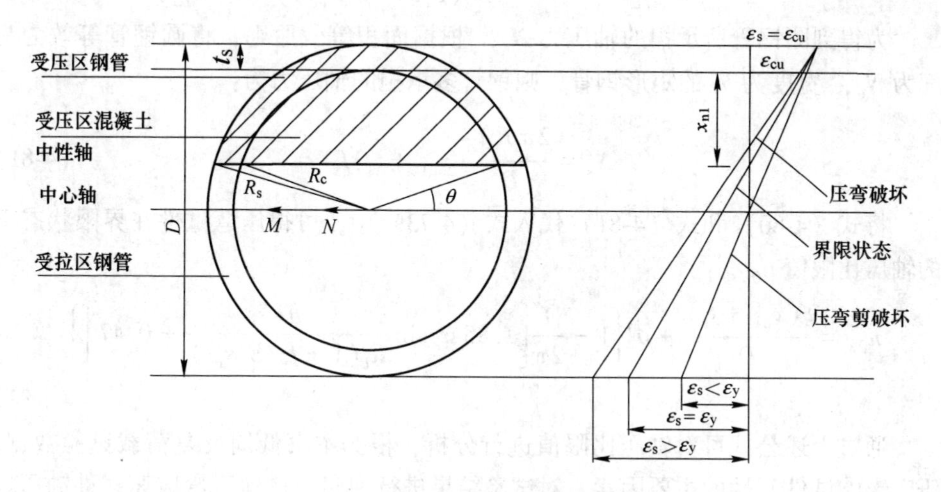

图 4-37 压弯试件截面应变分布

在界限状态下，受压区核心混凝土达到极限抗压强度，承担的轴压力如式（4-74）计算。

$$N_c = \frac{1}{2}R_c^2(\pi - 2\theta - \sin(2\theta))f_{cp} \tag{4-74}$$

按式（4-31）对式（4-74）进行简化，可得：

$$N_c = \frac{1}{2}R_c^2[\pi - (1.85\theta + 0.47)]f_{cp} \tag{4-75}$$

由于本书钢管为薄壁钢管，且钢管与钢渣混凝土协同受力，故假定受压区钢管最外层纤维应变与钢渣混凝土压应变相等。根据图 4-37 中的截面应变分布，可得到相对受压区高度 x_{n1}，如式（4-76）所示。

$$x_{n1} = \frac{D\varepsilon_{cu}}{\varepsilon_{cu} + \varepsilon_y} \tag{4-76}$$

$$x_{n1} = R_c(1 - \sin\theta) \tag{4-77}$$

考虑到自应力的影响，提出适用于自应力试件的极限应变计算公式。可得核心自应力钢渣混凝土在峰值压应变计算公式为：

$$\varepsilon_{cu} = 110\alpha + 0.015\sqrt{f_{cp}} \tag{4-78}$$

联立上式可得相对受压区高度 x_{n1} 与 θ 的相关表达式，如式（4-79）所示。

$$\theta = \arcsin\left(\frac{D}{R_c(1 + f_y/E_s\varepsilon_{cu})}\right) \tag{4-79}$$

将式（4-79）代入式（4-75），得到受压区钢渣混凝土承担的轴压力 N_c。

$$N_c = \frac{1}{2}R_c^2\left\{\pi - \left[1.85\arcsin\left(\frac{D}{R_c(1 + f_y/E_s\varepsilon_{cu})}\right) + 0.47\right]\right\}f_{cp} \tag{4-80}$$

为得到圆钢管所承担的轴压力 N_s，根据面积等效原则，将圆钢管等效为高度为 N_c，宽度为 b_s 的矩形钢骨，则钢管多承担的轴压力为：

$$N_s = \frac{2\pi \overline{R}_s t_s}{D}(x_{n1} + t_s)f_y \tag{4-81}$$

将式（4-80）和式（4-81）代入式（4-73）中，可得压弯试件在界限状态下的轴压比限值 n_{0w}。

$$n_{0w} = \frac{\xi(x_{n1} + t_s)}{D} + \mu'\left\{1 - \frac{1}{2\pi}\left[1.85\arcsin\frac{D}{R_c(1 + f_y/E_s\varepsilon_{cu})} + 0.47\right]\right\} \tag{4-82}$$

通过上述公式可对轴压比限值进行分析，根据本书低周反复荷载试验数据，研究影响试件延性的主要因素，对试验结果进行回归，得到压弯破坏试件轴压比限值与位移延性系数的相关关系如图 4-38 和式（4-83）所示。

$$\mu_{\Delta w} = 3.42n_0^{0.24} \tag{4-83}$$

4.3.3.3　弯剪破坏试件轴压比限值计算

结合本书试验研究，当 $0 \leqslant \lambda < 1.5$ 时，试件发生弯剪破坏或纯剪破坏，随着剪跨比减小，试件延性降低，发生脆性破坏。为防止试件发生脆性压剪破坏，对其剪跨比限值进行研究。界定压剪破坏的应力状态为：在受压区钢渣混凝土最外层边缘纤维达到极限压应变时，受拉区钢管最外层纤维处于弹性阶段，并未屈服，如图 4-39 所示。计算弯剪构件的轴压比限值与计算压弯构件的轴压比限值的过程基本一致，只是相对受压区高度有所变化。弯剪构件的相对受压区高度，

如式（4-84）计算。

$$x_{n2} = \frac{D\varepsilon_{cu}}{\varepsilon_{cu} + \varepsilon_s} = \frac{D}{1 + \varepsilon_s/\varepsilon_{cu}} \tag{4-84}$$

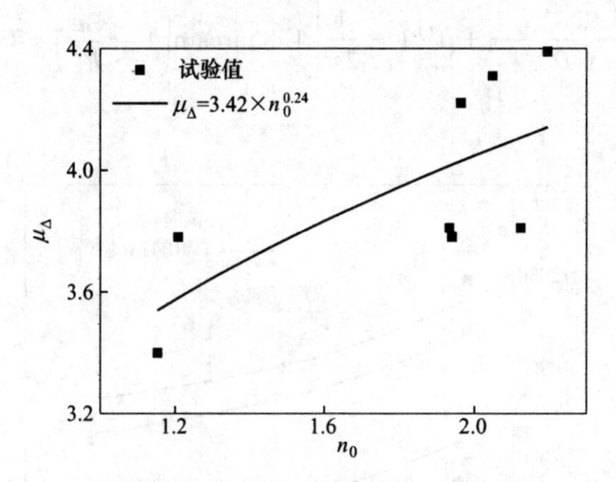

图 4-38 压弯破坏试件轴压比限值与位移延性系数的关系

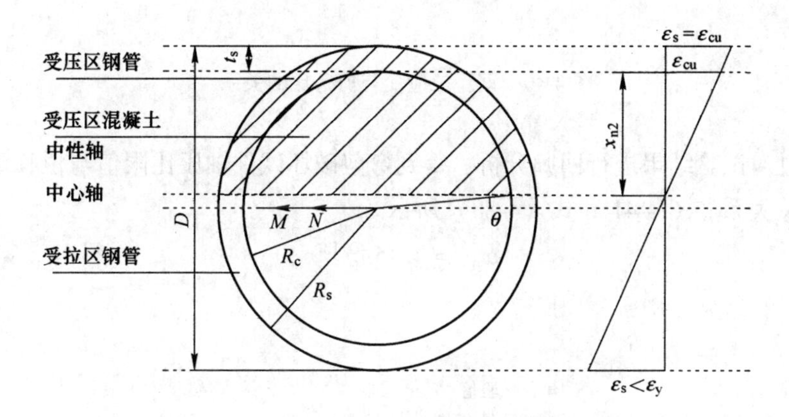

图 4-39 弯剪试件截面应变分布

图 4-40 为各试件的钢管纵向应变与剪跨比的拟合关系曲线，根据本书试验数据，在轴压比和钢渣混凝土膨胀率发生变化时，试件的剪跨比随应变和变化规律基本一致，即 $\gamma = 10413e^{\frac{-\lambda}{0.75}}$，三个拟合函数的相关性（COD）接近 1，分别为 0.872、0.951 及 0.992。因此可以对剪跨比与钢管纵向应变建立如下函数关系：

$$\varepsilon_{zt} = 10413e^{\frac{-\lambda}{0.75}} + A(\eta + n) + B \tag{4-85}$$

根据待定系数法，可得参数 $A = 9075$、$B = 4058$，则纵向拉应变的计算公式为：

$$\varepsilon_{zt} = 10413e^{\frac{-\lambda}{0.75}} + 9075(\eta + n) + 4058 \tag{4-86}$$

联系式（4-86）和式（4-84），可求解出弯剪构件的相对受压区高度 x_{n2}。将 x_{n2} 代入式（4-82）中，得到弯剪构件的轴压比限值计算公式。

$$n_{0v} = \frac{\xi(x_{n2} + t_s)}{D} + \mu'\left\{1 - \frac{1}{2\pi}\left[1.85\arcsin\left(1 - \frac{x_{n2}}{R_c}\right) + 0.47\right]\right\} \tag{4-87}$$

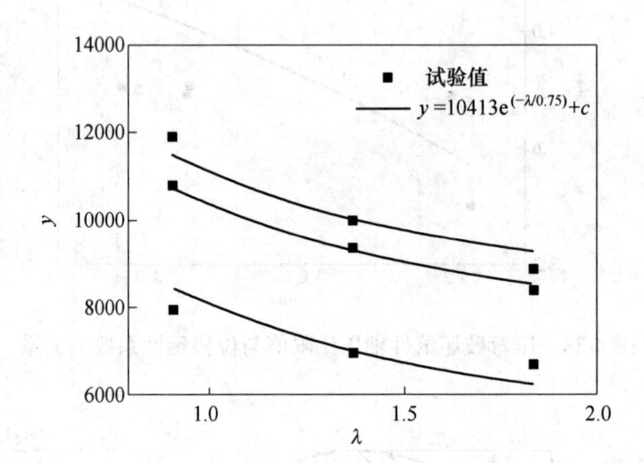

图 4-40　钢管拉应变与剪跨比的关系

通过对试验结果进行回归分析，得到弯剪破坏试件轴压比限值与位移延性系数的相关关系如图 4-41 和式（4-88）所示。

$$\mu_{\Delta v} = 4.15n_0^{0.18} \tag{4-88}$$

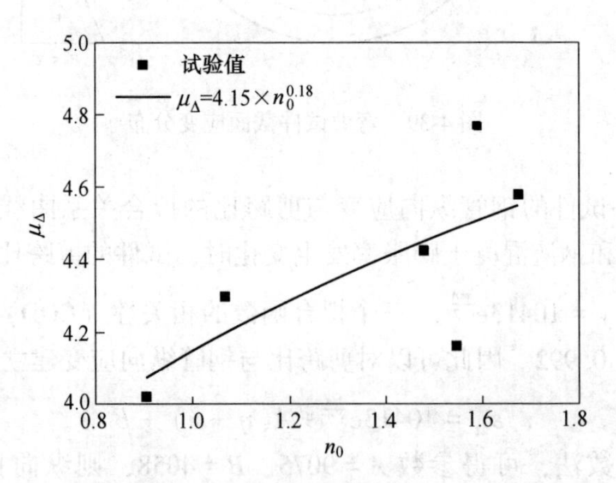

图 4-41　弯剪破坏试件轴压比限值与位移延性系数的关系

4.4 圆钢管自应力钢渣混凝土柱恢复力模型

采用纤维模型法，编制非线性数值计算程序，对低周往复荷载作用下圆钢管自应力钢渣混凝土柱进行全过程分析，得到圆钢管自应力钢渣混凝土柱计算骨架曲线，并验证骨架曲线计算的正确性。在此基础上，对计算骨架曲线进行简化。根据圆钢管自应力钢渣混凝土柱受力特征，给出低周往复荷载作用下圆钢管自应力钢渣混凝土柱加卸载规则，建立圆钢管自应力钢渣混凝土柱恢复力模型。

4.4.1 基本假定

（1）圆钢管自应力钢渣混凝土柱截面符合平截面假定；

（2）忽略受拉区钢渣混凝土的抗拉作用；

（3）假设钢管与自应力钢渣混凝土无相对滑移；

（4）不考虑剪力对试件变形影响；

（5）钢管在低周往复荷载作用下的本构关系可采用图4-42所示模型[4]，该模型骨架线由两段组成，即弹性段和强化段，其中强化段的模量取值为$0.01E_s$；

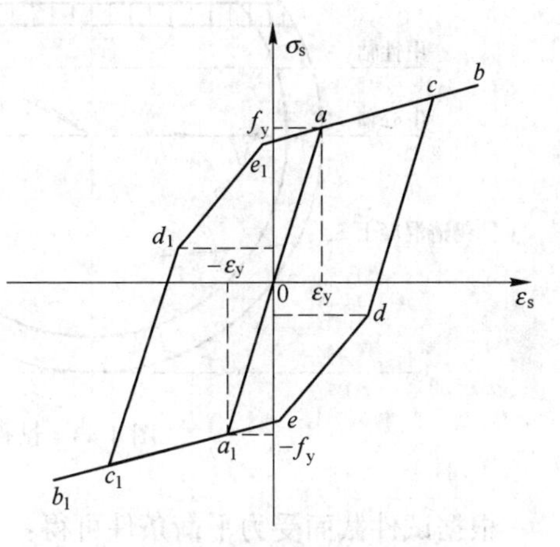

图4-42 钢管的应力-应变关系模型

（6）在文献［4］提出的核心混凝土的本构模型基础上，本课题组引入自应力增强系数μ，提出了适宜于钢管自应力钢渣混凝土柱轴压荷载作用下的自应力钢渣混凝土的本构关系模型，其数学表达式如下。各因素按式（4-12）~式（4-18）计算。

$$\begin{cases} \sigma_c = \sigma_{po}\left[A\dfrac{\varepsilon_c}{\varepsilon_{po}} - A\left(\dfrac{\varepsilon_c}{\varepsilon_{po}}\right)^2\right] & \varepsilon_c \leqslant \varepsilon_{po} \\ \sigma_c = \sigma_{po}(1-q) + \sigma_{po}q\left(\dfrac{\varepsilon_c}{\varepsilon_{po}}\right)^{0.1\xi} & \xi \geqslant 1.12,\ \varepsilon_c > \varepsilon_{po} \\ \sigma_c = \sigma_{po}\left(\dfrac{\varepsilon_c}{\varepsilon_{po}}\right)\dfrac{1}{\beta\left(\dfrac{\varepsilon_c}{\varepsilon_{po}}-1\right)^2 + \dfrac{\varepsilon_c}{\varepsilon_{po}}} & \xi < 1.12,\ \varepsilon_c > \varepsilon_{po} \end{cases} \tag{4-89}$$

4.4.2 截面分析

将试件的圆截面切分为若干单元，每个单元内，钢管各向同性，均匀变化，如图 4-43 所示。自应力钢渣混凝土在荷载作用下应变表达式为：

$$\varepsilon_c = \varepsilon_0 + \phi y \tag{4-90}$$

式中，ε_0 为中心轴应变；y 为试件截面任意点到中心轴距离，由此可得任意单元钢管或钢渣混凝土的应力，如下所示。

$$\sigma_c(\varepsilon_c) = f_c(\varepsilon_0 + \phi y) \tag{4-91}$$

$$\sigma_s(\varepsilon_s) = f_s(\varepsilon_s + \phi y) \tag{4-92}$$

式中，$\sigma_c(\varepsilon_c)$ 为自应力钢渣混凝土压应力；$\sigma_s(\varepsilon_s)$ 为钢管的压应力。

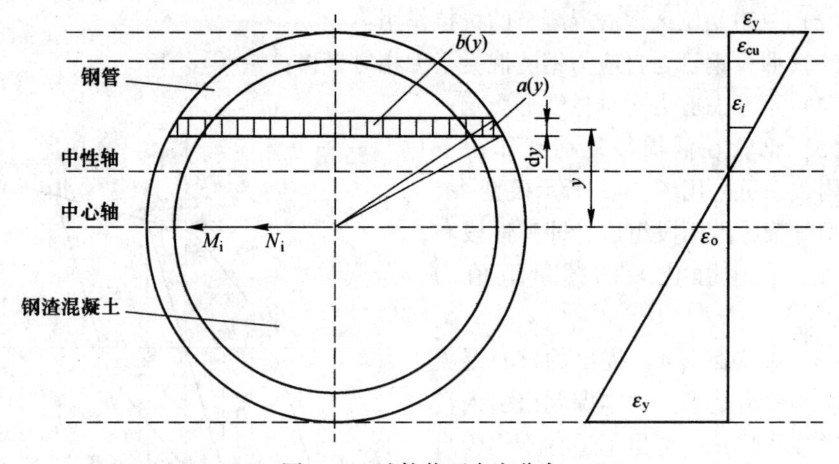

图 4-43 试件截面应变分布

根据试件截面受力平衡条件可得：

$$N_i = \int_{\frac{D}{2}-c}^{\frac{D}{2}} a(y)\sigma_c(\varepsilon_c)\mathrm{d}y + \int_{-\frac{D}{2}}^{\frac{D}{2}} b(y)\sigma_s(\varepsilon_s)\mathrm{d}y \tag{4-93}$$

式中，N_i 为试件截面轴力；c 为中性轴距受压区边缘的距离；y 为截面上任意点距离中心轴的距离；$\mathrm{d}y$ 为试件截面积分宽度；$a(y)$、$b(y)$ 分别为截面内钢渣混凝土和钢管的积分函数，其表达式为：

$$a(y) = 2\sqrt{\left(\frac{D}{2} - t_s\right)^2 - (y(k'))^2} \tag{4-94}$$

$$b(y) = 2\sqrt{\left(\frac{D}{2}\right)^2 - (y(k'))^2} \tag{4-95}$$

式中，k' 为试件截面划分的层数；$y(k')$ 为中心轴到划分条带中心的距离，其表达式为：

$$y(k') = -\frac{D}{2} + D \times k' \times 100 \tag{4-96}$$

根据试件截面弯矩平衡条件，将轴力对中心轴取矩可得：

$$M_i = \int_{\frac{D}{2}-c}^{\frac{D}{2}} a(y)\sigma_c(\varepsilon_c)y\mathrm{d}y + \int_{-\frac{D}{2}}^{\frac{D}{2}} b(y)\sigma_s(\varepsilon_s)y\mathrm{d}y \tag{4-97}$$

式中，M_i 为试件截面弯矩。

考虑到附加弯矩的影响，根据试件受力平衡条件，可得到水平承载力与水平位移 Δ_i 之间的定量关系，其表达式为：

$$P_i = \frac{M_i - N_i \times \Delta_i}{H} \tag{4-98}$$

4.4.3 骨架曲线计算模型

4.4.3.1 计算程序

在截面分析的基础上，借助数值分析软件编制非线性计算程序，计算流程图如图 4-44 所示，可计算得出圆钢管自应力钢渣混凝土柱荷载-位移关系骨架曲线。

具体计算步骤如下：

（1）输入计算长度和截面参数，并进行截面单元划分；

（2）定义初始位移为 $\Delta_0 = 0$，根据极限位移划分位移步长 $\delta\Delta = 1$，$\Delta_{i+1} = \Delta_i + \delta\Delta$，由 Δ_i 计算中截面的曲率 ϕ_i；

（3）假设初始截面形心处的应变为 ε_0，计算各单元形心处的应变 $\varepsilon_i = \varepsilon_0 + y_i\phi_i$；

（4）确定钢材和自应力钢渣混凝土的应力 σ_{si}、σ_{ci}；

（5）分别由式（4-93）和式（4-97）计算内轴力 N_i 和内弯矩 M_i；

（6）如果不能满足 $|N_i - N_p| \leqslant 0.01$，则调整截面形心处的应变 ε_0，$\varepsilon_0 = \varepsilon_0 + \delta\varepsilon(\delta\varepsilon = 0.01)$；

（7）重复循环步骤（3）和步骤（5），直至满足 $|N_i - N_p| \leqslant 0.01$；

（8）根据式（4-98）计算侧向力 P，并输出 P_i 和 Δ_i；

（9）重复步骤（2）~（7），直至计算出整个荷载-位移骨架曲线。

图 4-45 为试件荷载-位移（P-Δ）骨架曲线计算值与试验值比较，从图中可以看出，计算值与试验值吻合较好。

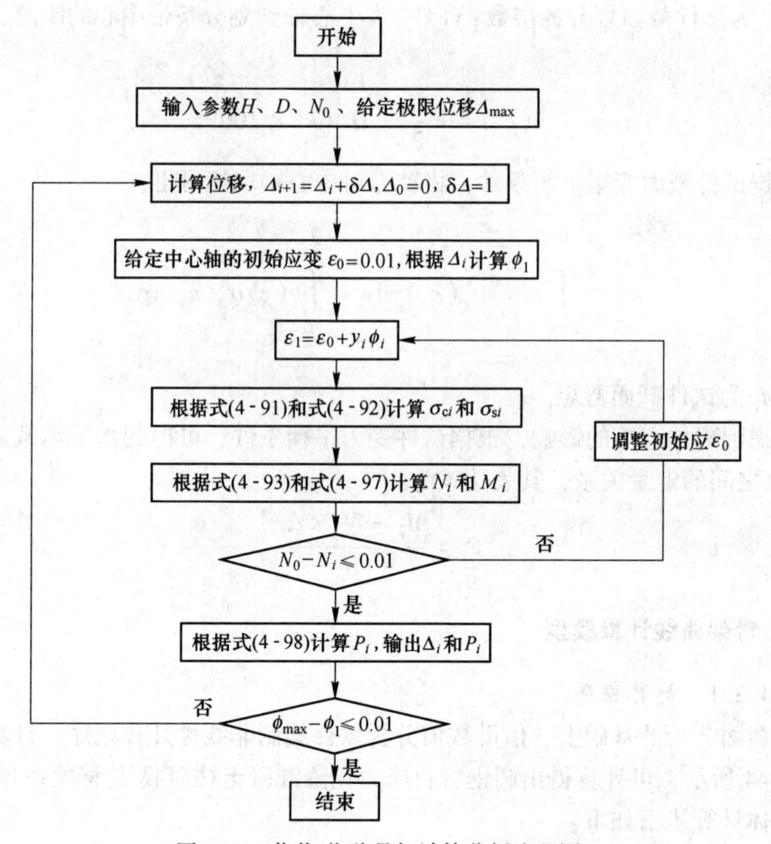

图 4-44　荷载-位移骨架计算分析流程图

4.4.3.2　骨架曲线简化计算方法

为简化试件荷载-位移骨架曲线，利用钢管混凝土构件的荷载-位移三线性骨架模型，结合本书试验研究，通过特征点计算连接形成简化骨架曲线。

A　峰值荷载

通过对试件破坏截面分析，可以通过试件的极限抗弯承载力计算试件的峰值荷载，如式（4-99）所示。

$$P_m = \begin{cases} \dfrac{M_u}{H} & \lambda \geqslant 1.5 \\ V_u & 0 \leqslant \lambda < 1.5 \end{cases} \tag{4-99}$$

B　屈服荷载

当试件屈服时，核心钢渣混凝土受到外钢管的约束效应可以近似看作初始自应力产生的约束效应，取初始自应力增强系数$\mu = 1 + 4.0\sigma_0/f_{co}$，此时钢管取屈服强度$f_y$，可得试件屈服时的核心钢渣混凝土轴向抗压强度$f_{cpy}$。

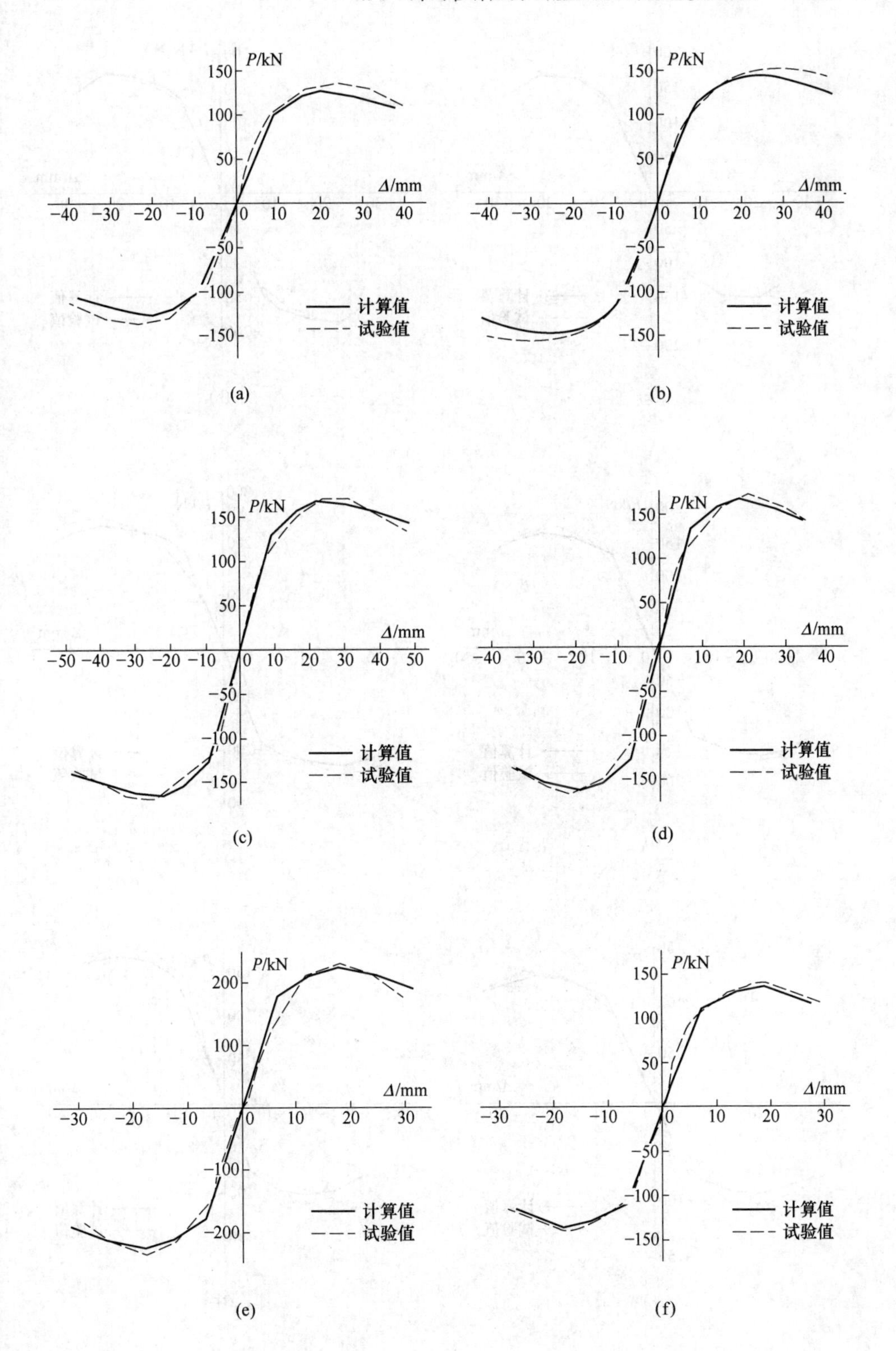
P/kN
Δ/mm
计算值
试验值
(a)
(b)
(c)
(d)
(e)
(f)

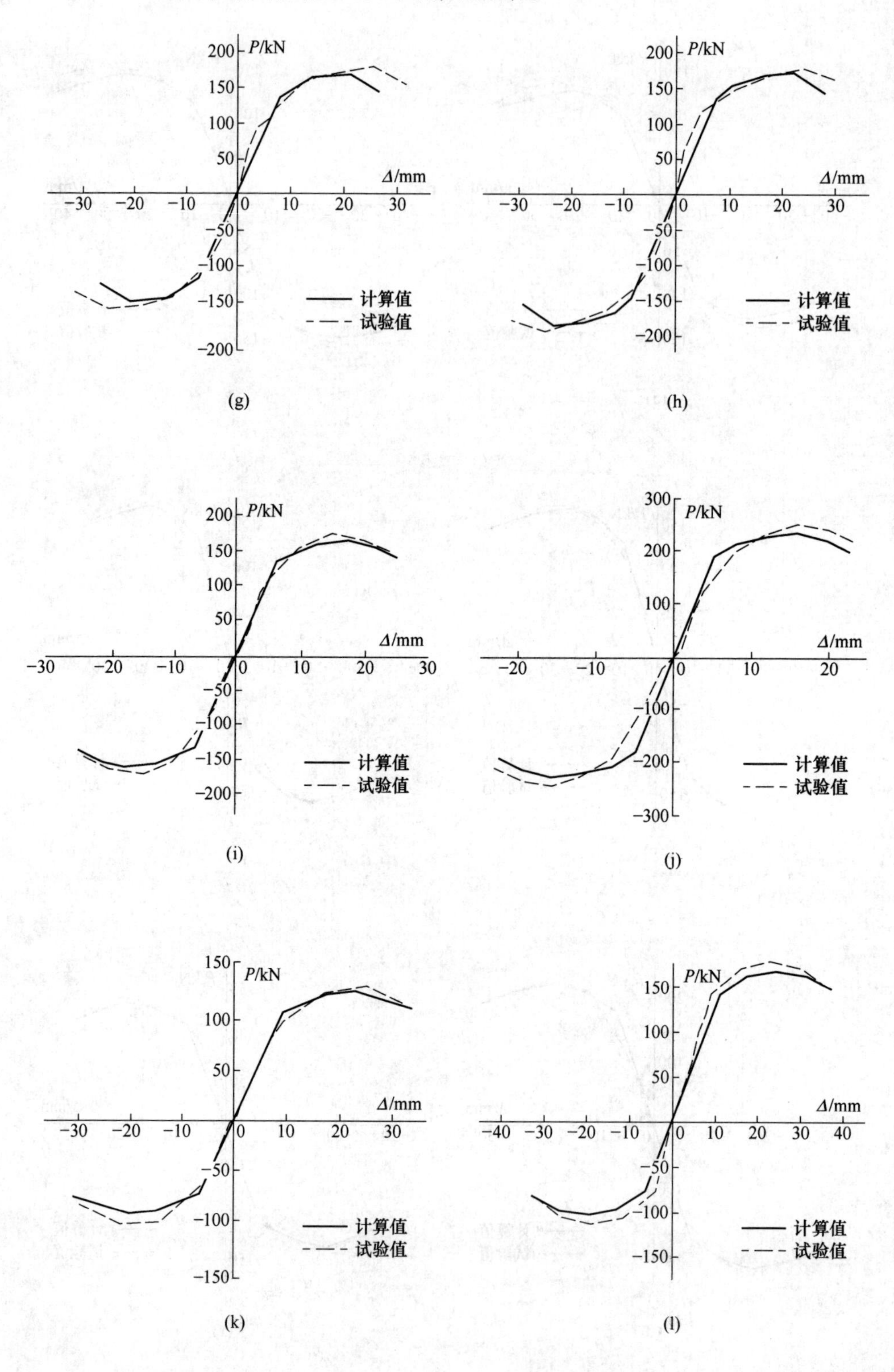
P/kN
Δ/mm
计算值
试验值
(g)
(h)
(i)
(j)
(k)
(l)

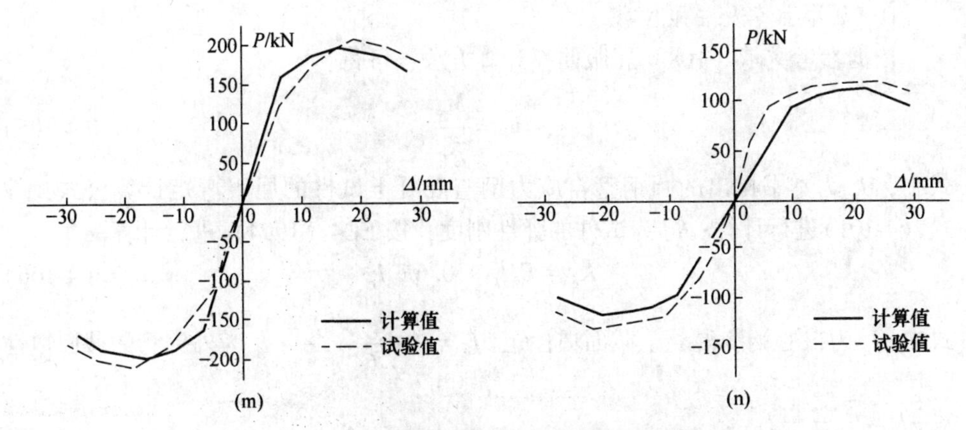

图 4-45 P-Δ 计算骨架曲线与试验骨架曲线对比

(a) 柱 S1-ST11-1; (b) 柱 S1-ST21-1; (c) 柱 S1-ST31-1; (d) 柱 S1-ST12-1;
(e) 柱 S1-ST13-1; (f) 柱 S1-ST11-2; (g) 柱 S1-ST21-2; (h) 柱 S1-ST31-2;
(i) 柱 S1-ST12-2; (j) 柱 S1-ST13-2; (k) 柱 S2-ST11-1;
(l) 柱 S2-ST12-1; (m) 柱 S2-ST13-1; (n) 柱 S2-ST11-2

$$f_{cpy} = \mu f_{co} = \left(1 + 4.0\frac{\sigma_0}{f_{co}}\right) f_{co} \tag{4-100}$$

将 f_{cpy} 取代式（4-40）中的 f_{cp}，可得弯曲破坏试件的屈服弯矩 M_y 和剪切破坏试件的屈服剪力。

$$M_y = \frac{f_{co}A_c}{\pi}\left[\frac{2}{3}\mu R_c \cos^3\theta_y + (R_c + R_s)\xi\cos\theta_y\right] \tag{4-101}$$

$$V_y = \left[\frac{f_y D^3}{8}(1 - a_v{}^3)H - 0.6\pi t_s R_s f_y\right](1.5 - \lambda) + \pi R_c^2 f_{co}\kappa_{cy} \tag{4-102}$$

式中，θ_y 为试件屈服时受压区对应的角度，取 $\theta_y = \dfrac{2.67362\mu - 2n\pi(\xi + 1)}{4\xi + 1.84948\mu}$；$\kappa_{cy}$ 为钢渣混凝土屈服时的抗剪承载力影响系数，将 μ' 用 μ 替换，按式（4-67）计算。

根据屈服弯矩可求得试件的屈服荷载 P_y，如式（4-103）所示。

$$P_y = \begin{cases} \dfrac{M_y}{H} & \lambda \geqslant 1.5 \\ V_y & 0 \leqslant \lambda < 1.5 \end{cases} \tag{4-103}$$

C 极限荷载

当试件丧失承载力或者极限荷载下降到 85% 的峰值荷载时认为试件发生破坏，因此，圆钢管自应力钢渣混凝土柱的极限荷载 P_u，如式（4-104）所示。

$$P_u = 0.85P_m \tag{4-104}$$

D　屈服曲率及屈服位移

依据参考文献［108］屈服曲率计算方法，可得：

$$\phi_y = \frac{M_y}{K_e} \tag{4-105}$$

式中，M_y 为本书提出的圆钢管自应力钢渣混凝土试件的屈服弯矩计算公式，按式（4-101）进行计算；K_e 为试件的弹性刚度，按 EC4（1994）进行计算。

$$K_e = E_s I_s + 0.6 E_c I_c \tag{4-106}$$

式中，I_c 为核心钢渣混凝土截面惯性矩，$I_c = \frac{\pi(D - t_s)^4}{64}$；$I_s$ 为外钢管的截面惯性矩，$I_s = \frac{\pi D^4}{64} - I_c$。

图 4-46 为试件曲率的分布情况，将屈服段简化为梯形，可对试件的屈服位移 Δ_y 进行求解，如（4-107）所示。

$$\Delta_{yo} = \int_0^H \phi(x) x \mathrm{d}x = \int_0^H \frac{x^2}{H}\phi_y \mathrm{d}x = \frac{\phi_y H^2}{3} \tag{4-107}$$

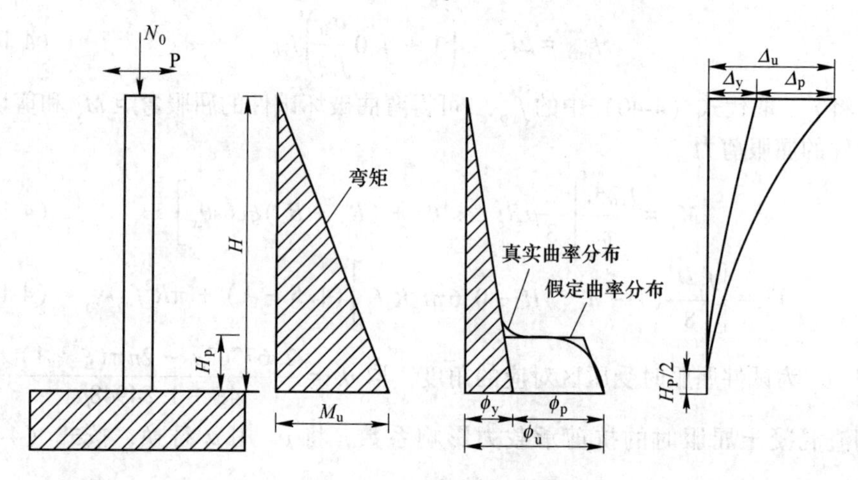

图 4-46　试件截面曲率分布

考虑到剪跨比对试件位移延性最显著，通过试验拟合，对屈服位移进行修正，得到修正后的屈服位移 Δ_y，如式（4-108）所示。

$$\Delta_y = (10.81\mathrm{e}^{-748\lambda})\Delta_{yo} \tag{4-108}$$

E　峰值曲率和峰值位移

根据平截面假定，峰值曲率可按下式计算。

$$\phi_m = \frac{\varepsilon_{cu}}{R_c(1 - \sin\theta)} \tag{4-109}$$

式中，ε_{cu} 为核心钢渣混凝土的极限应变，考虑到自应力的影响，取 $\varepsilon_{cu} = 110\alpha + 0.015\sqrt{f_{cp}}$；$\theta$ 按式（4-35）进行计算。

根据图 4-46 试件截面曲率分布，可得极限位移按如下公式计算：

$$\theta_p = (\phi_u - \phi_y)H_p \tag{4-110}$$

$$\Delta_u = \Delta_y + \Delta_p = \Delta_y + \theta_p(H - 0.5H_p) \tag{4-111}$$

由此可得试件的极限位移 Δ_{mo} 表达式为：

$$\Delta_{mo} = \frac{\phi_y H^2}{3} + (\phi_u - \phi_y)H_p(H - 0.5H_p) \tag{4-112}$$

式中，H_p 为试件的塑性铰高度。

对各试件的塑性铰高度进行测量，考虑剪跨比的影响，进行回归分析，得到试件的塑性铰高度计算公式：

$$H_p = 78.8e^{0.47\lambda} \tag{4-113}$$

结合本章试验数据，各因素对试件峰值位移的影响，通过回归分析，在相关系数（COD）为 0.91 时，得到修正后的峰值位移 Δ_m 如式（4-114）所示。

$$\Delta_m = (2.91 - 0.00012\frac{D}{t_s} - 4.77\eta - 0.73\lambda - 0.47n)\Delta_{mo} \tag{4-114}$$

F 极限位移

通过试验研究发现，剪跨比是影响试件下降段刚度 K_x 的关键影响，采用回归分析，得到下降段刚度 K_x 计算公式，如式（4-115）所示。

$$K_x = -3.3\ln\lambda + 3.253 \tag{4-115}$$

通过峰值荷载，峰值位移，极限荷载以及下降段刚度 K_x 可求解出试件的极限位移 Δ_u，如式（4-116）所示。

$$\Delta_u = \frac{P_m - P_u}{K_x} + \Delta_m \tag{4-116}$$

图 4-47 为试件荷载-位移骨架曲线简化结果与计算结果比较，简化结果与计算结果吻合较好。

4.4.4 恢复力模型

通过选取三折线退化模型确定低周往复荷载作用下圆钢管自应力钢渣混凝土柱 P-Δ 模型滞回规则，如图 4-48 所示。

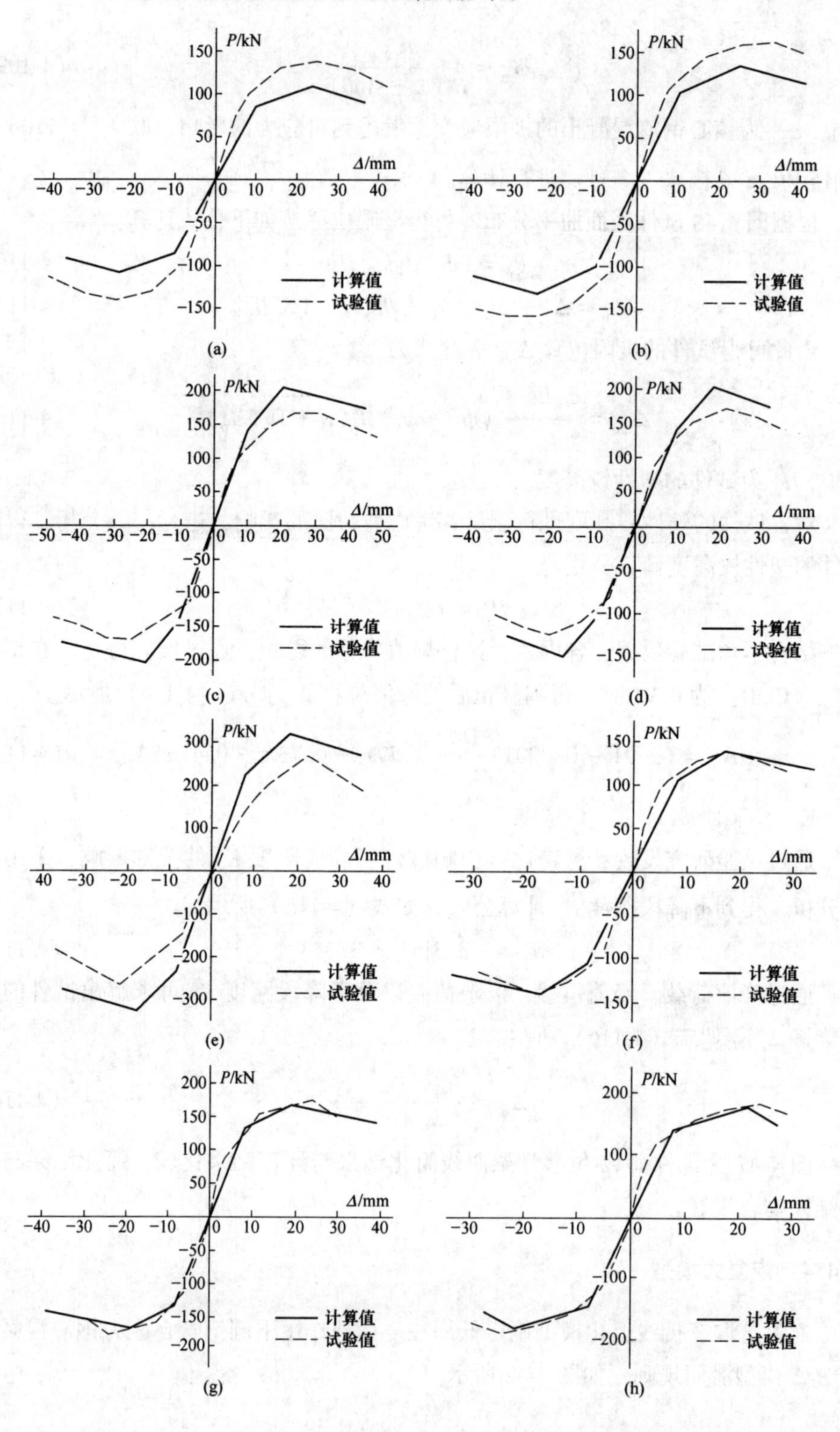
P/kN
Δ/mm
计算值
试验值
(a)
(b)
(c)
(d)
(e)
(f)
(g)
(h)

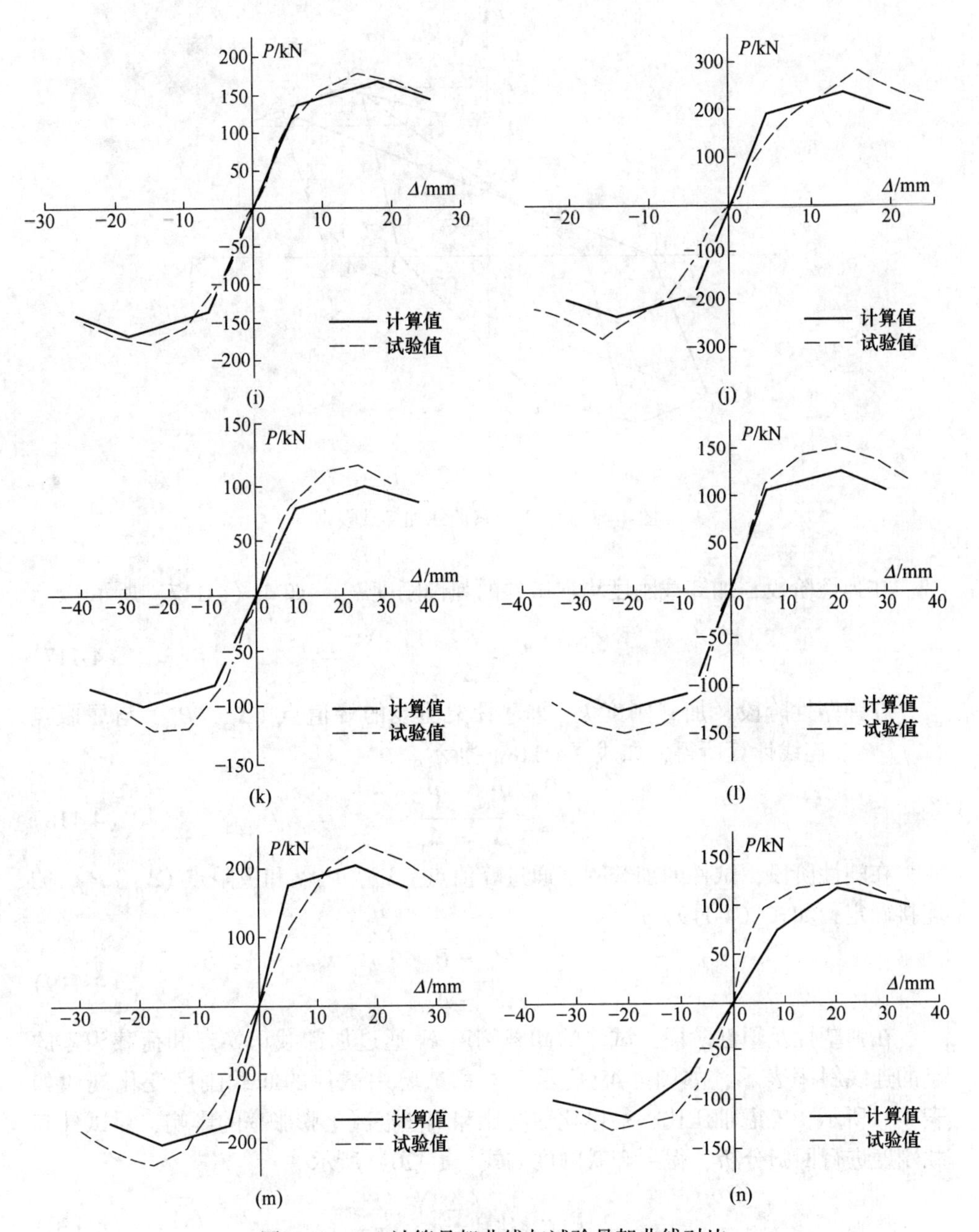

图 4-47 $P\text{-}\Delta$ 计算骨架曲线与试验骨架曲线对比

(a) 柱 S1-ST11-1；(b) 柱 S1-ST21-1；(c) 柱 S1-ST31-1；(d) 柱 S1-ST12-1；
(e) 柱 S1-ST13-1；(f) 柱 S1-ST11-2；(g) 柱 S1-ST21-2；(h) 柱 S1-ST31-2；
(i) 柱 S1-ST12-2；(j) 柱 S1-ST13-2；(k) 柱 S2-ST11-1；(l) 柱 S2-ST12-1；
(m) 柱 S2-ST13-1；(n) 柱 S2-ST11-2

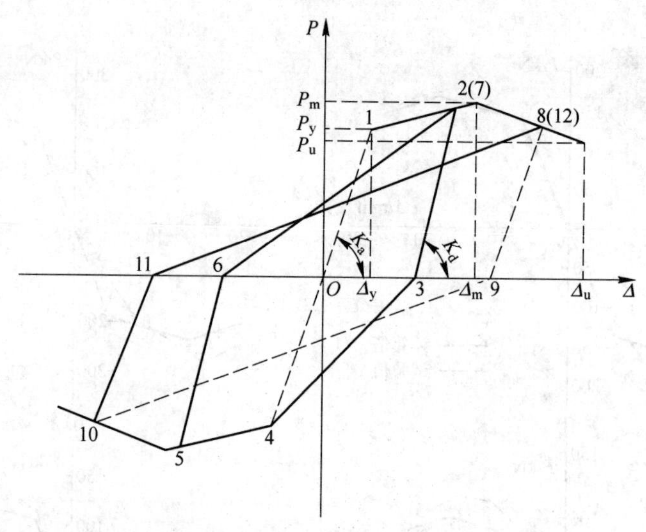

图 4-48　荷载-位移曲线加卸载规则

在弹性阶段，加卸载刚度均取试件的弹性刚度 k_a，如式（4-117）所示。

$$k_a = \frac{P_y}{\Delta_y} \tag{4-117}$$

在弹塑性阶段，加载刚度 k_m 通过骨架曲线的峰值点（Δ_m，P_m）与屈服点（Δ_y，P_y）连线计算所得，如式（4-118）所示。

$$k_m = \frac{P_m - P_y}{\Delta_m - \Delta_y} \tag{4-118}$$

在塑性阶段，试件的加载刚度通过峰值点（Δ_m，P_m）和极限点（Δ_u，P_u）的连接确定，如式（4-119）所示。

$$k_u = \frac{P_u - P_m}{\Delta_u - \Delta_m} \tag{4-119}$$

在弹塑性及塑性阶段，试件的卸载刚度 k_d 通过加卸载切换点和荷载为零的点的连线斜率表示，如图 4-48 所示。本章试验中试件的卸载刚度变化规律如表 4-11所示，考虑轴压比、径厚比剪跨比和钢渣混凝土膨胀率的影响，对试件卸载刚度进行回归分析，得到卸载刚度如式（4-120）所示。

$$k_d = a_2 k_a \left(\frac{\Delta_y}{\Delta_{im}}\right)^{b_2} \tag{4-120}$$

式中，k_d 为卸载刚度；Δ_{im} 为卸载点对应的位移幅值；a_2、b_2 为试验数据回归得到的参数。

$$a_2 = -0.067n + 0.2\lambda - 0.033D/t_s - 0.99\sigma_0 + 6.24 \tag{4-121}$$

$$b_2 = -0.039n - 0.01\lambda + 0.004D/t_s + 0.24\sigma_0 - 1.02 \tag{4-122}$$

表 4-11 不同曲率幅值下试件的卸载刚度

试件编号	试件卸载刚度规律												
S1-ST11-1	Δ_i/Δ_y	1.01	1.25	2.34	4.03	7.58	8.48	10.32	13.19				
	K_d/K_a	1.43	1.43	1.41	1.4	1.34	1.35	1.34	1.26				
S1-ST21-1	Δ_i/Δ_y	1.01	1.32	2.37	3.13	3.98	5.1	6.09	6.74	7.43	8.26	9.37	11.22
	K_d/K_a	1.57	1.52	1.48	1.45	1.41	1.41	1.44	1.37	1.37	1.36	1.37	1.31
S1-ST31-1	Δ_i/Δ_y	1	2.54	3.33	4.1	4.88	5.85	6.83	7.81	8.78	9.76	10.68	12.44
	K_d/K_a	1.66	1.61	1.62	1.61	1.53	1.53	1.51	1.54	1.51	1.46	1.46	1.48
S1-ST12-1	Δ_i/Δ_y	1.05	1.28	2.94	3.58	4.22	4.86	5.49	6.12	6.76	7.39		
	K_d/K_a	1.24	1.24	1.2	1.13	1.2	1.13	1.06	0.98	0.9	0.87		
S1-ST13-1	Δ_i/Δ_y	1.14	3.29	4.43	5.58	6.72	7.62	8.5	9.39	10.29	11.18		
	K_d/K_a	1.22	1.2	1.18	1.1	1.13	1.1	1.01	0.96	0.84	0.83		
S1-ST11-2	Δ_i/Δ_y	1.09	2.37	3.05	3.74	4.44	5.03	5.61	6.2	6.79	7.38	8.99	11.26
	K_d/K_a	1.41	1.34	1.35	1.31	1.27	1.21	1.15	1.08	1.1	1.01	0.99	0.96
S1-ST21-2	Δ_i/Δ_y	1.1	2.34	3.01	3.69	4.37	4.96	5.53	6.12	6.69	7.28	8.86	11.11
	K_d/K_a	1.53	1.55	1.58	1.52	1.46	1.41	1.42	1.33	1.34	1.3	1.13	1.25
S1-ST31-2	Δ_i/Δ_y	1.24	3.48	4.72	5.96	7.21	7.93	8.65	9.36	10.09	10.8	12.18	13.42
	K_d/K_a	1.66	1.54	1.65	1.67	1.5	1.51	1.57	1.49	1.4	1.42	1.42	1.34
S1-ST12-2	Δ_i/Δ_y	1.03	2.27	2.91	3.55	4.18	4.81	5.44	6.07	6.7	7.33		
	K_d/K_a	1.11	1.11	1.08	1.08	1.07	1.05	1.06	1.06	1.06	1.06		
S1-ST13-2	Δ_i/Δ_y	1.1	5.16	7.24	9.33	10.26	11.19	12.13	13.06	14.05			
	K_d/K_a	1.09	1.08	1.06	1.07	1	0.96	0.92	0.89	0.86			
S2-ST11-1	Δ_i/Δ_y	1.06	2.12	2.69	3.25	3.82	4.85	5.86	6.89	7.91	8.92		
	K_d/K_a	1.28	1.21	1.21	1.17	1.11	1.11	1.11	1.07	1.03	0.97		
S2-ST12-1	Δ_i/Δ_y	1.04	3.92	5.37	6.81	7.67	8.52	9.36	10.22				
	K_d/K_a	1.17	1.17	1.16	1.14	1.12	1.01	1.00	0.97				
S2-ST13-1	Δ_i/Δ_y	1.03	4.3	5.95	7.59	8.54	9.49	10.43	11.38				
	K_d/K_a	1.08	1.01	1.01	1.01	1	0.99	0.96	0.93				
S2-ST11-2	Δ_i/Δ_y	1.1	4.29	5.93	7.57	8.54	9.5	10.47	11.43	11.43			
	K_d/K_a	1.13	1.14	1.11	1.08	1.03	1	0.97	0.98	0.96			

通过计算得到弹性、弹塑性及塑性阶段加卸载刚度后，按照从大到小的数字顺序依次进行，即可得到试件的 P-Δ 恢复力曲线运行轨迹。在反向加载时，当加载线

未到达峰值点时，需要先到达屈服点，然后加载到相应位置，再进入加载状态。

4.4.5　模型验证

基于本章的荷载-位移简化计算曲线以及滞回规则，建立圆钢管自应力钢渣混凝土柱荷载-位移恢复力模型，与试验滞回曲线对比如图 4-49 所示。从图中可以看出，试件的荷载-位移滞回模型计算值与试验值吻合较好。

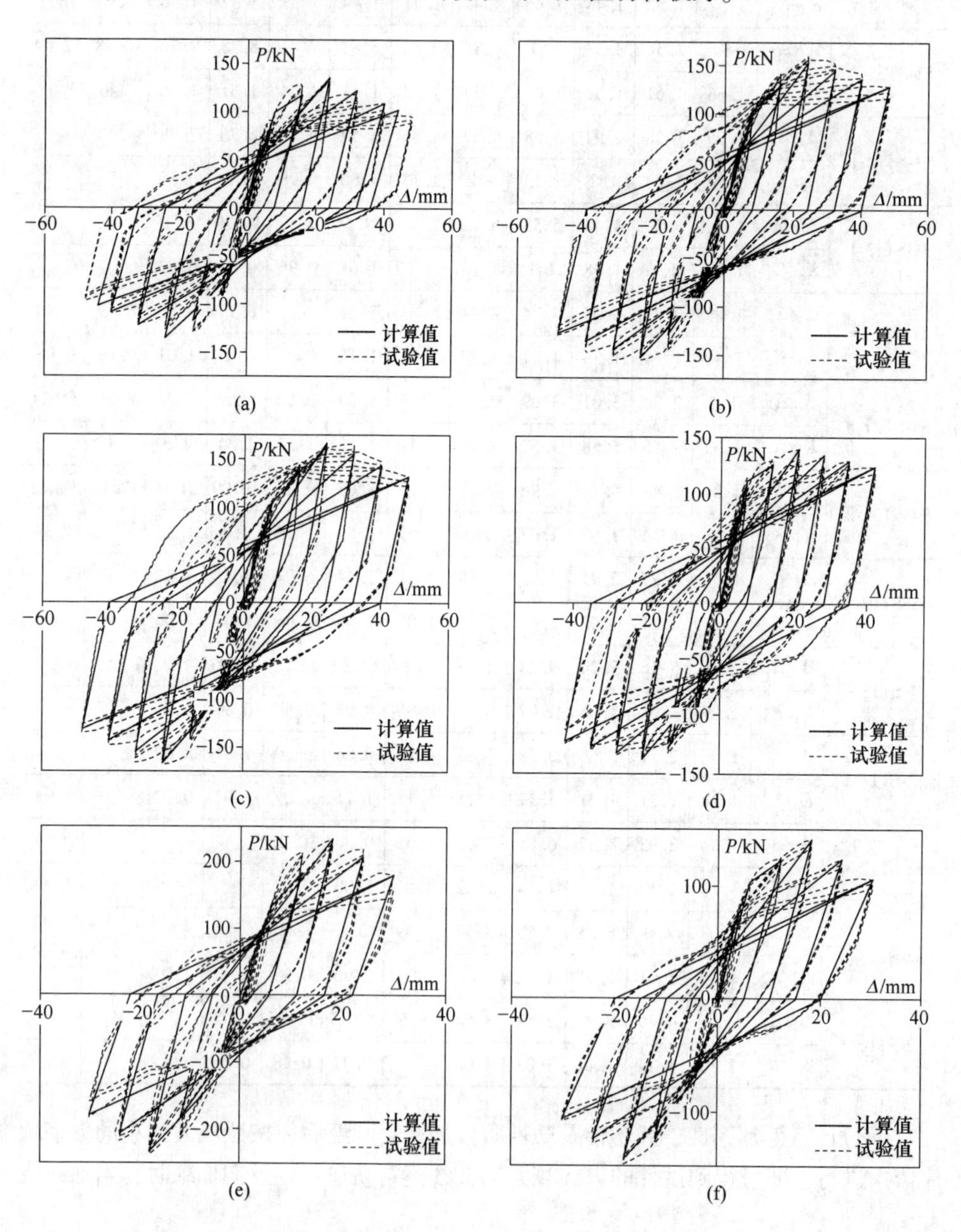

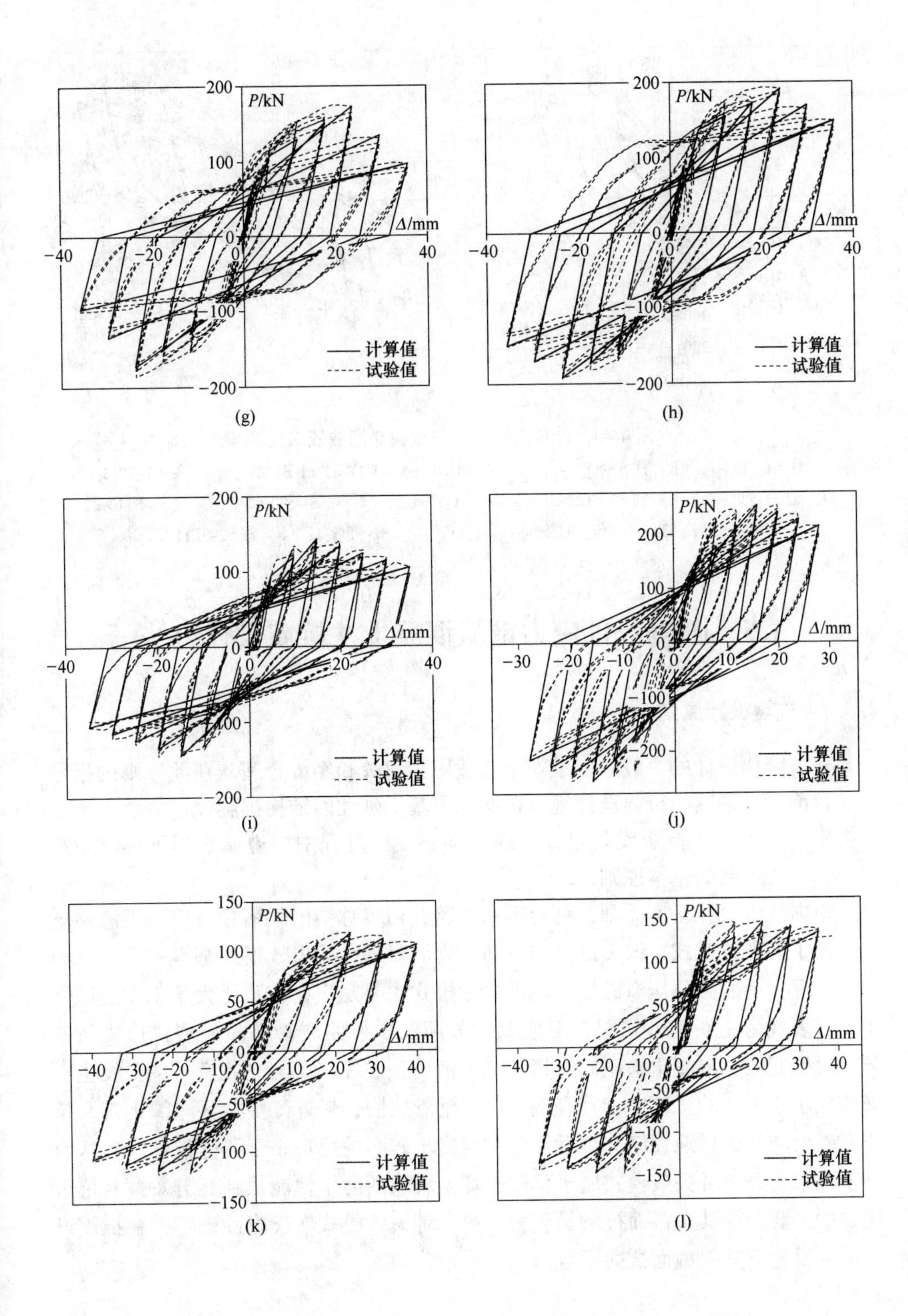
P/kN
Δ/mm
计算值
试验值
(g)
(h)
(i)
(j)
(k)
(l)

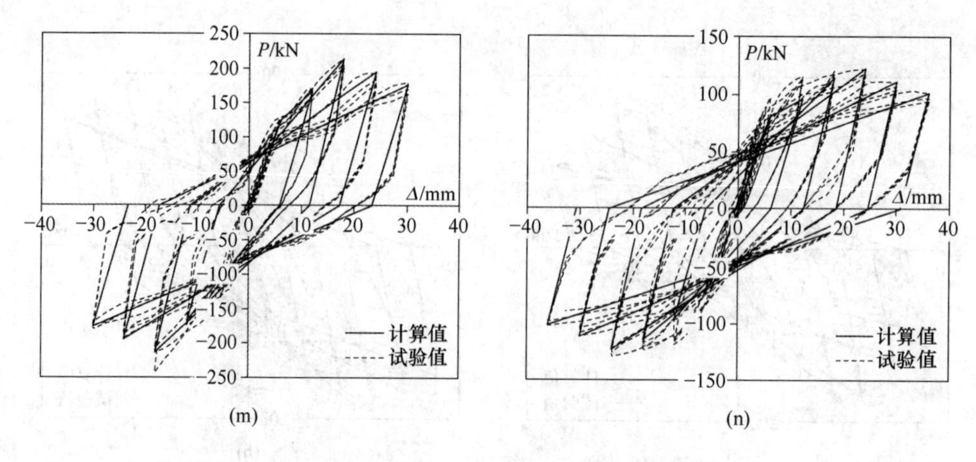

图 4-49 计算滞回模型与试验滞回曲线对比

（a）柱 S1-ST11-1；（b）柱 S1-ST21-1；（c）柱 S1-ST31-1；（d）柱 S1-ST12-1；（e）柱 S1-ST13-1；（f）柱 S1-ST11-2；（g）柱 S1-ST21-2；（h）柱 S1-ST31-2；（i）柱 S1-ST12-2；（j）柱 S1-ST13-2；（k）柱 S2-ST11-1；（l）柱 S2-ST12-1；（m）柱 S2-ST13-1；（n）柱 S2-ST11-2

4.5 圆钢管自应力钢渣混凝土柱抗震设计方法

4.5.1 抗震设计原则

建筑结构设计的一般原则是安全、适用、耐久和经济合理。在此原则的指导下，目前世界各国的抗震设计规范普遍采用基于延性的结构抗震设计方法。该方法提出“三水准”抗震设防目标，即在抗震设计过程中应遵循小震不坏、中震可修、大震不倒的基本原则。

根据抗震设计基本原则，结合本章试验，初步总结出圆钢管自应力钢渣混凝土柱的主要失效模式，该类试件与普通钢管混凝土柱的失效模式基本一致。分为两类情况：第一类是压弯破坏，此类失效模式主要发生在剪跨比大于 1.5 的试件中，其表现为柱底钢管屈服，形成双向鼓曲波，鼓曲波沿环向发展，形成鼓曲环，且柱底核心混凝土被压碎。第二类是剪切型破坏，此类失效模式主要发生在剪跨比小于 1.5 的试件中，其表现为柱底钢管屈服，最外侧受拉区边缘钢管及核心混凝土均形成贯通裂缝，钢管鼓曲和混凝土碎裂情况均小于压弯试件。在这两种情况中，第一种失效模式属于延性破坏，材料的力学性能得到充分发挥，抗震设计中主要验算其正截面抗弯承载力。第二种失效模式属于脆性破坏，在抗震设计中主要验算其斜截面抗剪承载力。

4.5.2 抗震设计步骤

4.5.2.1 分项系数

根据圆钢管自应力钢渣混凝土柱抗震性能试验以及已有的相关试验研究，给出各材料强度分项系数及荷载分项系数。

（1）钢渣混凝土分项系数。参考《混凝土结构设计规范》（GB 50010—2010），混凝土材料分项系数为1.40。由于目前钢渣混凝土的探索主要集中在试验配合比设计和基本力学性能方面，并未对其可靠性分析及材料强度分项系数进行研究，根据本章试验和相关文献可知，钢渣混凝土可有效提高混凝土的抗压强度，则钢渣混凝土材料分项系数 γ_{sc} 应小于1.40。适当提高钢渣混凝土的安全储备，本节建议钢渣混凝土材料分项系数与普通混凝土保持一致，取 $\gamma_{sc}=1.40$。

（2）钢管分项系数。根据《混凝土结构设计规范》（GB 50010—2010），对于延性较好的钢材，材料分项系数 γ_s 取1.1；对于500MPa级的高强钢材，材料分项系数取 $\gamma_s=1.15$；对于预应力钢材，材料分项系数取 $\gamma_s=1.2$。根据本章试验研究，考虑到外部圆钢管受到核心自应力钢渣混凝土的侧压力作用，钢管处于化学预应力状态。因此，建议钢管的材料分项系数与预应力钢材分项系数一致，取 $\gamma_s=1.2$。

（3）荷载分项系数。荷载设计值由荷载标准值乘以荷载分项系数得到。参考《建筑结构可靠性设计统一标准》（GB 50068—2018），恒荷载的荷载分项系数取 $\gamma_g=1.3$，活荷载的荷载分项系数取 $\gamma_g=1.5$。

（4）抗震调整系数。为调整地震作用下构件承载力设计值。根据《钢管混凝土结构技术规范》（GB 50936—2014），在地震作用下，钢管混凝土柱正截面抗弯承载力抗震调整系数 γ_{REW} 为0.8，斜截面抗剪承载力抗震调整系数 γ_{REV} 为0.75。

4.5.2.2 抗震设计公式

圆钢管自应力钢渣混凝土柱承载力设计应采用下列极限抗震设计表达式。

$$\gamma_0 S \leqslant R \tag{4-123}$$

式中，S 为极限状态下试件的承载力设计值；R 为结构构件的抗力设计值；γ_0 为结构的重要性系数，安全等级为1级的结构构件，重要性系数 γ_0 不小于1.1，在地震设计状态下 γ_0 取1.0。

（1）抗弯承载力设计公式。根据本章提出的圆钢管自应力钢渣混凝土柱抗弯承载力简化计算公式，结合相关钢渣混凝土及钢管强度设计值，提出试件的抗弯承载力设计公式，如式（4-124）所示。

$$M_{us} = \frac{0.4 f_c A_c R_c [1 + 2\xi' + f(\eta')]}{\gamma_{REW}} \tag{4-124}$$

式中，M_{us} 为试件抗弯承载力设计值；f_c 为钢渣混凝土抗压强度设计值，取 $f_c = \frac{f_{co}}{\gamma_{sc}}$；$\xi'$ 为套箍系数的设计值，取 $\xi' = \frac{f_y A_s}{f_c A_s} = \frac{\gamma_{cs}}{\gamma_g} \frac{f'_y A_s}{f'_c A_s} = 1.16\xi$；$\eta'$ 为核心混凝土自应力水平设计值，取 $\eta' = \frac{\sigma_0}{f_c} = \gamma_{sc} \frac{\sigma_0}{f_{c0}} = 1.4\eta$；$\gamma_{REV}$ 为弯曲抗震调整系数。

（2）抗剪承载力设计公式。根据本章提出的抗剪承载力简化计算公式，结合相关钢渣混凝土及钢管强度设计值，提出试件的抗剪承载力设计公式，如式（4-125）所示。

$$V_{us} = \frac{[0.2 A_c f_c (1 + 3\xi') + 0.07 N_0](1 - 0.45\sqrt{H/D})(1 + 1.141\eta')}{\gamma_{REV}} \tag{4-125}$$

式中，V_{us} 为试件抗剪承载力设计值；γ_{REV} 为剪切抗震调整系数。

（3）轴压比限制设计公式。在现行规范体系中，近似地用轴向力的标准值代替其试验值，用混凝土轴心抗压强度的标准值代替其平均值，再考虑到标准值与相应设计值之间的关系，组合效应系数的影响，可得到轴压比限值标准值与设计值之间的相关关系，如式（4-126）所示。

$$n_d = \frac{N_0}{f_c A} = 1.25 \times 1.4 \frac{N_k}{f_{c0} A} = 1.75 n_0 \tag{4-126}$$

对于压弯破坏试件，圆钢管自应力钢渣混凝土柱的轴压比限值可通过轴压比限值设计公式（4-126）进行分析，考虑到试件延性系数和轴压比限值对最大径厚比的双重控制，假设钢渣混凝土自应力为 0 时，通过给定轴压比限值为 1.0 或位移延性系数 4.0，反算出压弯试件的径厚比为 109。根据文献［108］的相关研究，当自应力大于 1.0MPa 时，试件的自应力增强效果开始凸显，故假设自应力值为 1.0MPa，通过给定轴压比限值为 1.0 或位移延性系数 4.0，反算出压弯试件最大径厚比为 219。根据本文计算结果，结合文献［4］的相关研究，建议钢管自应力钢渣混凝土柱的最大径厚比为 200，最小径厚比为 20。在此范围内可以进一步分析钢渣混凝土自应力的相关限值。假设给定最大径厚比 200，通过给定轴压比限值为 1.0 或位移延性系数 4.0，反算出压弯试件的自应力范围在 0.9～6.3MPa。为方便设计查阅，本书将对径厚比为 20～200，轴压比限制为 1.0～2.0，保证位移延性系数大于 4.0 的情况下，给出设计钢渣混凝土最小自应力值，如表 4-12 所示。

表 4-12 钢渣混凝土最小自应力值设计表

径厚比	轴压比限值					
	1.0	1.2	1.4	1.6	1.8	2.0
20	0.9	1.2	3			
80	0	0.5	1.6	3.5		
140	0	0	0.1	1	3	
200	0	0	0	0	1	4

通过表 4-12 可以看出，对于压弯试件，自应力为 0MPa 时，不考虑核心混凝土的膨胀效应对试件性能的影响，径厚比控制在 80 以上，轴压比限值均大于 1.0，可不限制轴压比。当径厚比在 20 时，轴压比限值大于 1.0 的情况下，钢渣混凝土的自应力值为 0.9MPa。整体而言，圆钢管自应力钢渣混凝土压弯试件的轴压比限值可不作限制。

对于压弯剪破坏试件，圆钢管自应力钢渣混凝土柱的轴压比限值可通过轴压比限值设计公式（6-7）和式（4-93）进行计算分析，通过分析可知，随着剪跨比减小，试件的轴压比限值减小，因此对于压弯剪构件或纯剪构件，在不限制轴压比的情况下，对剪跨比进行相关限制是有必要的，在径厚比在 20~200 之间，钢渣混凝土自应力给定 0~4MPa，保证轴压比限值大于 1.0 或位移延性系数大于 4.0 的情况下，对剪跨比最小值进行计算，给出相关设计表格，如表 4-13 所示。

表 4-13 最小剪跨比值设计表

径厚比	钢渣混凝土自应力				
	0MPa	1MPa	2MPa	3MPa	4MPa
20	1.51	1.38	1.31	1.19	1.13
80	1.51	1.38	1.31	1.25	1.19
140	1.51	1.38	1.38	1.31	1.19
200	1.51	1.38	1.38	1.31	1.25

通过表 4-13 可以看出，对于压弯剪试件，通过调节径厚比、剪跨比和钢渣混凝土自应力，可保证轴压比限值大于 1.0 或位移延性系数大于 4.0。随着试件径厚比增加，试件延性基本保持不变，相同径厚比下，限制剪跨比基本相同。随着钢渣混凝土自应力增加，试件的延性有所增强，剪跨比限值逐渐减小。

4.5.3 抗震设计建议

（1）在压弯破坏圆钢管自应力钢渣混凝土试件中，试件变形能力较强，延性较好，在径厚比为 180 时，试件的轴压比限值大于 1.0，位移延性系数大于 4.0 的情况下，钢渣混凝土自应力可不作限制，故本文建议，在压弯破坏试件中，无论是普通钢渣混凝土试件还是自应力钢渣混凝土试件，均可不对轴压比限值作出限制。

（2）对于压弯剪破坏试件，随着剪跨比的减小，试件轴压比限值增加，为防止试件发生明显的脆性破坏，需要对剪跨比进行限制。对于非自应力试件，最小剪跨比限值为 1.51，对于自应力试件，在径厚比为 20，钢渣混凝土自应力为 4MPa 时，试件的最小剪跨比限值为 1.13。因此本书建议，发生压弯剪破坏的圆钢管自应力钢渣混凝土柱的最小剪跨比为 1.15。

（3）在圆钢管自应力钢渣混凝土结构中，核心钢渣混凝土的自应力应根据具体条件进行调整，在压弯破坏试件中，本书建议不作自应力限制，在压弯剪破坏试件中，本书建议最小自应力值为 0.9MPa。

（4）在建筑抗震结构中，核心钢渣混凝土强度等级应小于 C30，而强度等级上限根据抗震设防烈度有所不同，9 度时不宜高于 C60，8 度时不宜高于 C70。

5 圆钢管约束自应力钢渣混凝土柱抗震性能研究

5.1 圆钢管约束自应力钢渣混凝土柱抗震性能试验方案

5.1.1 试件设计和制作

5.1.1.1 试件设计

本试验设计10根圆钢管约束钢筋自应力钢渣混凝土柱和4根圆钢管约束钢筋钢渣混凝土柱进行抗震性能试验研究，考虑轴压比、径厚比、剪跨比和膨胀率4个因素的影响。试件呈工字型，整体高度为1600mm，柱身上端浇筑400mm×400mm×400mm的柱头，下端设置长和宽分别为1500mm和400mm的基础，柱身高为400mm、600mm和800mm时，基础高分别设置为800mm、600mm和400mm，如图5-1所示。

柱身自应力钢渣混凝土和普通钢渣混凝土设计强度等级均为C35，混凝土保护层厚度为20mm。柱头和柱基础混凝土设计强度等级均为C40，混凝土保护层厚度均为50mm。为避免试件在加载过程中钢管直接承担纵向荷载和弯矩，柱身钢管上下两端设置15mm的预留缝。柱身纵筋配置4 Φ 12，纵筋配筋率为1.210%，箍筋配筋为φ8@150，体积配筋率为0.022%，具体配筋如图5-1（c）所示。具体试件参数如表5-1所示。

表5-1 试件设计

Specimen ID	L /mm	l_1 /mm	l_2 /mm	l_3 /mm	l_4 /mm	l_5 /mm	D /mm	t /mm	n_0	D/t	λ	P_{ct}
S-CTRC-1Cc	800	40	60	80	255	400	219	2.85	0.2	76.8	1.83	11.1×10^{-4}
S-CTRC-1Cb	800	40	60	80	255	400	219	3.73	0.2	58.7	1.83	11.1×10^{-4}
S-CTRC-1Ca	800	40	60	80	255	400	219	4.88	0.2	44.8	1.83	11.1×10^{-4}
S-CTRC-1Bc	600	40	60	80	190	300	219	2.85	0.2	76.8	1.37	11.1×10^{-4}
S-CTRC-1Ac	400	40	60	80	130	200	219	2.85	0.2	76.8	0.91	11.1×10^{-4}

续表 5-1

Specimen ID	L /mm	l_1 /mm	l_2 /mm	l_3 /mm	l_4 /mm	l_5 /mm	D /mm	t /mm	n_0	D/t	λ	P_{ct}
S-CTRC-2Cc	800	40	60	80	255	400	219	2.85	0.4	76.8	1.83	11.1×10^{-4}
S-CTRC-2Cb	800	40	60	80	255	400	219	3.73	0.4	58.7	1.83	11.1×10^{-4}
S-CTRC-2Ca	800	40	60	80	255	400	219	4.88	0.4	44.8	1.83	11.1×10^{-4}
S-CTRC-2Bc	600	40	60	80	190	300	219	2.85	0.4	76.8	1.37	11.1×10^{-4}
S-CTRC-2Ac	400	40	60	80	130	200	219	2.85	0.4	76.8	0.91	11.1×10^{-4}
CTRC-1Cc	800	40	60	80	255	400	219	2.85	0.2	76.8	1.83	-3.4×10^{-4}
CTRC-1Bc	600	40	60	80	190	300	219	2.85	0.2	76.8	1.37	-3.4×10^{-4}
CTRC-1Ac	400	40	60	80	130	200	219	2.85	0.2	76.8	0.91	-3.4×10^{-4}
CTRC-2Cc	800	40	60	80	255	400	219	2.85	0.4	76.8	1.83	-3.4×10^{-4}

注：S-CTRC 表示圆钢管约束钢筋自应力钢渣混凝土柱，CTRC 表示圆钢管约束钢筋钢渣混凝土柱；数字 1、2 分别表示轴压比 0.2 和 0.4；字母 A、B、C 分别代表剪跨比 0.91、1.37、1.83；a、b、c 分别代表径厚比为 44.8、58.7、76.8；L 为柱区间段长度；$l_1 \sim l_5$ 为应变片与柱底间距，如图 5-3 所示；n_0 为轴压比；D/t 为钢管径厚比；λ 为剪跨比（$\lambda = M/(VD) = L/(2D)$）；试件体积配筋率 $\rho_V = 4A_s/(sD')$，s 为箍筋间距，D' 为箍筋中心线所在圆的直径，A_s 为箍筋截面面积。

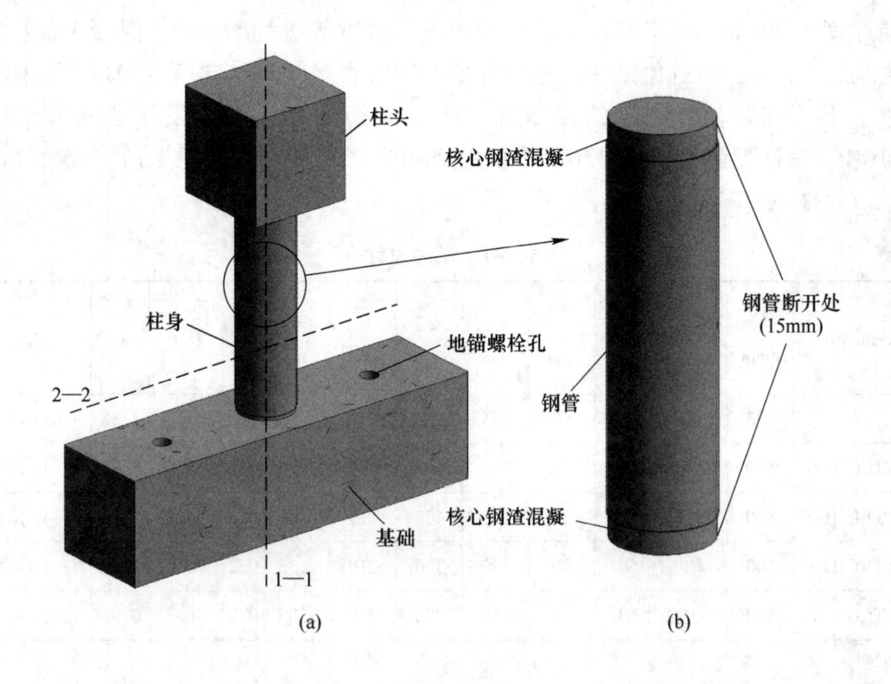

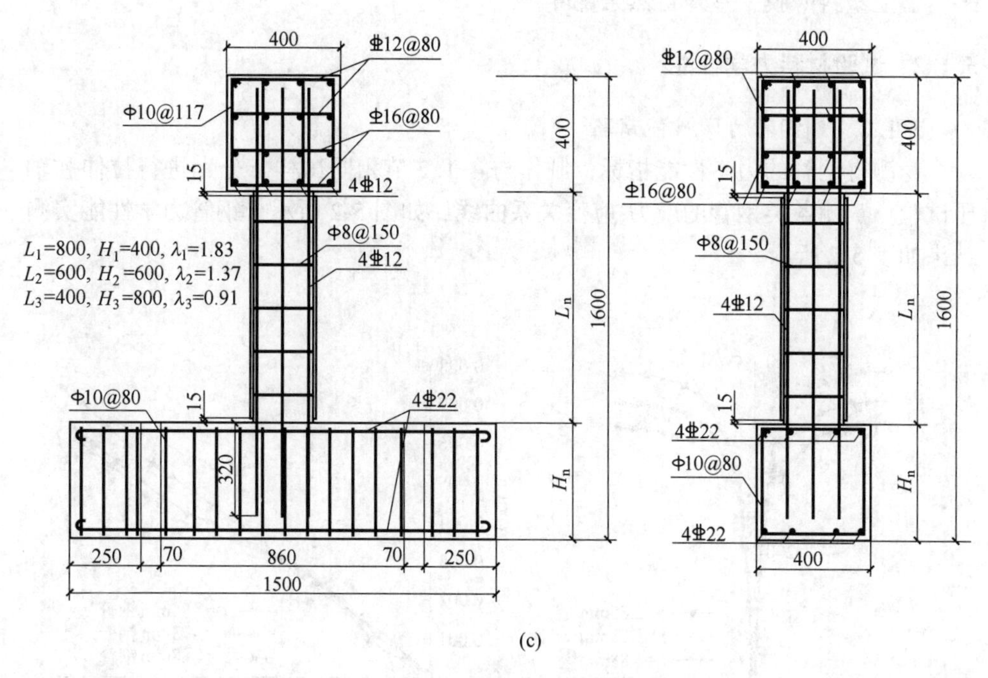

(c)

图 5-1 试件设计图

（a）试件三维示意图；（b）柱身详图；（c）试件配筋图

5.1.1.2 试件制作

按照试件配筋图，对柱头、柱身和基础进行钢筋绑扎。在绑扎柱身钢筋时，先将 2 个箍筋绑扎在纵筋的两端，4 根纵筋均匀布置在箍筋内侧，再将纵筋与箍筋内侧的接触点进行焊接处理。在钢筋应变片测点处进行打磨处理，应变片贴好后，采用涂抹环氧树脂的纱布对应变片进行包裹保护，并将应变片导线放置模板外，方便与应变数据采集机连接。

同时，根据试件的几何尺寸，采用木模板制作柱头和基础的模板，采用预先切割好的钢管作为柱身模板。在钢管焊缝处焊接小铁条，防止钢管在试验过程中撕裂。整个试验钢筋绑扎及模板制作完成后，将钢筋笼放置于模板内等待浇筑。

试件浇筑共采用三种混凝土，基础和柱头采用 C40 普通混凝土，柱身采用自应力钢渣混凝土，对照组柱身采用普通钢渣混凝土。采用自下而上的顺序进行浇筑，先将基础浇筑 C40 普通混凝土，浇筑的同时用振捣棒振捣密实；待基础浇满，将自应力钢渣混凝土浇筑进柱身钢管内，钢管上下两端预留缝处用强力胶带密封，防止漏浆，对照组试件的柱身浇筑普通钢渣混凝土；待柱身浇满，最后将柱头角柱 C40 普通混凝土、柱头与柱身混凝土同时振捣，避免柱头与柱身连接处混凝土出现分层现象，振捣的同时确保混凝土的密实性。浇筑完成后将混凝土抹平，盖上塑料薄膜，室外自然条件养护。

5.1.2 试验材料力学性能

5.1.2.1 钢管力学性能试验

为测得钢管的力学性能指标，制作与 4.1.2 节相同试样，分别进行拉伸和轴压试验。实测各类钢管的应力-应变关系曲线，如图 5-2 所示，钢管力学性能实测结果如表 5-2 所示。

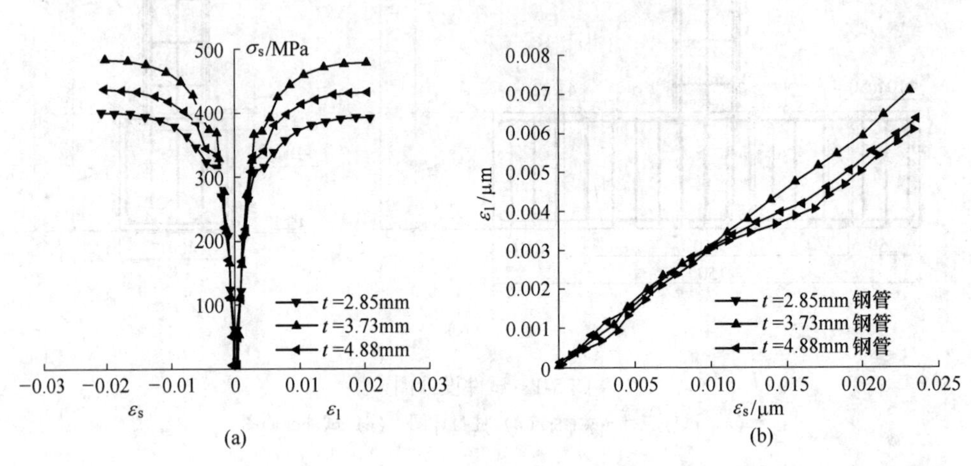

图 5-2 实测钢管应力-应变关系

（a）钢管应力-应变关系曲线；（b）钢管轴向-环向应变关系

表 5-2 钢管力学性能

钢管壁厚/mm	屈服强度/MPa	极限强度/MPa	弹性模量/MPa	泊松比
2.85	308.16	479.69	2.00×10^5	0.313
3.73	364.46	495.24	2.11×10^5	0.271
4.88	335.88	480.26	2.06×10^5	0.261

5.1.2.2 钢筋力学性能试验

本试验采用 HPB300 级和 HRB400 级钢筋，其中 HPB300 级钢筋的直径为 8mm 和 10mm，HRB400 级钢筋的直径为 12mm、16mm 和 22mm。参照《金属材料拉伸试验：室温试验方法》（GB/T 228.1—2021），制作图 4-6 所示钢筋试样开展拉伸试验，具体尺寸如表 5-3 所示。测得钢筋力学性能如表 5-4 所示。

表 5-3 钢筋拉伸性能试验试样尺寸表

	夹具长度 L_1/mm	标距长度 L_0/mm	平行长度 L_c/mm	试样长度 L/mm
Φ8	80	80	96	256
Φ10	100	100	120	320
Φ12	100	120	144	344
Φ16	100	160	192	392
Φ22	100	220	264	464

表 5-4 钢筋力学性能

试件编号	钢筋种类	屈服强度/MPa		抗拉强度/MPa		弹性模量/GPa	
		试验值	平均值	试验值	平均值	试验值	平均值
S1		311		429		203	
S2	Φ8	304	308	423	426	199	201
S3		313		425		201	
S4		313		433		197	
S5	Φ10	310	313	429	432	195	197
S6		316		435		198	
S7		440		643		199	
S8	Φ C12	443	439	643	644	201	198
S9		434		643		194	
S10		456		622		197	
S11	Φ16	450	451	621	620	196	195
S12		447		618		191	
S13		442		619		190	
S14	Φ22	436	438	623	618	195	194
S15		435		611		196	

5.1.2.3 钢渣混凝土力学性能试验

试验中所使用的各类混凝土配合比及试验方法与4.1.2节相同，实测混凝土的力学性能和膨胀性能如表5-5所示，壁厚为2.85mm、3.73mm和4.88mm的钢管约束下自应力钢渣混凝土的初始自应力分别为2.68MPa、3.03MPa和3.26MPa。

表 5-5　钢渣混凝土实测力学性能

混凝土类型	立方体抗压强度/MPa	轴心抗压强度/MPa	最大自由膨胀率	90d 膨胀率	弹性模量/MPa
自应力钢渣混凝土	39.30	26.33	11.45×10^{-4}	11.12×10^{-4}	2.45×10^{4}
普通钢渣混凝土	36.44	24.41	-3.58×10^{-4}	-3.44×10^{-4}	2.36×10^{4}

5.1.3　试验加载和量测方案

试验加载装置及加载制度与 4.1.3 节相同。试件位移计和应变测点布置如图 5-3所示。图中，剪切面即平行于水平荷载的平面，非剪切面即垂直水平荷载的平面。在距柱底 20~400mm 高度范围内的钢管四周布置环向和纵向应变片，分别用于分析钢管对核心钢渣混凝土约束作用和判断钢管有无直接承担纵向荷载。在钢管的剪切面上布置 45°应变片，与环向和纵向应变片形成应变花，应变花可用于计算剪应变，判断试件有无发生剪切破坏。

试件钢筋应变片布置如图 5-3（b）所示，在距柱底 50~380mm 高度范围内的箍筋四周布置箍筋应变片，可用于检测箍筋对核心钢渣混凝土的约束效应和计算箍筋提供的抗剪承载力，还可以通过箍筋应变判断试件是否发生破坏，从而得到试件峰值承载力。在 4 根纵筋上布置纵筋应变片，位置与箍筋应变片相同，可

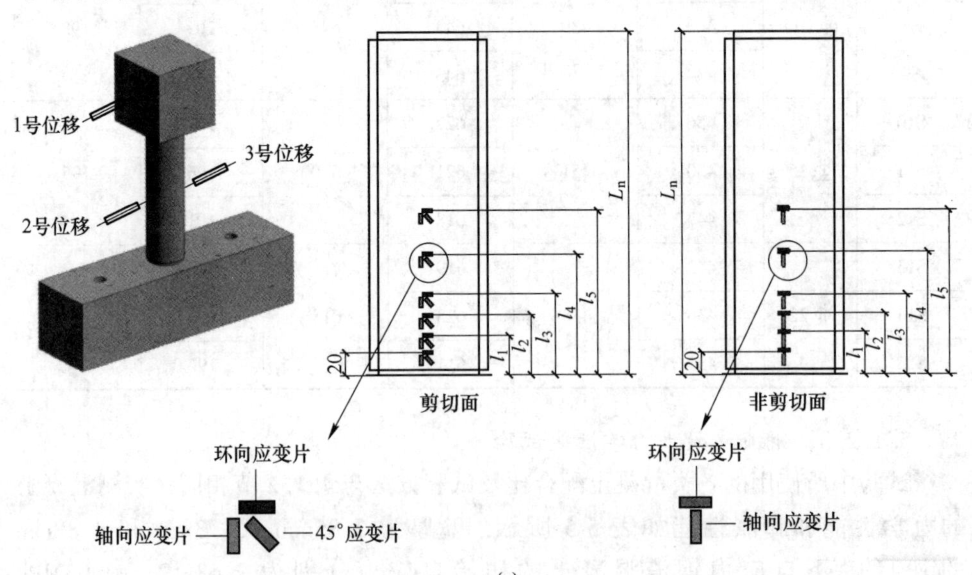

(a)

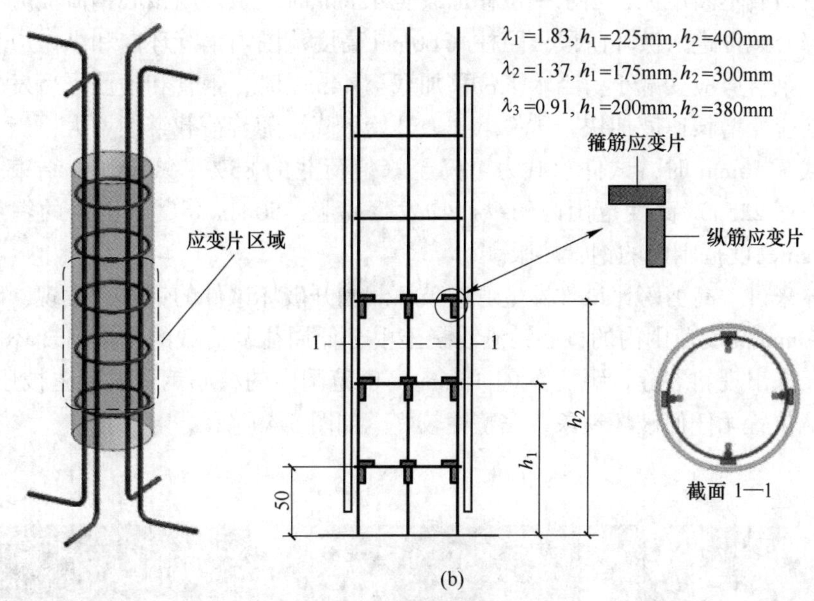

图 5-3 位移计与应变片布置图

（a）钢管应变片和位移计布置；（b）钢筋应变片布置

用于判断试件是否发生屈服，并可用于计算纵筋提供的抗弯承载力。每个试件钢筋应变片均为 24 个，箍筋和纵筋应变片数量各占一半。可通过钢筋应变分析试件的破坏机理以及计算试件的承载力。

5.2 圆钢管约束自应力钢渣混凝土柱抗震性能试验结果分析

5.2.1 试件破坏形态

圆钢管约束钢筋自应力钢渣混凝土柱可以分为的 3 个受力阶段，即弹性阶段、屈服阶段和破坏阶段。

5.2.1.1 高剪跨比圆钢管约束钢筋自应力钢渣混凝土柱破坏形态

在加载初期，试件处于弹性阶段，随着水平荷载增加，试件纵筋应变和钢管剪应变基本呈线性增长，钢管纵向和环向应变以及箍筋应变基本保持不变。

随着水平荷载逐渐增大，当位移加载至 7mm 时，距柱底 50mm 高度范围内的纵筋应变增长至 2150με 附近，试件发生屈服，加载方式改为位移等幅位移控制加载。核心钢渣混凝土仍无任何破坏现象。试件钢管剪应变增加速度加快，但均未屈服；纵筋应变增长速度显著提高，距柱底 225mm 高度范围内纵筋均发生屈服。在此阶段，钢管的纵向和环向应变以及箍筋应变均保持不变。

随着荷载不断增大，当水平位移加载至 42mm 时，试件内核心钢渣混凝土部分被压碎，试件进入破坏阶段。距柱底 60mm 高度范围内钢管环向和纵向应变迅速增大，钢管剪应变减小。当水平位移加载至 44mm 时，钢管和箍筋先后发生屈服，纵筋应变增长速度加快。试件承载力开始下降。随着荷载继续增大，当水平位移加载至 56mm 时，试件承载力下降至峰值荷载的 85%，试验加载结束。此时，距柱底 225mm 高度范围内的纵筋均发生屈服，50mm 高度范围内的箍筋屈服，60mm 高度范围内的钢管屈服。

总体来讲，高剪跨比试件发生弯曲破坏。剥开破坏试件的钢管后发现，距柱底 15~60mm 高度范围内的核心钢渣混凝土由于低周往复荷载的作用出现环向受拉裂缝，未出现斜裂缝，距柱底 0~15mm 高度范围内的核心钢渣混凝土被压碎，柱子其他位置无任何破坏现象，完整性较好，如图 5-4 所示。

S-CTRC-1Cc破坏试验

整体破坏形态

柱底局部破坏形态

剥开钢管后破坏形态

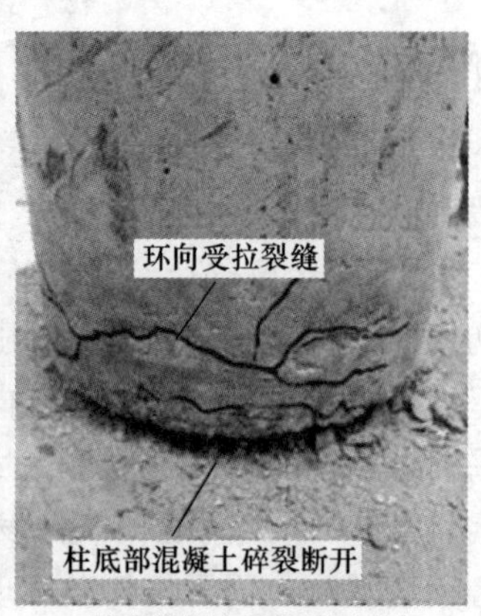

柱底混凝土局部破坏形态

(a)

S-CTRC-1Cb破坏试验

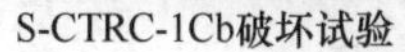

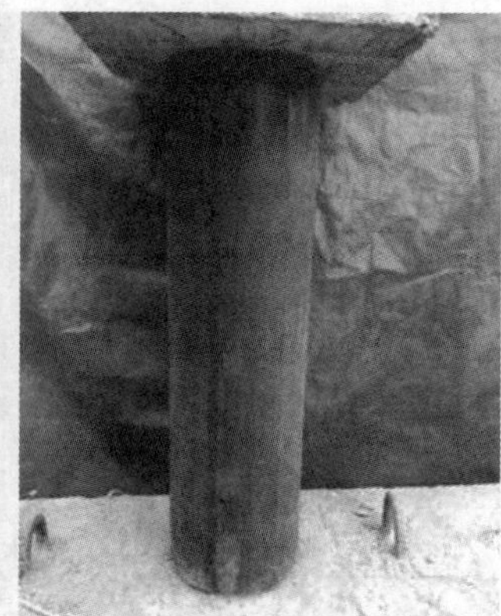

整体破坏形态

柱底局部破坏形态

剥开钢管后破坏形态

柱底混凝土局部破坏形态

(b)

S-CTRC-1Ca破坏试验

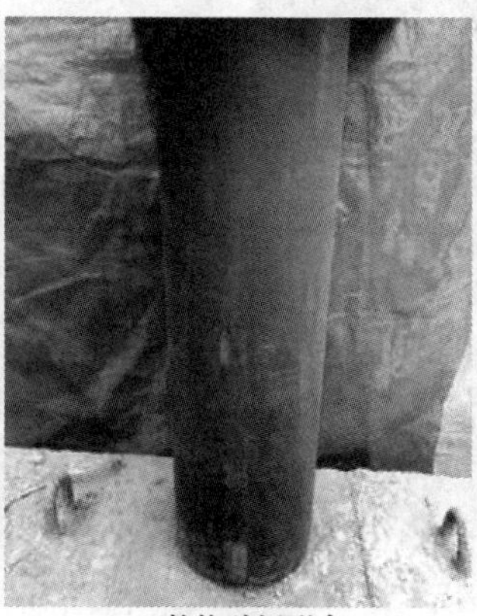

整体破坏形态

柱底局部破坏形态

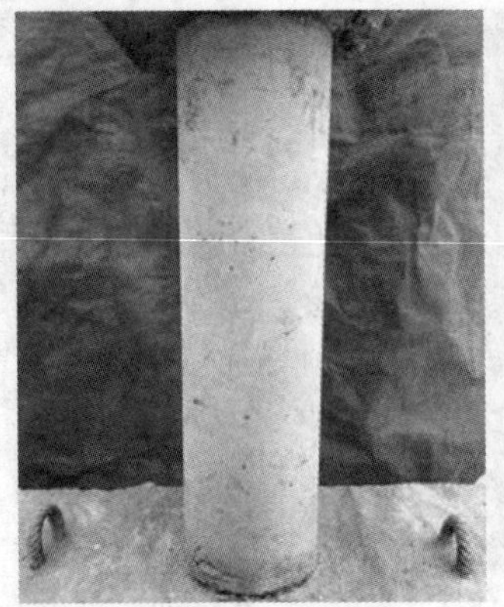

剥开钢管后破坏形态

柱底混凝土局部破坏形态

(c)

S-CTRC-1Bc破坏试验

整体破坏形态

柱底局部破坏形态

剥开钢管后破坏形态

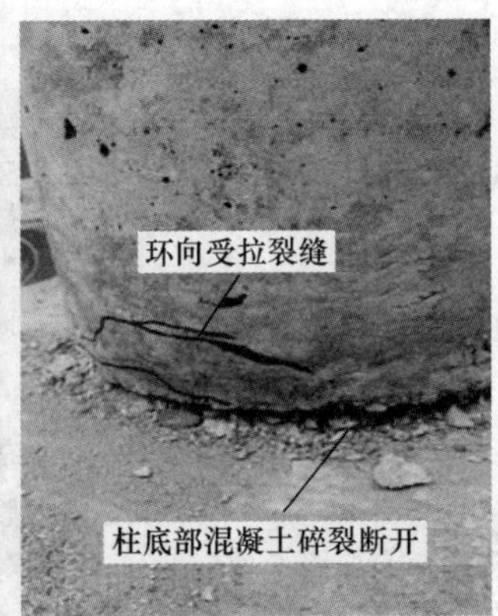

柱底混凝土局部破坏形态

(d)

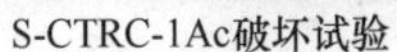
S-CTRC-1Ac破坏试验

整体破坏形态

柱底局部破坏形态

剥开钢管后破坏形态

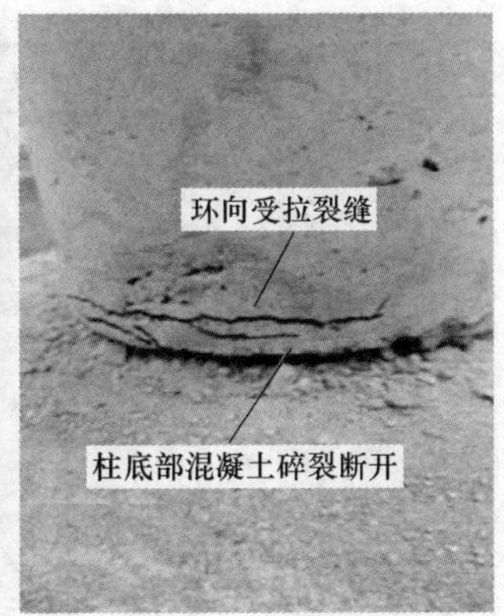

柱底混凝土局部破坏形态

(e)

S-CTRC-2Cc破坏试验

整体破坏形态

柱底局部破坏形态

剥开钢管后破坏形态

柱底混凝土局部破坏形态

(f)

S-CTRC-2Cb破坏试验

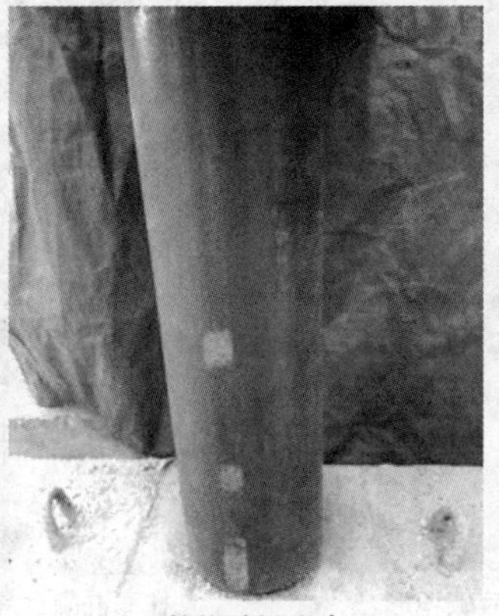

整体破坏形态

柱底局部破坏形态

剥开钢管后破坏形态

柱底混凝土局部破坏形态

(g)

S-CTRC-2Ca破坏试验

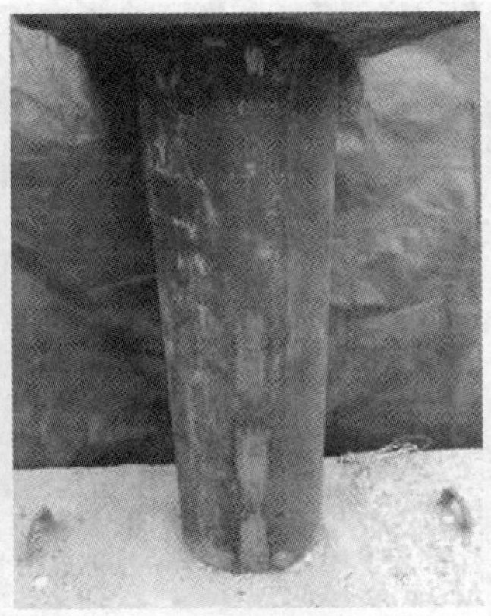
整体破坏形态

柱底局部破坏形态

剥开钢管后破坏形态

柱底混凝土局部破坏形态

(h)

S-CTRC-2Bc破坏试验

整体破坏形态

柱底局部破坏形态

剥开钢管后破坏形态

柱底混凝土局部破坏形态

(i)

S-CTRC-2Ac破坏试验

整体破坏形态

柱底局部破坏形态

剥开钢管后破坏形态

柱底混凝土局部破坏形态

(j)

图 5-4　钢管约束钢筋自应力钢渣混凝土柱破坏形态

5.2.1.2 低剪跨比圆钢管约束钢筋自应力钢渣混凝土柱破坏形态

在弹性阶段，与高剪跨比试件相比，低剪跨比试件水平荷载增长速度加快，纵筋和钢管剪应变增长速度加快，屈服位移减小，屈服荷载增大。

当位移加载至3mm时，距柱底50mm高度范围内的纵筋应变增长至2200με附近，试件发生屈服，出现残余变形，核心钢渣混凝土仍无任何破坏现象。与高剪跨比试件相比，低剪跨比试件钢管剪应变增加速度加快，纵筋应变增长速度显著提高，水平荷载增长速度加快，纵筋和钢管剪应变增长速度加快，峰值位移减小，峰值荷载增大。在此阶段，钢管的纵向和环向应变以及箍筋应变均保持不变。

当水平位移加载至18mm时，试件内核心钢渣混凝土部分被压碎，试件进入破坏阶段。距柱底40mm高度范围内钢管环向和纵向应变迅速增大，钢管剪应变减小。当水平位移加载至20mm时，钢管和箍筋先后发生屈服，纵筋应变增长速度加快，试件承载力开始下降。当水平位移加载至56mm时，试件承载力下降至峰值荷载的85%，试验加载结束。与高剪跨比试件相比，低剪跨比试件水平荷载减小速度加快，纵筋、箍筋、钢管环向和纵向应变增长速度加快，钢管剪应变减小速度加快，极限位移减小，极限荷载增大。

总体来讲，与高剪跨比试件相比，低剪跨比试件钢管剪应变、环向应变、纵向应变、箍筋应变和纵筋应变均增大。剥开破坏试件的钢管后可以发现，钢管底部预留缝处的核心钢渣混凝土破损程度增大，受拉裂缝沿柱高度方向的分布范围减小。

5.2.1.3 圆钢管约束钢筋钢渣混凝土柱破坏形态

与自应力试件的不同之处在于，无自应力试件在弹性阶段、屈服阶段和破坏阶段，钢管的剪应变、钢管环向和纵向应变和箍筋应变均减小，纵筋应变增大。剥开钢管后可以发现，距柱底15mm高度范围的核心钢渣混凝土被压碎程度增大，环向受拉裂缝出现的高度范围增大，如图5-5所示。

5.2.2 滞回性能分析

5.2.2.1 滞回曲线

试件荷载-位移滞回曲线如图5-6所示，从图中可以看出，滞回曲线均呈弓形，表明试件抗震性能良好。滞回关系可分为以下3个阶段：

在试件加载初期，采用单循环位移控制法进行加载，试件的荷载-位移滞回曲线基本呈线性发展，滞回曲线包围的面积很小。随着轴压比增大，试件水平荷载增长速度加快，弹性阶段结束时对应试件屈服承载力增大，屈服位移减小。

随着荷载不断增加，当纵筋发生屈服时，试件进入屈服阶段。水平荷载增长速度减慢，滞回曲线包围的面积逐渐增大。随着轴压比增大，试件水平荷载增长速度加快，屈服阶段结束时对应试件峰值承载力增大，峰值位移减小。

CTRSSC-1Cc破坏试验

整体破坏形态

柱底局部破坏形态

剥开钢管后破坏形态

柱底混凝土局部破坏形态

(a)

CTRC-1Bc破坏试验

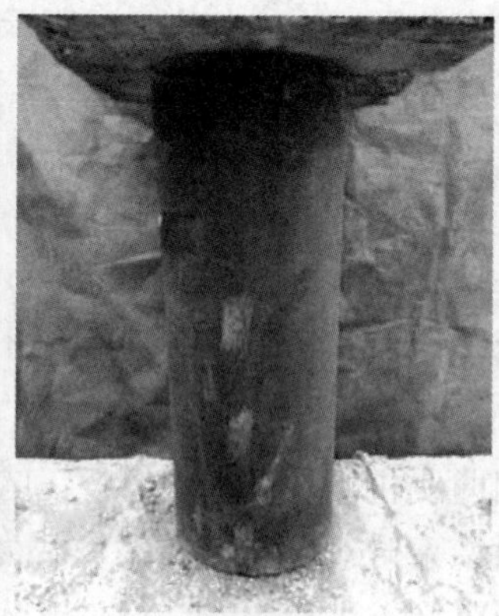

整体破坏形态

柱底局部破坏形态

剥开钢管后破坏形态

柱底混凝土局部破坏形态

(b)

CTRC-1Ac破坏试验

整体破坏形态

柱底局部破坏形态

剥开钢管后破坏形态

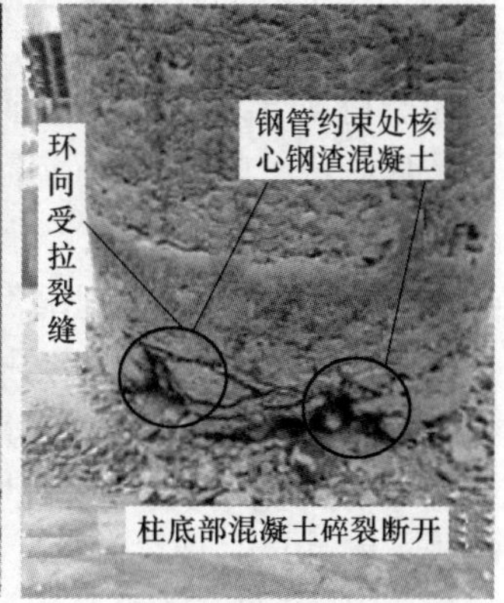

柱底混凝土局部破坏形态

(c)

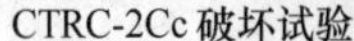

CTRC-2Cc 破坏试验

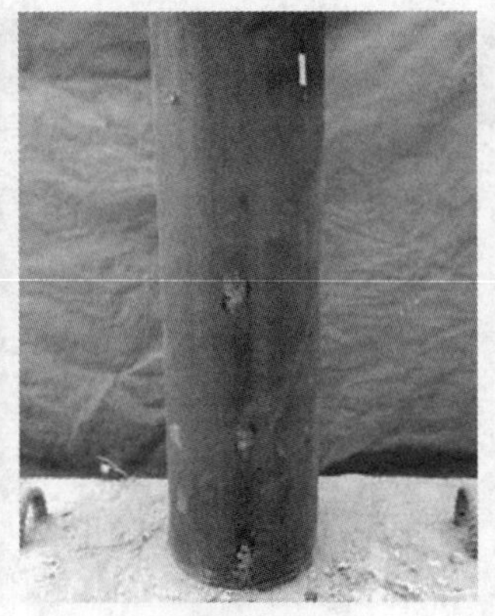

整体破坏形态

柱底局部破坏形态

剥开钢管后破坏形态

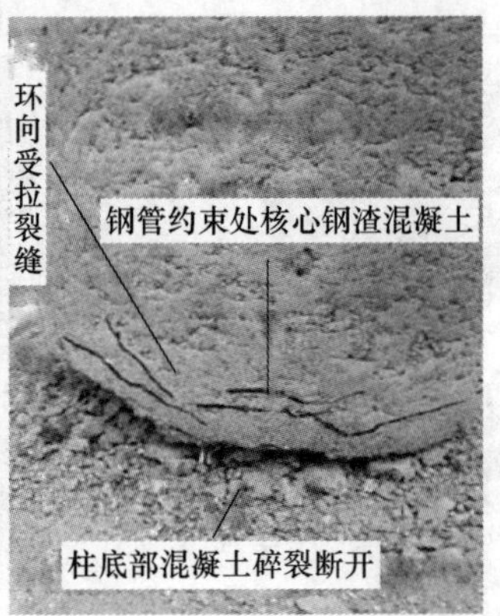

柱底混凝土局部破坏形态

(d)

图 5-5　钢管约束钢筋钢渣混凝土柱破坏形态

破坏阶段：随着荷载继续增加，核心钢渣混凝土发生破坏，钢管和箍筋发生屈服，试件进入破坏阶段。随着水平位移增大，试件水平承载力逐渐减小。滞回曲线包围的面积不断增加，滞回曲线变得更加饱满，钢管与核心钢渣混凝土之间出现滑移，试件的滞回曲线出现“捏缩”现象。随着轴压比增大，水平荷载减小速度加快，试件极限承载力增大，极限位移减小，试件的荷载-位移滞回曲线饱满度降低且捏缩程度减小。

在各阶段，随着剪跨比增大，试件的荷载-位移滞回曲线饱满度增大且捏缩程度减小，试件水平荷载增长速度减慢，试件承载力均明显减小，水平位移显著增大，在试件破坏前荷载-位移曲线循环次数增多；随着径厚比增大，试件的荷载-位移滞回曲线饱满度减小且捏缩程度增大，试件水平荷载增长速度加快，试件承载力减小，水平位移增大，在试件破坏前荷载-位移曲线循环次数减少；随着钢渣混凝土膨胀率增大，试件的荷载-位移滞回曲线饱满度增大且捏缩程度显著减小，试件水平荷载增长速度减慢，试件承载力和水平位移增大，在试件破坏前荷载-位移曲线循环次数增多。

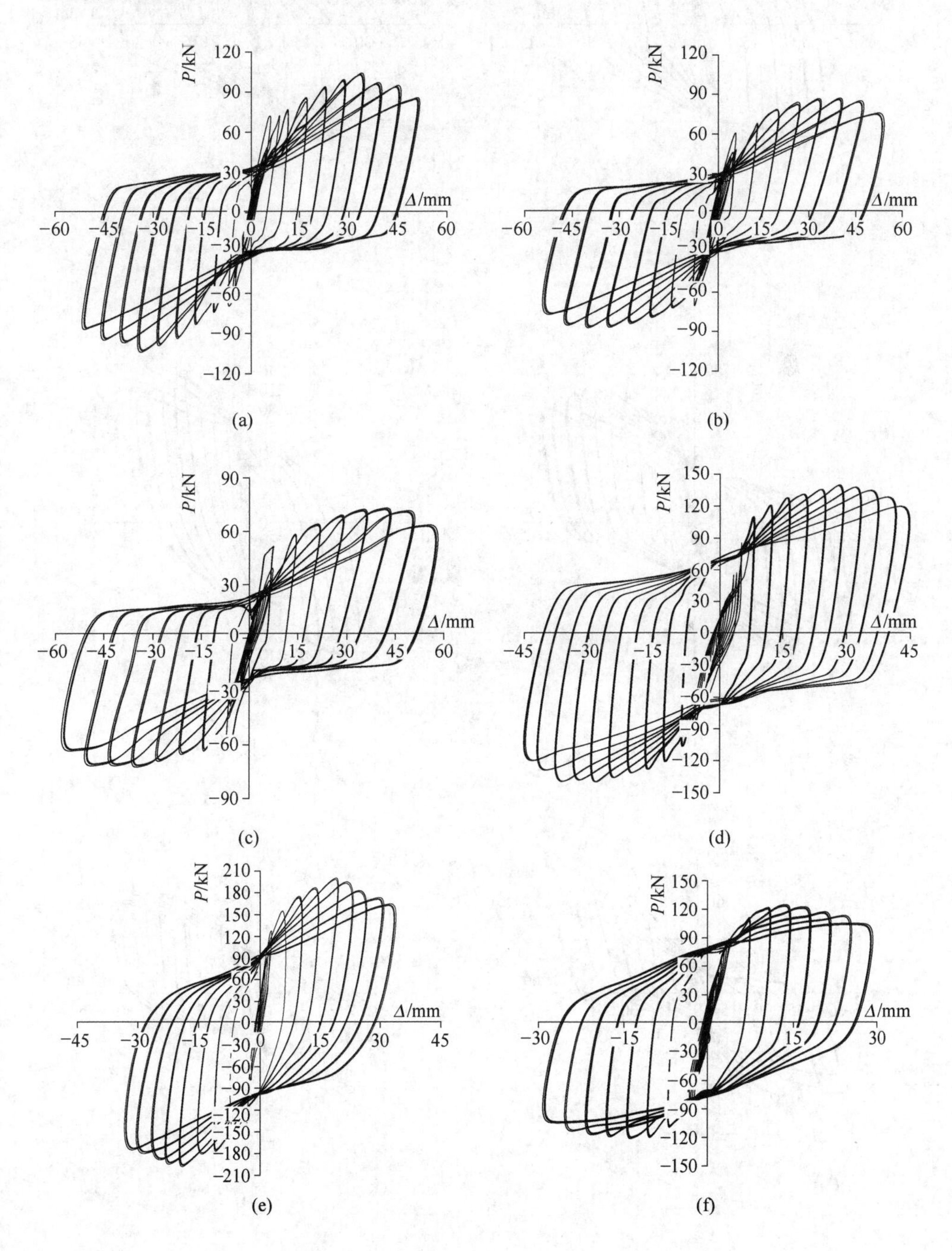

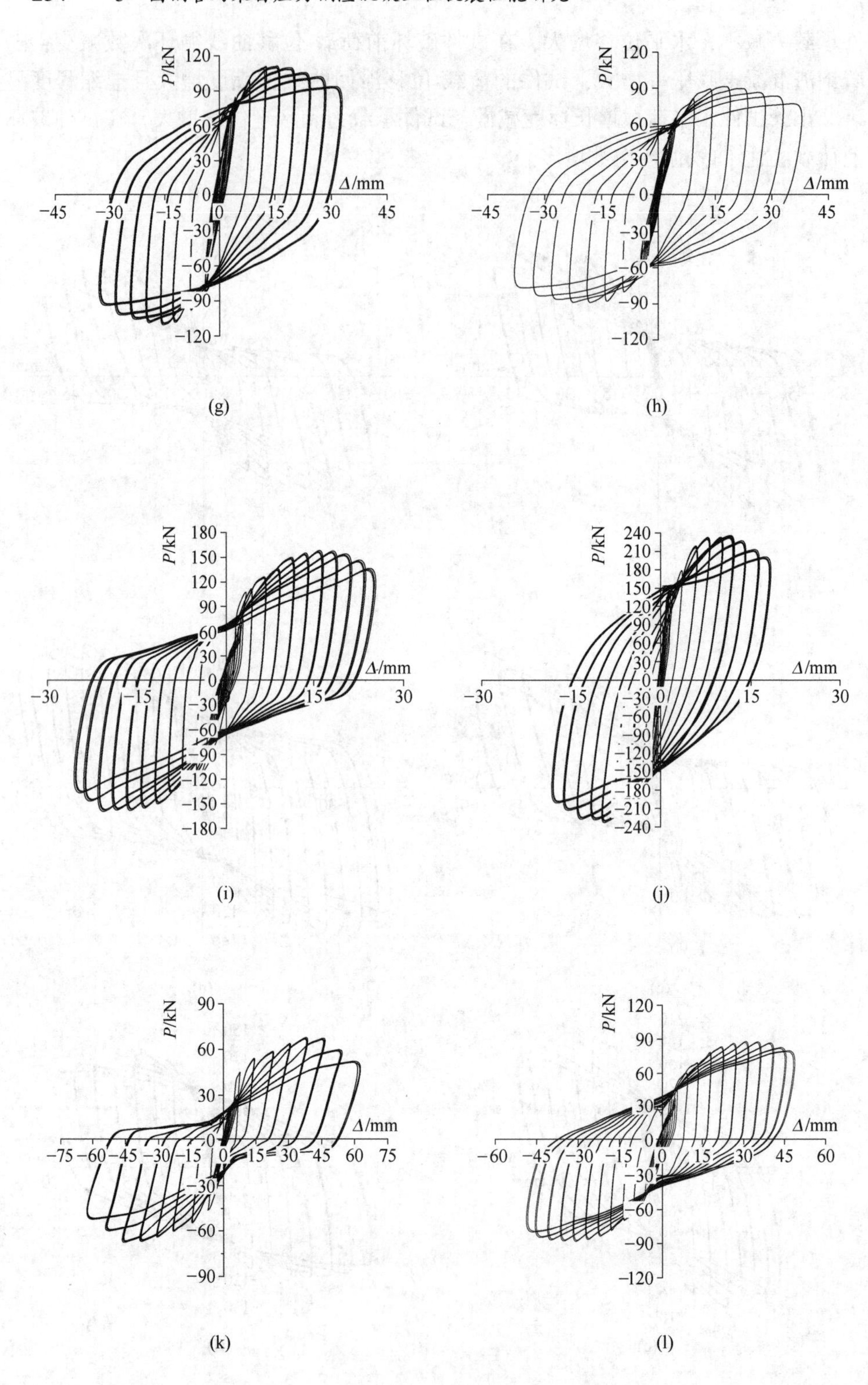
P/kN
Δ/mm
(g)
(h)
(i)
(j)
(k)
(l)

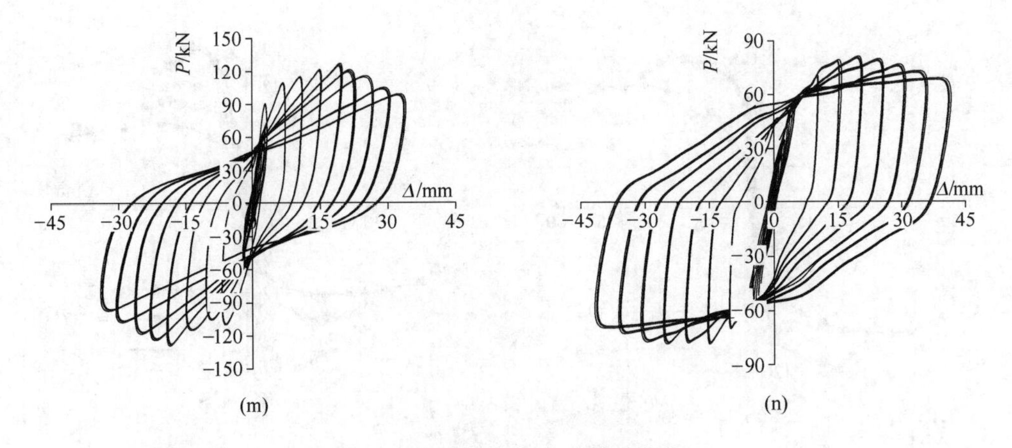

图 5-6 各试件荷载-位移滞回曲线

(a) S-CTRC-1Cc；(b) S-CTRC-1Cb；(c) S-CTRC-1Ca；(d) S-CTRC-1Bc；
(e) S-CTRC-1Ac；(f) S-CTRC-2Cc；(g) S-CTRC-2Cb；(h) S-CTRC-2Ca；
(i) S-CTRC-2Bc；(j) S-CTRC-2Ac；(k) CTRC-1Cc；(l) CTRC-1Bc；(m) CTRC-1Ac；(n) CTRC-2Cc

5.2.2.2 骨架曲线

如图 5-7 所示，在弹性阶段，试件荷载-位移骨架曲线呈线性增长，且斜率基本保持不变。随着轴压比和径厚比增大，或剪跨比减小，骨架曲线斜率增大，试件的屈服承载力增大，但屈服位移减小；随着膨胀率增大，骨架曲线斜率增大，屈服承载力和位移增大。

随着荷载不断增大，距柱底 50mm 高度范围内的纵筋均发生屈服，骨架曲线出现第 1 个转折点，标志着试件进入屈服阶段。此阶段试件随着水平位移增大，试件刚度逐渐退化，骨架曲线斜率减小。随着轴压比、径厚比或钢渣混凝土膨胀率增大，或剪跨比减小，骨架曲线斜率增大，峰值承载力增大，但峰值位移减小。

随着荷载继续增大，距柱底 50mm 高度范围内的钢管和箍筋发生屈服，柱底核心钢渣混凝土出现环向受拉裂缝，骨架曲线出现第 2 个转折点，标志着试件进入破坏阶段。此阶段试件随着水平位移增大，试件刚度不断退化，骨架曲线斜率变为负值。随着轴压比、径厚比或钢渣混凝土膨胀率增大，或剪跨比减小，骨架曲线斜率增大，极限承载力增大，但极限位移减小。

5.2.3 强度衰减分析

本节采用与 4.2.3 节相同的方法描述试件的强度衰减规律，同样可分为三个阶段：下降段、稳定段和二次下降段，如图 5-8 所示。在下降段，试件的强度衰减值随位移的增加而减小，试件强度衰减程度增大。随着轴压比增大或核心钢渣混凝土膨胀率降低，试件强度衰减加剧且衰减速度加快；随着径厚比增大，试件

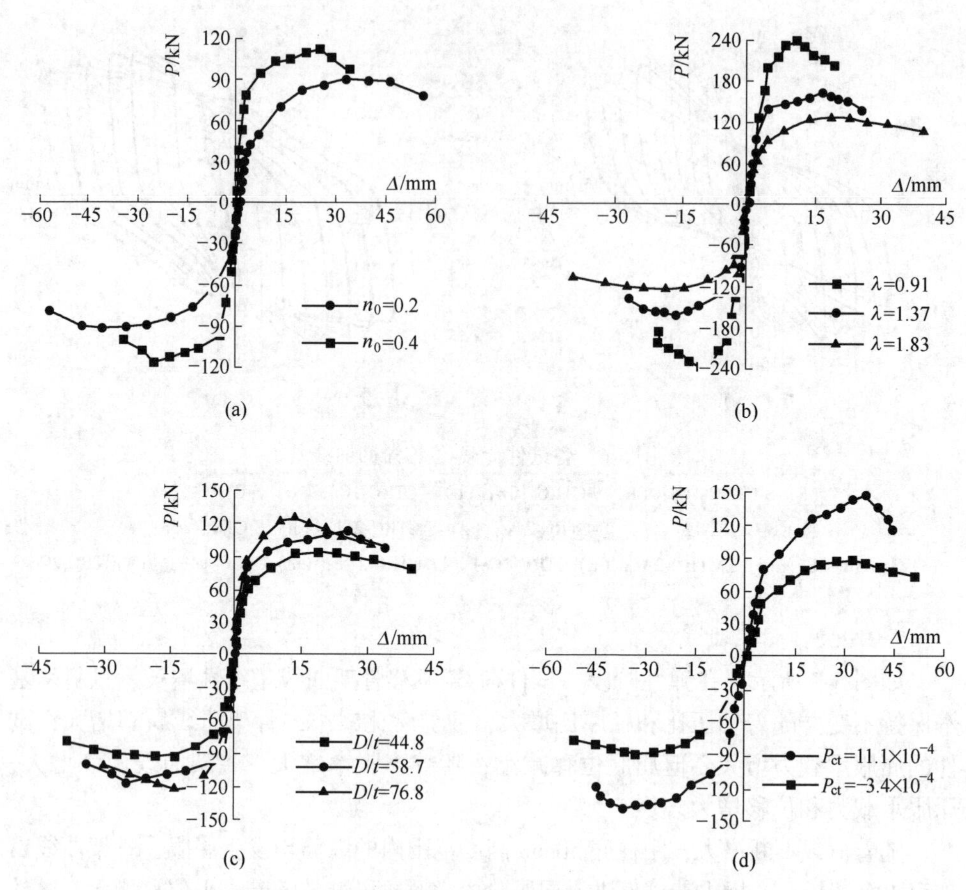

图 5-7　各因素对荷载-位移骨架曲线的影响

（a）轴压比；（b）剪跨比；（c）径厚比；（d）钢渣混凝土膨胀率

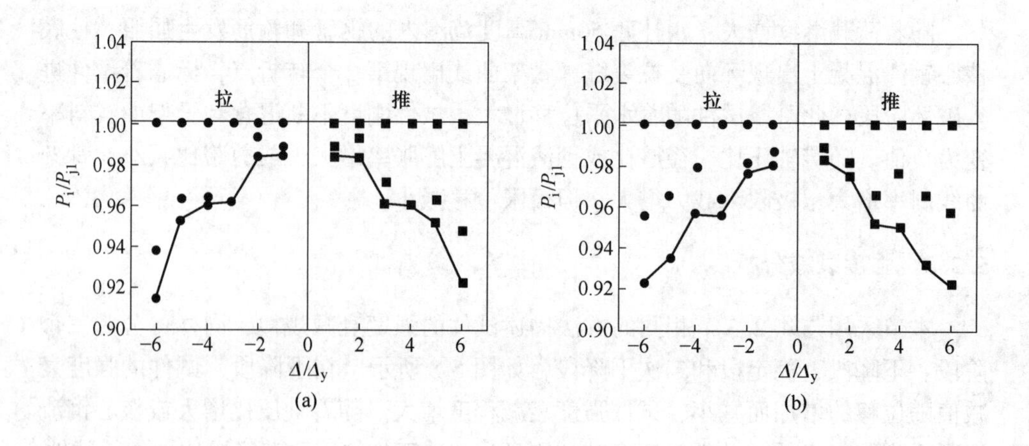

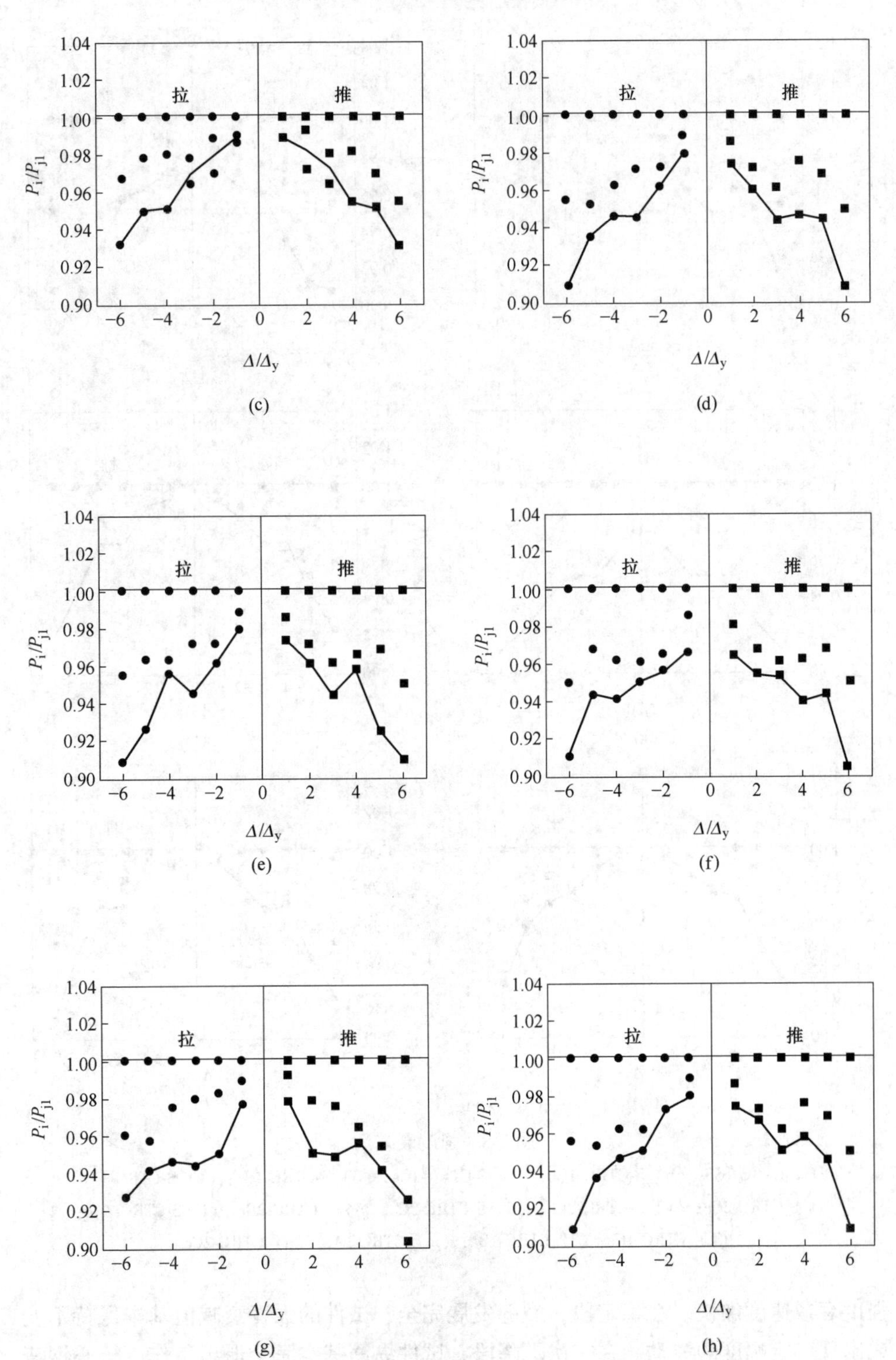

(c)

(d)

(e)

(f)

(g)

(h)

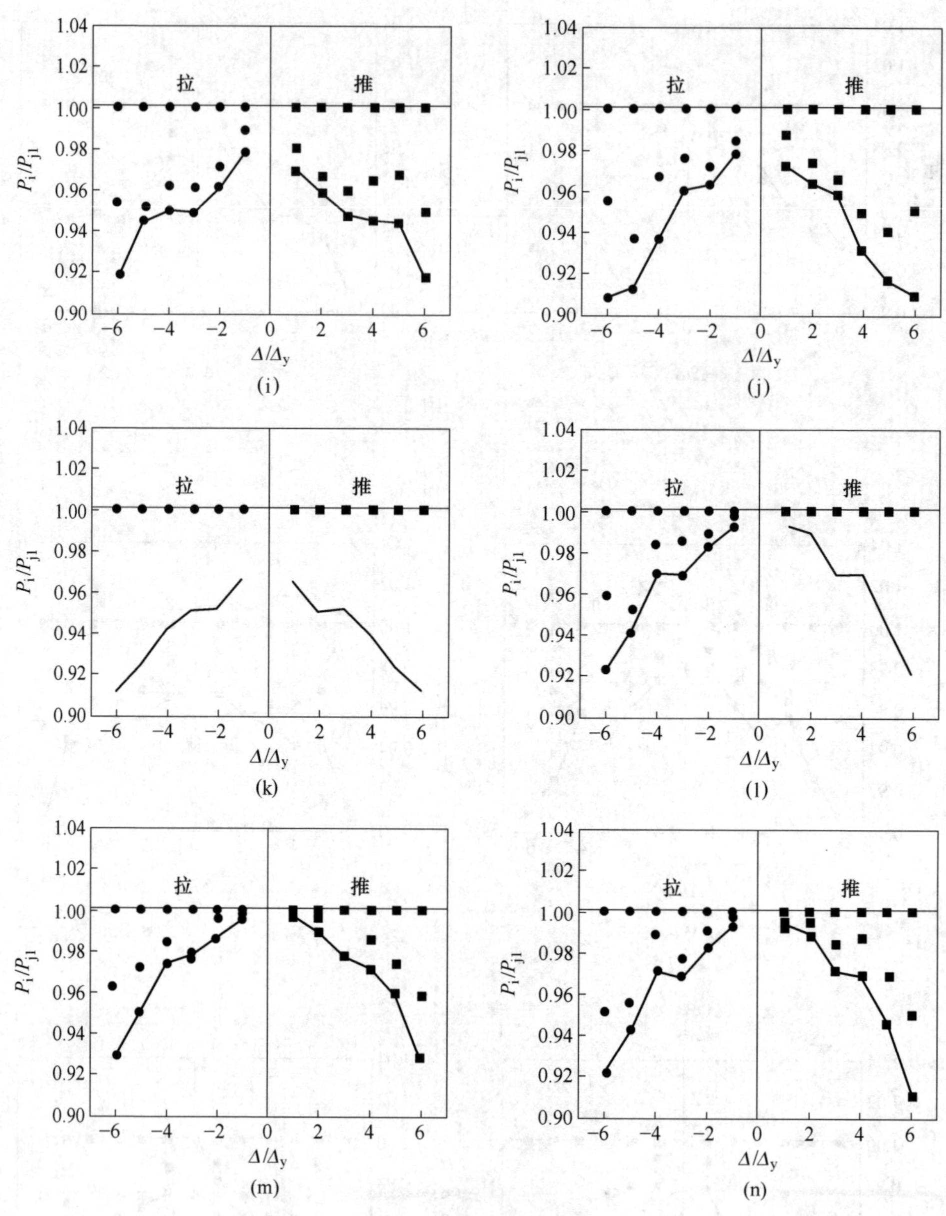

图 5-8　强度衰减

(a) S-CTRC-1Cc; (b) S-CTRC-1Cb; (c) S-CTRC-1Ca; (d) S-CTRC-1Bc; (e) S-CTRC-1Ac; (f) S-CTRC-2Cc; (g) S-CTRC-2Cb; (h) S-CTRC-2Ca; (i) S-CTRC-2Bc; (j) S-CTRC-2Ac; (k) CTRC-1Cc; (l) CTRC-1Bc; (m) CTRC-1Ac; (n) CTRC-2Cc

强度衰减速度加快。在稳定段，裂缝发展完全，试件的强度衰减值基本保持不变或出现一定幅度的波动。在二次下降段，试件纵筋基本完全退出工作，核心钢渣混凝土出现断开现象，试件强度衰减值显著降低。随着径厚比增加，强度衰减程度加剧。

5.2.4 刚度退化分析

采用割线刚度（如4.2.4节所述）对试件的刚度变化规律进行分析，图5-9反映了各因素对试件刚度退化的影响规律。从图中可以看出，试件的刚度退化可以分为弹性阶段、屈服阶段和破坏阶段三个阶段。在弹性阶段，试件的刚度退化速度较慢，随着轴压比、径厚比或钢渣混凝土膨胀率增大，或剪跨比减小，试件初始刚度增大。在屈服阶段，试件的刚度退化速度加，且随着轴压比增大，或剪跨比、混凝土膨胀率减小，试件刚度退化速度加快。在破坏阶段，试件的刚度退化速度明显减慢，曲线趋于平缓。随着轴压比增大，或剪跨比、混凝土膨胀率减小，试件的刚度退化速度加快且曲线趋于平缓需经历的水平位移减小。

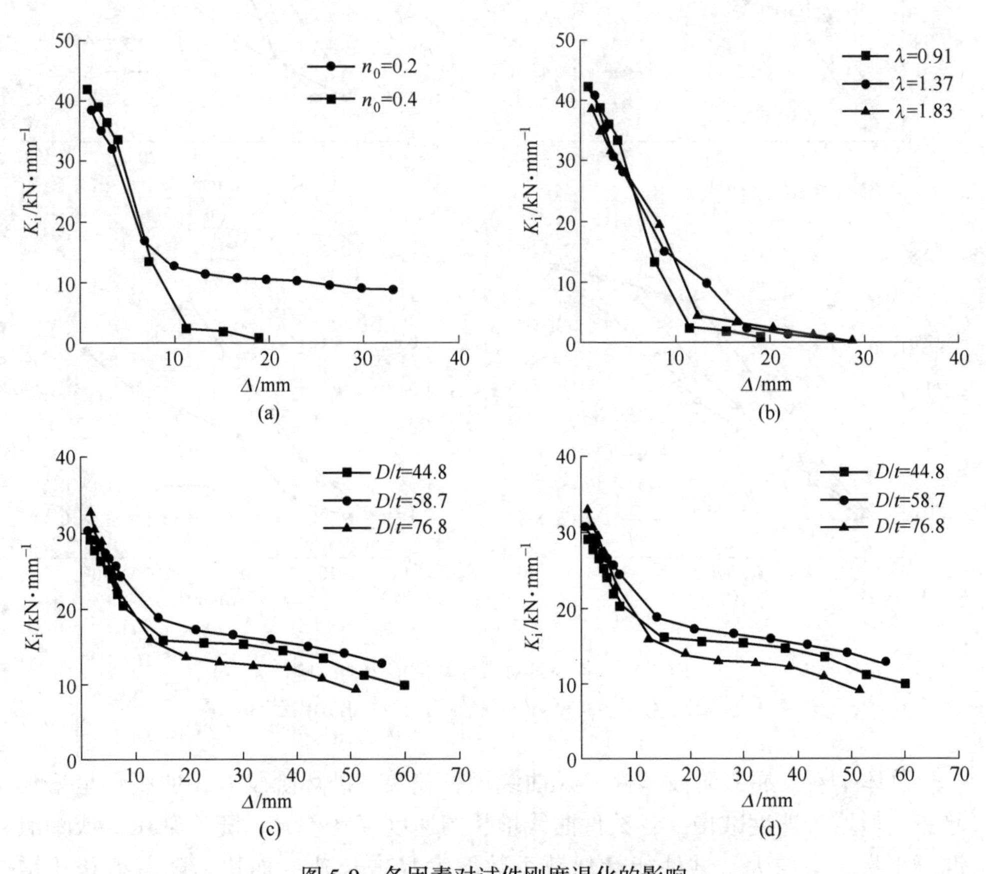

图5-9 各因素对试件刚度退化的影响

（a）轴压比；（b）剪跨比；（c）径厚比；（d）钢渣混凝土膨胀率

5.2.5　耗能能力分析

本章采用 4.2.5 节所述的能量耗散系数 E 来评价试件的耗能能力。从试验结果可以看出，试件的能量耗散规律可以分为平稳段、上升段和上升加速段三个阶段，与试件受力过程对应，即平稳段对应弹性阶段、上升阶段对应屈服阶段以及上升加速阶段对应破坏阶段。由于试件在弹性阶段，试件承担的荷载很小，消耗的能量不明显，故试件的 E-Δ 曲线从屈服阶段开始绘制，各因素对能量耗散系数的影响如图 5-10 所示。

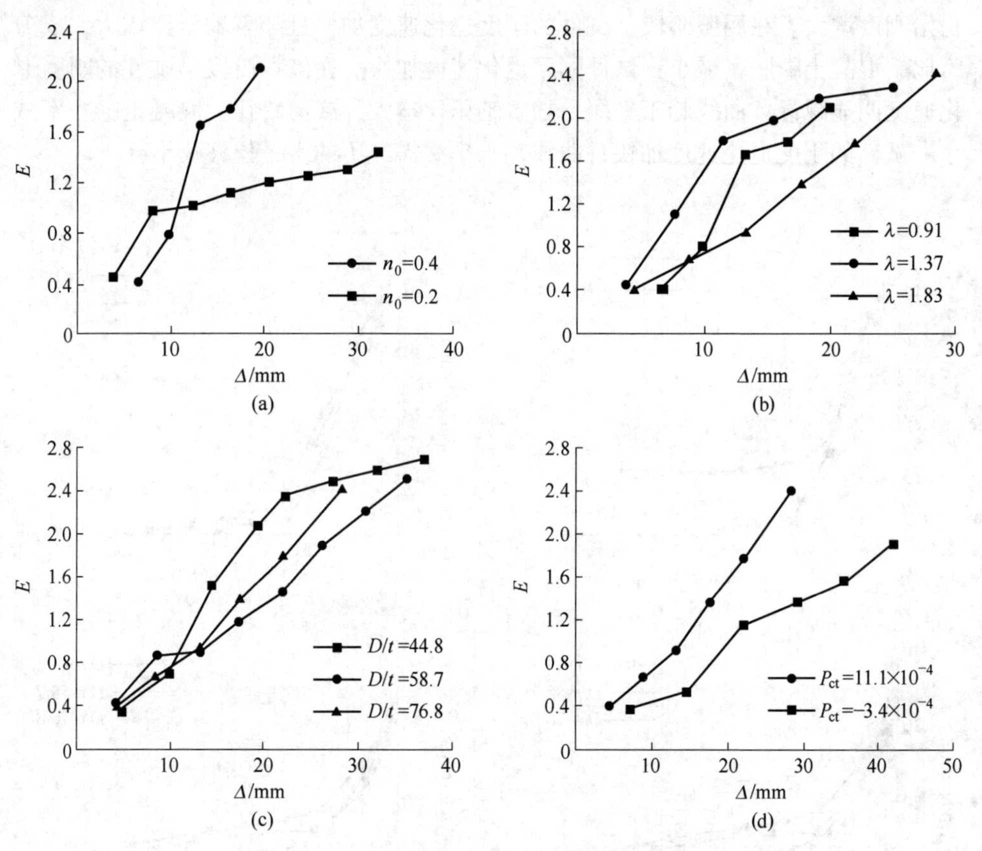

图 5-10　各因素对试件耗能能力的影响

(a) 轴压比；(b) 剪跨比；(c) 径厚比；(d) 钢渣混凝土膨胀率

总体来看，屈服阶段试件 E-Δ 曲线增长较快，破坏阶段 E-Δ 曲线仍呈增长趋势，但增长速度减慢，各试件曲线增长的速度存在差异。随着轴压比或钢渣混凝土膨胀率增大，试件能量耗散系数增大且增长速度加快。随着剪跨比增大，试件能量耗散系数增大。屈服阶段径厚比对能量耗散系数的影响不明显，但破坏阶段，随着径厚比增大，试件的能量耗散系数略微减小，但增长速度无明显变化。

5.2.6　延性分析

从试验结果来看，试件的延性均较高，极限弹塑性位移角均大于《钢管混凝土结构技术规范》（GB 50936—2014）中规定的2%，满足柱结构在使用过程中的延性要求，在实际应用中具有可行性。各因素对试件位移延性系数的影响如图5-11所示，从图中可以看出，随着轴压比减小，试件的位移延性系数减小，延性下降；随着剪跨比增大，位移延性系数显著提高，且提高幅度不断增大；随着径厚比减小，位移延性系数增大，但增大速度减慢；随着膨胀率增大，试件的位移延性系数增大。

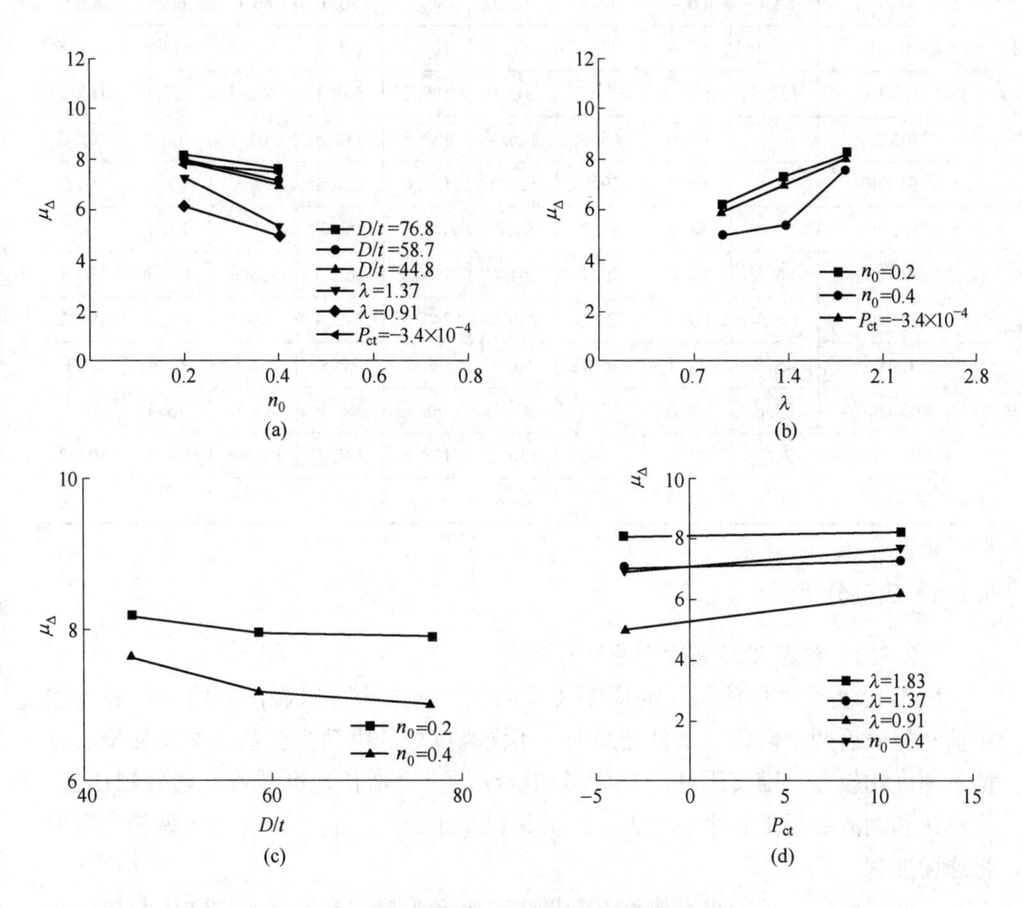

图 5-11　各因素对试件延性系数的影响

（a）轴压比；（b）剪跨比；（c）径厚比；（d）钢渣混凝土膨胀率

5.2.7 水平承载力分析

试件承载力试验结果如表 5-6 所示，由表中可得，随着轴压比、径厚比和钢渣混凝土膨胀率增大或剪跨比减小，试件的屈服、峰值和极限承载力均增大。

表 5-6 试件承载力试验结果

试件编号	屈服荷载 P_y/mm			峰值荷载 P_m/mm			极限荷载 P_u/mm		
	正	负	平均值	正	负	平均值	正	负	平均值
S-CTRC-1Cc	63.5	68.4	65.9	107.2	108.0	107.6	82.3	87.1	84.7
S-CTRC-1Cb	54.2	62.6	58.4	94.2	90.1	92.2	77.9	78.9	78.4
S-CTRC-1Ca	58.4	60.4	59.4	72.0	80.2	76.1	66.6	60.4	63.5
S-CTRC-1Bc	83.1	83.9	83.5	142.2	150.2	146.2	120.4	114.6	117.5
S-CTRC-1Ac	122.2	127.2	124.7	203.0	199.2	201.1	165.4	165.0	165.2
S-CTRC-2Cc	65.4	66.6	66.0	128.4	137.3	132.8	102.1	100.5	101.3
S-CTRC-2Cb	57.0	62.8	59.9	116.5	112.0	114.2	97.8	97.2	97.5
S-CTRC-2Ca	57.5	58.9	58.2	91.6	88.4	90.0	77.5	81.5	79.5
S-CTRC-2Bc	86.8	94.6	90.7	161.6	165.0	163.3	135.0	138.4	136.7
S-CTRC-2Ac	129.4	126.4	127.9	239.2	240.0	239.6	189.5	192.9	191.2
CTRC-1Cc	45.5	48.4	46.9	66.9	76.6	71.8	60.6	53.6	57.1
CTRC-1Bc	58.6	59.0	58.8	97.7	90.9	94.3	73.1	73.3	73.2
CTRC-1Ac	96.7	97.3	97.0	136.2	138.0	137.1	105.56	100.9	103.2
CTRC-2Cc	40.6	43.0	41.8	80.4	86.3	83.3	60.9	60.1	60.5

5.2.8 应变分析

5.2.8.1 纵筋沿柱高方向应变分析

图 5-12 为试件位移与纵筋应变关系曲线，从图中可以看出，曲线可分为屈服前和屈服后两个阶段。试件屈服前，不同高度处的纵筋应变基本呈线性增长且增长速度均较慢，随着距柱底高度增加，纵筋应变增长速度减慢。随着轴压比、径厚比和钢渣混凝土膨胀率增大，或剪跨比减小，距柱底各高度处的纵筋应变增长速度加快。

试件屈服后，随着水平位移不断增大，纵筋承担的弯矩逐渐增大，距柱底各高度处纵筋的应变增长速率均明显加快。纵筋应变沿柱高方向呈不均匀发展，随着距柱底高度减小，纵筋应变增长速度显著加快。随着轴压比和钢渣混凝土膨胀率增大，距柱底各高度处的纵筋极限应变均增大且应变增长速度加快；随着剪跨比增大，距柱底各高度处的纵筋极限应变增大幅度减小且应变增长速度减慢。

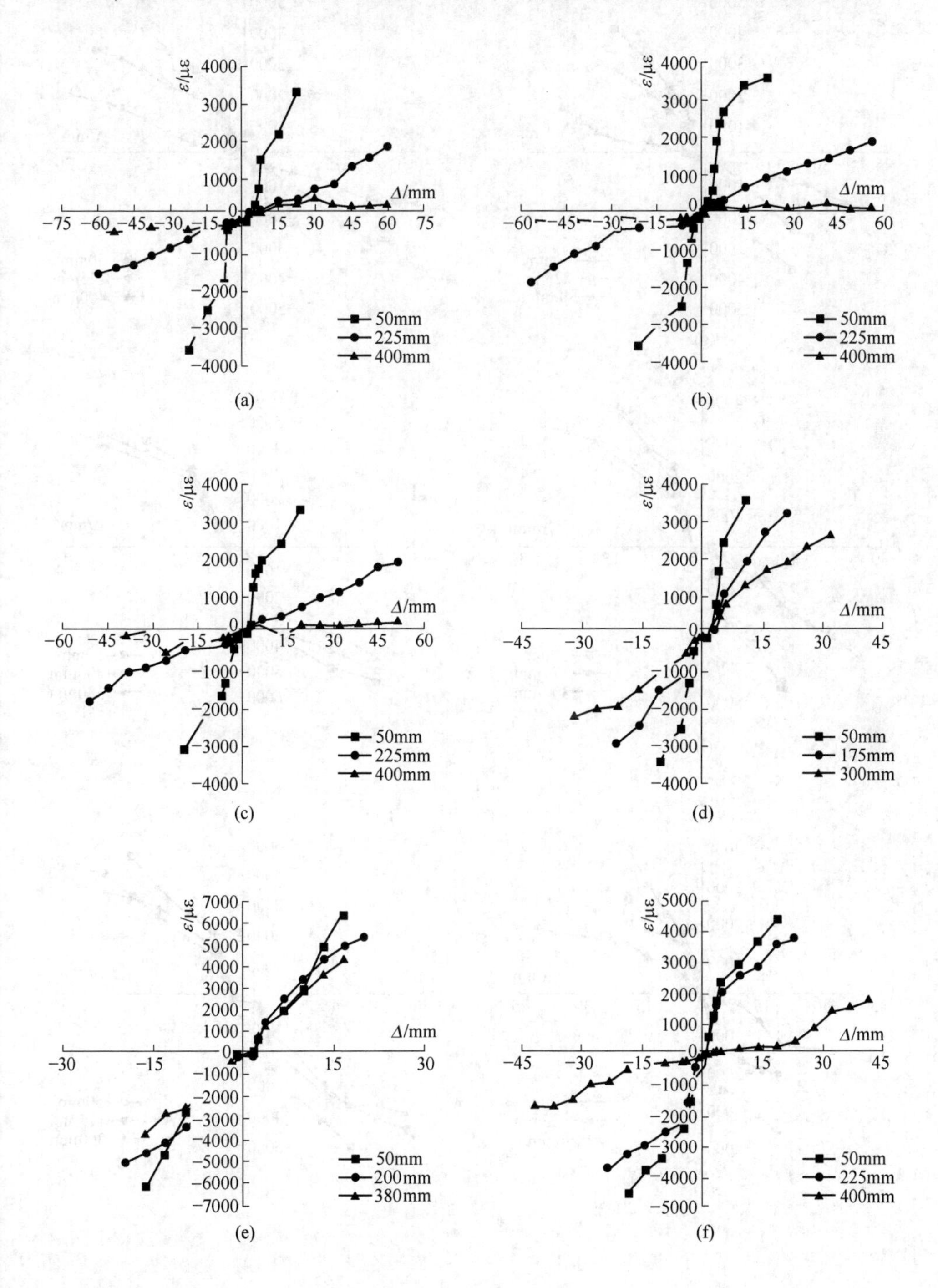

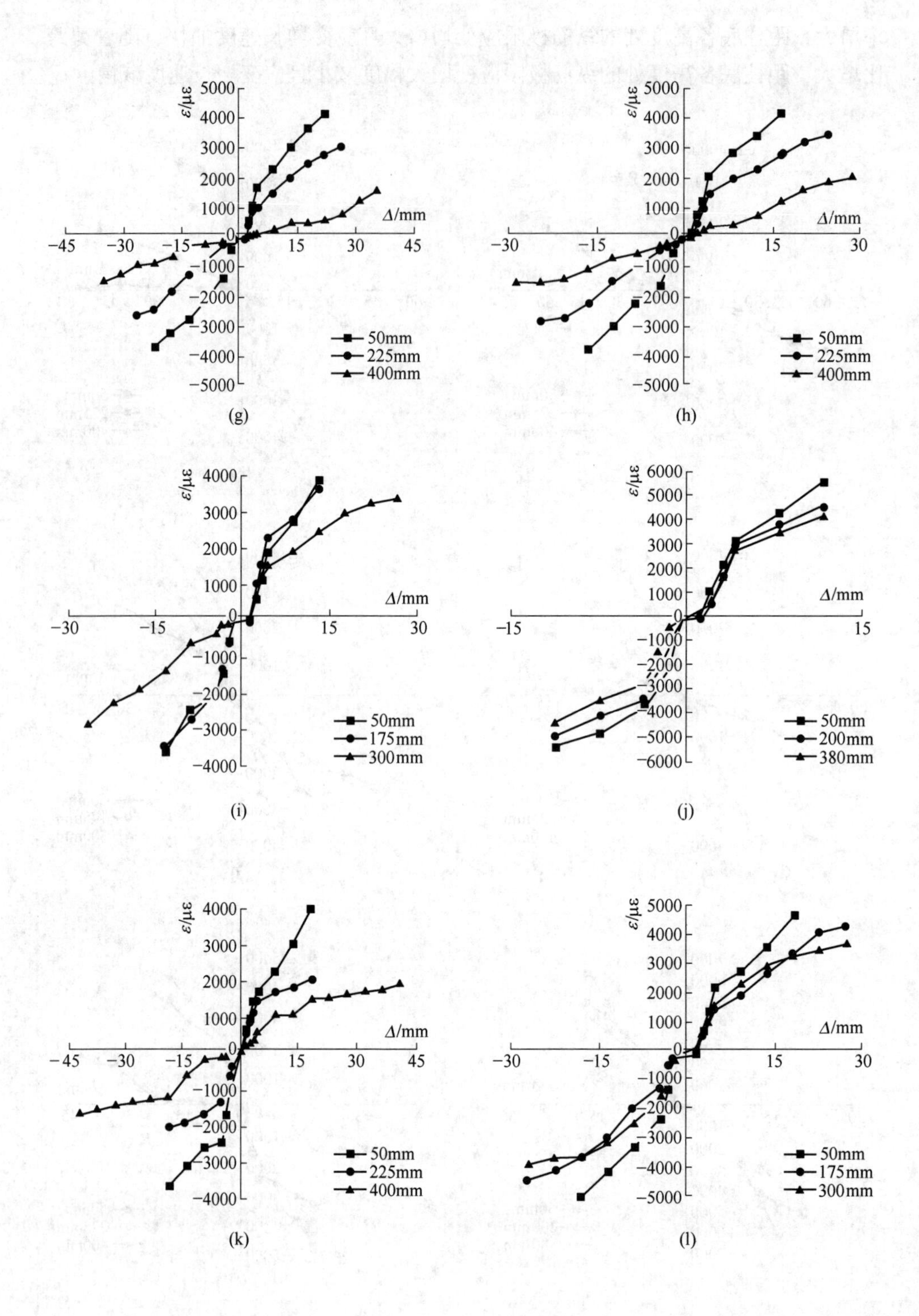
ε/με
Δ/mm
50mm
225mm
400mm
(g)
(h)
175mm
300mm
(i)
200mm
380mm
(j)
(k)
(l)

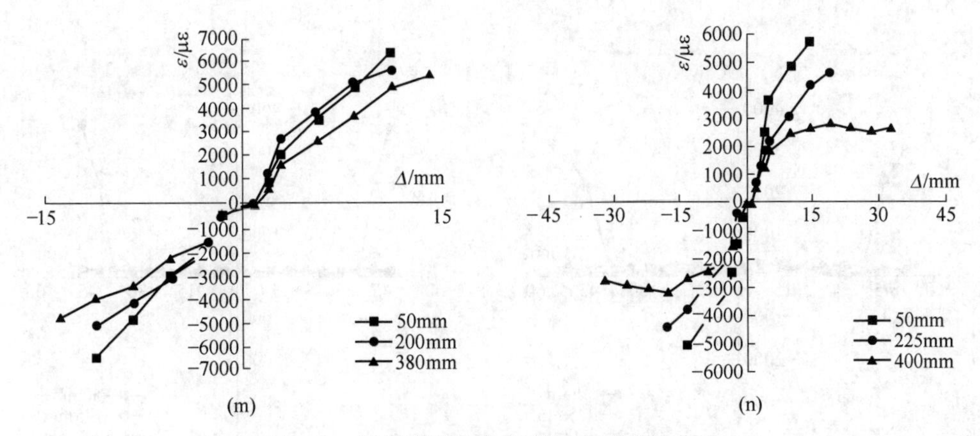

图 5-12 纵筋沿柱高方向应变-位移关系曲线

(a) S-CTRC-1Cc; (b) S-CTRC-1Cb; (c) S-CTRC-1Ca; (d) S-CTRC-1Bc; (e) S-CTRC-1Ac; (f) S-CTRC-2Cc; (g) S-CTRC-2Cb; (h) S-CTRC-2Ca; (i) S-CTRC-2Bc; (j) S-CTRC-2Ac; (k) CTRC-1Cc; (l) CTRC-1Bc; (m) CTRC-1Ac; (n) CTRC-2Cc

5.2.8.2 箍筋沿柱高方向应变分析

图 5-13 为试件位移与箍筋应变关系曲线，从图中可以看出，曲线可分为达到峰值荷载前和达到峰值荷载后两个阶段。钢管不直接承担纵向荷载和弯矩，且钢管对核心钢渣混凝土良好的约束作用，柱身整体的核心钢渣混凝土在破坏前保持完好且未发生变形，箍筋的约束作用保持不变，故距柱底不同高度处的箍筋应变基本保持不变。随着轴压比和钢渣混凝土膨胀率增大，距柱底各高度处的箍筋应变均略微增大。

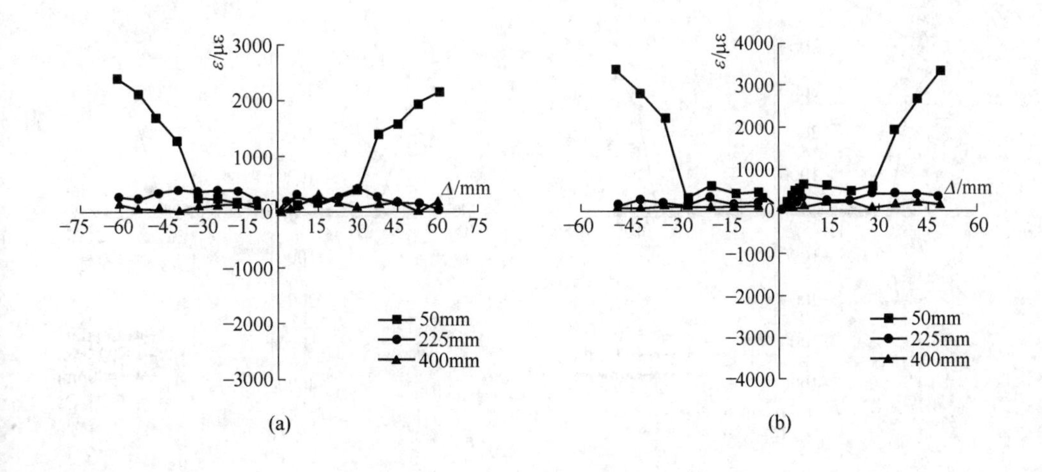

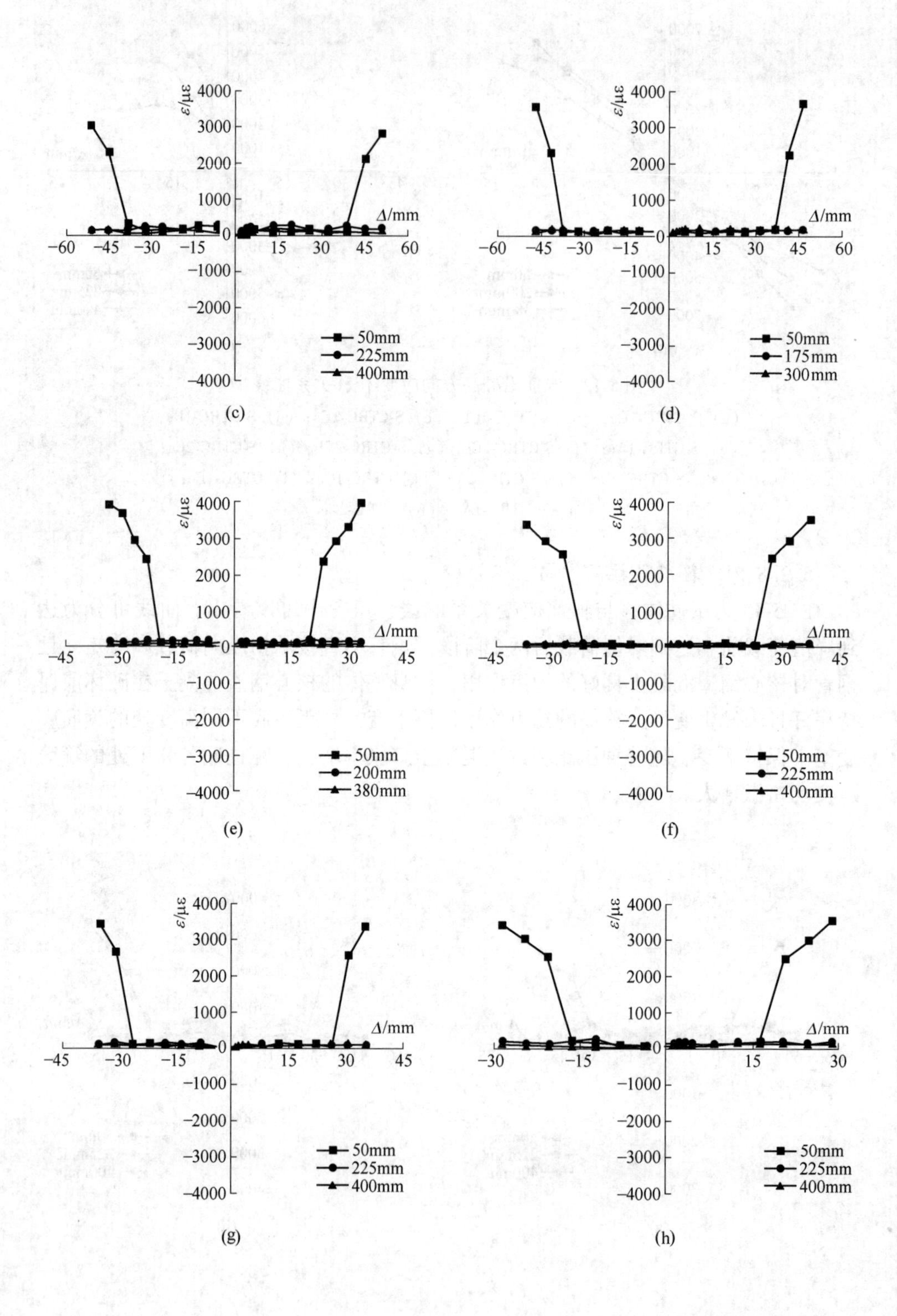
ε/με
Δ/mm
50mm
225mm
400mm
(c)
175mm
300mm
(d)
200mm
380mm
(e)
(f)
(g)
(h)

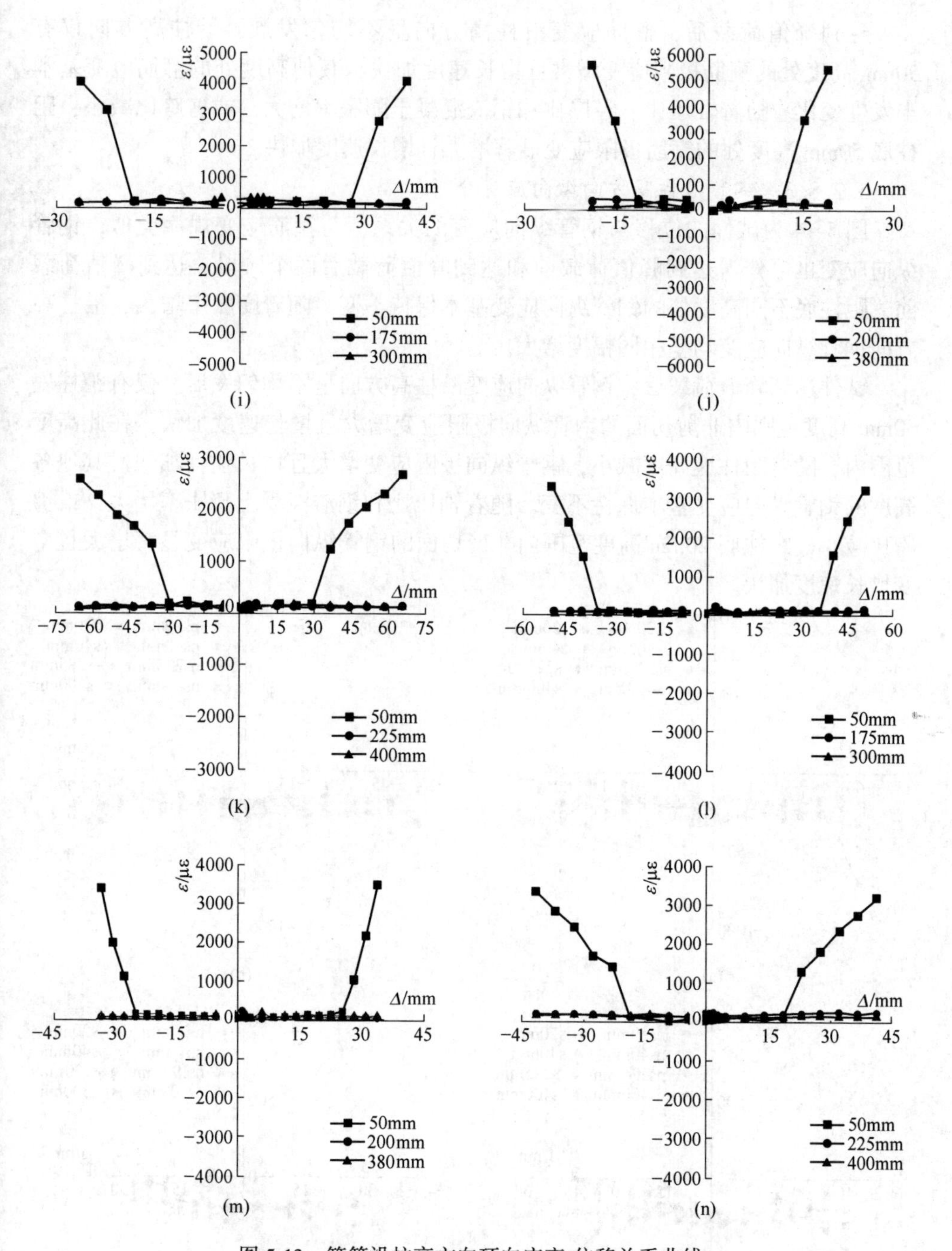

图 5-13 箍筋沿柱高方向环向应变-位移关系曲线

(a) S-CTRC-1Cc；(b) S-CTRC-1Cb；(c) S-CTRC-1Ca；(d) S-CTRC-1Bc；(e) S-CTRC-1Ac；(f) S-CTRC-2Cc；(g) S-CTRC-2Cb；(h) S-CTRC-2Ca；(i) S-CTRC-2Bc；(j) S-CTRC-2Ac；(k) CTRC-1Cc；(l) CTRC-1Bc；(m) CTRC-1Ac；(n) CTRC-2Cc

达到峰值荷载后，箍筋应变沿柱高方向呈不均匀发展，沿柱高方向仅有50mm 高度处的箍筋极限应变增大且增长速度加快，其他高度处的箍筋应变基本未发生变化。随着轴压比、径厚比和钢渣混凝土膨胀率增大，或剪跨比减小，距柱底 50mm 高度处的箍筋极限应变显著增大且增长速度加快。

5.2.8.3 钢管沿柱高方向纵向应变分析

图 5-14 为试件的位移与钢管纵向应变的关系，与箍筋应变规律类似，钢管纵向应变也可分为达到峰值荷载前和达到峰值荷载后两个阶段。达到峰值荷载前，距柱底不同高度处的钢管纵向应变基本保持不变。随着膨胀率增大，沿柱高方向钢管纵向应变均呈相同幅度增大。

试件达到峰值荷载后，钢管纵向应变沿柱高方向呈不均匀发展，仅有距柱底 60mm 高度范围内非剪切面的钢管纵向极限应变增大且增长速度加快，在此高度范围内，随着距柱底高度减小，钢管纵向极限应变增大且增长速度加快。其他各高度的钢管纵向应变基本保持不变。随着轴压比和钢渣混凝土膨胀率增大，或剪跨比减小，距柱底 20mm 高度范围内非剪切面的钢管纵向极限应变显著增大且应变增长速度加快。

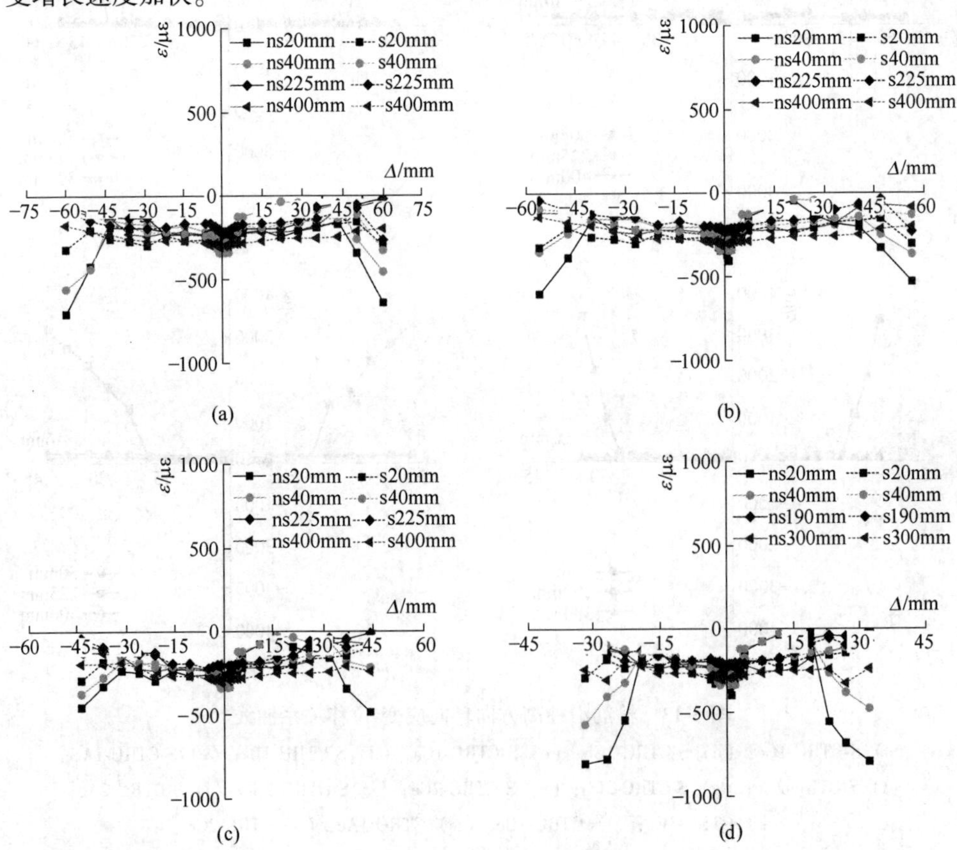

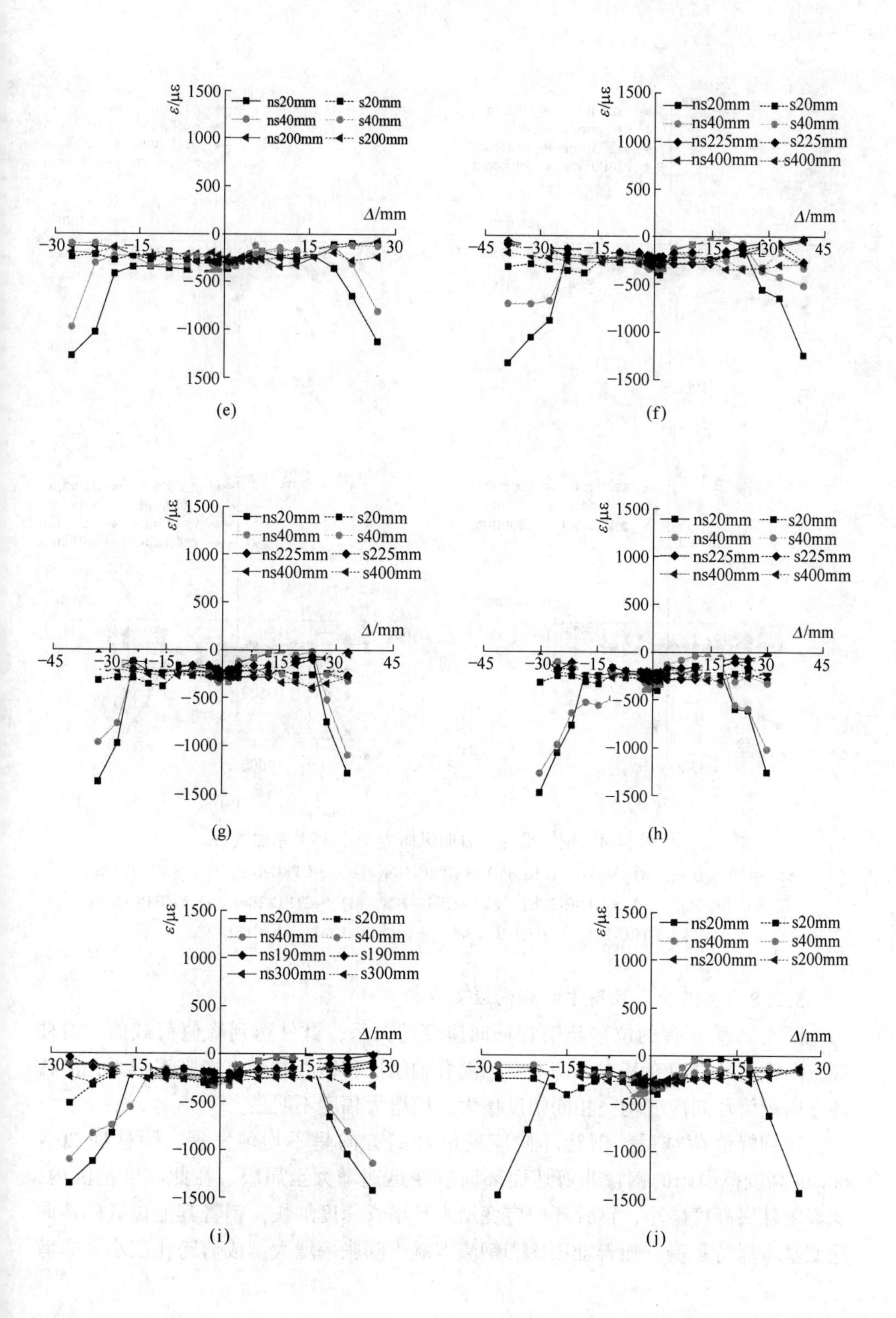
ε/με
Δ/mm
ns20mm
s20mm
ns40mm
s40mm
ns200mm
s200mm
ns225mm
s225mm
ns400mm
s400mm
ns190mm
s190mm
ns300mm
s300mm

(e)

(f)

(g)

(h)

(i)

(j)

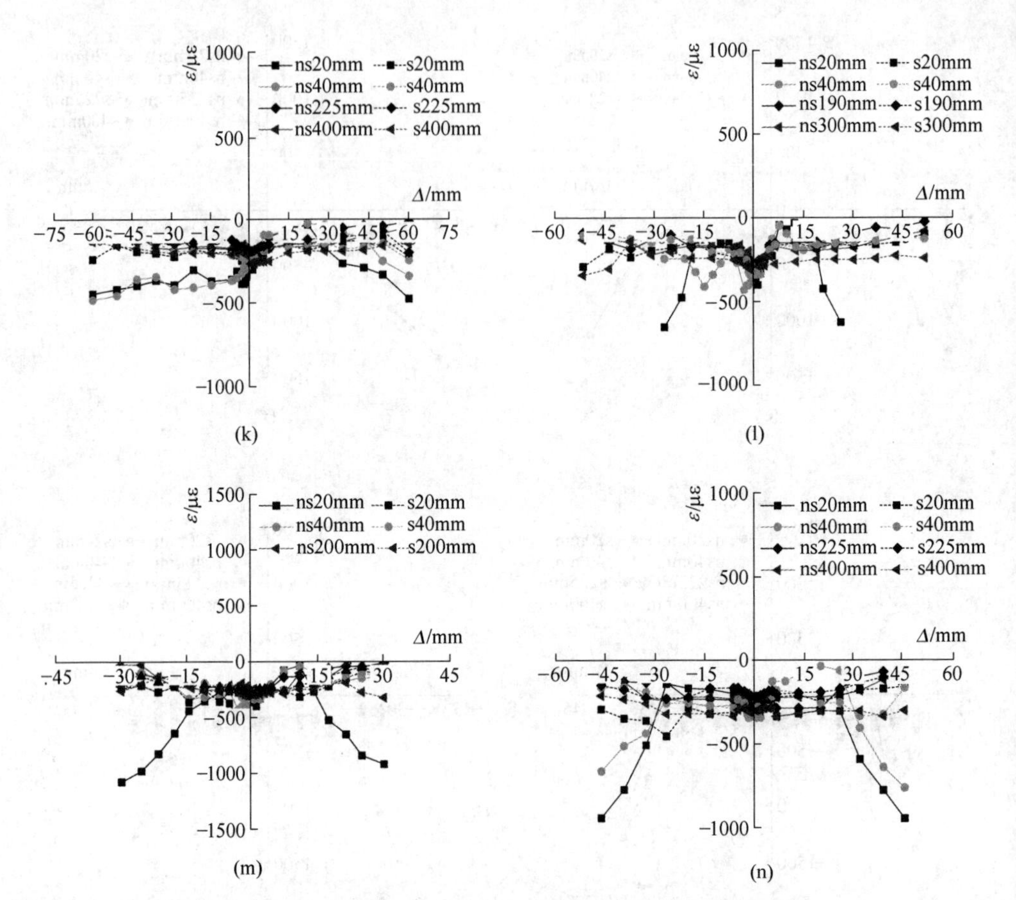

图 5-14　钢管沿柱高方向纵向应变-位移关系曲线

(a) S-CTRC-1Cc; (b) S-CTRC-1Cb; (c) S-CTRC-1Ca; (d) S-CTRC-1Bc; (e) S-CTRC-1Ac; (f) S-CTRC-2Cc; (g) S-CTRC-2Cb; (h) S-CTRC-2Ca; (i) S-CTRC-2Bc; (j) S-CTRC-2Ac; (k) CTRC-1Cc; (l) CTRC-1Bc; (m) CTRC-1Ac; (n) CTRC-2Cc

5.2.8.4 钢管沿柱高方向环向应变分析

图 5-15 为试件的位移与钢管环向应变的关系，试件达到峰值荷载前，沿柱高方向钢管环向应变基本保持不变，随着轴压比和钢渣混凝土膨胀率增大，沿柱高方向钢管环向应变均呈相同幅度增大，但增大幅度不明显。

达到峰值荷载后，钢管环向应变沿柱高方向呈不均匀发展，距柱底 20~60mm 高度范围内的钢管非剪切面环向应变迅速增大至屈服，在此高度范围内，随着距柱底高度减小，钢管环向应变增大且增长速度加快，钢管其他位置的环向应变基本保持不变。随着轴压比和钢渣混凝土膨胀率增大，或剪跨比减小，非剪切面的环向应变增大且增长速度加快；随着径厚比增大，钢管非剪切面的环向应变增大。

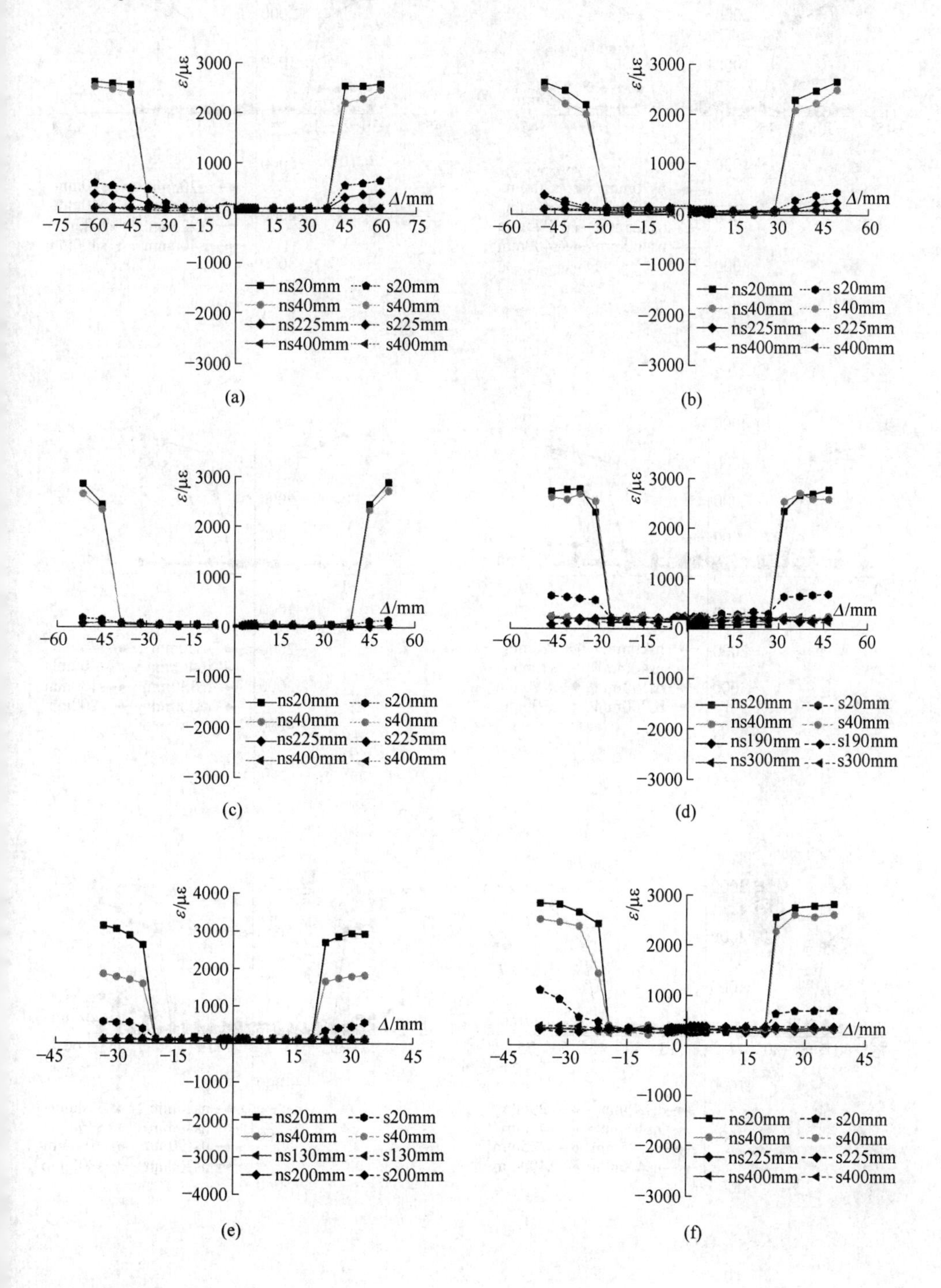

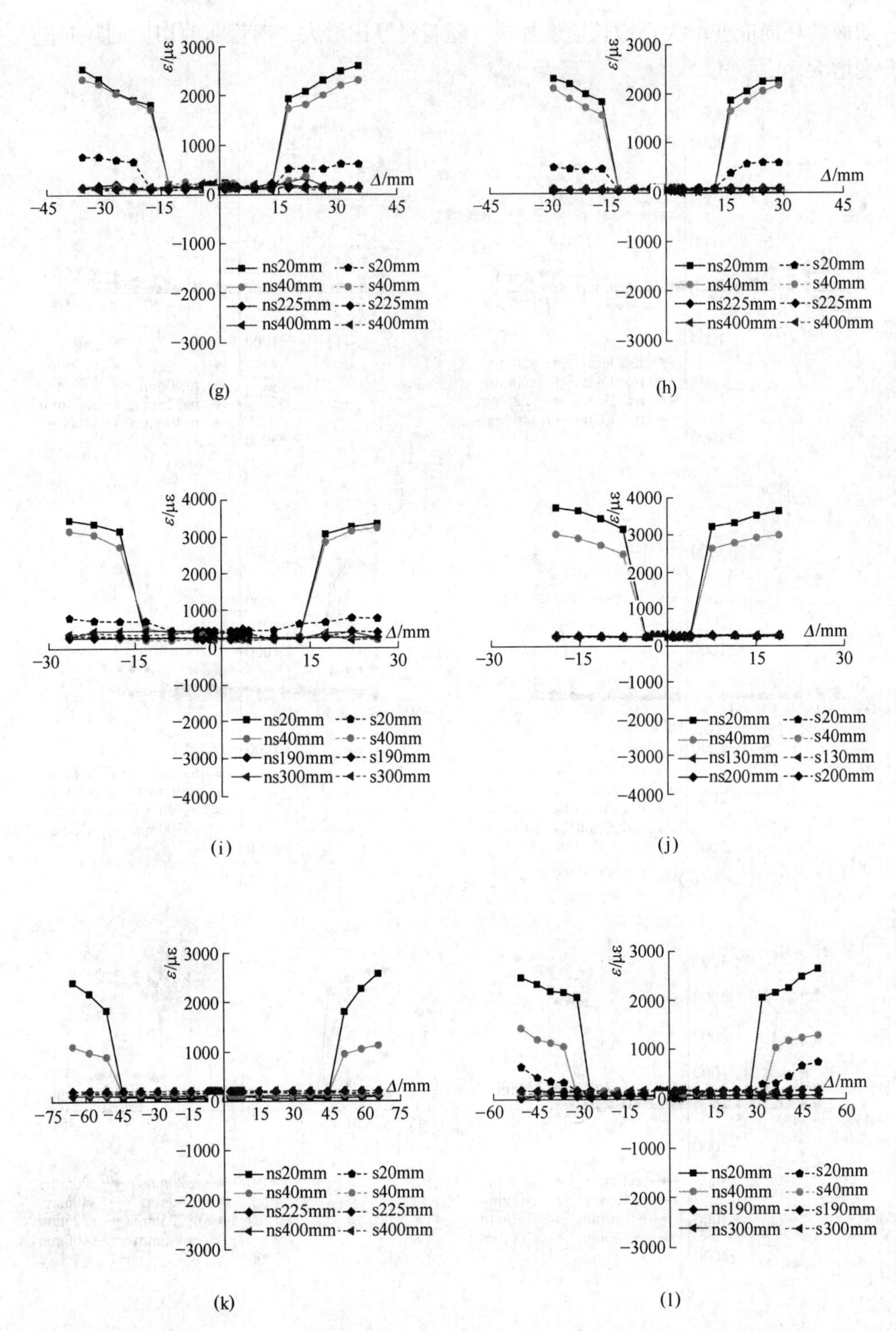
ε/με
Δ/mm
ns20mm
s20mm
ns40mm
s40mm
ns225mm
s225mm
ns400mm
s400mm
(g)
(h)
ns190mm
s190mm
ns300mm
s300mm
(i)
ns130mm
s130mm
ns200mm
s200mm
(j)
(k)
(l)

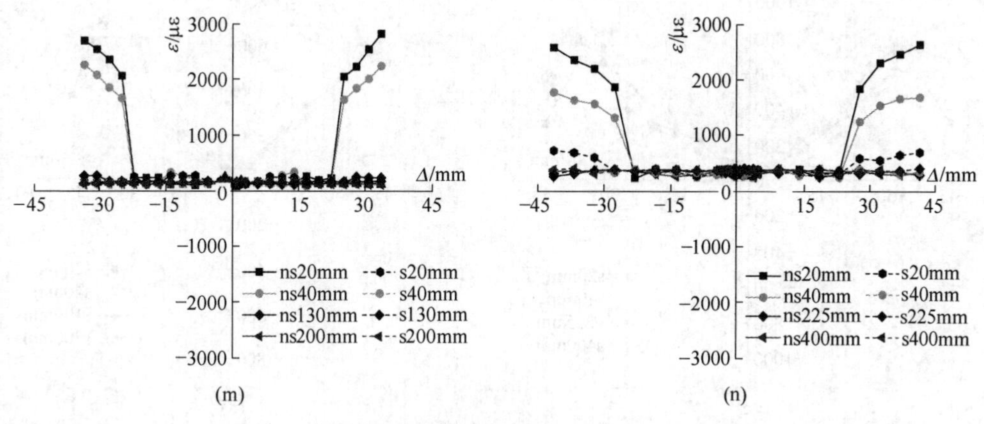

图 5-15 钢管沿柱高方向环向应变-位移关系曲线

（a）S-CTRC-1Cc；（b）S-CTRC-1Cb；（c）S-CTRC-1Ca；（d）S-CTRC-1Bc；（e）S-CTRC-1Ac；（f）S-CTRC-2Cc；（g）S-CTRC-2Cb；（h）S-CTRC-2Ca；（i）S-CTRC-2Bc；（j）S-CTRC-2Ac；（k）CTRC-1Cc；（l）CTRC-1Bc；（m）CTRC-1Ac；（n）CTRC-2Cc

5.2.8.5 钢管沿柱高方向剪切应变分析

图 5-16 为试件位移与钢管剪应变的关系曲线，达到峰值荷载前，钢管剪应变沿柱高方向基本呈线性增长，且增长速度大致相同。随着轴压比增大，或剪跨比和径厚比减小，剪应变增大且增长速度加快；随着膨胀率增大，剪应变增大但增长速度减慢。

试件达到峰值荷载后：钢管剪应变沿柱高方向呈不均匀发展，距柱底 20~40mm 高度范围内的钢管剪应变明显减小，随着距柱底高度减小，钢管剪应变减小且减小速度加快。随着轴压比增大，或剪跨比和径厚比减小，剪应变减小且应变减小速度加快；随着膨胀率增大，距柱底 20mm 高度范围内的钢管剪应变减小且应变减小速度减慢。

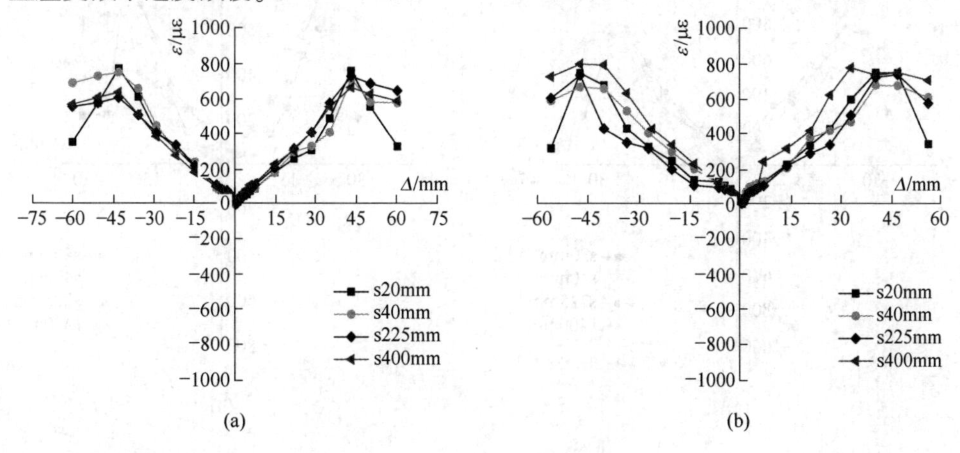

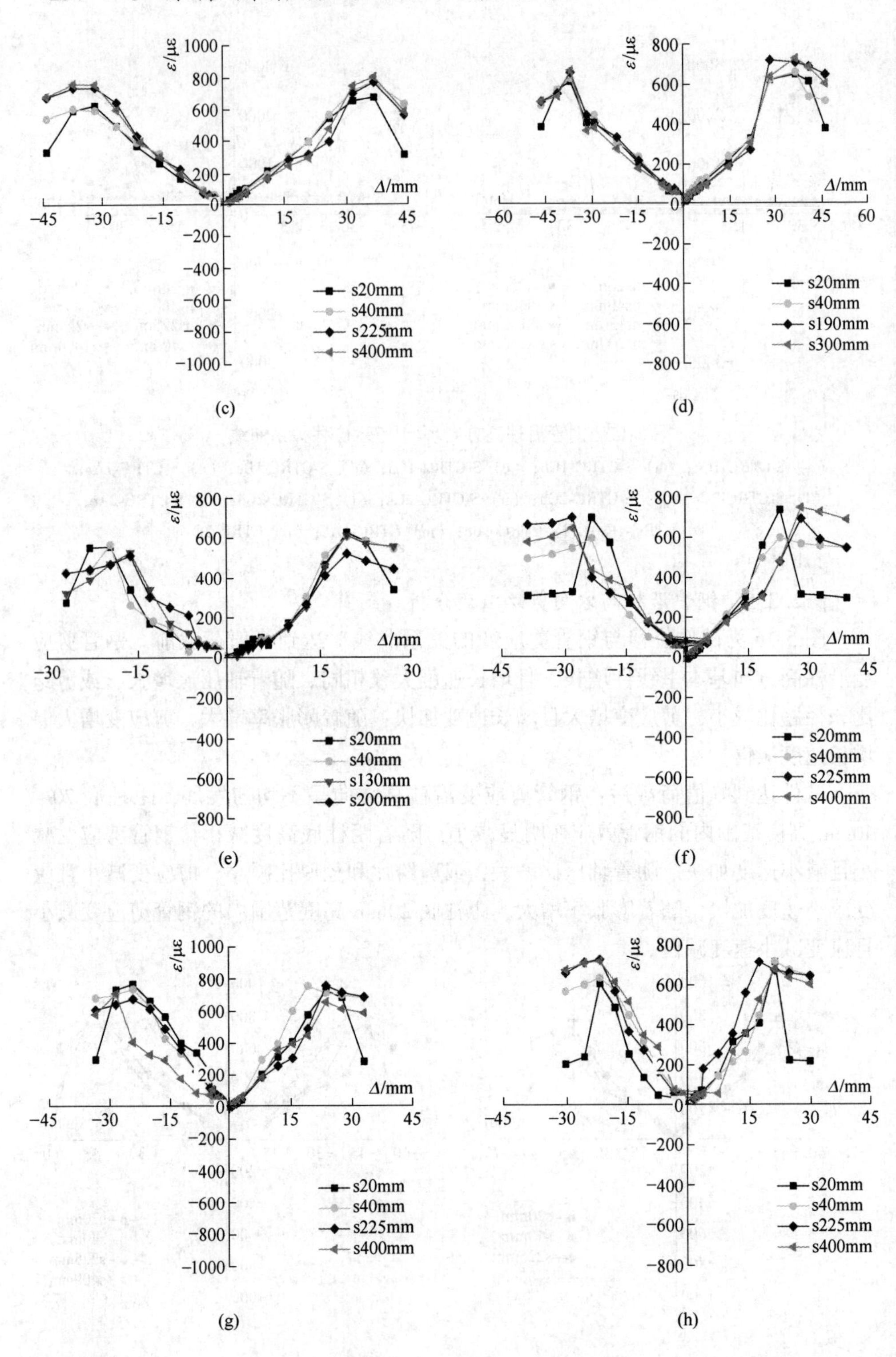
ε/με
Δ/mm
s20mm
s40mm
s225mm
s400mm
(c)
s190mm
s300mm
(d)
s130mm
s200mm
(e)
(f)
(g)
(h)

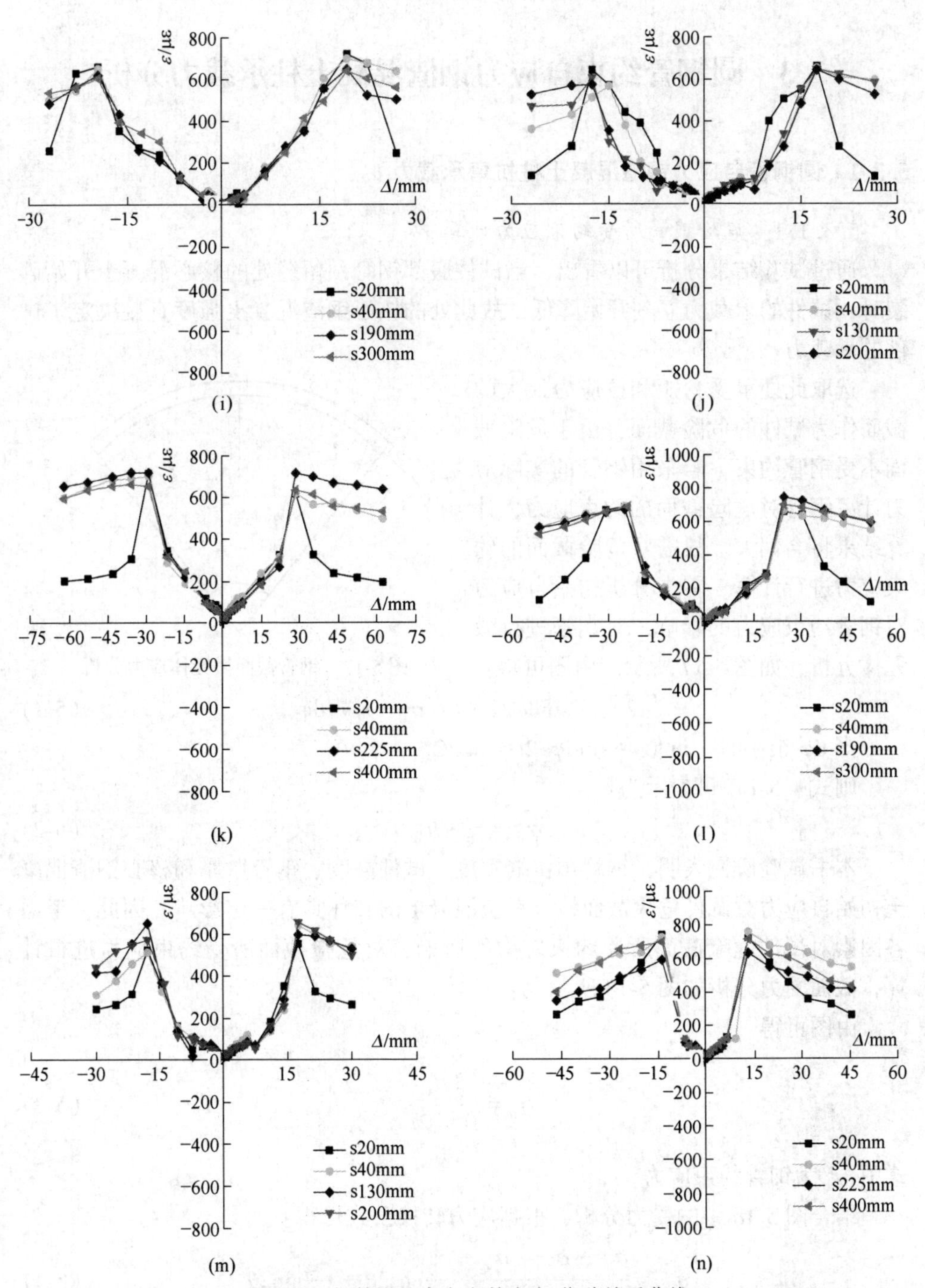

图 5-16 钢管沿柱高方向剪应变-位移关系曲线

(a) S-CTRC-1Cc; (b) S-CTRC-1Cb; (c) S-CTRC-1Ca; (d) S-CTRC-1Bc; (e) S-CTRC-1Ac; (f) S-CTRC-2Cc; (g) S-CTRC-2Cb; (h) S-CTRC-2Ca; (i) S-CTRC-2Bc; (j) S-CTRC-2Ac; (k) CTRC-1Cc; (l) CTRC-1Bc; (m) CTRC-1Ac; (n) CTRC-2Cc

5.3　圆钢管约束自应力钢渣混凝土柱承载力分析

5.3.1　圆钢管自应力钢渣混凝土柱抗弯承载力

5.3.1.1　危险截面所受约束应力计算

通过试验结果分析可以看出，当试件底部钢管预留缝处的核心混凝土开始碎裂时，试件的承载力立刻开始降低，故此处的核心钢渣混凝土强度直接决定了试件的承载力。

选取此处承受弯矩和拉应力最大的截面作为试件的危险截面，由于危险截面不受钢管约束，若采用钢管的实际应力计算钢管对危险截面的约束应力，计算结果将会偏大。故需对危险截面的约束应力进行计算。首先分析初始自应力对钢管约束应力的影响，对钢管进行微元体分析，如图 5-17 所示。由图可得：

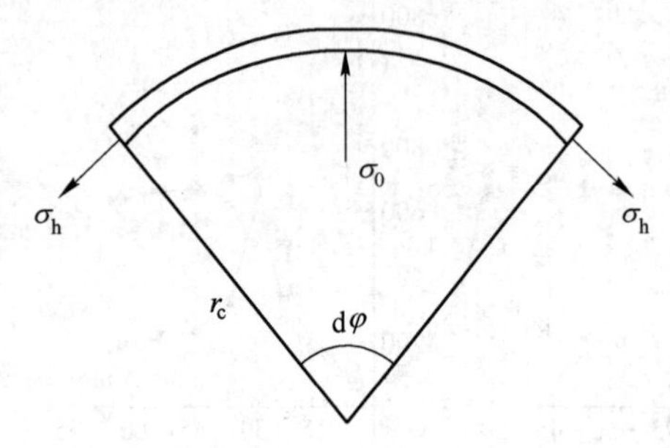

图 5-17　钢管截面微元体应力分析

$$2\sigma_h \cdot \sin d\varphi/2 \cdot t = \sigma_0 \cdot r_c \cdot d\varphi \tag{5-1}$$

当 $d\varphi$ 很小时，近似取 $\sin d\varphi/2 \approx d\varphi/2$。

则式（5-1）可表示为：

$$\sigma_h = r_c \cdot \sigma_0 / t \tag{5-2}$$

本书试验研究表明，钢管预留缝宽度、试件高度、钢管壁厚和核心钢渣混凝土初始自应力对试件危险截面核心钢渣混凝土的破坏具有一定影响。因此，考虑各因素对试件危险截面所受约束应力的影响，对危险截面所受约束应力进行计算，截面受力分析如图 5-18 所示。

由图可得：

$$f_r = \frac{2tf_y}{D - 2t} \tag{5-3}$$

式中，f_r 为钢管约束应力。

结合图 5-18 中的受力分析，根据应力转换公式可得：

$$\sigma_R = \frac{\sigma_x + \sigma_y}{2} + \frac{\sigma_x - \sigma_y}{2}\cos 2\theta + \frac{\tau_{xy}}{2}\sin 2\theta \tag{5-4}$$

式中，σ_R 为从坐标系原点到 A 点方向的应力；σ_x 为 A 点横向应力；σ_y 为 A 点纵向应力；τ_{xy} 为 A 点剪应力。

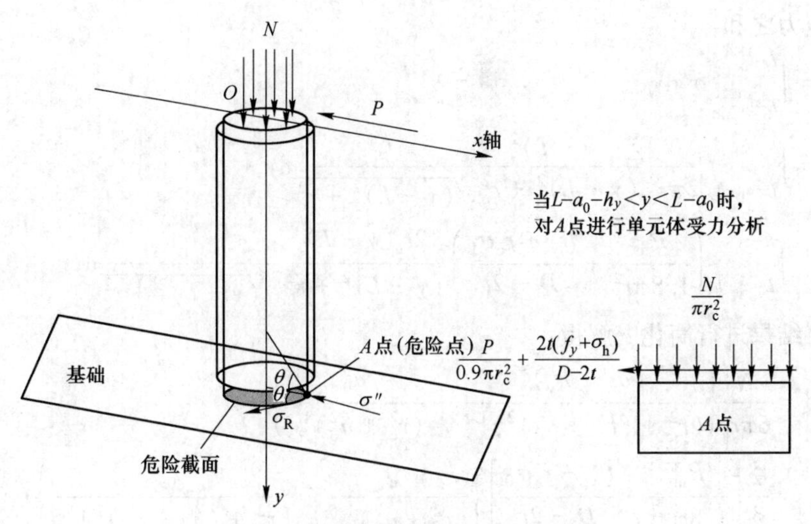

图 5-18 危险截面与危险点受力示意图
a_0 —钢管预留缝宽度；h_y —钢管屈服段高度

$$\sigma_R=\frac{\frac{N}{\pi r_c^2}}{2}-\frac{\frac{N}{\pi r_c^2}}{2}\cos2\theta+\left[\frac{P_m}{1.8\,\pi r_c^2}+\frac{t(f_y+\sigma_h)}{D-2t}\right]\sin2\theta \tag{5-5}$$

将式（5-2）代入式（5-5），可得：

$$\sigma_R=\frac{\frac{N}{\pi r_c^2}}{2}-\frac{\frac{N}{\pi r_c^2}}{2}\cos2\theta+\left[\frac{P_m}{1.8\pi r_c^2}+\frac{t\left(f_y+\frac{r_c\sigma_0}{t}\right)}{D-2t}\right]\sin2\theta \tag{5-6}$$

简化可得：

$$\sigma_R=\frac{N}{2\pi r_c^2}\sin^2\theta+\left(\frac{P_m}{1.8\pi r_c^2}+\frac{tf_y+r_c\sigma_0}{D-2t}\right)\sin2\theta \tag{5-7}$$

式中，σ_R 为单元高度的钢管对 A 点产生的合应力；P_m 为试件的水平峰值承载力。

由图 σ_R 与 A 点处约束应力 σ' 的关系得出：

$$\sigma''=\sigma_R\cos\theta=\frac{N}{2\pi r_c^2}\sin^2\theta\cos\theta+\left(\frac{P_m}{1.8\pi r_c^2}+\frac{tf_y+r_c\sigma_0}{D-2t}\right)\sin2\theta\cos\theta \tag{5-8}$$

式中，σ'' 为单元高度的钢管对 A 点处的约束应力；$\cos\theta=\frac{r_c}{\sqrt{(y-L)^2+r_c^2}}$，$\sin\theta=\frac{y-L}{\sqrt{(y-L)^2+r_c^2}}$，代入式（5-9）中并进行积分。

结合此单元高度钢管对 A 点的约束应力，计算屈服高度范围内钢管对 A 点的约束应力之和：

$$\sigma' = \int_{L-a_0-h_y}^{L-a_0} \sigma'' \mathrm{d}y$$

$$= \int_{L-a_0-h_y}^{L-a_0} \frac{N}{2\pi r_c^2} \frac{(y-L)^2}{(y-L)^2 + r_c^2} \frac{r_c}{\sqrt{(y-L)^2 + r_c^2}} \mathrm{d}y +$$

$$\int_{L-a_0-h_y}^{L-a_0} \left(\frac{P_m}{1.8\pi r_c^2} + \frac{tf_y + r_c\sigma_0}{D-2t} \right) \frac{2r_c(y-L)}{(y-L)^2 + r_c^2} \frac{r_c}{\sqrt{(y-L)^2 + r_c^2}} \mathrm{d}y \tag{5-9}$$

将结果进行简化，解得：

$$\sigma' = \frac{N}{6\pi r_c^2} \left\{ \frac{(a_0 + h_y)^3}{(r_c^2 + (h_y + a_0)^2)^{1.5}} - \frac{a_0^3}{(r_c^2 + a_0^2)^{1.5}} \right\} +$$

$$\frac{2}{3} \left[\frac{P_m}{1.8\pi r_c^2} + \frac{tf_y + r_c\sigma_0}{D-2t} \right] \left\{ \frac{r_c^3}{(r_c^2 + a_0^2)^{1.5}} - \frac{r_c^3}{[r_c^2 + (h_y + a_0)^2]^{1.5}} \right\} \tag{5-10}$$

在此基础上，根据试验实测的钢管极限环向应变和箍筋极限应变，计算钢管和箍筋实际强度利用情况。

A　钢管强度利用系数

试验结果表明钢管环向应变沿柱高方向呈现不均匀分布，为考虑各因素对钢管极限环向应变的影响，对钢管的实际环向应变进行多元线性回归：

$$\varepsilon_{uh} = -242n_0 - 529D/t + 5\lambda + 303\sigma_0 + 2415 \tag{5-11}$$

式中，ε_{uh} 为钢管极限环向应变。

通过计算钢管实际应变与钢管屈服应变的比值，得到钢管强度利用系数 κ：

$$\kappa = \frac{-242n_0 - 529D/t + 5\lambda + 303\sigma_0 + 2415}{f_y/E_s} \tag{5-12}$$

式中，E_s 为钢材弹性模量。

当 $\kappa \geqslant 1$ 时，取 $\kappa = 1$。

B　箍筋强度利用系数

试验结果表明箍筋应变沿柱高方向呈现不均匀分布，为考虑各因素对钢管极限环向应变的影响，对钢管的实际环向应变进行多元线性回归：

$$\varepsilon_{us} = 4333n_0 - 1810D/t - 2\lambda + 102\sigma_0 + 5099 \tag{5-13}$$

式中，ε_{us} 为箍筋极限环向应变。

通过计算箍筋应变与箍筋屈服应变的比值，得到箍筋强度利用系数 ϑ：

$$\vartheta = \frac{4333n_0 - 1810D/t - 2\lambda + 102\sigma_0 + 5099}{f_{yv}/E_s} \tag{5-14}$$

式中，f_{yv} 为箍筋屈服强度。

当 $\vartheta \geqslant 1$ 时，取 $\vartheta = 1$。

试件的径厚比均大于 20，属于薄壁钢管，可忽略钢管壁厚对核心钢渣混凝土截面直径的影响，危险截面破坏时钢管的实际应力为 κf_y，箍筋的实际应力为 ϑf_{yv}。又由于在实际应用中，柱剪跨比较大导致 h_0 较大，柱截面半径远小于 h_0，且柱截面半径远大于钢管预留缝宽度。故将式（5-10）中 $D-2t$ 简化为 D，将 $\frac{a_0^3}{(r_c^2+a_0^2)^{1.5}}$ 和 $\frac{r_c^3}{[r_c^2+(h_y+a_0)^2]^{1.5}}$ 忽略，得到简化公式：

$$\sigma' = \frac{N(a_0+h_y)^3}{6\pi r_c^2[r_c^2+(h_y+a_0)^2]^{1.5}} + \frac{0.37P_m}{\pi r_c^2} + \frac{0.67(t\kappa f_y + r_c\sigma_0)}{D} + \frac{A_{ss1}\vartheta f_{yv}}{r_c s} \tag{5-15}$$

式中，A_{ss1} 为单根箍筋截面面积。

将上式代入 Richart[109] 公式，得到危险截面核心钢渣混凝土强度计算公式为：

$$f_{cc}^e = f_{co} + 4.1\sigma' \tag{5-16}$$

式中，f_{cc}^e 为约束混凝土强度。

5.3.1.2 基本假定

（1）截面符合平截面假定；

（2）钢管与核心钢渣混凝土、钢筋与核心钢渣混凝土之间黏结良好，无相对滑移现象产生；

（3）不考虑受拉区核心钢渣混凝土的作用；

（4）不考虑核心钢渣混凝土受拉膨胀引起的钢管纵向应力；

（5）考虑钢管的约束作用，自应力钢渣混凝土应力-应变模型采用文献［122］建立的模型。

$$y = (2+k-k_1)x - (1+2k-k_1)x^2 + kx^3;\ x \leqslant 1 \tag{5-17}$$

$$y = \frac{x}{k_1+(1-k_1)x};\ x>1,\ \xi \geqslant 1.23 \tag{5-18}$$

$$y = \frac{x}{\overline{\omega}(x-1)^2+x};\ x>1,\ \xi < 1.23 \tag{5-19}$$

式中，$y=\frac{\sigma_0}{\sigma_m}$，$x=\frac{\varepsilon_0}{\varepsilon_m}$；$k=\frac{\sigma_h}{f_c}$，$f_c=0.76f_{cu}$，$\varepsilon_0$、$\sigma_m$、$\varepsilon_m$ 分别为初始应变、峰值应力和峰值应变；f_{cu} 为核心混凝土立方体抗压强度；$\overline{\omega}$ 为破坏后影响曲线下降形状的主要参数，$\overline{\omega}=(2.36\times10^{-5})^{[0.25+(\zeta-0.5)^7]}f_c^2\times3.51\times10^{-4}$；$k_1=0.1\zeta$，$\zeta$ 为套箍系数。

（6）钢材本构关系如图 5-19、式（5-20）所示。

$$\sigma_s = \begin{cases} E_s \varepsilon_s & (\varepsilon_s < \varepsilon_{s,h}) \\ f_y & (\varepsilon_y \leqslant \varepsilon_s \leqslant \varepsilon_{s,h}) \\ f_y + E_{s,h}(\varepsilon_s - \varepsilon_{s,h}) & (\varepsilon_s > \varepsilon_{s,h}) \end{cases} \tag{5-20}$$

式中, σ_s 为钢材应力; ε_s 为钢材应变; ε_y 为钢材屈服应变; $E_{s,h}$ 为钢材强化弹性模量, $E_{s,h} = 0.01E_s$。

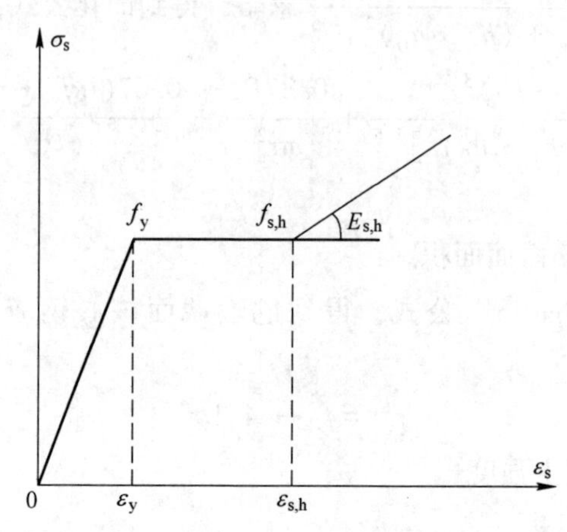

图 5-19 钢材应力应变关系曲线

5.3.1.3 极限抗弯承载力计算

根据截面轴力平衡条件，由图 5-20 可得：

$$f_{cc}^{e} A_{cc} + f_{sy}(A_{ss} - A'_{ss}) - \sigma_z = N \tag{5-21}$$

式中, A_{cc} 为受压区钢渣混凝土面积; A_{ss} 为受压区钢环面积; A'_{ss} 为受拉区钢环面积; f_{sy} 为钢环强度（纵筋屈服强度）; σ_z 为初始自应力引起的纵向自应力, $\sigma_z = \dfrac{\sigma_0 + v\sigma_h}{1 - v^2}$。

采用弓形劣弧面积公式得到：

$$A_{ss} = \frac{\rho_s A_{sc} \gamma_0}{\pi} \tag{5-22}$$

$$A'_{ss} = \rho_s A_{sc}(1 - \gamma_0/\pi) \tag{5-23}$$

式中, ρ_s 钢环含钢率; A_{sc} 柱截面面积; γ_0 为受压区混凝土对应的角度。

图 5-21 为试件达到抗弯承载力时危险截面上混凝土的应力分布情况，由截面的弯矩平衡条件可得：

$$M_u = M_{cc} + M_s \tag{5-24}$$

式中, M_{cc} 和 M_s 分别为试件危险截面受压区核心钢渣混凝土和钢环提供的抗弯承载力。

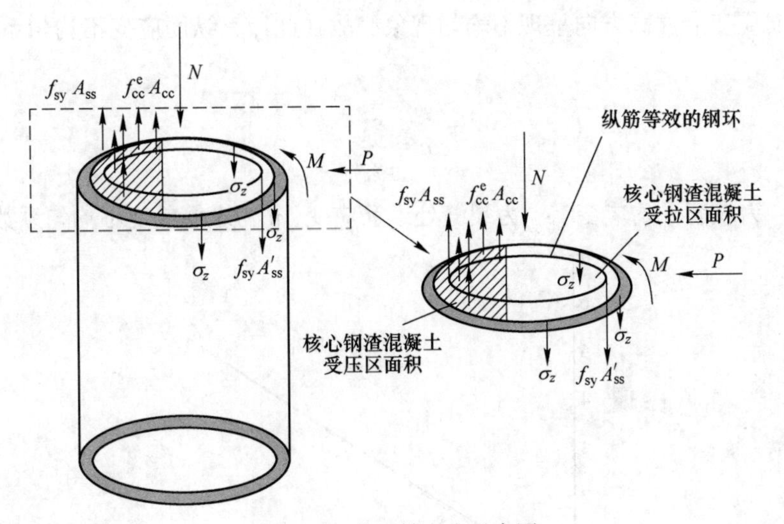

图 5-20 截面轴向力示意图

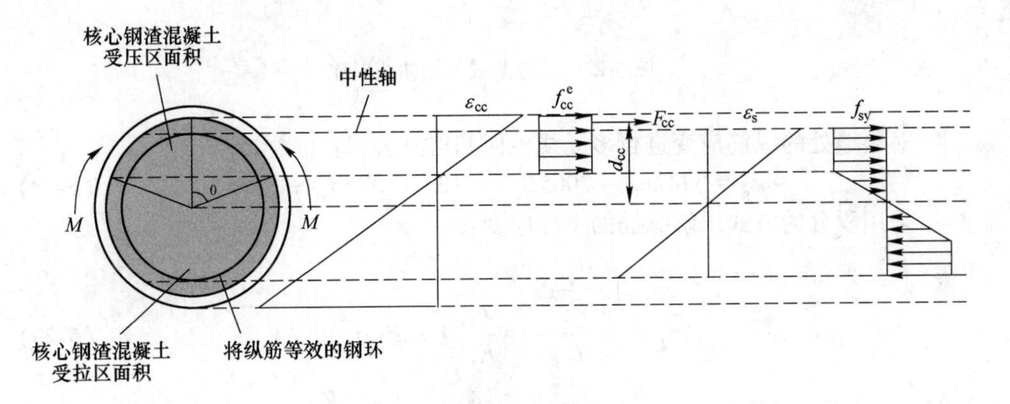

图 5-21 圆钢管约束钢筋自应力钢渣混凝土柱截面应力分布

利用弓形劣弧公式计算受压区混凝土面积：

$$A_{cc} = \frac{2\gamma_0 \pi r_c^2}{2\pi} - \frac{4r_c^2 \sin\gamma_0 \cos\gamma_0}{2} = r_c^2 \frac{2\gamma_0 - \sin 2\gamma_0}{2} \tag{5-25}$$

危险截面受压区混凝土应力为f_{cc}^{e}，故受压区混凝土承担的轴压力 F_{cc} 为：

$$F_{cc} = f_{cc}^{e} r_c^2 \frac{2\gamma_0 - \sin 2\gamma_0}{2} \tag{5-26}$$

其中 $y = 2\gamma_0 - \sin 2\gamma_0$ 是关于 γ_0 的超越函数，计算较为复杂，故采用一次函数代替。由图 5-22 可以看出，γ_0 为任意值时，$y = 2\gamma_0 - \sin 2\gamma_0$ 与 $y = 1.09091\gamma_0 - 0.0055$ 基本完全重合，误差在 0.1%以内，吻合度高。

纵筋应变沿柱高方向呈现不均匀现象，故在此计算纵筋应变不均匀系数。根据定义：

$$\eta = \frac{\bar{\varepsilon}_g}{\varepsilon_g} \tag{5-27}$$

式中，$\bar{\varepsilon}_g$ 为纵筋平均应变；ε_g 为裂缝处纵筋应变；η 为纵筋应变不均匀系数。

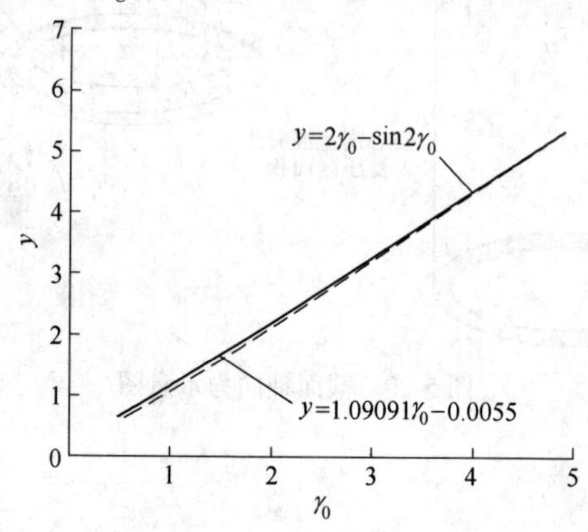

图 5-22　拟合曲线与原曲线对比

对裂缝处的纵筋应变进行多元线性回归得到公式：

$$\varepsilon_g = 3742n_0 - 2065D/t - 12\lambda - 377\sigma_0 + 8354 \tag{5-28}$$

采用积分的方式求解纵筋的平均应变：

$$\bar{\varepsilon}_g = \frac{\int_0^L \frac{\sigma_{gx}}{E_s}\mathrm{d}x}{L} = \frac{\sigma_g}{E_s}[1 - F(\sigma_g)] \tag{5-29}$$

式中，σ_{gx} 为距裂缝截面 x 处纵筋应力，$F(\sigma_g) = \frac{\sigma_g - \sigma_{gx}}{\sigma_g}$。

令 $\chi = \sigma_g - \sigma_{gx}$，对不同高度处纵筋应变与裂缝处纵筋应变差值进行多元线性回归，可得：

$$\chi = (6033n_0 - 869D/t - 70\lambda - 278\sigma_0 - 3184)E_s \tag{5-30}$$

故纵筋应变的不均匀系数为：

$$\psi = \frac{\bar{\varepsilon}_g}{\varepsilon_g} = \frac{\chi}{3742n_0 - 2065D/t - 12\lambda - 377\sigma_0 + 8354 - LE_s} \tag{5-31}$$

当 $\psi \geqslant 1$ 时，取 $\psi = 1$。结合式（5-31），试件在加载过程中纵筋实际发挥的强度 f_{ss} 为：

$$f_{ss} = f_y\psi = \frac{f_y\chi}{3742n_0 - 2065D/t - 12\lambda - 377\sigma_0 + 8354 - LE_s} \tag{5-32}$$

故联立式（5-17）、式（5-22）、式（5-23）、式（5-25）和式（5-26）可以得出：

$$\gamma_0 = \frac{N + \sigma_z + 0.00275 f_{cc}^{e} r_c^2 + f_{ss}\rho_s A_{sc}}{0.54546 f_{cc}^{e} r_c^2 + 0.63694 f_{ss}\rho_s A_{sc}} \tag{5-33}$$

联立式（5-17）、式（5-22）~式（5-26）和式（5-33），得出试件极限抗弯承载力公式：

$$M_u = 1.59 f_{cc}^{e} r_c^3 - 19 r_c^3 + 0.037 N\sigma_z r_c + 0.95 f_{ss}\rho_s A_{sc} r_c \tag{5-34}$$

5.3.1.4 极限抗弯承载力简化计算公式

本节在文献［111］提出钢管混凝土柱抗弯承载力计算公式（5-35）的基础上，提出圆钢管约束钢筋自应力钢渣混凝土柱极限抗弯承载力简化计算公式。

$$M_u = 1.4 W_{sc} f_{sc} \tag{5-35}$$

式中，W_{sc} 为截面弹性抵抗矩，$W_{sc} = \frac{\pi r_c^3}{4}$；$f_{sc}$ 为钢管混凝土柱抗压强度。

通过计算分析，圆钢管约束钢筋自应力钢渣混凝土柱中纵筋与混凝土提供的抗弯承载力基本相同，故对式（5-35）乘以修正系数 2.0，得到圆钢管约束钢筋钢渣混凝土柱和圆钢管约束钢筋自应力钢渣混凝土柱极限抗弯承载力简化计算公式，如式（5-36）所示：

$$M_u = 2.0 \times 1.4 \times f_{cc}^{e} \times W_{sc} = 2.8 f_{cc}^{e} W_{sc} \tag{5-36}$$

考虑轴向力的影响，可得极限抗弯承载力简化计算公式如式（5-37）所示：

$$M_u = 2.8 f_{cc}^{e} W_{sc} + N\Delta_m \tag{5-37}$$

为验证公式的正确性，采用本书、文献［50］、文献［112］的试验结果对公式进行验证，具体验证结果如表 5-7 所示。由表可得，极限抗弯承载力试验值 M_{ue} 与理论计算值 M_{uct} 比值的平均值为 0.928，均方差为 0.019；试验值与简化公式计算值 M_{ucs} 比值的平均值为 0.968，均方差为 0.020，吻合度高。另外，当核心混凝土为高强混凝土时，本公式考虑核心混凝土提供的抗弯承载力偏大；当核心混凝土为普通强度混凝土时，计算结果更为准确，故本公式更适用于普通强度核心混凝土试件。

表 5-7 极限抗弯承载力计算值与试验值对比

文献来源	试件编号	M_{ue} /kN·m	M_{uct} /kN·m	M_{ucs} /kN·m	M_{ue}/M_{uct}	M_{ue}/M_{ucs}
本书	S-CTRC-1Cc	78.44	74.76	75.34	1.05	1.04
	S-CTRC-1Cb	66.93	66.09	72.84	1.01	0.92
	S-CTRC-1Ca	55.30	61.46	54.87	0.90	1.01

续表 5-7

文献来源	试件编号	M_{ue} /kN · m	M_{uct} /kN · m	M_{ucs} /kN · m	M_{ue}/M_{uct}	M_{ue}/M_{ucs}
本书	S-CTRC-1Bc	78.02	71.25	69.56	1.10	1.12
	S-CTRC-1Ac	75.64	69.71	65.64	1.09	1.15
	S-CTRC-2Cc	93.09	103.65	86.98	0.90	1.07
	S-CTRC-2Cb	82.63	88.01	72.94	0.94	1.13
	S-CTRC-2Ca	70.41	73.78	62.92	0.95	1.12
	S-CTRC-2Bc	90.96	99.30	92.14	0.92	0.99
	S-CTRC-2Ac	90.79	98.99	89.49	0.92	1.02
	CTRC-1Cc	51.88	48.29	55.72	1.07	0.93
	CTRC-1Bc	51.78	51.40	57.48	1.01	0.90
	CTRC-1Ac	51.45	51.73	55.46	0.99	0.93
	CTRC-2Cc	61.08	55.24	61.18	1.11	1.00
文献［50］	STRC-60-8	116.0	106.98	162.87	1.08	0.71
	STRC-60-6	100.3	106.98	159.37	0.94	0.63
	STRC-60-3	69.4	106.98	85.84	0.65	1.05
文献［112］	CTRC-60-8	129.30	106.98	167.79	1.21	0.77
	CTRC-60-6	113.60	106.98	159.86	1.06	0.71
	CTRC-60-3	94.60	106.98	82.15	0.88	1.15

5.3.2　圆钢管自应力钢渣混凝土柱抗剪承载力

5.3.2.1　基本假定

(1) 截面符合平截面假定；

(2) 核心钢渣混凝土只受压力不受拉力作用；

(3) 将纵筋和箍筋视为受拉杆，抵抗外部荷载产生的拉应力；

(4) 试件的抗剪承载力主要由核心钢渣混凝土、钢管和箍筋提供；

(5) 当试件达到峰值承载力时，受压区核心钢渣混凝土碎裂，箍筋和钢管达到屈服状态；

(6) 钢管与核心钢渣混凝土，钢筋与核心钢渣混凝土之间黏结良好，无相对滑移产生；

(7) 核心钢渣混凝土和钢材采用 5.3.1 节中的本构关系。

5.3.2.2 极限抗剪承载力计算

利用桁架机构模型，将钢管等效为箍筋，同时考虑钢管自身的抗剪作用，试件各部分参与抗剪的示意图如图 5-23 所示。

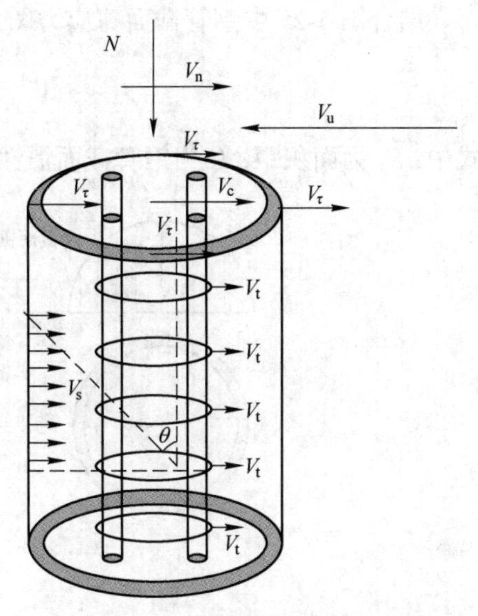

图 5-23 试件各部分参与抗剪示意图

由图可知，圆钢管约束钢筋自应力钢渣混凝土柱抗剪承载力 V_u 可以表达为：

$$V_u = V_c + V_\tau + V_s + V_h + V_n \tag{5-38}$$

式中，V_s 为钢管通过桁架机构提供的抗剪承载力；V_c 为核心混凝土提供的抗剪承载力；V_τ 钢管直接提供的抗剪承载力；V_h 为箍筋提供的抗剪承载力；V_n 为轴压力提供的抗剪承载力。

A 核心钢渣混凝土提供的抗剪承载力

采用《混凝土结构设计规范》（GB 50010—2010）的表达形式，并根据普通圆形截面核心混凝土抗剪面面积为 $0.9\pi r_c^2$ 得到表达式：

$$V_c = 0.9\pi r_c^2 \frac{1.75}{\lambda + 1} f_{cct} = \pi r_c^2 \frac{1.35}{\lambda + 1} f_{cct} \tag{5-39}$$

对本书和文献［51］约束混凝土抗压强度和约束混凝土抗拉强度进行非线性回归分析，拟合曲线如图 5-24 所示，得到如下换算关系：

$$f_{cct} = 0.80 f_{cc}^{e\ 0.31} \tag{5-40}$$

式中，f_{cct} 为约束混凝土抗拉强度。

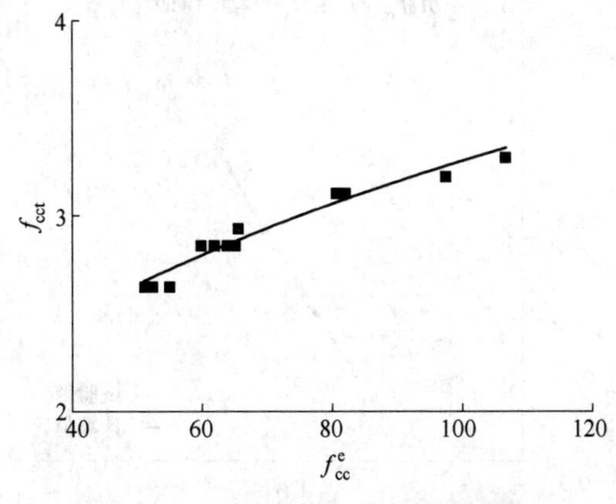

图 5-24 计算值与试验值拟合曲线

B　钢管直接提供的抗剪承载力

结合图 5-25 中钢管截面剪应力图，根据材料力学公式可以得出：

$$V_{\tau} = \frac{2I_{s}t\tau_{max}}{S_0} \tag{5-41}$$

式中，S_0 为面积距；I_s 为钢管截面惯性矩。

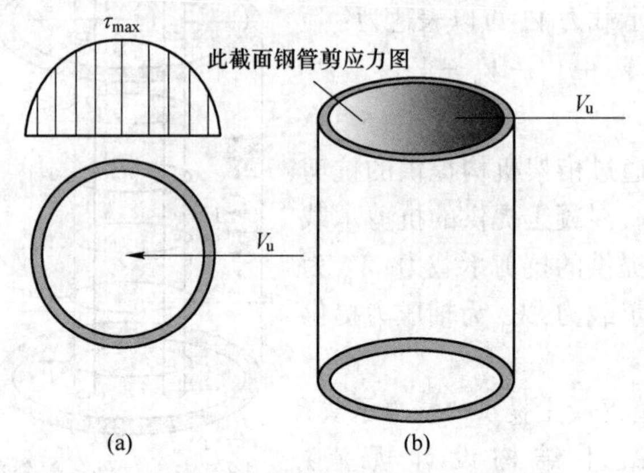

图 5-25　圆钢管截面受剪示意图
（a）截面图；（b）立体图

将 $S_0 = 2tr_c^2$ 和 $I_s = \pi t r_c^3$ 代入式（5-41）中，可得：

$$V_{\tau} = \frac{\pi t r_c^3 \cdot 2t}{2tr_c^2} \cdot \tau_{max} = \pi t r_c \tau_{max} \tag{5-42}$$

在满足 von Mises 屈服准则的基础上，利用本书数据以及文献［64］和文献［113］中的数据对钢管的初始自应力和剪应力进行回归分析，得到 $\tau \approx 5.66\sigma_0$，如图 5-26 所示，考虑初始自应力的作用对 τ_{max} 的提高作用，最终得到：

$$V_{\tau} = \pi t r_c(0.45f_y + 5.66\sigma_0) \tag{5-43}$$

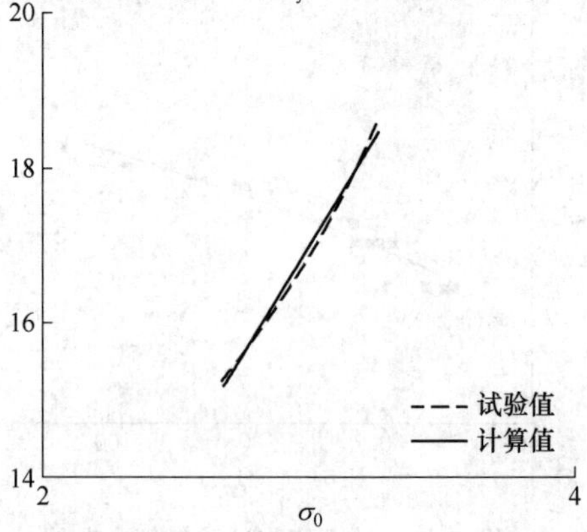

图 5-26　计算值与试验值对比

C 钢管通过桁架机构提供的抗剪承载力

钢管通过桁架机构提供的抗剪承载力如图 5-27 所示，仅有受拉部分的钢管提供桁架作用，可通过桁架机构模型将钢管受拉侧的钢管等效为面积为 A_s，间距为 1 的箍筋，故其抗剪承载力表达式可采用文献［51］提出的公式：

$$V_s = 0.5\pi t(D - a - \xi)f_h\cot\theta \tag{5-44}$$

式中，a 为柱身钢筋保护层厚度。

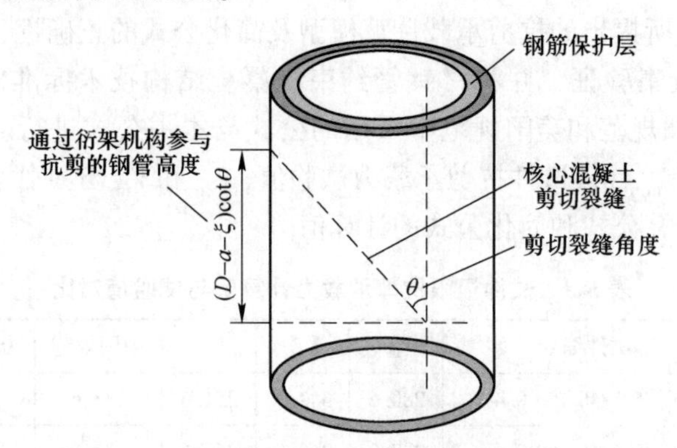

图 5-27 圆钢管通过桁架机构抵抗剪力示意图

根据试验结果，结合式（5-3），考虑初始自应力的影响，取 $f_h = \kappa f_y + \dfrac{r_c\sigma_0}{t}$，当 $f_h > f_y$ 时取 $f_h = f_y$，采用文献［113］中截面受压区高度的取值，即 $D - a - \xi$ 取 $0.7D$，故钢管通过桁架机构提供的抗剪承载力表达式为：

$$V_s = 0.5\pi t \cdot 0.7D\left(f_y + \frac{r_c\sigma_0}{t}\right)\cot\theta = 0.35\cot\theta\left(\pi tDf_y + \frac{r_c\sigma_0\pi D}{t}\right) \tag{5-45}$$

基于大量的试验结果，本节 θ 取 35°。

D 轴压力提供的抗剪承载力

根据本章的试验数据可以看出，与剪跨比大的试件相比，轴压力对剪跨比小的试件实际提供的抗剪承载力要更大，结合文献［51］的研究结果采用的轴压力限值为 $N = 0.5f_{cc}^{e}A_c$，轴压力提供的抗剪承载力表达式为：

$$V_n = 0.07N \tag{5-46}$$

综上所述，圆钢管约束钢筋自应力钢渣混凝土柱极限抗剪承载力公式为：

$$V_u = \frac{1.35\pi r_c^2 f_{cct}}{\lambda + 1} + \pi tr_c(0.45f_y + 5.66\sigma_0) + 0.50\left(\pi tDf_y + \frac{r_c\sigma_0\pi D}{t}\right) + 0.07N \tag{5-47}$$

5.3.2.3 极限抗剪承载力简化计算公式

为方便实际工程中的计算，需对圆钢管约束钢筋自应力钢渣混凝土柱抗剪承载力计算公式进行简化。考虑本试验中核心混凝土强度退化及箍筋实际发挥的作用，在文献［114］提出公式的基础上，考虑低周往复荷载作用和核心混凝土初始自应力对圆钢管约束钢筋自应力钢渣混凝土柱抗剪承载力的影响，得到圆钢管约束钢筋钢渣混凝土柱和圆钢管约束钢筋自应力钢渣混凝土柱极限抗剪承载力公式，如式（5-48）所示。

$$V_u = 0.79D^2 f_{cct} + 1.33Dtf_y \tag{5-48}$$

为验证本节所提出的抗剪承载计算模型及简化公式的正确性，故在此对相关文献数据进行收集验证，并将《钢管约束混凝土结构技术标准》（JGJT 471—2019）[116]、欧洲规范和美国规范中采用的公式与本书公式进行对比，结果如表5-8所示。表中V_{ue}代表试件抗剪承载力试验值，V_{uc}和V'_{uc}分别代表采用本书提出的抗剪承载力计算公式和简化公式的计算值。

表5-8 试件极限抗剪承载力计算值与试验值对比

数据来源	试件编号	V_{ue}	V_{uc}	V'_{uc}	中国规范	欧洲规范	美国规范
文献［113］、［117］	C-55-1.46-150-0.4	280.5	342.3	251.6	133.6	624.7	209.3
	C-55-1.46-150-0.6	297.2	362.8	251.6	133.6	639.3	209.3
	C-55-1.3-150-0.4	300.8	346.5	251.6	133.6	624.7	209.3
文献［75］	Sa-1	462.0	430.3	415.0	158.5	481.5	252.3
	Sa-2	433.5	430.3	415.0	158.5	481.5	252.3
	Sa-3	397.5	430.3	415.0	158.5	481.5	252.3
文献［115］	构件1	22.4	19.2	35.7	18.6	255.9	0.0
	构件2	156.8	496.1	242.2	127.0	255.9	303.3
	构件3	193.6	655.1	311.0	163.1	255.9	401.7
	构件4	230.4	814.0	379.9	199.2	255.9	498.7
	构件5	267.2	973.0	448.7	235.3	255.9	594.3
	构件6	304.0	1132.0	517.5	271.5	255.9	688.6
	构件7	340.0	1291.0	586.3	307.6	255.9	781.5
	构件8	377.5	1449.9	655.2	343.7	255.9	873.0
	构件9	166.0	1608.9	724.0	379.8	255.9	963.1
本书	S-CTRC-1Cc	107.6	241.4	355.2	195.7	497.6	378.3
	S-CTRC-1Cb	92.2	314.9	494.6	242.1	497.6	582.8
	S-CTRC-1Ca	76.1	358.9	575.0	302.7	497.6	698.0
	S-CTRC-1Bc	146.2	249.9	354.9	195.7	497.6	378.3

续表 5-8

数据来源	试件编号	V_{ue}	V_{uc}	V'_{uc}	中国规范	欧洲规范	美国规范
本书	S-CTRC-1Ac	201.1	261.2	352.6	195.7	497.6	378.3
	S-CTRC-2Cc	132.8	256.4	360.6	195.7	506.6	378.3
	S-CTRC-2Cb	114.2	330.2	500.6	242.1	506.6	582.8
	S-CTRC-2Ca	90.0	373.7	580.3	302.7	506.6	698.0
	S-CTRC-2Bc	163.3	264.9	359.3	195.7	506.6	378.3
	S-CTRC-2Ac	239.6	279.4	360.9	195.7	506.6	378.3
	CTRC-1Cc	71.8	192.4	355.2	195.7	497.6	378.3
	CTRC-1Bc	88.4	197.8	349.0	195.7	497.6	378.3
	CTRC-1Ac	143.1	210.0	349.1	195.7	497.6	378.3
	CTRC-2Cc	83.3	207.0	359.6	195.7	506.6	378.3

从表 5-8 中可以看出，本章的试验值远小于计算值，这是由于本章试验中试件均发生弯曲破坏，导致试件的峰值承载力远小于极限抗剪承载力。与各国规范相比，当试件中钢管壁厚较小时，本书公式更为准确，但钢管壁厚较大时，本书公式与各国规范公式的计算值均较大。这是因为，当钢管壁厚较大时，钢管并未完全参与抗剪，但公式中将钢管视为完全参与抗剪，故导致计算值较大；另一方面，目前关于钢管约束混凝土柱的研究中，基本均采用薄壁钢管，大量的试验数据得到的试件抗剪承载力计算公式更适用于采用薄壁钢管的试件，并不适用于非薄壁钢管，本书抗剪承载力计算公式也是基于目前薄壁钢管约束混凝土柱抗剪承载力计算方法进行推导的，故更适用于薄壁钢管约束混凝土柱。

5.3.3 轴压比限值计算

5.3.3.1 基本假定

（1）截面应变符合平截面假定；

（2）钢管内表面与核心钢渣混凝土、钢筋与核心钢渣混凝土之间黏结良好；

（3）不考虑受拉区核心钢渣混凝土的作用；

（4）不考虑由核心钢渣混凝土受拉膨胀引起的钢管纵向应力；

（5）截面上的轴力恒定；

（6）核心钢渣混凝土本构关系采用式（5-17）~式（5-19）表示，钢材本构关系采用式（5-20）表示。

5.3.3.2 弯曲破坏试件轴压比限值计算公式

低周往复荷载作用下圆钢管约束钢筋自应力钢渣混凝土柱截面发生弯曲破坏

时的应力和应变如图 5-28 所示。由于钢管不承担纵向荷载，根据轴压比限值定义可得：

$$n_{\mathrm{u}} = \frac{N_{\mathrm{u}}}{f_{\mathrm{ck}}A_{\mathrm{c}}} = \frac{N_{\mathrm{s}} + N_{\mathrm{c}}}{f_{\mathrm{ck}}A_{\mathrm{c}}} \tag{5-49}$$

式中，n_{u} 为轴压比限值；N_{s} 为钢环承担的纵向荷载；N_{c} 为核心钢渣混凝土承担的纵向荷载；f_{ck} 为核心混凝土强度标准值。

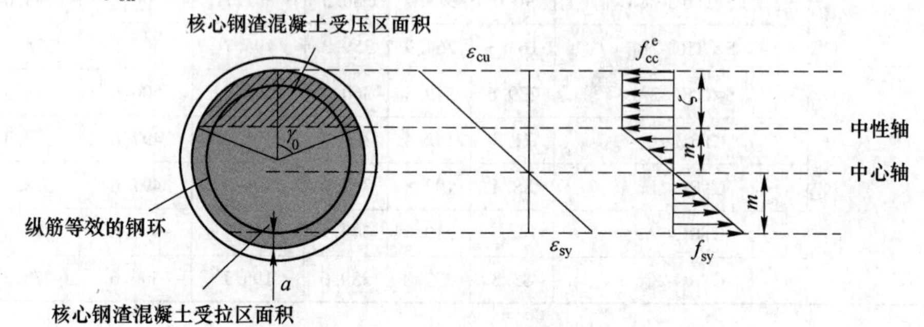

图 5-28 弯曲破坏截面应力、应变分布

根据截面应力、应变分布可计算出：

$$N_{\mathrm{c}} = \int_0^{\gamma_0} f_{\mathrm{cc}}^{\mathrm{e}} r_{\mathrm{c}}^2 \sin^2\gamma_0 \mathrm{d}\gamma_0 \tag{5-50}$$

$$N_{\mathrm{s}} = \int_0^{2\pi} \frac{A_{\mathrm{ss}}\sigma_{\mathrm{s}}}{2\pi r_{\mathrm{g}}} r_{\mathrm{g}} \mathrm{d}\gamma_0 \tag{5-51}$$

式中，r_{g} 为钢环半径，$r_{\mathrm{g}} = r_{\mathrm{c}} - a$。

将式（5-50）和式（5-51）进行积分分别得到：

$$N_{\mathrm{c}} = \frac{2f_{\mathrm{cc}}^{\mathrm{e}} r_{\mathrm{c}}^2 \gamma_0 - f_{\mathrm{cc}}^{\mathrm{e}} \sin 2\gamma_0}{2} \tag{5-52}$$

$$N_{\mathrm{s}} = A_{\mathrm{ss}} f_{\mathrm{ss}} = A_{\mathrm{ss}} f_{\mathrm{sy}} \psi = \frac{\chi f_{\mathrm{sy}} A_{\mathrm{ss}}}{3799 n_0 - 80D/t - 2129\lambda - 1019\sigma_0 + 14089 - LE_{\mathrm{s}}} \tag{5-53}$$

令 $u = 3779 n_0 - 80D/t - 2129\lambda - 1019\sigma_0 + 14089$，可得：

$$N_{\mathrm{s}} = \frac{\chi f_{\mathrm{sy}} A_{\mathrm{ss}}}{u - LE_{\mathrm{s}}} \tag{5-54}$$

结合式（5-22）和图 5-29 可得：

$$\gamma_0 = \frac{\sqrt{2\zeta r_{\mathrm{c}} + \zeta^2}}{r_{\mathrm{c}}} \tag{5-55}$$

$$A_{\mathrm{ss}} = \frac{\rho_{\mathrm{s}} A_{\mathrm{c}} \sqrt{2\zeta r_{\mathrm{c}} + \zeta^2}}{\pi r_{\mathrm{c}}} \tag{5-56}$$

式中，ζ 为核心钢渣混凝土发生界限破坏时截面受压区高度。

根据截面平衡条件可得：

$$\zeta = \frac{r_g \varepsilon_{cu}}{\varepsilon_{cu} + \varepsilon_{sy}} = \frac{r_g E_s \varepsilon_{cu}}{f_{sy} + E_s \varepsilon_{cu}} \tag{5-57}$$

式中，ε_{cu} 为约束核心钢渣混凝土极限压应变。

通过截面分析可得：

$$\varepsilon_{cu} = \frac{\varepsilon_{sy}(r_c \cos\gamma_0 + r_c - m)}{m} \tag{5-58}$$

$$m = \frac{(2r_c - a)\varepsilon_{sy}}{\varepsilon_{sy} + \varepsilon_{cu}} \tag{5-59}$$

式中，ε_{sy} 为钢环屈服压应变；m 为应变为 ε_{sy} 至应变为 0 处的距离。

联立式（5-50）~式（5-59）可得：

$$N_c + N_s = \frac{\rho_s A_c f_{sy} \chi \sqrt{2\zeta r_c + \zeta^2}}{\pi r_c (u - LE_s)} + \frac{2f_{cc}^e r_c^2 \gamma_0 - f_{cc}^e \sin 2\gamma_0}{2} \tag{5-60}$$

结合式（5-60）和式（5-49）可得低周往复荷载作用下圆钢管约束钢筋自应力钢渣混凝土柱发生弯曲破坏时轴压比限值计算公式：

$$n_u = \frac{\rho_s f_{sy} \chi \sqrt{2\zeta r_c + \zeta^2}}{\pi f_{ck} r_c (u - LE_s)} + \frac{2f_{cc}^e r_c^2 \gamma_0 - f_{cc}^e \sin 2\gamma_0}{2f_{ck} A_c} \tag{5-61}$$

由图 5-29 可以得到在圆钢管约束钢筋自应力钢渣混凝土柱发生弯曲破坏时位移延性系数与轴压比限值的关系，具体表达式如下：

$$\mu_\Delta = 3.18 n_u^{0.35} \tag{5-62}$$

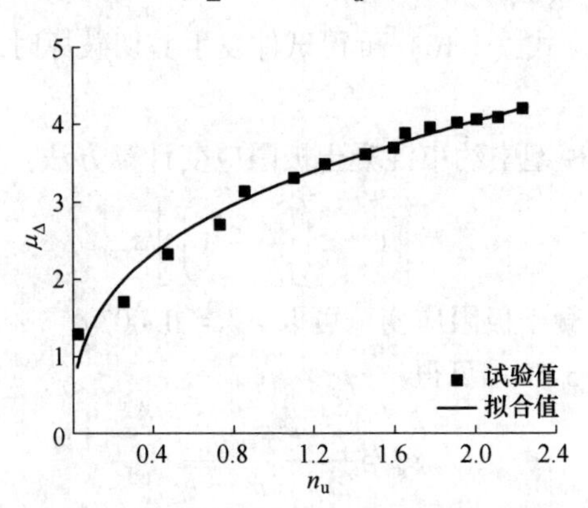

图 5-29 轴压比限值与位移延性系数关系

5.3.3.3 剪切破坏试件轴压比限值计算公式

与试件弯曲破坏时的轴压比限值计算不同之处在于，当试件发生剪切破坏时，核心钢渣混凝土达到极限压应变，而纵筋未能达到屈服状态，导致试件截面受压区面积、试件截面受压区高度和对应圆心角增大，试件的轴压比限值出现差异。另一方面，试件出现弯曲和剪切破坏时，核心钢渣混凝土承担的荷载不同，核心钢渣混凝土所受约束应力不同，导致约束钢渣混凝土强度和极限压应变发生变化，剪切破坏时的应力和应变如图 5-30 所示。

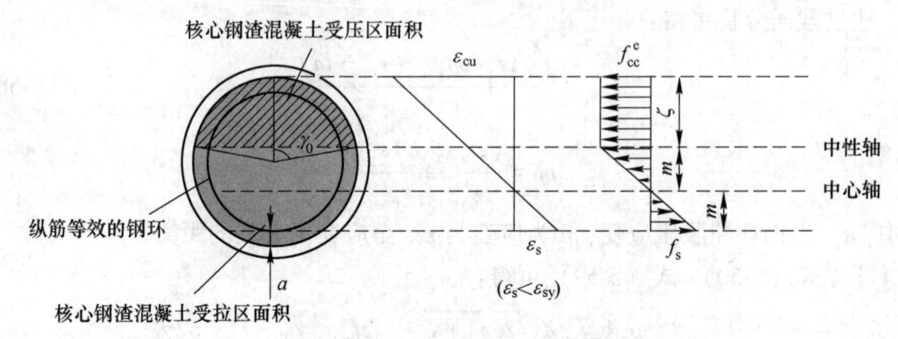

图 5-30 剪切破坏截面应力、应变分布

为计算发生剪切破坏的圆钢管约束钢筋自应力钢渣混凝土柱轴压比限值，在发生弯曲破坏的圆钢管约束钢筋自应力钢渣混凝土柱轴压比限值推导过程的基础上进行推导，具体过程如下：

联立式（5-15）和式（5-47）可得试件发生剪切破坏时核心钢渣混凝土所受约束应力：

$$\sigma' = \frac{Na_0^3}{6\pi r_c^2\ (r_c^2 + a_0^2)^{1.5}} + \frac{0.37V_u}{\pi r_c^2} + \frac{1.35(t\kappa f_y + r_c\sigma_0)}{D} + \frac{A_{ssl}\vartheta f_{yv}}{r_c s} \quad (5\text{-}63)$$

将式（5-63）代入式（5-16）可得试件发生剪切破坏时约束钢渣混凝土强度 f_{cc}^{e}。

参考 Mander[118] 模型中约束混凝土极限应变计算方法：

$$\varepsilon_{cu} = \left[1 + 5\left(\frac{f_{cc}^{e}}{f_{co}} - 1\right)\right]\varepsilon_{co} \quad (5\text{-}64)$$

式中，ε_{co} 为非约束混凝土极限应变，可取 $\varepsilon_{co} = 0.003$。

由图 5-31 和式（5-59）可得：

$$\varepsilon_s = \frac{m\varepsilon_{cu}}{2r_c - m - a} \quad (5\text{-}65)$$

$$m = \frac{r_c\cos\gamma_0 + r_g}{\varepsilon_s + \varepsilon_{cu}} \quad (5\text{-}66)$$

进而可得：

$$\varepsilon_s = \frac{r_c \cos\gamma_0 + r_g}{2r_c - a} \tag{5-67}$$

由图可得试件截面受压区圆心角 $\gamma_0 = \frac{\pi}{2} - \arccos\frac{2m - r_g}{r_g}$。

根据式（5-57）可得，发生剪切破坏的圆钢管约束钢筋自应力钢渣混凝土柱截面受压区高度计算公式为：

$$\zeta = \frac{r_g \varepsilon_{cu}}{\varepsilon_{cu} + \varepsilon_s} \tag{5-68}$$

在此基础上，可得核心钢渣混凝土和钢环提供的轴向力，并计算发生剪切破坏的圆钢管约束钢筋自应力钢渣混凝土柱轴压比限值计算公式。

$$N_c + N_s = \frac{2\rho_s E_s \varepsilon_c A_c (2\zeta - r_g - a)}{\pi(r_g - a)} + f_{cc}^e r_c^2 \gamma_0 - 0.5 f_{cc}^e \sin 2\gamma_0 \tag{5-69}$$

$$n_u = \frac{2\rho_s E_s \varepsilon_c (2\zeta - r_g - a)}{\pi f_{ck}(r_g - a)} + \frac{2f_{cc}^e r_c^2 \gamma_0 - f_{cc}^e \sin 2\gamma_0}{2 f_{ck} A_c} \tag{5-70}$$

由图 5-31 可以得到在圆钢管约束钢筋自应力钢渣混凝土柱发生剪切破坏时位移延性系数与轴压比限值的关系，具体表达式如下所示：

$$\mu_\Delta = 3.08 n_u^{0.41} \tag{5-71}$$

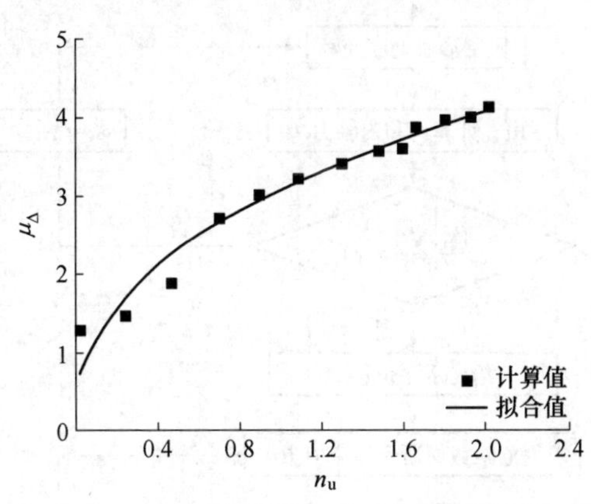

图 5-31　轴压比限值与位移延性系数关系

5.4　圆钢管约束自应力钢渣混凝土柱恢复力模型

5.4.1　基本假定

（1）截面中各材料变形均符合平截面假定；

（2）钢管内表面与核心钢渣混凝土、钢筋与核心钢渣混凝土之间黏结良好，无相对滑移现象产生；

（3）不考虑受拉区核心混凝土的作用；

（4）不考虑核心钢渣混凝土受拉膨胀引起的钢管纵向应力；

（5）截面上的轴力恒定；

（6）核心钢渣混凝土本构关系采用式（5-17）~式（5-19）表示，钢材本构关系采用式（5-20）表示。

（7）将截面划分为若干材料微单元后，各单元应变分布均匀，其合力作用点为材料单元形心，采用形心处应变作为各材料单元的应变。

5.4.2　骨架曲线计算模型

5.4.2.1　荷载-位移骨架曲线计算

对圆钢管约束钢筋自应力钢渣混凝土柱荷载-位移骨架曲线进行全过程分析，其计算程序如图 5-32 所示。

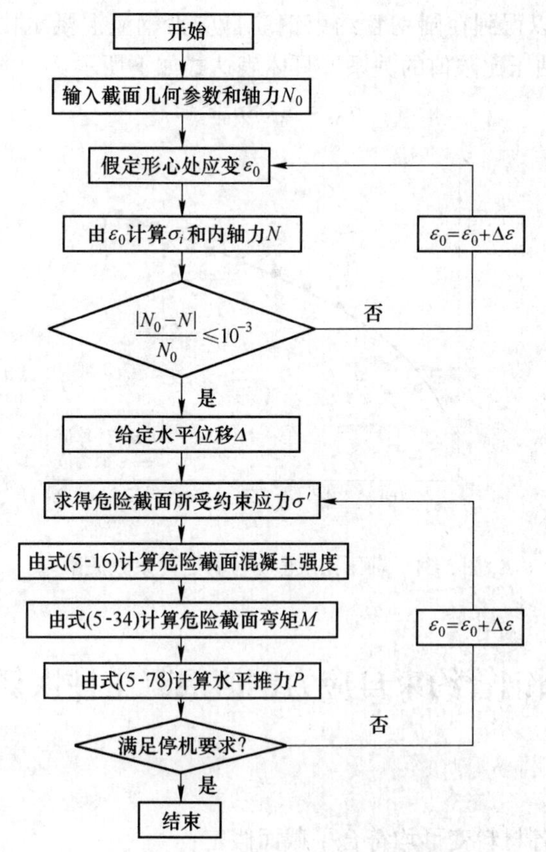

图 5-32　荷载-位移骨架计算分析流程图

具体步骤如下：

（1）对圆钢管约束钢筋约束自应力钢渣混凝土柱危险截面施加轴力 N_0，假定危险截面形心处的应变为 ε_0，根据核心钢渣混凝土和钢筋的本构关系求得各单元的应力 σ_i，将划分的所有单元的应力作为内轴力 N，验证轴力是否满足平衡条件，若不满足，调整 ε_0 使轴力满足平衡条件，得到轴力满足平衡条件时危险截面各单元的形心应变；

（2）对圆钢管约束钢筋自应力钢渣混凝土柱施加水平位移 Δ，求得危险截面所受约束应力 σ'；

（3）根据危险截面所受的约束应力，利用式（5-16）求得危险截面核心钢渣混凝土强度 f_{cc}^{e}；

（4）通过约束核心钢渣混凝土强度由式（5-34）求得危险截面弯矩 M；

（5）结合 Δ 、M 和 L，由式（5-78）求得试件所受水平力 P；

（6）进入下一个循环，$\Delta = \Delta + \eta$，从步骤（2）重新运行，直到满足计算要求时，停止程序。

将曲线计算值与试验值进行对比，如图 5-33 所示，由图可以看出计算值与试验值吻合度较高。

5.4.2.2 荷载-位移骨架曲线简化计算

A 屈服荷载和位移计算

由 $P_y = \dfrac{M_y - N\Delta_y}{L}$ 可知，计算 P_y 需对 Δ_y 进行计算，确定 Δ_y 需先计算 ϕ_y，由于柱屈服前曲率呈直线分布，如图 5-34 所示，可根据结构力学知识得到屈服位移公式，如式（5-72）所示：

$$\Delta_y = \int_0^L \frac{x^2\phi_y}{L}dx = \frac{\phi_y L^2}{3}$$

$$= \frac{(1.59f_{ccy}^{e}r_c^3 + 0.037N\sigma_z r_c - 19r_c^3 + 0.57f_{sy}\rho_s A_{sc} r_c)L^2\varepsilon_{yl}}{3f_{ccy}^{e}} \tag{5-72}$$

式中，f_{ccy}^{e} 为屈服时的约束应力下核心混凝土强度；ε_{yl} 为试件发生屈服时纵向应变，可对试验结果进行多元线性回归得到，具体计算公式如下：

$$f_{ccy}^{e} = f_{co} + \frac{0.68Na_0}{\pi r_c^2\sqrt{r_c^2 + a_0^2}} + \frac{4.1r_c + \sigma_0}{D} + \frac{1.52P_y}{\pi r_c^2} \tag{5-73}$$

$$\varepsilon_{yl} = -21.65n_0 - 0.08D/t - 22.09\lambda - 0.16\sigma_0 + 68.90 \tag{5-74}$$

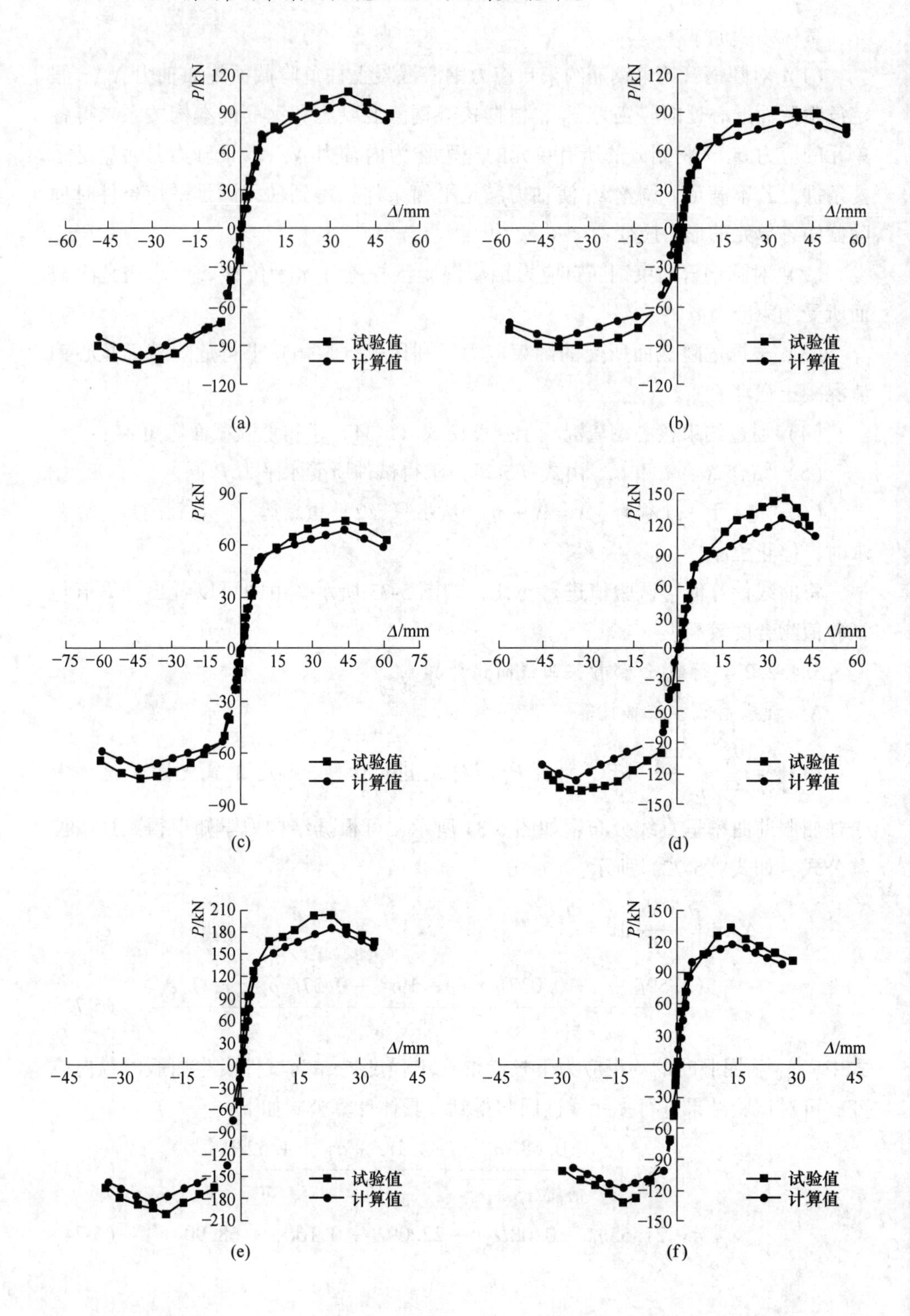
P/kN
Δ/mm
试验值
计算值
(a)
(b)
(c)
(d)
(e)
(f)

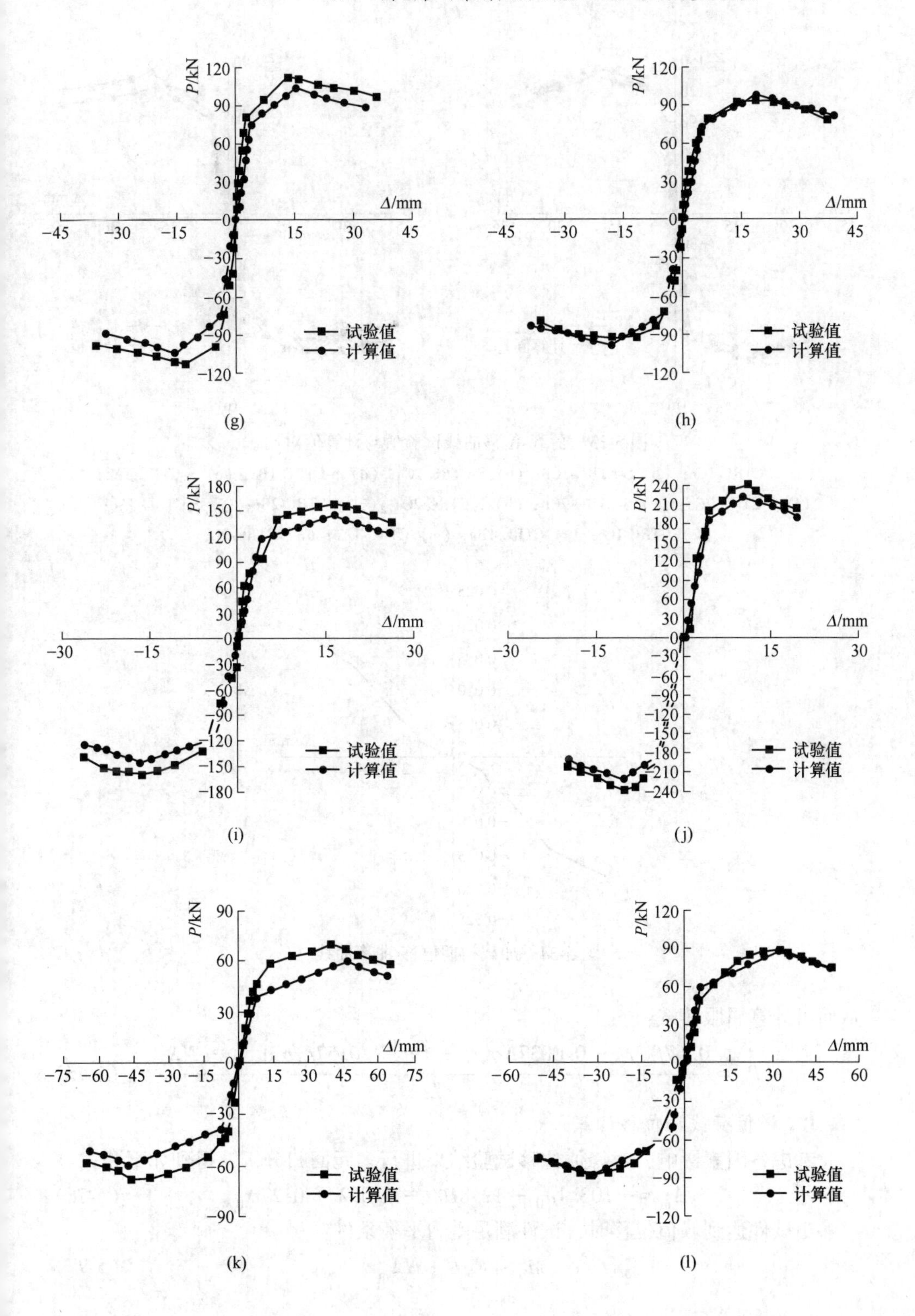
P/kN
Δ/mm
试验值
计算值
(g)
(h)
(i)
(j)
(k)
(l)

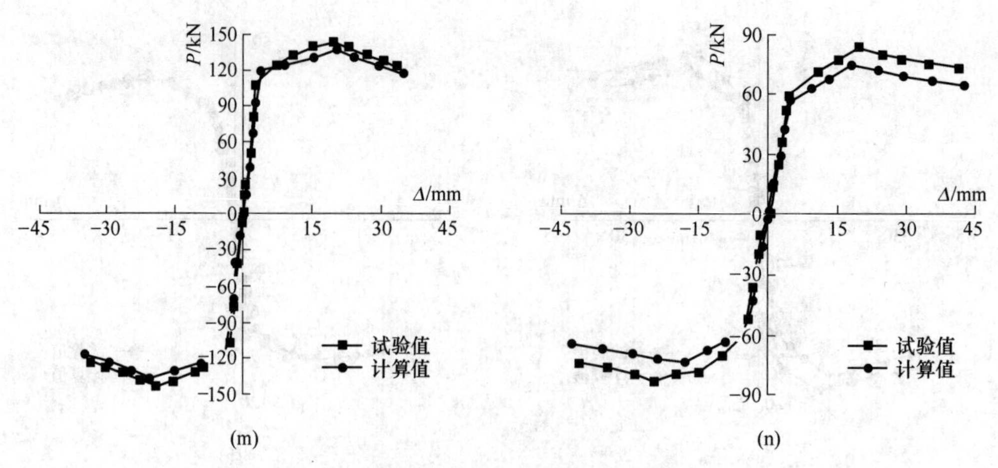

图 5-33　荷载-位移曲线试验值与计算值对比

(a) S-CTRC-1Cc; (b) S-CTRC-1Cb; (c) S-CTRC-1Ca; (d) S-CTRC-1Bc; (e) S-CTRC-1Ac; (f) S-CTRC-2Cc; (g) S-CTRC-2Cb; (h) S-CTRC-2Ca; (i) S-CTRC-2Bc; (j) S-CTRC-2Ac; (k) CTRC-1Cc; (l) CTRC-1Bc; (m) CTRC-1Ac; (n) CTRC-2Cc

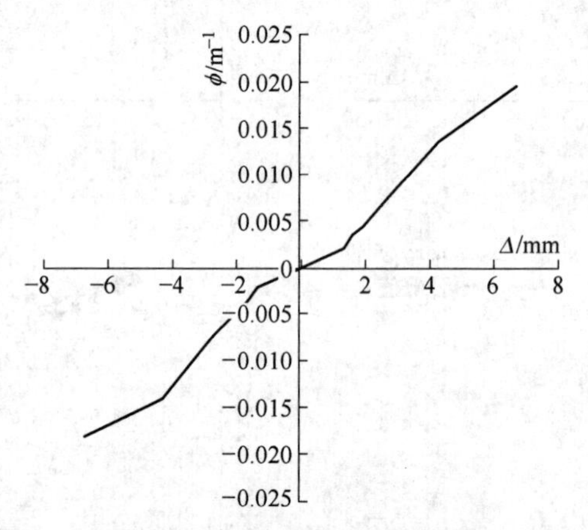

图 5-34　加载初期位移-曲率曲线

从而可计算屈服荷载：

$$P_y = \frac{0.67f_{ccy}r_c + 0.0037N\sigma_z r_c - 19r_c^3 + 0.57f_{sy}\rho_s A_{sc} r_c - N\Delta_y}{L} \tag{5-75}$$

B　峰值荷载和位移计算

考虑各因素影响，对峰值位移试验结果进行多元回归分析，得到如下公式：

$$\Delta_m = -103.1n_0 + 12.8D/t - 0.09\lambda + 0.27\sigma_0 \tag{5-76}$$

当试件达到峰值位移时，试件满足受力平衡条件：

$$M_u = P_m L + N\Delta_m \tag{5-77}$$

进而可得：

$$P_m = \frac{M_u - N\Delta_m}{L} \tag{5-78}$$

联立式（5-34）、式（5-77）和式（5-78）可以得到：

$$P_m = \frac{0.67f_{cc}^e r_c^3 - 19r_c^3 + 0.0037N\sigma_0 r_c + 0.57f_{sy}\rho_s A_{sc} r_c - N\Delta_m}{L} \tag{5-79}$$

C 极限荷载和位移计算

根据试验结果，试件极限荷载和峰值荷载关系：

$$P_u = 0.85P_m = \frac{0.57f_{cc}^e r_c^3 - 16.15r_c^3 + 0.0031N\sigma_0 r_c + 0.48f_{sy}\rho_s A_{sc} r_c - 0.85N\Delta_m}{L} \tag{5-80}$$

根据图 5-35 试件截面曲率分布情况，可得极限位移按如下公式计算：

$$\phi_p = \phi_u - \phi_y \tag{5-81}$$

$$\theta_p = \phi_p h_0 \tag{5-82}$$

$$\Delta_p = \theta(L - 0.5h_0) \tag{5-83}$$

$$\Delta_u = \Delta_y + \Delta_p \tag{5-84}$$

式中，h_0 为塑性铰高度，联立式（5-81）~式（5-84）可得：

$$\Delta_u = \frac{\phi_y L^2}{3} + (\phi_u - \phi_y)h_0(L - 0.5h_0) \tag{5-85}$$

$$h_0 = \frac{\theta_p}{\phi_u - \phi_y} \tag{5-86}$$

考虑到柱高远大于塑性铰高度，塑性铰对柱身弹塑性位移角影响较小，故 θ_p 可近似取：

$$\theta_p = \frac{L - \frac{h_0}{2}}{\Delta_u - \Delta_y} \tag{5-87}$$

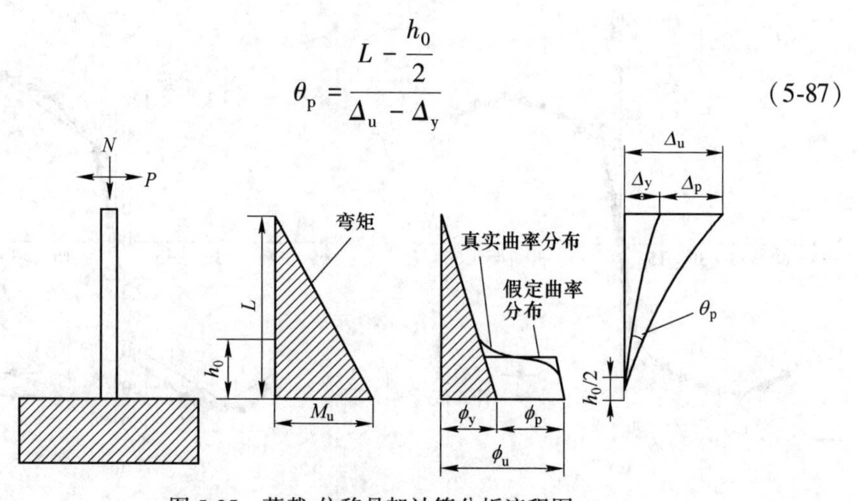

图 5-35 荷载-位移骨架计算分析流程图

将式（5-87）代入式（5-85）中，可得试件极限位移计算公式，由于计算过程十分复杂，经过推导分析，本书将与极限位移有关的参数进行回归分析，得到简化计算公式：

$$\Delta_u = \frac{\phi_y L^2}{3} + \frac{(\phi_u - \phi_y)(L - 0.5h_0)L}{(\Delta_u - \Delta_y)(\phi_u - \phi_y) + 0.5}$$
$$\approx -1.48\Delta_y + 544.64\phi_y + 107.75\phi_u - 0.02L + 0.26h_0 + 11.07 \tag{5-88}$$

$$\phi_y = \frac{1.59 f_{ccy}^{e} r_c^3 + 0.0037 N\sigma_z r_c - 19 r_c^3 + 0.57 f_{sy}\rho_s A_{sc} r_c}{K_{sc}} \tag{5-89}$$

$$\phi_u = \frac{\varepsilon_{cu}}{\zeta} = \frac{\varepsilon_{sy}(r_c\cos\gamma_0 + r_c - m)E_s + m f_{ss}}{m r_g E_s} \tag{5-90}$$

将各个特征点计算值连接形成简化骨架曲线，与试验值进行对比，如图 5-36 所示，由图可以看出计算值与试验值吻合度较高。

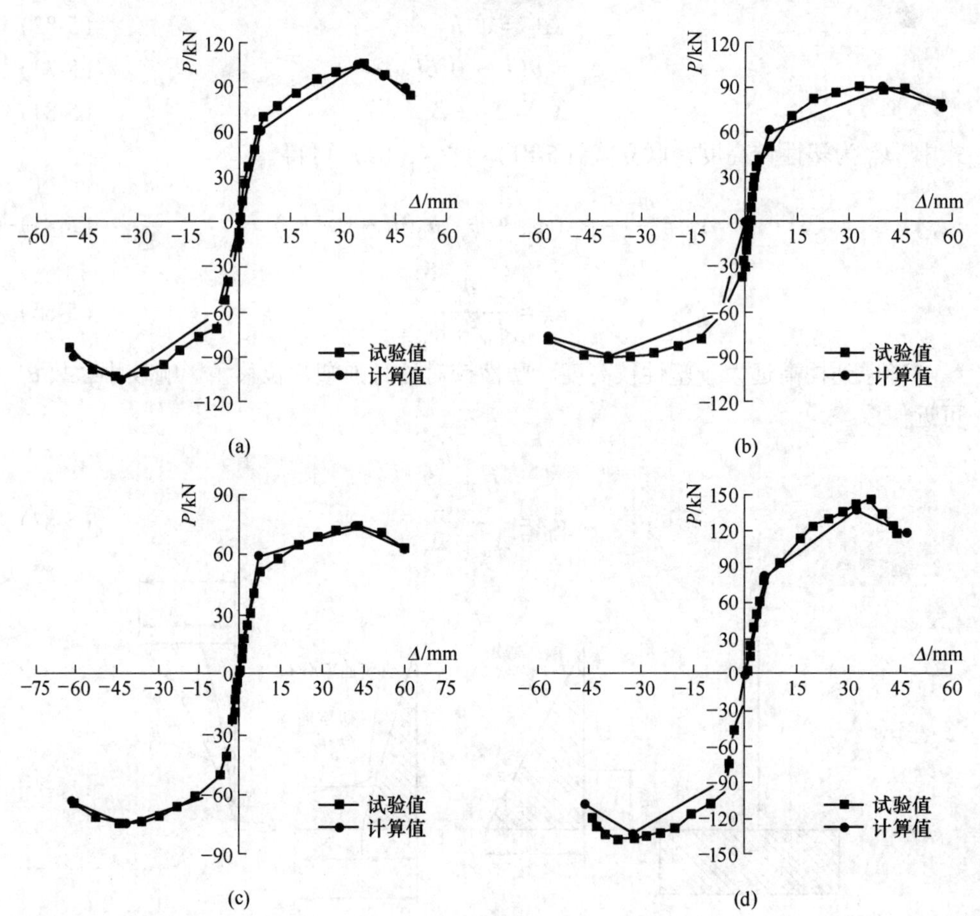

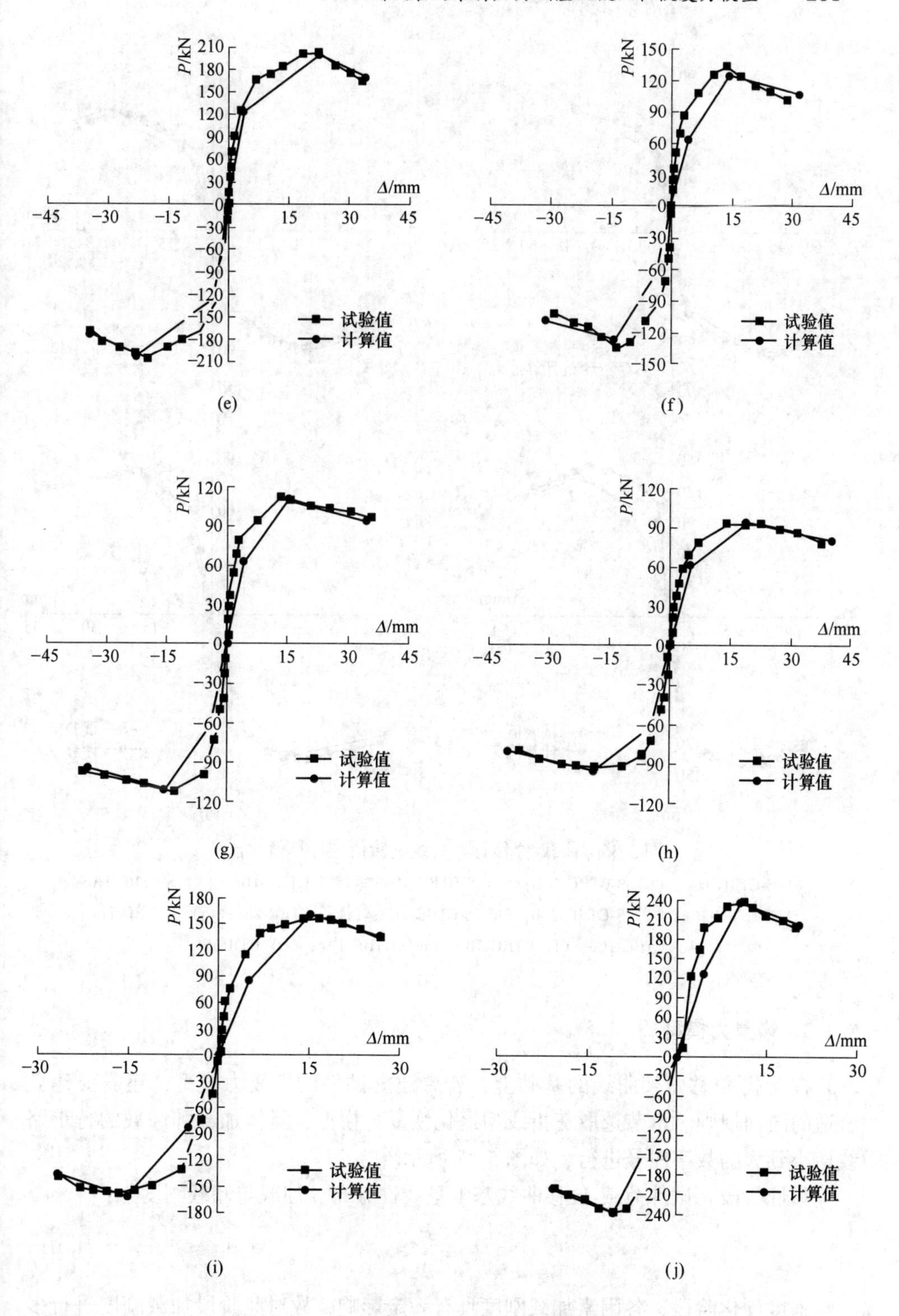
P/kN
Δ/mm
试验值
计算值
(e)
(f)
(g)
(h)
(i)
(j)

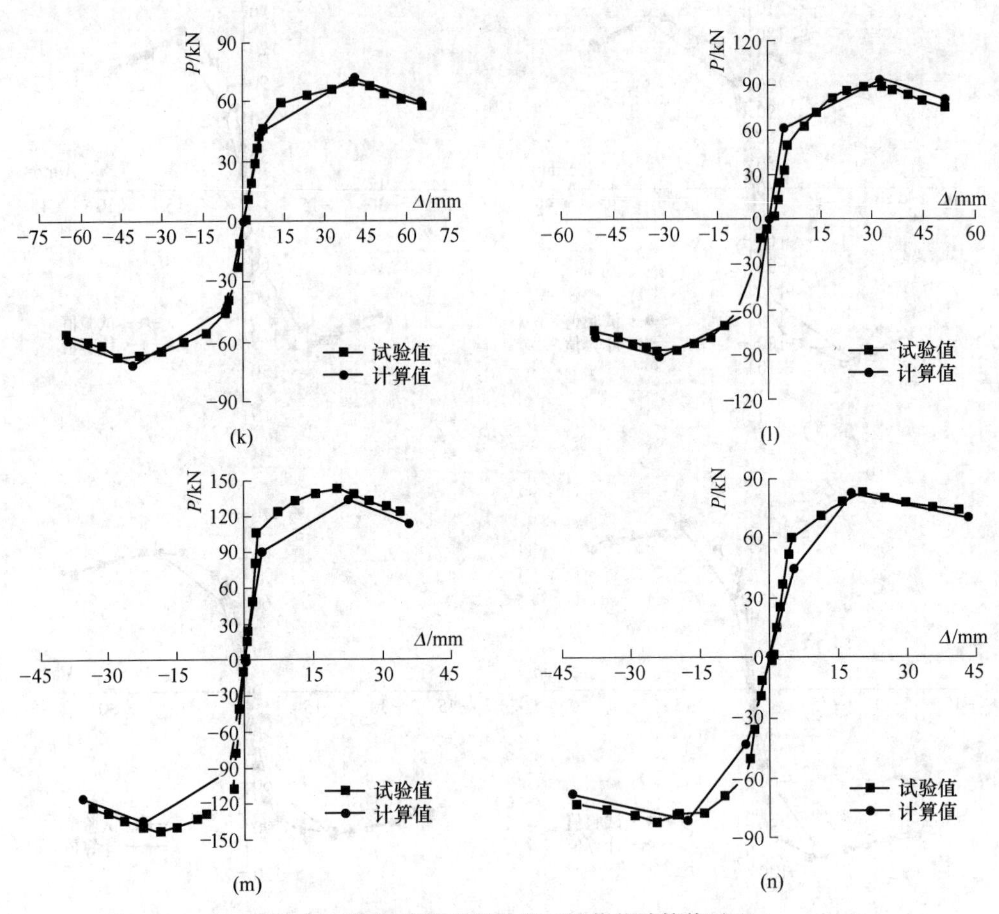

图 5-36　荷载-位移骨架曲线试验值与计算值对比

(a) S-CTRC-1Cc; (b) S-CTRC-1Cb; (c) S-CTRC-1Ca; (d) S-CTRC-1Bc; (e) S-CTRC-1Ac; (f) S-CTRC-2Cc; (g) S-CTRC-2Cb; (h) S-CTRC-2Ca; (i) S-CTRC-2Bc; (j) S-CTRC-2Ac; (k) CTRC-1Cc; (l) CTRC-1Bc; (m) CTRC-1Ac; (n) CTRC-2Cc

5.4.3　恢复力模型

在荷载-位移骨架曲线的基础上，若想建立试件的恢复力模型，还需要建立合适的滞回规则。本节选取三折线型退化恢复力模型，具体加载和卸载的行走路线由小到大的数字序号进行，如图 5-37 所示。

弹性阶段，试件荷载-位移曲线基本呈线性分布，加载与卸载刚度为：

$$k_e = \frac{P_y}{\Delta_y} \tag{5-91}$$

强度硬化阶段，各因素加载刚度具有一定影响，故对此阶段加载刚度进行多

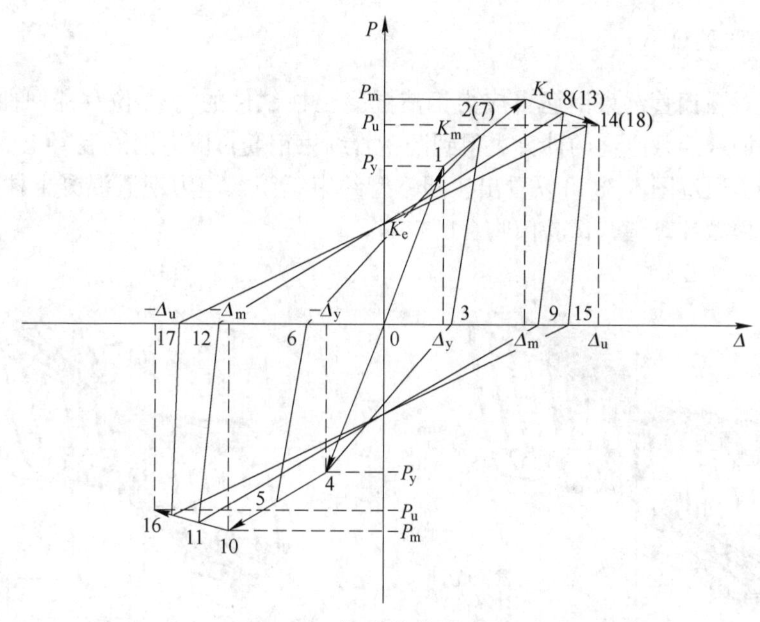

图 5-37 荷载-位移滞回模型

元回归分析，得到圆钢管约束钢筋自应力钢渣混凝土柱在强度硬化阶段加载刚度的表达式为：

$$k_m = 0.110n_0 + 0.142\lambda + 0.048D/t + 0.176\sigma_0 \tag{5-92}$$

当试件屈服后，试件出现残余变形，采用文献［79］、［80］以及本书的试验数据对试件屈服后的卸载刚度进行线性回归分析，得到屈服后的卸载刚度公式：

$$k_u = k_e\mu^b = \frac{P_y}{\Delta_y}\mu^b \tag{5-93}$$

式中，k_u 为试件屈服后的卸载刚度；$\mu = \dfrac{\Delta_i}{\Delta_y}$，$\Delta_i$ 为卸载点的位移幅值。

通过试验结果可以发现，b 的取值与轴压比、剪跨比、径厚比和自应力均有关，故通过多元线性回归得到：

$$b = 0.255n - 0.049\lambda - 0.003D/t + 0.124\sigma_0 - 0.008 \tag{5-94}$$

强度退化阶段，当试件水平荷载达到 P_m 后，强度开始退化，考虑各因素对加载刚度的影响，对此阶段加载刚度进行多元回归分析，得到：

$$k_d = -0.128n_0 - 0.195\lambda - 0.030D/t - 0.180\sigma_0 - 0.027 \tag{5-95}$$

式中，k_d 为试件进入强度退化阶段后的加载刚度。

此阶段的卸载刚度与强度硬化阶段相同，如式（5-93）所示。

5.4.4　模型验证

通过对圆钢管约束钢筋自应力钢渣混凝土柱试件的荷载-位移滞回曲线关键特征点和加载卸载刚度的计算，得到圆钢管约束钢筋自应力钢渣混凝土柱滞回曲线计算值，通过图 5-38 可以看出，圆钢管约束钢筋自应力钢渣混凝土柱荷载-位移恢复力模型计算值与试验值吻合度较高。

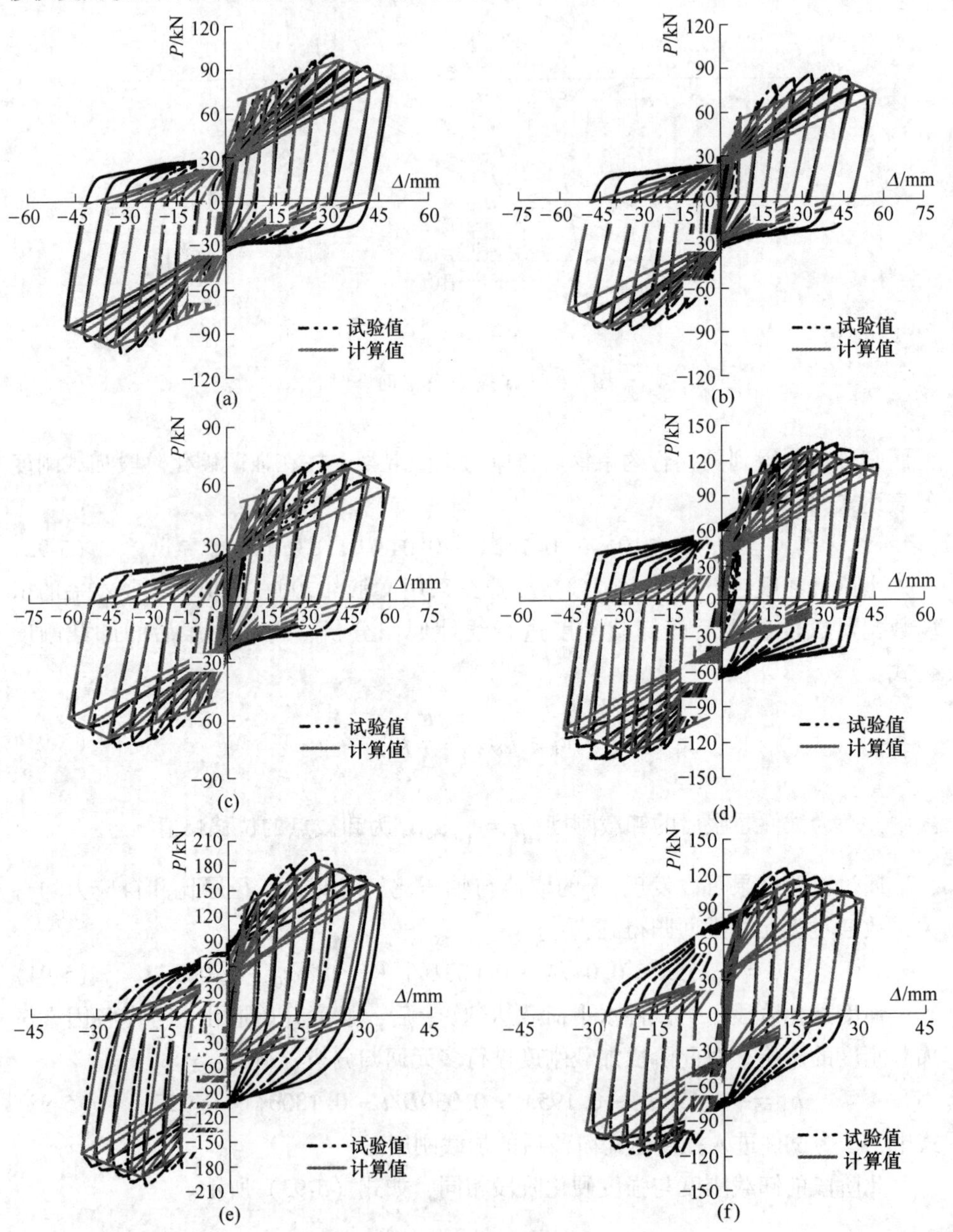

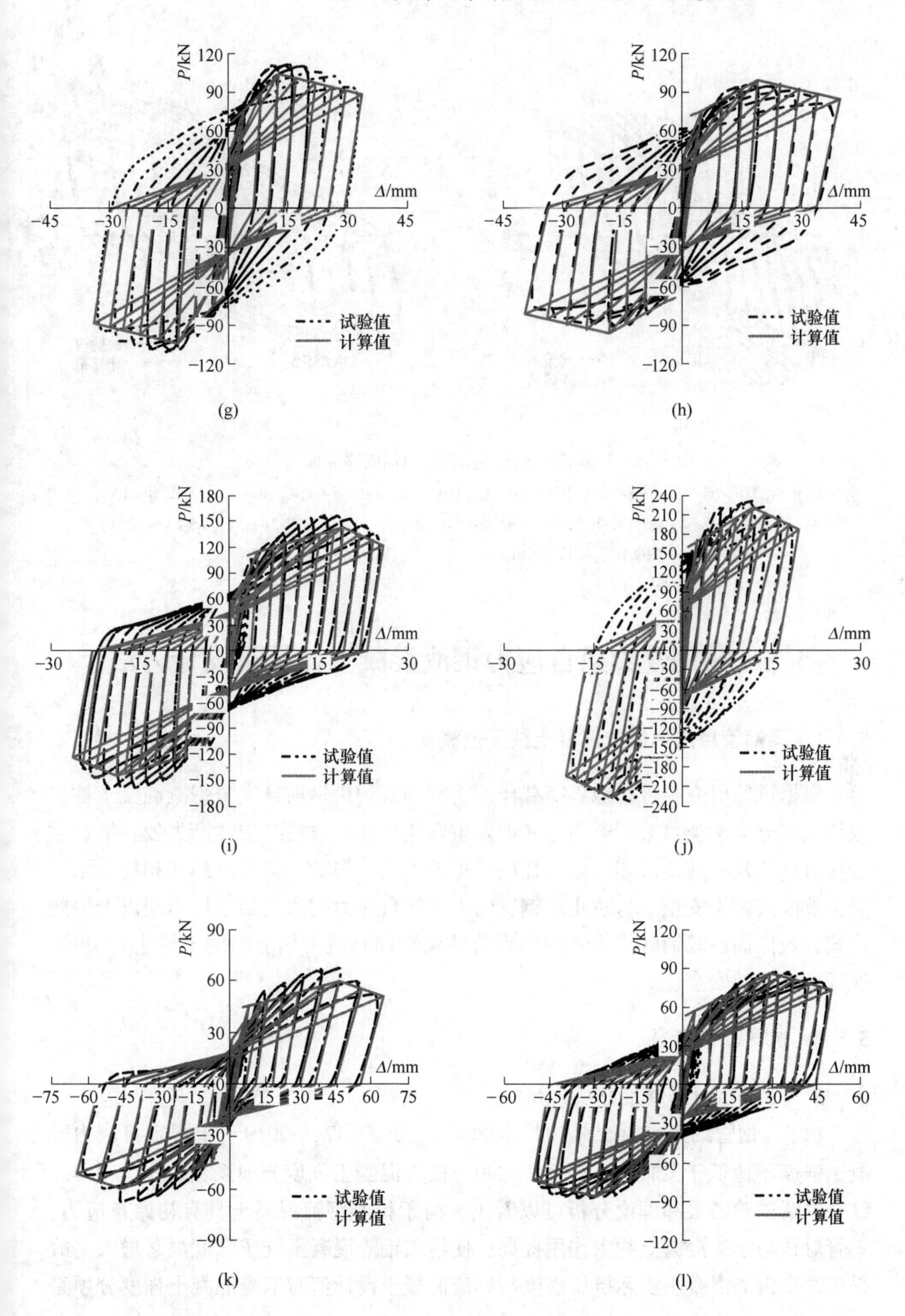
P/kN
Δ/mm
试验值
计算值
(g)
(h)
(i)
(j)
(k)
(l)

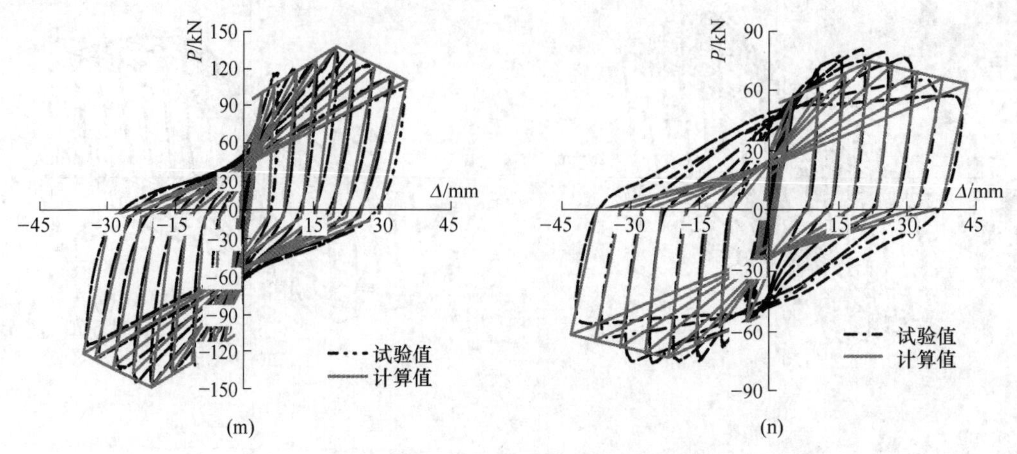

图 5-38　计算滞回曲线与试验荷载-位移滞回曲线对比

(a) S-CTRC-1Cc；(b) S-CTRC-1Cb；(c) S-CTRC-1Ca；(d) S-CTRC-1Bc；(e) S-CTRC-1Ac；(f) S-CTRC-2Cc；(g) S-CTRC-2Cb；(h) S-CTRC-2Ca；(i) S-CTRC-2Bc；(j) S-CTRC-2Ac；(k) CTRC-1Cc；(l) CTRC-1Bc；(m) CTRC-1Ac；(n) CTRC-2Cc

5.5　圆钢管约束自应力钢渣混凝土柱抗震设计方法

5.5.1　圆钢管自应力钢渣混凝土柱失效模式

根据试验研究，可将地震荷载作用下圆钢管约束钢筋自应力钢渣混凝土柱失效模式划分为两类：第一类为柱底部发生弯曲破坏导致柱结构逐渐失效；第二类为柱身整体发生剪切破坏，导致柱结构迅速失效。与第二类失效模式相比，第一类失效模式偏于安全。为防止圆钢管约束钢筋自应力钢渣混凝土柱出现以上失效模式，对低周往复荷载作用下的圆钢管约束钢筋自应力钢渣混凝土柱进行设计，保证柱结构的安全性。

5.5.2　抗震设计步骤

5.5.2.1　材料强度分项系数

(1)《钢管约束混凝土结构技术标准》(JGJT 471—2019) 中规定自应力混凝土强度不应低于 C30，不宜低于 C40，核心混凝土强度分项系数取 $\gamma_c = 1.4$。结合本章试验结果和理论分析可以看出，由于核心钢渣混凝土具有初始自应力，钢管对核心钢渣混凝土约束作用提高，使约束钢渣混凝土抗压强度显著增大，故采用约束钢渣混凝土实际抗压强度与钢渣混凝土设计值对钢渣混凝土强度分项系数进行计算，具体表达式如式（5-96）所示。

$$\gamma_c = \frac{f_{cc}^e}{f_c} \tag{5-96}$$

式中，γ_c 为混凝土强度分项系数；f_c 为混凝土强度设计值；f_{cc}^e 由式（5-16）计算得到。

经计算，本章中各试件核心钢渣混凝土强度分项系数 γ_c 取值范围为 2.12~3.14，从经济的角度考虑，兼顾结构的安全性和实用性，取 $\gamma_c = 0.7\frac{f_{cc}^e}{f_c}$ 较为合理。

（2）钢管分项系数。《钢管约束混凝土结构技术标准》（JGJT 471—2019）中规定钢管采用直缝焊管或螺旋焊管，按照《钢结构设计标准》（GB 50017—2003）进行强度设置，钢管强度分项系数取 $\gamma_s = 1.1$。本章根据试验结果和理论分析，采用钢管实际发挥强度和钢管强度设计值对钢管强度分项系数进行计算，如式（5-97）所示。

$$\gamma_s = \frac{\kappa f_y}{f_y'} \tag{5-97}$$

式中，γ_s 为钢管强度分项系数；f_y' 为钢材强度设计值，f_y 由式（5-32）进行计算得到。

经计算，本章中各试件核心钢渣混凝土强度分项系数 γ_s 均显著大于 1.1，但从实际情况考虑，在钢管约束混凝土结构中钢管不直接承担纵向荷载和弯矩，故钢管出现失效的概率显著降低，同时考虑到经济性，取 $\gamma_s = 1$ 较为合理，式（5-97）可以表示为 $\gamma_s = 0.9\frac{\kappa f_y}{f_y'}$。

（3）钢筋。《钢管约束混凝土结构技术标准》（JGJT 471—2019）中规定钢筋强度采用《钢结构设计标准》（GB 50017—2017）要求的强度设置，根据本章试验结果和理论分析，采用钢筋实际发挥强度和钢筋强度设计值对钢管强度分项系数进行计算，纵筋和箍筋的材料分项系数具体表达式分别如式（5-98）和式（5-99）所示。

$$\gamma_{ss} = \frac{f_{ss}}{f_y'} \tag{5-98}$$

$$\gamma_{sv} = \frac{\vartheta f_{yv}}{f_y'} \tag{5-99}$$

式中，γ_{ss} 为纵筋强度分项系数；γ_{sv} 为箍筋强度分项系数。

5.5.2.2 抗震调整系数

《钢管混凝土结构技术规范》（GB 50936—2014）中规定地震荷载作用下钢

管混凝土柱正截面抗弯承载力抗震调整系数为0.8，斜截面抗剪承载力抗震调整系数为0.75。钢管混凝土承载力应按式（5-100）进行验算。

$$\gamma_{RE} = \frac{R_d}{S_d} \tag{5-100}$$

式中，S_d 为作用组合的效应设计值；R_d 为构件承载力设计值；γ_{RE} 为构件承载力抗震调整系数。

可以看出，此公式的意义是在无组合荷载作用下构件承载力的基础上，通过抗震调整系数计算构件在组合荷载作用下的承载力。为得到适用于圆钢管约束钢筋自应力钢渣混凝土柱的抗震调整系数，本书在圆钢管约束钢筋自应力钢渣混凝土柱极限抗弯和抗剪承载力计算公式的基础上，取轴向力为0，得到无组合荷载作用的圆钢管约束钢筋自应力钢渣混凝土柱抗弯和抗剪承载力计算公式，其中，核心钢渣混凝土所受约束应力不受轴向力影响，故圆钢管约束钢筋自应力钢渣混凝土柱抗弯和抗剪承载力抗震调整系数分别如式（5-101）和式（5-102）所示。

$$\gamma_{REw} = \frac{0.67f_{cc}^{e}r_c^3 - 0.90r_c^3 + 3.89f_{ss}\rho_s A_{sc}r_c}{0.67f_{cc}^{e}r_c^3 - 0.90r_c^3 + 0.0037N\sigma_z r_c + 0.57f_{ss}\rho_s A_{sc}r_c} \tag{5-101}$$

$$\gamma_{REj} = \frac{\dfrac{1.35\pi r_c^2}{\lambda+1}f_{cct} + \pi t r_c(0.45f_y + 5.66\sigma_0) + 0.35\left(\pi tDf_y + \dfrac{r_c\sigma_0\pi D}{t}\right) + \vartheta f_{yv}\dfrac{A_{sv}}{s}h_a}{\dfrac{1.35\pi r_c^2}{\lambda+1}f_{cct} + \pi t r_c(0.45f_y + 5.66\sigma_0) + 0.35\left(\pi tDf_y + \dfrac{r_c\sigma_0\pi D}{t}\right) + \vartheta f_{yv}\dfrac{A_{sv}}{s}h_a + 0.07N} \tag{5-102}$$

式中，f_{cc} 为不考虑轴向力作用的约束钢渣混凝土强度；γ_{REw} 为圆钢管约束钢筋自应力钢渣混凝土柱抗弯承载力抗震调整系数；γ_{REj} 为圆钢管约束钢筋自应力钢渣混凝土柱抗剪承载力抗震调整系数。

根据规范规定，当 $\gamma_{REw} > 0.8$ 时，取 $\gamma_{REw} = 0.8$，当 $\gamma_{REj} > 0.75$ 时，取 $\gamma_{REj} = 0.75$，以确保构件在地震荷载作用下的抗弯和抗剪的承载力。

由于式（5-101）和式（5-102）计算较为繁琐，采用本书公式计算，所有试件的 γ_{REw} 和 γ_{REj} 取值均在0.98~1.00之间，故可取 $\gamma_{REw} = 0.80$，$\gamma_{REj} = 0.75$。

5.5.2.3　极限承载力设计公式

A　极限抗弯承载力设计公式

在圆钢管约束钢筋自应力钢渣混凝土柱材料分项强度分项系数和抗弯承载力抗震调整系数的基础上，提出圆钢管约束钢筋自应力钢渣混凝土柱极限抗弯承载力设计公式：

$$M_{ud} = \frac{\dfrac{1.59f_{cc}r_c^3}{\gamma_c} + \dfrac{0.57f_{ss}\rho_s A_{sc}r_c}{\gamma_{ss}} - 19r_c^3 + 0.0037N\sigma_z r_c}{\gamma_{REw}} \tag{5-103}$$

B 极限抗剪承载力设计公式

在圆钢管约束钢筋自应力钢渣混凝土柱材料分项强度分项系数和抗剪承载力抗震调整系数的基础上，通过理论分析可以得出，圆钢管约束钢筋自应力钢渣混凝土柱抗剪承载力主要由核心混凝土和钢管提供，并且钢管约束混凝土结构在地震荷载作用下大概率发生弯曲破坏，核心混凝土无斜裂缝产生，故钢管通过桁架机构提供的抗剪承载力可以忽略，为方便在施工中对圆钢管约束钢筋自应力钢渣混凝土柱进行设计，提出圆钢管约束钢筋自应力钢渣混凝土柱极限抗剪承载力设计公式：

$$V_{\mathrm{ud}}=\frac{\dfrac{1.35\pi r_{\mathrm{c}}^{2}f_{\mathrm{cct}}}{(\lambda+1)\gamma_{\mathrm{c}}}+0.50\left(\dfrac{\pi tDf_{\mathrm{y}}}{\gamma_{\mathrm{s}}}+\dfrac{r_{\mathrm{c}}\sigma_{0}\pi D}{t}\right)+0.07N}{\gamma_{\mathrm{REj}}} \tag{5-104}$$

根据 5.3.3 节提出的圆钢管约束钢筋自应力钢渣混凝土柱发生弯曲和剪切破坏时轴压比限值计算公式，并结合试验结果、实际工程合理性和经济性，对圆钢管约束钢筋自应力钢渣混凝土柱的具体构造进行设计。

a 第一类失效模式（弯曲破坏）

《钢管约束混凝土结构技术标准》（JGJT 471—2019）规定构件位移延性系数需不小于 4.0，故仅需对位移延性系数大于 4.0 的圆钢管约束钢筋自应力钢渣混凝土柱构造措施进行设计。通过式（5-62）计算可得，发生弯曲破坏的圆钢管约束钢筋自应力钢渣混凝土柱位移延性系数为 4.0 时，轴压比限值取至 2.1，故仅需对轴压比限值在 0~2.1 的圆钢管约束钢筋自应力钢渣混凝土柱构造措施进行设计即可。此范围轴压比限值对应的位移延性系数高，圆钢管约束钢筋自应力钢渣混凝土柱具有良好的抗震性能，各项构造要求如表 5-9 所示。

表 5-9 具体构造要求

弯曲破坏	n_{u}										
	0	0.2	0.4	0.6	0.8	1.0	1.2	1.4	1.6	1.8	2.1
μ_{Δ}	0.9	1.8	2.3	2.7	3.0	3.3	3.5	3.6	3.8	3.9	4.0
D/t	40	40	40	40	40	40	40	50	80	150	240
λ	5.5	4.6	3.9	3.3	2.7	2.3	2.0	1.5	1.1	0.8	0.5
σ_0	0	0	0	0	0	0	0.3	3.0	4.8	6.7	7.9
a_0	49.3	45.0	40.6	36.3	31.9	25.4	23.2	18.9	14.5	10.2	5.8
f_{cu}	20	20	20	20	22	30	44	55	60	69	78
f_{y}	235	235	235	235	235	235	235	235	235	260	315
f_{sy}	235	235	235	235	235	235	235	235	235	235	320

注：a_0 单位为 mm，σ_0、f_{cu}、f_{y} 和 f_{sy} 单位均为 MPa。

在相关规范要求的基础上，结合本章的试验和理论研究结果，从经济性和合理性的角度，给出破坏形态为弯曲破坏的圆钢管约束钢筋自应力钢渣混凝土柱设计建议：

（1）剪跨比。根据位移延性系数 4.0 的要求，剪跨比不应小于 0.5，为了使试件可不设置轴压比限值，剪跨比应小于 2.3。

（2）径厚比。随着径厚比变化，试件轴压比限值均大于 1.0，在此基础上，径厚比小于 240 时，试件位移延性系数大于 4.0，满足规范中位移延性系数的要求。从经济性的角度考虑，由于钢渣混凝土造价较低，故尽量通过减小钢管壁厚增大径厚比。

（3）自应力。随着自应力变化，试件轴压比限值均大于 1.0，在此基础上，核心钢渣混凝土初始自应力小于 7.9MPa 时，试件位移延性系数大于 4.0，满足规范中位移延性系数的要求。从经济性和合理性的角度考虑，随着核心钢渣混凝土初始自应力增大，对细粒径钢渣进行筛选和研磨的工作量增大，且核心钢渣混凝土自应力值过高会使试件出现耐久性的问题，故核心钢渣混凝土初始自应力取 2~5MPa 较为合适。

（4）钢管预留缝宽度。根据位移延性系数 4.0 的要求，钢管预留缝宽度应大于 5.8mm，为了使试件可不设置轴压比限值，剪跨比应小于 25.4mm。从合理性的角度考虑，为防止钢管与基础在地震荷载作用下发生接触，导致钢管过早发生屈曲，钢管预留缝宽度不应小于 5mm。

（5）钢管屈服强度。随着钢管屈服强度增大，试件轴压比限值均大于 1.0，从经济性的角度出发，在位移延性系数满足要求的情况下，宜使用屈服强度 235MPa 的钢管。

（6）钢渣混凝土强度。根据位移延性系数 4.0 的要求，钢渣混凝土强度不应大于 C80，根据钢管混凝土结构技术规范要求，核心混凝土强度应大于 C30，为了使试件可不设置轴压比限值，核心混凝土强度应大于 C30，故钢渣混凝土强度应大于 C30 且小于 C80。

b　第二类失效模式（剪切破坏）

根据式（5-71）计算可得，发生弯曲破坏的圆钢管约束钢筋自应力钢渣混凝土柱位移延性系数为 4.0 时，轴压比限值取 1.9，故仅需对轴压比限值在 0~1.9 的圆钢管约束钢筋自应力钢渣混凝土柱构造措施进行设计即可，如表 5-10 所示。

表 5-10　具体构造措施

剪切破坏	n_u										
	0	0.2	0.4	0.6	0.8	1.0	1.2	1.4	1.6	1.8	1.9
μ_Δ	0.7	1.6	2.1	2.6	2.9	3.1	3.4	3.5	3.7	3.9	4.0

续表 5-10

剪切破坏	n_u										
	0	0.2	0.4	0.6	0.8	1.0	1.2	1.4	1.6	1.8	1.9
D/t	40	40	40	40	40	40	40	95	150	180	195
λ	3.7	3.4	3.2	3.3	2.8	2.1	2.0	1.7	1.2	0.8	0.6
σ_0	0	0	0	0	0	0	2.7	4.9	6.8	7.8	9.0
a_0	46.5	42.0	37.7	33.1	30.0	24.4	19.2	14.9	11.4	8.2	5.3
f_{cu}	20	20	20	20	25	37	48	56	64	70	79
f_y	235	235	235	235	235	235	235	235	265	330	365
f_{sy}	235	235	235	235	235	235	235	235	235	290	335

设计建议：

（1）剪跨比。根据位移延性系数 4.0 的要求，剪跨比不应小于 0.6，为了使试件可不设置轴压比限值，剪跨比应小于 2.1。

（2）径厚比。径厚比小于 195 时，试件位移延性系数大于 4.0，满足规范中位移延性系数的要求。考虑钢管直接参与抗剪，兼顾经济性，径厚比取值 80~120 较为合理。

（3）自应力。核心钢渣混凝土初始自应力小于 9.0MPa 时，试件位移延性系数大于 4.0。在经济性和合理性方面，与发生弯曲破坏的圆钢管约束钢筋自应力钢渣混凝土柱相同。

（4）钢管预留缝宽度。根据位移延性系数 4.0 的要求，钢管预留缝宽度应大于 5.3mm，为了使试件可不设置轴压比限值，剪跨比应小于 24.4mm。从合理性的角度考虑，钢管预留缝宽度不宜小于 5mm。

（5）钢管屈服强度。当位移延性系数满足要求时，宜使用强度为 235MPa 的钢管。

（6）钢渣混凝土强度。为了使试件可不设置轴压比限值，核心混凝土强度应大于 C40，故钢渣混凝土强度应大于 C40 且小于 C80。

6 圆钢管自应力钢渣混凝土柱黏结滑移性能研究

6.1 圆钢管自应力钢渣混凝土柱黏结滑移试验方案

6.1.1 试验材料基本性能

6.1.1.1 钢渣混凝土

本章试验中所采用的水泥为 P. O. 42. 5 普通硅酸盐水泥，试验所用细骨料为钢渣砂，其主要化学成分见表 6-1。

表 6-1 钢渣化学组成（质量分数）

名 称	SiO_2	CaO	Fe_2O_3	P_2O_5	MgO	SO_3	Al_2O_3	MnO	V_2O_5	TiO_2
钢 渣	11. 91%	53. 7%	18. 51%	2. 63%	4. 42%	0. 41%	2. 22%	2. 34%	1. 13%	1. 64%
标准差	0. 211	0. 251	0. 182	0. 081	0. 111	0. 023	0. 093	0. 081	0. 061	0. 073

依据第 2 章的研究方法和结果，本章试验采用的钢渣混凝土配合比和实测各项性能指标如表 6-2 所示。

表 6-2 钢渣混凝土配合比和性能指标

混凝土类型	水 /kg	水泥 /kg	粗骨料 /kg	钢渣砂 /kg	钢渣砂粒径 /mm	抗压强度 /MPa	弹性模量 /MPa	泊松比	膨胀率
1	202. 1	366. 1	962. 1	622. 1	0. 15~0. 3（75%）+0. 3~0. 6（25%）	16. 9	2.73×10^{4}	0. 231	2.8×10^{-4}
2	202. 1	366. 1	962. 1	622. 1	1. 18~2. 36	26. 5	3.62×10^{4}	0. 242	-3.5×10^{-4}

6.1.1.2 钢管

按照第 3 章相同的方法制作试件进行拉伸和轴压试验，实测钢管应力-应变关系曲线及各项力学性能指标如图 6-1 和表 6-3 所示。

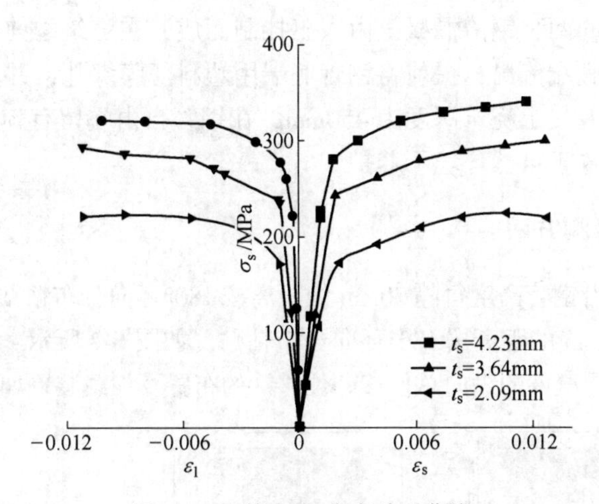

图 6-1 钢管应力-应变关系曲线

表 6-3 钢管各项力学性能指标

<table>
<tr><th>试件厚度
t_s/mm</th><th>屈服强度
f_y/MPa</th><th>极限强度
f_u/MPa</th><th>断后伸长率
l_Δ/%</th><th>泊松比μ</th><th>弹性模量
E_s/MPa</th></tr>
<tr><td>2.09</td><td>173.1</td><td>223.48</td><td>10.03</td><td rowspan="3">0.301</td><td rowspan="3">2.01×10^5</td></tr>
<tr><td>3.64</td><td>235.6</td><td>295.69</td><td>11.61</td></tr>
<tr><td>4.23</td><td>242.9</td><td>300.77</td><td>13.46</td></tr>
</table>

6.1.2 试件设计和制作

本次推出试验共设计 6 根试件，长度均为 500mm，考虑径厚比（D/t_s）、套箍系数（θ）、含钢率（α）以及膨胀率（P_{ct}）对圆钢管自应力钢渣混凝土柱界面黏结性能的影响，各试件的设计参数见表 6-4。

表 6-4 试件设计参数

<table>
<tr><th>试件编号</th><th>D/mm</th><th>l_e/mm</th><th>t_s/mm</th><th>α</th><th>D/t_s</th><th>$4L/D$</th><th>θ</th><th>P_{ct}</th></tr>
<tr><td>TC1-1</td><td rowspan="6">140</td><td rowspan="6">450</td><td rowspan="2">2.10</td><td rowspan="2">0.063</td><td rowspan="2">66.67</td><td rowspan="6">12.86</td><td>0.64</td><td>2.8×10^{-4}</td></tr>
<tr><td>TC2-2</td><td>0.41</td><td>-3.5×10^{-4}</td></tr>
<tr><td>TC3-1</td><td rowspan="2">3.60</td><td rowspan="2">0.111</td><td rowspan="2">38.89</td><td>1.55</td><td>2.8×10^{-4}</td></tr>
<tr><td>TC4-2</td><td>0.99</td><td>-3.5×10^{-4}</td></tr>
<tr><td>TC5-1</td><td rowspan="2">4.10</td><td rowspan="2">0.128</td><td rowspan="2">34.14</td><td>1.84</td><td>2.8×10^{-4}</td></tr>
<tr><td>TC6-2</td><td>1.18</td><td>-3.5×10^{-4}</td></tr>
</table>

注：TC 表示推出试件；数字“1”“2”分别表示自应力钢渣混凝土和普通钢渣混凝土；D 和 t_s 分别为钢管外直径和壁厚；l_e 为有效黏结长度；$4L/D$ 为长径比；套箍系数 $\theta = A_s f_y / A_c f_c$、含钢率 $\alpha = A_s/A_c$，A_s、A_c 分别表示钢管截面面积和钢渣混凝土截面面积。

试验所采用的两种钢渣混凝土由人工拌制而成，在浇筑之前，为防止钢渣混凝土浆液从钢管底端流出，提前将钢管底端用塑料薄膜绑扎，并且置于平整地面浇筑。管内钢渣混凝土浇筑深度为450mm，在钢管自由端留有50mm的空隙，浇筑振捣完成后，置于自然环境下养护。

6.1.3 加载和量测方案

纵向应变片沿钢管高度每隔30mm的距离按180°环向分布粘贴，环向应变片沿钢管高度每隔90mm的距离按180°环向分布粘贴，如图6-2所示。在下传力板设置两个位移计来测得试件的纵向总位移。位移计的布置及加载装置如图6-3所示。

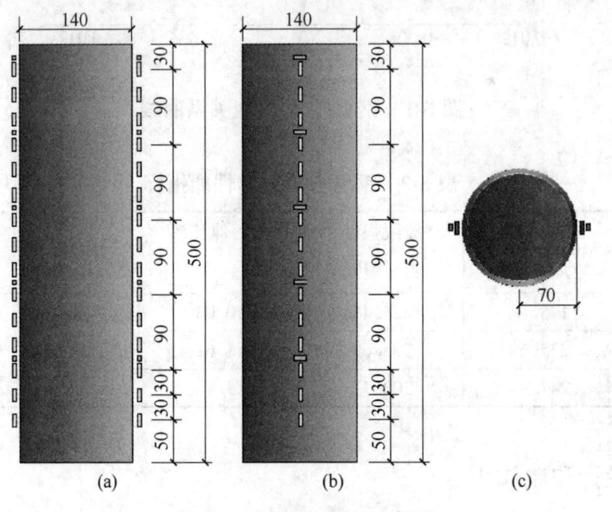

图6-2 应变片布置示意图
（a）正立面；（b）侧立面；（c）俯视图

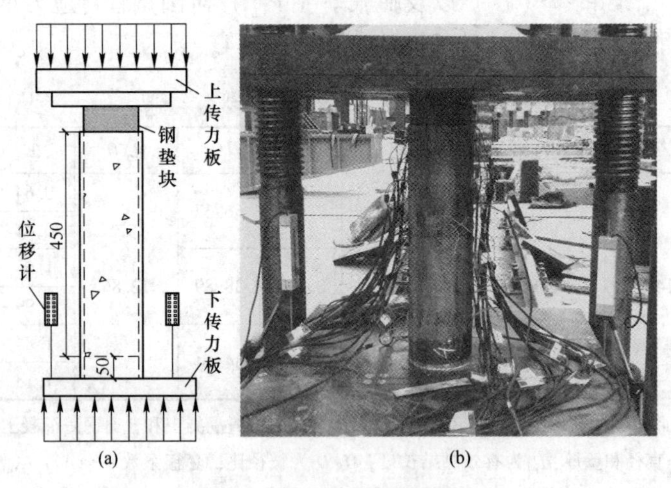

图6-3 推出试验加载装置
（a）位移计布置图；（b）加载装置图

6.2 圆钢管自应力钢渣混凝土柱试验结果分析

6.2.1 试件破坏形态

试验研究表明，试件的破坏经历了三个阶段，即加载段、降载段和恒载段。

（1）加载前期，钢渣混凝土与钢管没有产生相对滑移，界面黏结力为胶结力和机械咬合力之和。当荷载加载到黏结破坏荷载的10%左右时，钢渣混凝土加载端开始出现少量下沉，此时能听到胶结面裂开的声音。当荷载加载到黏结破坏荷载的30%左右时，加载端下沉量变大。

（2）在降载段，混凝土端面下沉深度加大，此时混凝土与钢管开始产生相对滑移，试件胶结面逐渐裂开，但尚未全部裂开。随着荷载的增大，能明显听到胶结面开裂的声音。当荷载加载到试件黏结破坏荷载后，加载端下沉深度显著增加，钢渣混凝土发生全界面滑移，试件胶结面完全裂开，仅有机械咬合力存在。因此，当试件进入降载段后，界面黏结力会发生骤然下降的现象，黏结力下降幅度随着试件径厚比的增大而增大，随着套箍系数、含钢率以及膨胀率的增大而减小。

（3）当界面黏结力下降到黏结破坏荷载的20%左右时，停止下降，试件进入恒载段。在恒载段，试件界面黏结力不再增加，并保持为一常量，而核心钢渣混凝土开始发生全界面滑移，恒载段的荷载近似等于钢渣混凝土发生全界面滑移时的荷载，即起滑点荷载。

在整个试验过程中，钢管和钢渣混凝土一直处于弹性阶段，仅有界面黏结力在改变，且黏结力的大小随试件径厚比的增大而减小，随套箍系数、含钢率以及膨胀率的增大而增大。试件的破坏形态为黏结界面剪切破坏，如图6-4所示。

6.2.2 荷载-滑移关系曲线

本次试验中，试件的荷载-滑移关系曲线如图6-5所示，可以看出，与破坏过程一致，荷载-滑移关系曲线也经历三个主要阶段，即加载段（o–1段）、降载段（1–2段）和恒载段（2–3段）。

（1）加载段。在荷载达到界面黏结破坏荷载 N_{au} 之前，核心钢渣混凝土和钢管之间没有相对滑动，荷载逐渐增大，滑移量变化却很小，两者呈线性关系。从图6-6（a）~（c）可以看出，试件的荷载-滑移关系曲线加载段的高度，即黏结破坏荷载 N_{au}，随着试件径厚比的增大而降低，随着套箍系数、含钢率的增大而增大。这是因为，当钢管外直径一定，径厚比增大使管壁相应变薄，钢管对核心钢渣混凝土的径向约束力降低，接触界面上的法向力随之降低，从而导致界面黏结

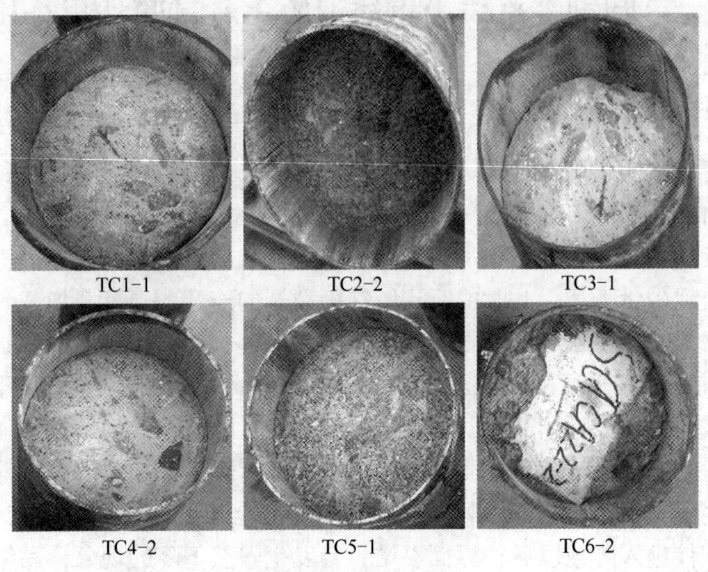

图 6-4 试件破坏形态

破坏荷载变小。套箍系数、含钢率的增大提高了钢管对钢渣混凝土的径向约束力，接触面的法向力和摩擦力随之增大，试件抵抗界面黏结破坏的能力也随之提高。

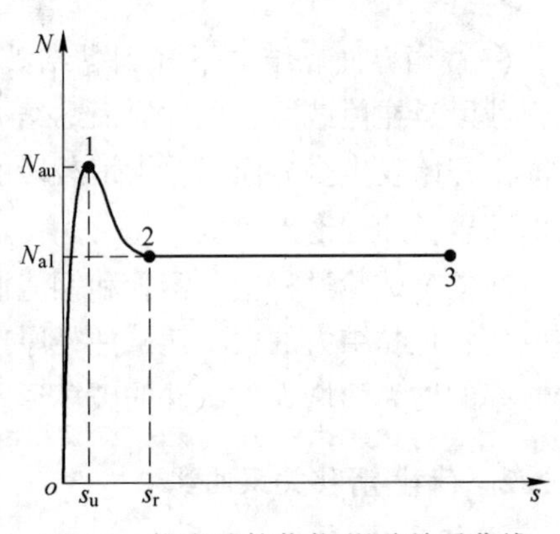

图 6-5 推出试件荷载-滑移关系曲线

从图 6-6（d）可看出，加载段的荷载-滑移关系曲线斜率随膨胀率的增大而增大，曲线斜率越大，初始黏结滑移刚度越大。这是因为，钢渣混凝土的膨胀增大了钢管和钢渣混凝土之间的自应力，提高了钢管对钢渣混凝土的约束能力，从而使核心钢渣混凝土一直处于三向受力状态，增大了钢渣混凝土和钢管之间的胶结力和机械咬合力，从而有效提高了界面黏结力。

(2) 降载段。随着荷载继续增加，核心钢渣混凝土开始产生微小滑动，此时可以听到黏结界面钢渣混凝土与钢管脱胶而发出的开裂声。当荷载达到界面黏结破坏荷载时，核心钢渣混凝土开始发生全界面滑动，曲线进入降载段。在降载段，黏结界面的化学胶结面全部裂开，荷载急剧下降，混凝土加载端迅速下沉，滑移量急剧增大。表 6-5 为试验结果，从表 6-5 和图 6-6 中可以看出，从黏结破坏荷载到恒载段起滑点荷载 N_{al} 的变化量随着径厚比的增大而增大，随着套箍系数、含钢率以及钢渣混凝土膨胀率的增大而减小。

（3）恒载段。恒载段荷载-滑移的变化规律表现为荷载大小不变，滑移量持续增加。恒载段的荷载近似等于起滑点的荷载。这是因为，当核心钢渣混凝土发生全界面滑移后，在钢渣混凝土截面直径不发生较大变化的情况下，钢管对核心钢渣混凝土的约束趋于恒定。

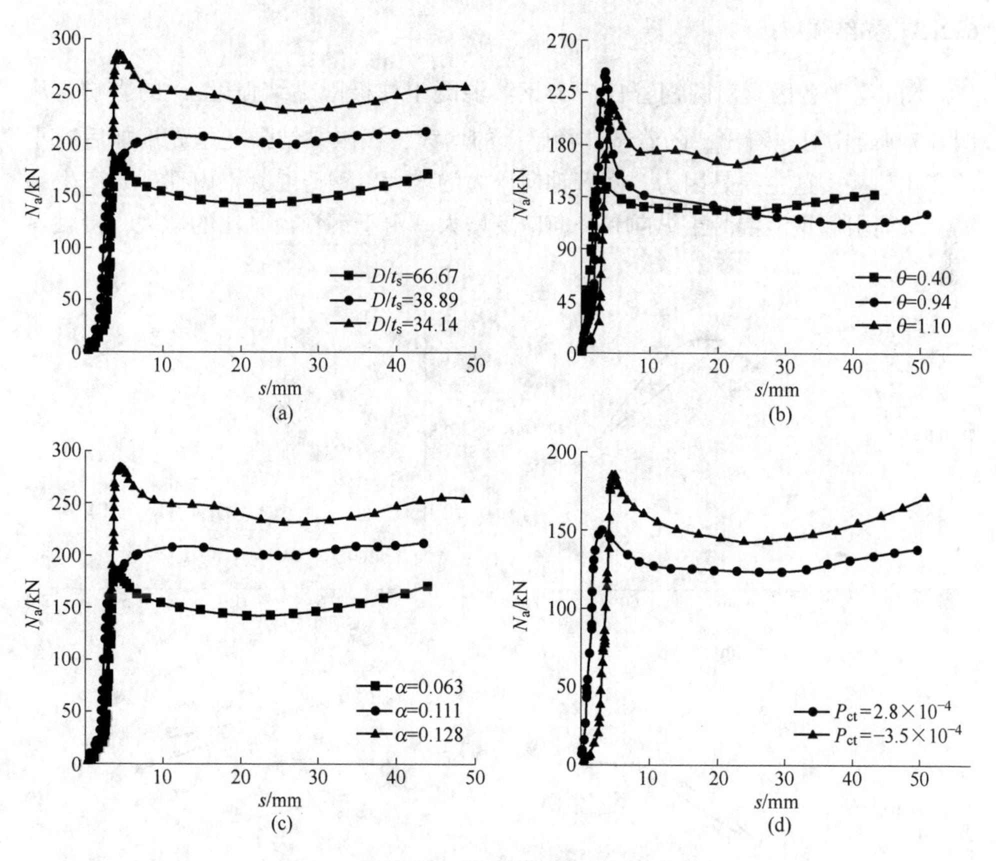

图 6-6 各因素对荷载-滑移关系曲线的影响

（a）径厚比的影响；（b）套箍系数的影响；（c）含钢率的影响；（d）膨胀率的影响

表 6-5 圆钢管自应力钢渣混凝土柱推出试验结果

试件编号	α	D/t_s	θ	N_{au} /kN	N_{al} /kN
TC1-1	0.063	66.67	0.633	150.15	122.15
TC2-2			0.404	193.37	140.45

续表 6-5

试件编号	α	D/t_s	θ	N_{au} /kN	N_{al} /kN
TC3-1	0. 111	38. 89	1. 484	241. 99	205. 59
TC4-2			0. 947	223. 63	203. 23
TC5-1	0. 128	34. 14	1. 737	214. 85	189. 88
TC6-2			1. 108	285. 73	228. 55

6. 2. 3　黏结强度

图 6-7 为各因素对圆钢管自应力钢渣混凝土柱极限黏结强度 τ_u 的影响，从图 6-7 (a)中可以看出，随着试件径厚比的增大，极限黏结强度呈先增加后减小的变化趋势。这主要是因为，随着轴向压力的增大，钢渣混凝土内部开始产生裂缝，从而引起钢渣混凝土纵向和环向应变增大。由于钢管径厚比的增大，接触界

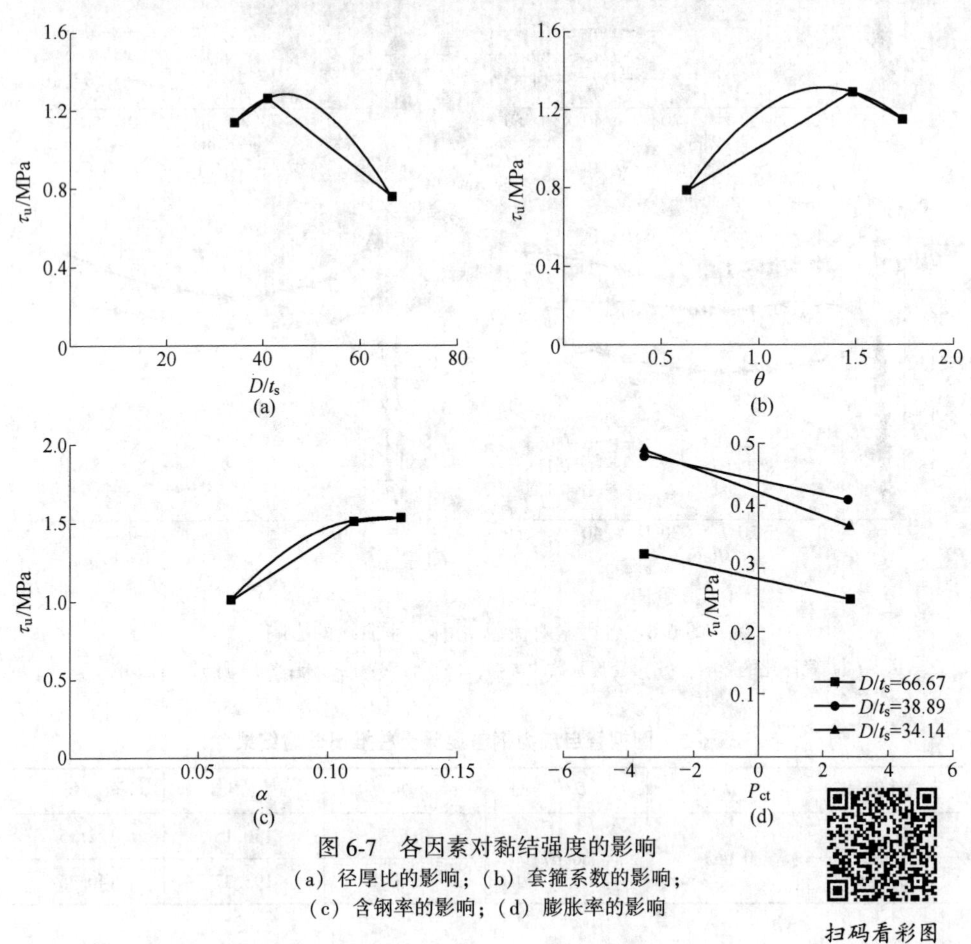

图 6-7　各因素对黏结强度的影响
(a) 径厚比的影响；(b) 套箍系数的影响；
(c) 含钢率的影响；(d) 膨胀率的影响

面上的法向力随之降低，不能有效抑制钢渣混凝土内部裂缝的开展，导致界面黏结强度的降低。通过对数据统计回归，得到圆钢管自应力钢渣混凝土柱径厚比和极限黏结强度关系式：

$$\tau_u = -0.0012\left(\frac{D}{t_s}\right)^2 + 0.1093\frac{D}{t_s} - 1.193 \tag{6-1}$$

从图6-7（b）可以看到试件极限黏结强度随着套箍系数的增大呈先增加后减小的变化趋势。这是因为，套箍系数的增大使钢管对核心钢渣混凝土的约束力增大，从而有效抑制钢渣混凝土内部裂缝的开展，提高界面黏结强度。经统计回归，得到圆钢管自应力钢渣混凝土柱套箍系数和黏结强度关系式：

$$\tau_u = -1.0334\theta^2 + 2.7753\theta - 0.5527 \tag{6-2}$$

从图6-7（c）可以看到，试件极限黏结强度随含钢率的增大而增大。这是因为含钢率的增大表明钢管管壁变厚，对核心钢渣混凝土约束能力得到提高，能有效抑制钢渣混凝土内部裂缝的开展。通过对数据统计回归，得到圆钢管自应力钢渣混凝土柱含钢率和界面极限黏结强度关系式：

$$\tau_u = -286.95\alpha^2 + 60.347\alpha - 1.8729 \tag{6-3}$$

从图6-7（d）可以看出，膨胀率 $P_{ct} = 2.8\times10^{-4}$ 试件界面黏结强度提高幅度较大。这是因为，钢渣混凝土的膨胀使其与钢管黏结更为紧密，二者之间的机械咬合力更为明显。钢渣混凝土膨胀率越大，钢管钢渣混凝土的黏结强度提高幅度就越大。

6.2.4 应变分析

6.2.4.1 钢管纵向应变

图6-8为试件荷载-纵向应变关系曲线。纵坐标表示钢管纵向应变值 ε_{aa}，横坐标为各测点至加载端的距离，即 $x = 0$mm 处为加载端，$x = 500$mm 处为空钢管受力端。

从图中可以看出，试件纵向应变从空钢管受力端到加载端逐渐减小。加载前期，钢管纵向应变沿钢管高度变化很小，大致呈均匀分布。当荷载加到试件极限黏结破坏荷载的30%左右，从加载端到空钢管受力端，应变值开始逐渐增大。随着径厚比增大，试件应变增长速度加快；随着套箍系数、含钢率和膨胀率增大，应变增长速度减慢。

当荷载达到试件极限黏结破坏荷载的50%左右，由于剪力传递距离逐渐增大，沿钢管黏结范围内的应变变化量逐渐增大。当荷载达到试件黏结破坏荷载时，钢渣混凝土发生全界面滑移，界面胶结力完全退出工作，仅有机械咬合力存在。此时界面黏结荷载低于黏结破坏荷载，沿钢管黏结范围纵向应变值变化量开始减小。

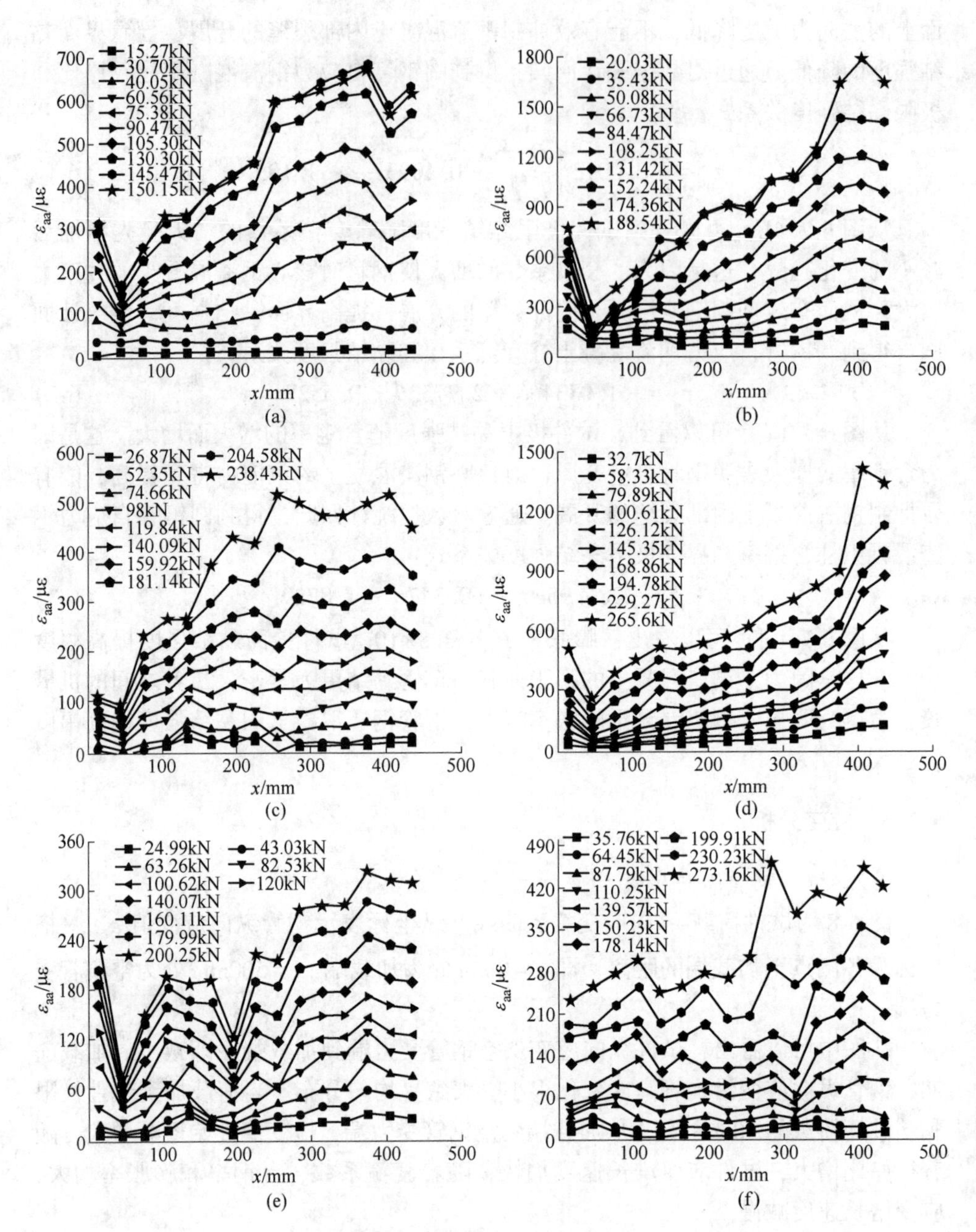

图 6-8 试件钢管纵向应变分布图

(a) TC1-1; (b) TC2-2; (c) TC3-1; (d) TC4-2; (e) TC5-1; (f) TC6-2

从图中可以看到，每一级荷载下，最大纵向应变值总是发生在空钢管受力端。这是因为加载端剪力传递距离很小，从而传递到钢管表面上的黏结应力也很小。而在空钢管这一端，因经过了很长的剪力传递距离，由此获得了很大的应力集度，从而引起较大的应变变化。

6.2.4.2 钢管环向应变

图 6-9 为试件荷载-环向应变关系曲线。加载前期，钢管环向应变 ε_{al} 沿钢管高度变化不大，呈均匀分布。当荷载超过试件极限黏结破坏荷载的 20%左右后，钢渣混凝土加载端的环向应变大于空钢管受力端的环向应变。这是因为钢渣混凝土受压后，其端部混凝土最先产生裂缝，并且发生挤压环向变形，而使得钢渣混凝土在钢管内形成楔形状，即端部直径大于尾部直径。因此加载端环向应变大于尾部环向应变。

随着荷载继续增加，楔形状钢渣混凝土对环向应变影响更为明显。与钢管受力端环向应变变化量相比，加载端的应变变化量更为显著，且随着试件径厚比的增大，应变变化速度加快，随着套箍系数、含钢率和膨胀率的增大，应变变化的速度减缓。当荷载达到试件极限黏结破坏荷载后，钢渣混凝土发生全界面滑移。因受到钢管壁的摩擦，其直径将随着推入深度的增加而逐渐减小。所以在后滑移段，钢管的环向应力逐渐变小。

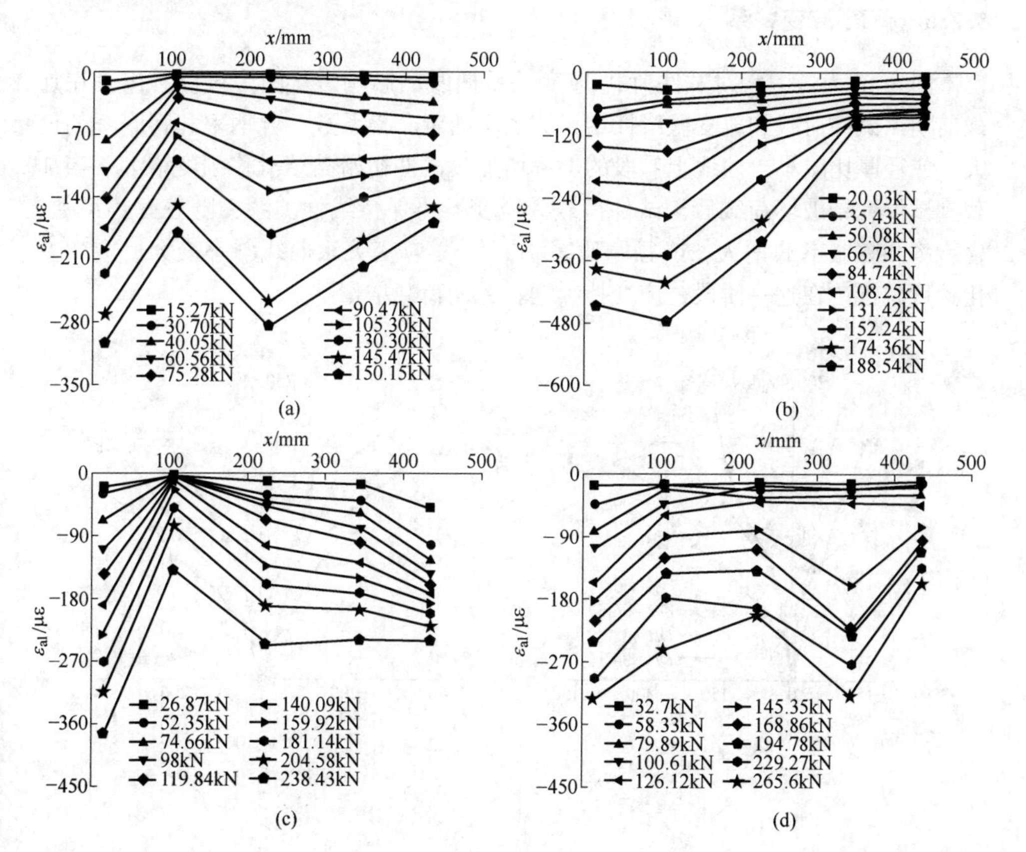

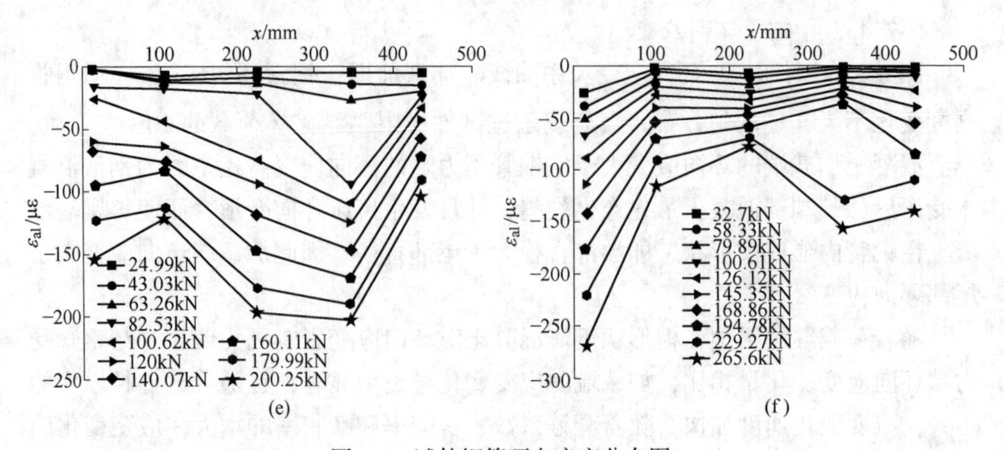

图 6-9　试件钢管环向应变分布图

(a) TC1-1；(b) TC2-2；(c) TC3-1；(d) TC4-2；(e) TC5-1；(f) TC6-2

6.2.5　荷载-应变关系

图 6-10 为各因素对试件荷载-应变关系曲线的影响。从图中可以看出，在加载前期，试件荷载和应变呈线性增长关系。随着套箍系数、含钢率和膨胀率的增大，或径厚比减小，曲线上升段的斜率增加，试件初始黏结滑移刚度增大。当加载到试件黏结破坏荷载后，试件荷载和应变不再保持线性关系，随着套箍系数、含钢率和膨胀率的增大，或径厚比减小，荷载-应变关系曲线斜率变大，应变变化速度减慢。在这一阶段，应变持续增长，而荷载增量不大。

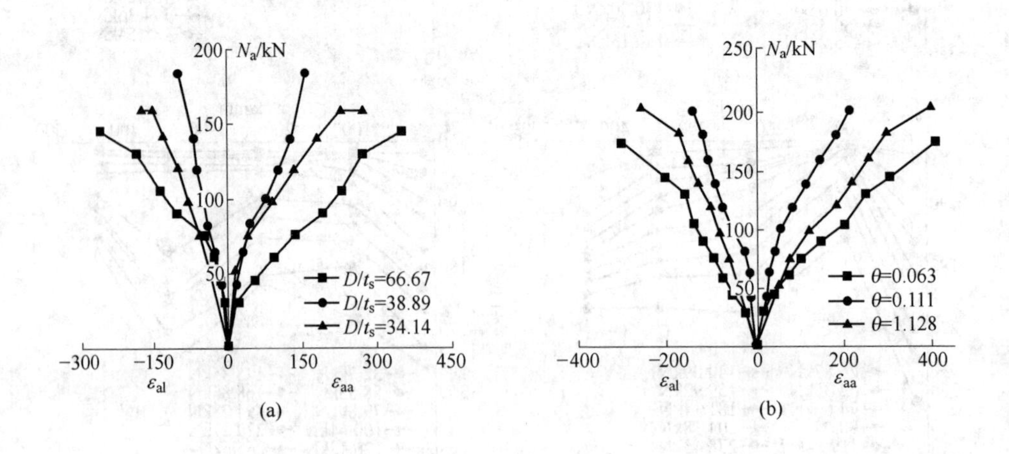

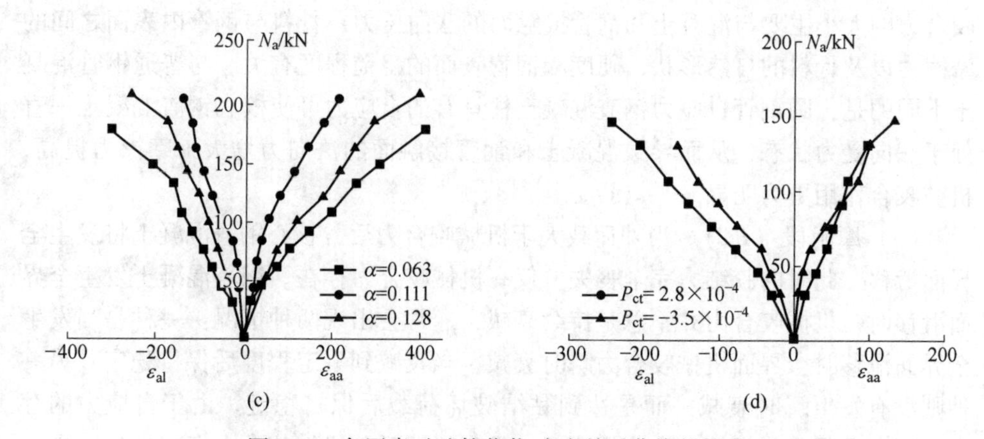

图 6-10 各因素对试件荷载-应变关系曲线的影响

(a) 径厚比的影响；(b) 套箍系数的影响；(c) 含钢率的影响；(d) 膨胀率的影响

6.3 圆钢管自应力钢渣混凝土柱黏结-滑移本构关系

本节在试验研究的基础上，揭示圆钢管自应力钢渣混凝土柱界面黏结滑移受力机理，引入初始自应力，建立黏结强度计算模型，考虑试件径厚比和套箍系数对黏结强度的影响，提出圆钢管自应力钢渣混凝土柱黏结强度简化计算公式，推导圆钢管自应力钢渣混凝土柱黏结-滑移本构关系，利用三段式模型，提出黏结-滑移本构关系简化计算公式。

6.3.1 圆钢管自应力钢渣混凝土柱黏结滑机理分析

由试验结果可知，管内核心钢渣混凝土的滑移过程可以细分为四个阶段：胶结段（*OA*）、滑移段（*AB*）、摩阻段（*BC*）以及后滑移段（*CD*），如图 6-11 所示。

(1) 胶结段（*OA*）。水泥的胶凝性使得混凝土由液态凝结为固态后，与钢管内壁胶结而产生胶结力，在钢管和混凝土接触面形成化学胶结面，如图 6-12 所示。与普通钢管混凝土不同的是，圆钢管自应力钢渣混凝土柱具有的自应力能使得核心钢渣混凝土与钢管黏结更为紧密，从而能提高黏结界面的胶结力。从荷载-滑移关系曲线中可以看出，核心钢渣混凝土在受到很小的力之后就产生了微小的滑移，这是胶结面开始失效的缘故，这也说明界面胶结力只承担了很小一部分荷载。一般约为黏结破坏荷载的 2%~5%。

(2) 滑移段（*AB*）。胶结力一旦失效之后，核心钢渣混凝土开始发生滑移。试件在达到黏结破坏荷载 *B* 点之前，界面黏结力主要由机械咬合力来承担。机械咬合力的大小主要与混凝土和钢管接触面的法向压力、骨料与钢管内表面之间的摩擦力以及骨料的自然形状、硬度和钢管表面的粗糙程度有关。与普通钢管混凝土不同的是，圆钢管自应力钢渣混凝土柱具有的自应力可使核心钢渣混凝土一直处于三向受力状态，从而导致混凝土和钢管接触面的法向力增大，摩擦力提高，机械咬合作用更为明显。

(3) 摩阻段（*BC*）。当外荷载大于机械咬合力后，核心钢渣混凝土将发生全界面滑移，此时的胶结力完全丧失，仅有机械咬合力存在。钢渣混凝土发生全界面滑移时，机械咬合力并不总是持续衰减，通常会出现两种情况：一种是当发生全界面滑移时，界面机械咬合力瞬时衰减，当衰减到一定程度后保持稳定；另一种则没有发生瞬时衰减，而是达到黏结破坏荷载后保持稳定。由于自应力的存在，钢渣混凝土与钢管咬合作用明显，发生滑移后，机械咬合力衰减相对较慢。

(4) 后滑移段（*CD*）。当核心钢渣混凝土经过摩阻段之后，荷载-滑移关系曲线进入后滑移阶段，荷载的变化幅度减小。在后滑移阶段，虽然钢渣混凝土发生了较大的滑移，但荷载变化幅度很小，可近似认为荷载为常量。

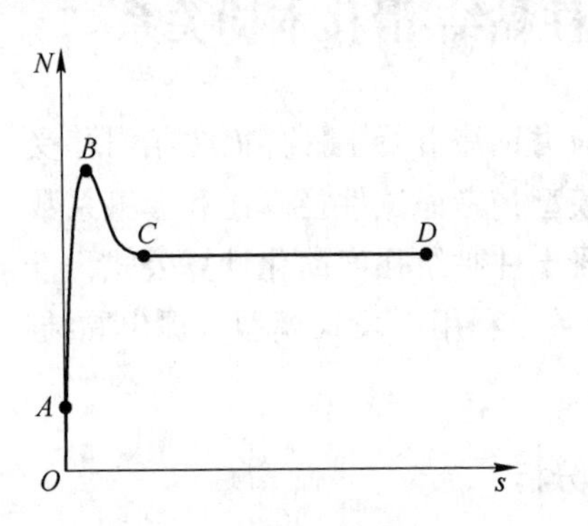

图 6-11　荷载-滑移关系曲线

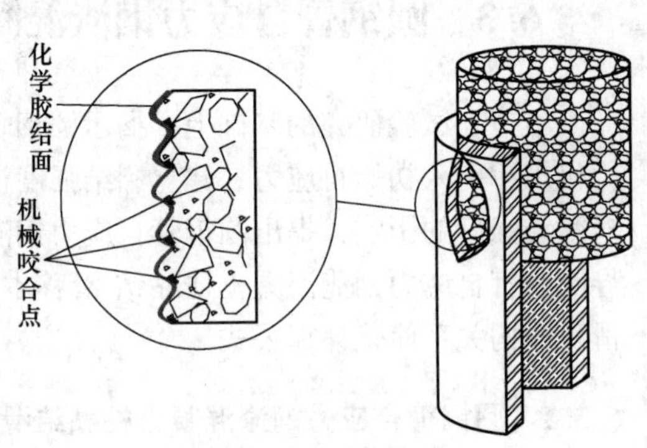

图 6-12　黏结界面示意图

6.3.2　圆钢管自应力钢渣混凝土柱黏结强度计算模型

6.3.2.1　初始自应力计算

本章试验研究中，浇筑于钢管内膨胀率为 $P_{ct}=2.8\times10^{-4}$ 的钢渣混凝土，因其具有的膨胀特性，凝结硬化后，会受钢管环向约束而与钢管之间产生挤压应力 σ_o，也称为初始自应力。初始自应力可使核心钢渣混凝土处于三向受力状态，这有助于提高试件界面黏结性能。假设 P_{cr} 为钢渣混凝土限制膨胀率，则钢管与钢渣混凝土之间产生的初始自应力 σ_o 可通过下式计算[37]：

$$\sigma_o = E_c(P_{ct} - P_{cr}) \tag{6-4}$$

式中，E_c 为钢渣混凝土弹性模量。

由于钢管约束了钢渣混凝土的径向应变，可以认为钢管环向应变与核心钢渣混凝土限制膨胀率是协同的，则钢管环向应力 σ_1 可表示为：

$$\sigma_1 = E_s P_{cr} \tag{6-5}$$

通过在试件内取圆心角为 dφ 的微圆弧段来建立钢管环向应力 σ_1 与初始自应力 σ_o 的关系，如图 6-13 所示，根据力平衡条件可得：

$$2\sigma_1 \cdot \sin\frac{d\varphi}{2} \cdot t_s = \sigma_o \cdot r \cdot d\varphi \tag{6-6}$$

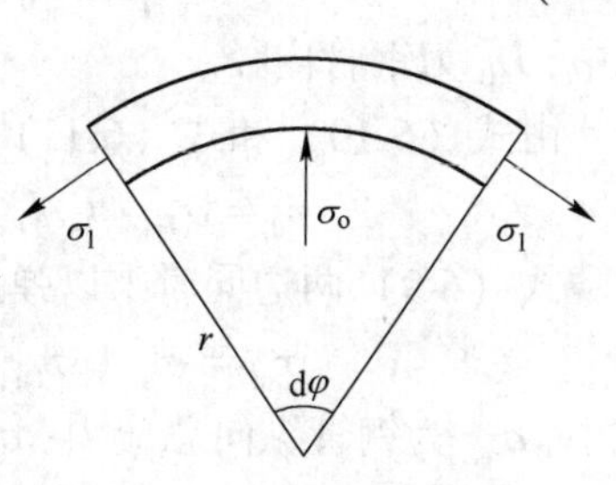

图 6-13　黏结面计算简图

当 dφ 取无限小时，有 $\sin\frac{d\varphi}{2} = \frac{d\varphi}{2}$，则式（6-6）可简化为：

$$\sigma_o = \frac{t_s}{r}\sigma_1 \tag{6-7}$$

表 6-6 给出了不同钢管壁厚对试件初始自应力的影响。

将式（6-7）代入式（6-4），取 $\omega = r/t_s$，可得：

$$P_{cr} = \frac{\omega E_c}{\omega E_c + E_s} P_{ct} \tag{6-8}$$

表 6-6　自应力计算结果

t_s/mm	2.10	3.60	4.10
D_0/mm	67.90	66.40	65.90
D_0/t_s	32.33	18.44	16.07
P_{cr}	2.28×10^{-4}	2.00×10^{-4}	1.92×10^{-4}
σ_o	1.42	2.18	2.40

6.3.2.2　黏结强度计算模型

为研究初始自应力对界面黏结强度的影响，引入初始自应力系数 σ_o，建立界面抗剪黏结强度计算模型。

A　基本假定

（1）初始自应力引起的钢管纵向自应变 ε_{oa} 是恒定的，且沿试件有效黏结长度均匀分布，则钢管纵向总应变 ε_{sz} 可视为 ε_{oa} 和钢管纵向应变 ε_s 之和，即：

$$\varepsilon_{sz} = \varepsilon_s + \varepsilon_{oa} \tag{6-9}$$

（2）在推出过程中，核心钢渣混凝土和钢管均处于弹性阶段；

（3）纵向自应力的方向与试件轴向压应力方向一致。

B　黏结强度计算公式

如图 6-14 所示，根据极限平衡条件，极限黏结强度 τ_u 基本恒定，可得如下

公式:

$$N_{e} = \pi D_0 l_e \tau_u \tag{6-10}$$

$$N_{e} = \sigma_{sz} t_s \pi D_0 \tag{6-11}$$

式中, D_0 为钢管内径。

由式(6-10)和式(6-11)可得:

$$\tau_u = \sigma_{sz} \cdot t_s / l_e \tag{6-12}$$

式(6-9)两边同时乘以弹性模量,可得:

$$\sigma_{sz} = \sigma_s + \sigma_{oa} \tag{6-13}$$

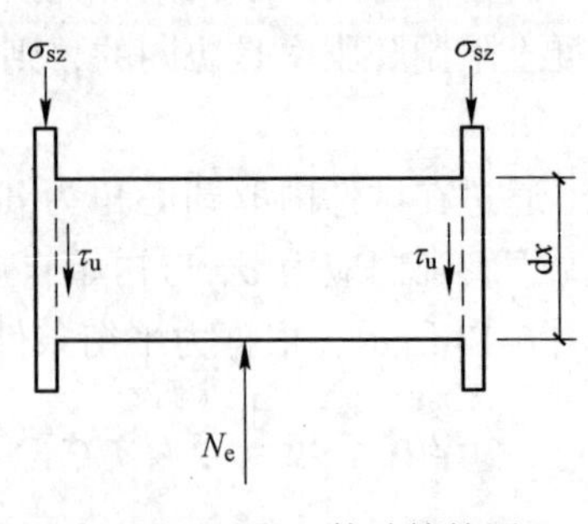

图 6-14 微元体计算简图

式中, σ_{sz} 为钢管纵向总应力; σ_{oa} 为钢管纵向自应力; σ_s 为钢管纵向应力。

根据广义胡克定律,可得:

$$\sigma_{oa} = \mu(\sigma_0 + \sigma_1) \tag{6-14}$$

钢管在竖向荷载作用下产生的纵向应力 σ_s 可由式(6-15)近似确定。

$$\sigma_s = \gamma N_e / (\pi \cdot t_s \cdot D_0) \tag{6-15}$$

式中, γ 为修正系数,可通过对本章试验数据统计分析得到,且 $\gamma = 0.96$。

将式(6-14)和式(6-15)代入式(6-9),可得极限黏结强度计算公式为:

$$\tau_u = \mu t_s(\sigma_0 + \sigma_1)/l_e + \gamma N_e/(\pi D_0 l_e) \tag{6-16}$$

为验证上述极限黏结强度计算公式的正确性,本节对文献[119]、[120]和本书试验数据进行验证,计算值 τ_{uc} 与试验值 τ_u 的对比结果如表 6-7 所示,从表中可以看出,黏结强度误差平均值为 1.030,均方差为 0.150。计算结果和试验结果接近,吻合度高。

表 6-7 圆钢管自应力钢渣混凝土柱界面黏结强度计算值和试验值的对比

试件编号	D/mm	t_s/mm	σ_o/MPa	N_e/kN	τ_{uc}/MPa	τ_u/MPa	τ_{uc}/τ_u	数据来源
TC1-1	140	2.10	1.43	150.2	0.85	0.78	1.09	本书数据
TC2-2			0	193.4	1.01	1.01	1.00	
TC3-1		3.60	2.18	242.0	1.39	1.29	1.08	
TC4-2			0	223.0	1.19	1.19	1.00	
TC5-1		4.10	2.40	214.9	1.27	1.15	1.10	
TC6-2			0	285.7	1.53	1.53	1.00	
1	165	2.75	2.62	417.3	1.49	1.38	1.08	文献[119]
2			3.24	453.6	1.64	1.50	1.09	
3			4.23	505.0	1.85	1.67	1.10	
4		3.5	2.92	428.7	1.55	1.44	1.08	
5			3.72	476.3	1.74	1.60	1.09	
6			4.75	520.9	1.93	1.75	1.11	

续表 6-7

试件编号	D/mm	t_s/mm	σ_o /MPa	N_e /kN	τ_{uc} /MPa	τ_u /MPa	τ_{uc}/τ_u	数据来源
C1	159	3.92	2.73	449	1.83	1.89	0.97	文献［120］
C2			4.86	508	2.14	2.14	1.00	
C3			3.05	204	1.42	1.43	0.99	
C4			2.96	195	1.36	1.37	0.99	
C5			3.10	203	1.42	1.42	1.00	
C6			2.87	284	1.20	1.20	1.00	
C7			3.02	296	1.25	1.25	1.00	
C8			2.95	298	1.26	1.26	1.00	
C9			3.15	381	1.16	1.15	1.01	
C10			3.13	375	1.14	1.13	1.01	
C11			3.01	392	1.19	1.18	1.01	
C12			5.06	298	1.34	2.09	0.64	
C13			5.04	302	2.13	2.12	1.01	
C14			5.10	305	2.15	2.14	1.01	
C15			4.78	461	3.07	1.94	1.58	
C16			4.97	464	1.97	1.96	1.01	
C17			4.89	458	1.95	1.93	1.01	
C18			5.03	581	2.43	1.75	1.39	
C19			4.96	598	1.82	1.80	1.01	
C20			4.99	590	1.80	1.78	1.01	
C21			2.87	574	1.70	2.42	0.70	
C22			4.91	597	2.48	2.52	0.98	
C23			0	249	0.95	1.05	0.91	
τ_{uc}/τ_u	平均值：1.030			均方差：0.150				

C 黏结强度简化计算公式

上述圆钢管自应力钢渣混凝土柱黏结强度理论公式较为复杂，不便于实际工程应用，因此，考虑试件径厚比、套箍系数和膨胀率对黏结强度的影响，通过对文献[119]、[120]试验数据进行回归分析，得到极限黏结强度简化计算公式为：

$$\tau_u = k[1.03391 - 0.00335(D/t_s) - 0.158350\theta + 0.20336\sigma_o] \quad (6\text{-}17)$$

式中，σ_0 按式（6-7）计算，当钢管内为非自应力混凝土时，$\sigma_0 = 0$；k 为钢管表面状况系数，由文献［121］可知，当钢管表面未经任何处理的表面状况系数 k 取 1.3，经手工除锈的 k 取 1.0，经机械除锈的 k 取 0.7，本章所用钢管均经手工除锈，因此取 k 为 1.0。

基于上述简化分析，可得到极限黏结破坏荷载计算公式为：

$$N_e = k[1.03391 - 0.00335(D/t_s) - 0.15835\theta + 0.20336\sigma_o]\pi D_0 l_e \quad (6\text{-}18)$$

为验证上述简化公式的正确性，将简化公式理论计算值与试验值进行对比分析，如图 6-15 所示。由图可知，黏结强度试验值 τ_u 与理论计算值 τ_{uc} 比值的平均值为 1.056，均方差为 0.126；极限黏结破坏荷载试验值 N_e 与理论计算值 N_{ec} 比值的平均值为 0992，均方差为 0.152，理论值与试验值吻合较好。

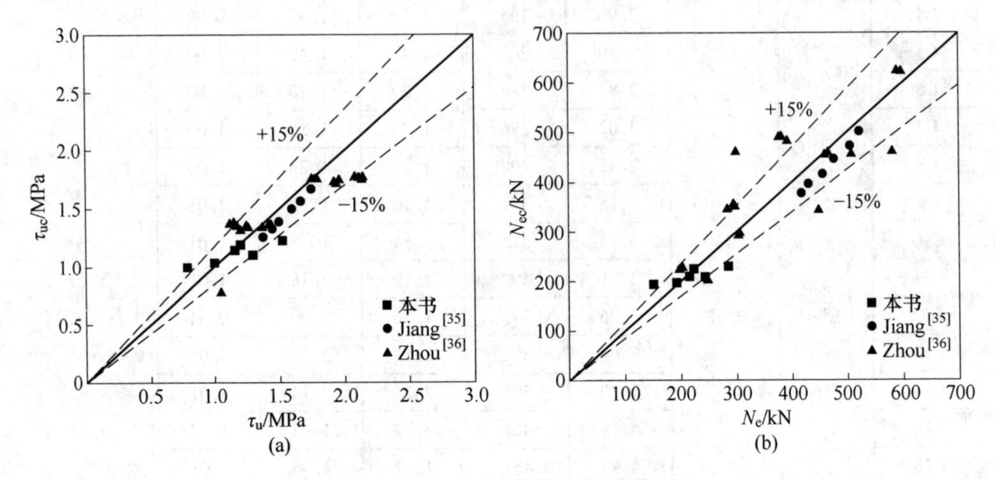

图 6-15　简化公式计算值与试验值对比

（a）极限黏结强度；（b）极限黏结破坏荷载

6.3.3　黏结-滑移本构关系模型

6.3.3.1　基本假定

(1) 在相同截面处，钢管和钢渣混凝土应力以及界面黏结应力均匀分布；

(2) 钢管和钢渣混凝土弹性工作阶段的弹性模量分别取 E_s 和 E_c，塑性阶段要考虑材料的塑性性质。

(3) 钢管初始纵向自应变 ε_{oa} 是恒定的，且沿钢管有效黏结长度 l_e 均匀分布。

6.3.3.2　黏结-滑移本构关系

图 6-16 为试件的受力计算简图。钢管钢渣混凝土构件受轴向压力时荷载传力路径为：荷载 N_e 首先加载到钢管端面上，然后通过界面黏结力把部分荷载传递给核心钢渣混凝土，经过一段剪力传递距离 l_s 后，钢渣混凝土和钢管共同受力，且应变协调。由图 6-17（a）微元受力体可得到界面抗剪黏结力 τ 与不同位置处 x 的关系：

$$\tau = (-\alpha D_0/4) \cdot (\mathrm{d}\sigma_{sz}/\mathrm{d}x) \approx (-\alpha D/4) \cdot (\mathrm{d}\sigma_{sz}/\mathrm{d}x) \quad (6\text{-}19)$$

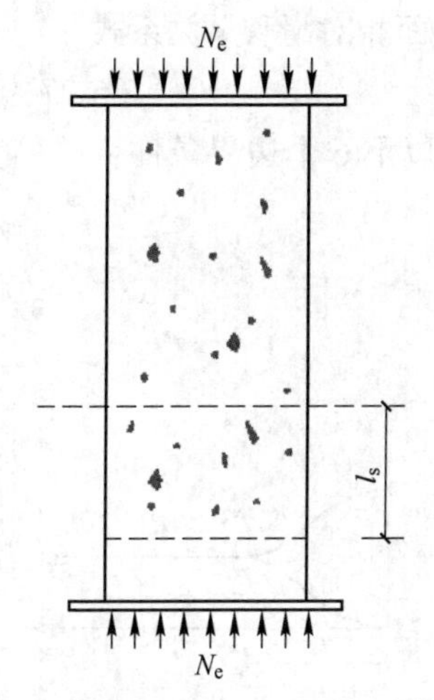

图 6-16 试件受力计算示意图

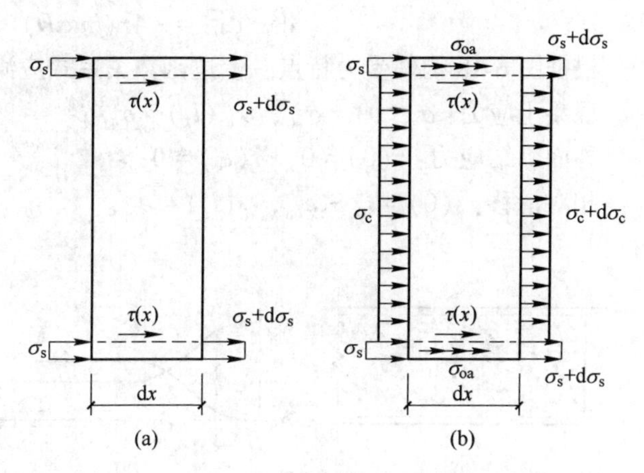

图 6-17 微元体计算简图

由图 6-17（b）受力分析可知：

$$A_s(d\sigma_s - \sigma_{oa}) + A_c d\sigma_{cz} = 0 \tag{6-20}$$

式中，σ_{cz} 为钢渣混凝土纵向应力。

将式（6-20）两边同时乘以 E_s 和 E_c 可得：

$$\varepsilon_{cz} = -\alpha n(\varepsilon_{oa} + \varepsilon_s) \tag{6-21}$$

式中，$n = E_s/E_c$；ε_{cz} 为钢渣混凝土纵向应变。

由变形协调条件，钢管与钢渣混凝土在 x 处的相对滑移值 s 表示为：

$$s = s_0 - \int(\varepsilon_s + \varepsilon_{oa} - \varepsilon_{cz})dx \tag{6-22}$$

式中，s_0 为混凝土加载端面与钢管相对滑移值。

将式（6-21）代入式（6-22）可得：

$$ds/dx = -(1 + \alpha n)(\varepsilon_s + \varepsilon_{oa}) \tag{6-23}$$

式中，$\alpha n\varepsilon_{oa} = \nu$，且将上式两边同时乘以 E_s，则钢管应力 σ_{sz} 和混凝土滑移 s 的关系可表示为：

$$\sigma_{sz} = -\frac{E_s}{1 + n\alpha}\frac{ds}{dx} \tag{6-24}$$

令 $\dfrac{-E_s}{1 + \alpha/n} = u$，则有：

$$\sigma_{sz} = u ds/dx \tag{6-25}$$

将式（6-25）对 x 求导可得：

$$d\sigma_{sz}/dx = ud^2s/dx^2 \tag{6-26}$$

将式（6-26）代入式（6-19），可得黏结应力 τ 与界面相对滑移 s 关系式：

$$d^2s/dx^2 = -4\tau/(u\alpha D) \tag{6-27}$$

根据图 6-18 构件受力特点，上述函数关系式应满足以下 6 个边界条件：

混凝土应力：$\sigma_{sx}(0) = \sigma_{s0}$，$\sigma_{sx}(l_s) = \sigma_{sl}$；

界面黏结应力：$\tau(0) = 0$，$\tau(l_s) = 0$；

相对滑移：$s(0) = s_0 + \varepsilon_{oa}$，$s(l_s) = \varepsilon_{oa}$。

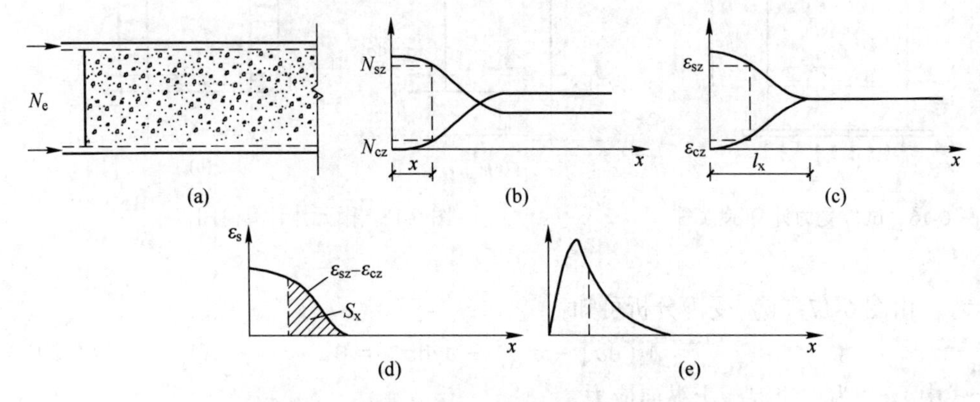

图 6-18 荷载、应变、滑移和黏结应力变化规律

（a）受力计算简图；（b）荷载变化规律；（c）应变变化规律；（d）相对滑移；（e）黏结应力变化规律

边界条件中，σ_{s0} 为加载端钢管纵向应力，可表示为：

$$\sigma_{s0} = N_e/A_s \tag{6-28}$$

由钢管钢渣混凝土应变协同区域内力的平衡关系可得：

$$N_e = N_s + N_c \tag{6-29}$$

式中，N_s 为钢管上分配到的荷载；N_c 为钢渣混凝土分配到的荷载。

根据基本假定（2），式（6-29）可写成：

$$N_e = A_sE_s\varepsilon_{sz} + A_cE_c\varepsilon_{cz} = A_cE_c[\varepsilon_{cz} + (\varepsilon_s + \varepsilon_{oa})n\alpha] \tag{6-30}$$

钢管应力、钢管和混凝土之间的界面黏结应力以及滑移函数均应符合上述 6 个边界条件，且其图形均应符合图 6-19 曲线形状，经数学分析后可得：

$$\sigma_{sz} = A[1 + \cos(\pi x/l_s)]e^{x/l_s} + B(x/l_s - 1)^2 + C(x/l_s - 1)^3 + \sigma_{sl} \tag{6-31}$$

$$\tau = -\alpha D/\{4\{-Ae^{x/l_s}/[l_s[\pi\sin(\pi x/l_s) + 1 + \cos(\pi x/l_s)]] + 2B/[l_s(x/l_s - 1)] + 3C/[l_s(x/l_s - 1)^2]\}\} \tag{6-32}$$

$$s = \{Ae^{-x/l_s}[(\pi\sin(\pi x/l_s)/l_s - \cos(\pi x/l_s)/l_s)/((\pi/l_s)^2 + (1/l_s)^2) - l_s] + Bl_s(x/l_s - 1)^3/3 + Cl_s(x/l_s - 1)^4/4 + \sigma_{sl}x + F\}/u \tag{6-33}$$

式中，A、B、C、F 为由边界条件决定的待定常数。

将边界条件代入式（6-31）~式（6-33）可得：

$$A = 6.6372(2us_0 + l_s\sigma_{s0} + l_s\sigma_{sl})/l_s \tag{6-34}$$

$$B = (-53.0975us_0 - 23.5488l_s\sigma_{s0} - 29.5488l_s\sigma_{sl})/l_s \tag{6-35}$$

$$C = (-26.5487us_0 - 11.2744l_s\sigma_{s0} - 15.2744l_s\sigma_{sl})/l_s \tag{6-36}$$

$$F = 2.2168(2us_0 + l_s\sigma_{s0} + 0.5489l_s\sigma_{sl}) \tag{6-37}$$

经过剪力传递长度 l_s 后，核心钢渣混凝土和钢管应变协调且相等，即 $\varepsilon_s = \varepsilon_c$，且其值可由式（6-38）计算：

$$\varepsilon_c = \frac{N_e}{A_cE_c(1 + n\alpha)} \tag{6-38}$$

同时由力平衡条件可得：

$$\pi D_0\int_0^{l_s}\tau(x)\,dx = N_c = A_cE_c\varepsilon_c = N_e/(1 + n\alpha) \tag{6-39}$$

当核心钢渣混凝土与钢管发生全界面滑移后，界面黏结应力 τ 沿钢管高度的分布趋于常数，为方便计算可近似认为 $\tau = \tau_u$，所以剪力传递长度可以按下式计算：

$$l_s = \frac{N_e}{(1 + n\alpha)\pi D\tau_u} \tag{6-40}$$

根据试件受力特征，考虑自应力的影响，结合钢管应力、界面黏结应力以及相对滑移变化规律，利用实测滑移数据，可以分析推导圆钢管自应力钢渣混凝土柱黏结-滑移本构关系。

6.3.3.3 黏结-滑移本构关系理论分析

A 随 x 变化的纵向压应力曲线

将界面平均黏结强度 τ_u 和荷载 N_e 代入式（6-40）计算出 l_s，如图 6-19 所示。由图可知，在弹性阶段，钢管纵向应力 σ_{sz} 等于纵向应变与钢管弹性模量的乘积。因此，可得到钢管纵向应变沿黏结界面的变化规律，如图 6-20所示。对比发现，钢管纵向应力和应变沿黏结界面变化规律与试验结果一致。

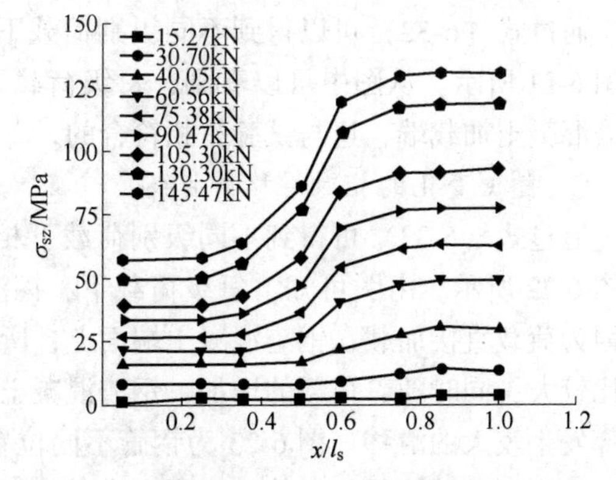

图 6-19 钢管纵向应力 σ_s 沿黏结界面变化曲线

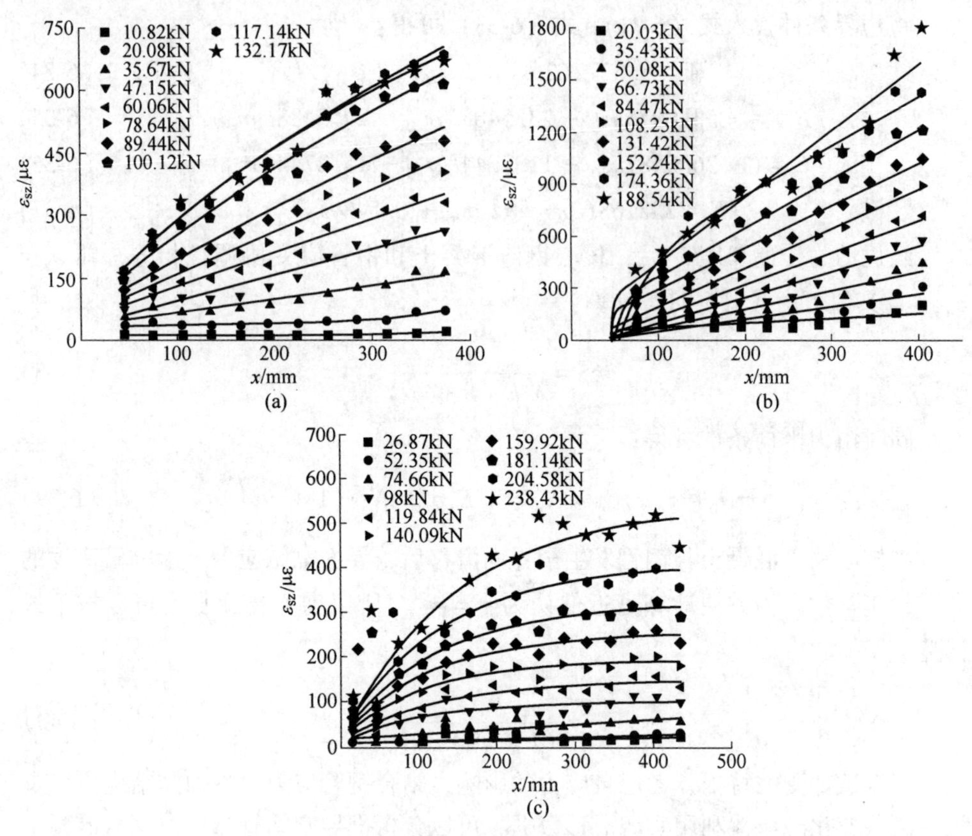

图 6-20　钢管纵向应变沿黏结界面变化曲线

（a）TC1-1；（b）TC2-2；（c）TC3-1

B　随 x 变化的黏结应力曲线

通过式（6-32）可以得到不同级别荷载下黏结应力沿黏结界面的变化规律，如图 6-21 所示，从图中可以看到，每级荷载下最大界面黏结应力都发生在靠近钢渣混凝土加载端，这与试验是相符合的。

C　随 x 变化的相对滑移量曲线

通过式（6-33）可得到不同级别荷载下相对滑移量沿黏结界面的变化曲线，如图 6-22 所示。由图可知，每级荷载下，钢渣混凝土加载端的滑移量最大，这是因为荷载直接加载在钢渣混凝土端面上，所以端面上的压应力较大，应变也相对比较大，同时随着荷载的增加，钢渣混凝土端部也最先发生挤压开裂，从而在端部发生较大的滑移。图 6-23 为钢管不同位置处的荷载-滑移关系曲线，从图中可以看到，由计算得到钢管相对滑移曲线和试验得到的曲线变化规律是一样的，都是在钢管受力端相对滑移最明显。

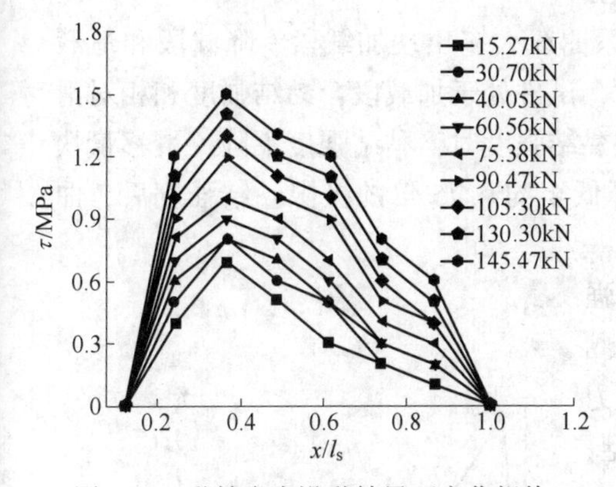

图 6-21 黏结应力沿黏结界面变化规律

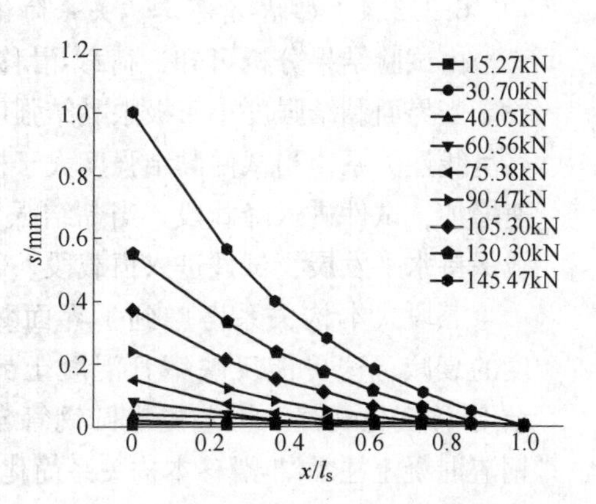

图 6-22 相对滑移量沿黏结界面变化规律

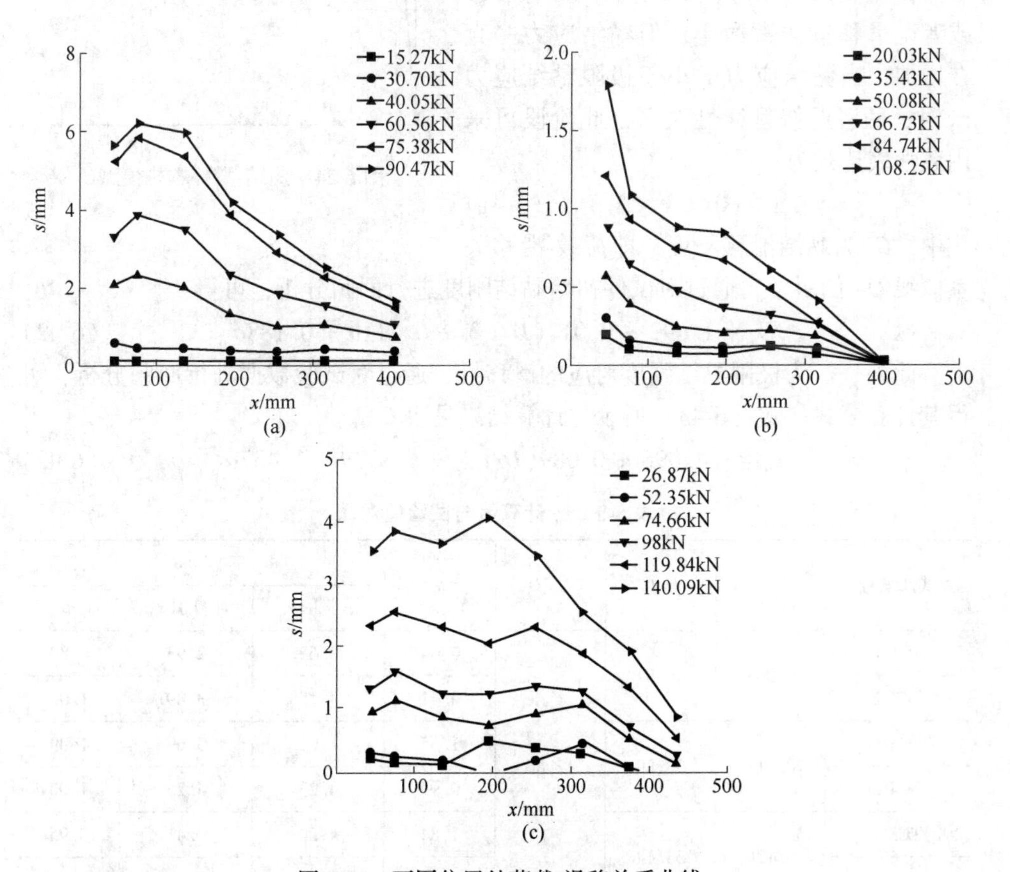

图 6-23 不同位置处荷载-滑移关系曲线

(a) TC1-1；(b) TC2-2；(c) TC3-1

6.3.3.4　黏结-滑移本构关系简化模型

由试验结果分析可知，荷载-滑移关系曲线大多出现加载段、降载段和恒载段。当界面黏结强度小于极限黏结强度时，试件处于加载段，黏结强度和相对滑移呈线性关系。当试件黏结强度大于极限黏结强度时，黏结强度下降，滑移量快速增加，试件进入降载段。当黏结强度降低至约 0.75 倍的极限黏结强度后，曲线保持水平发展，试件进入恒载段。

三段式本构关系考虑到了界面黏结强度的衰减，这更能反映钢管混凝土界面黏结-滑移变化规律。本节提出圆钢管自应力钢渣混凝土柱黏结-滑移本构关系简化模型，即 OA 段、AB 段、BC 段，如图 6-24 所示。

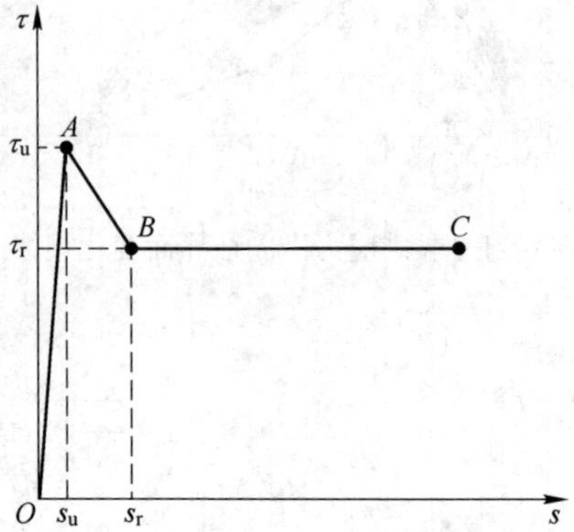

图 6-24　黏结-滑移本构模型

在加载段（OA），加载端不发生滑移或者说滑移量非常微小，但黏结应力一直在增加。当黏结应力 τ 小于极限黏结应力 τ_0 时，两者近似呈线性关系，此阶段可采用数学表达式为：

$$\tau = G_s s \quad (0 < s < s_u) \tag{6-41}$$

式中，G_s 为黏结滑移刚度，即荷载-滑移关系曲线 OA 的斜率，通过对试件初始黏结刚度进行回归分析，可得：

$$G_s = 1.692 - 0.017(D/t_s) - 0.711\theta + 0.188\sigma_o \tag{6-42}$$

此外，s_u 为极限黏结强度对应的滑移量，通过对试验数据进行回归分析，可得其计算公式如式（6-43）所示，计算结果见表 6-8。

$$s_u = -4.096 + 0.089(D/t_s) + 4.857\theta - 1.437\sigma_o \tag{6-43}$$

表 6-8　s_u 计算值与试验值对比

试件编号	α	D/t_s	$4L/D$	θ	s_u/mm		
					试验值 s_u	计算值 s_{uc}	s_u/s_{uc}
TC1-1	0.063	66.67	12.86	0.64	2.62	2.93	0.89
TC2-2				0.41	4.15	3.89	1.06
TC3-1	0.111	38.89		1.55	4.01	3.69	1.09
TC4-2				0.99	4.23	4.25	1.00
TC5-1	0.128	34.14		1.84	4.20	4.41	0.95
TC6-2				1.18	4.54	4.80	0.95
s_u/s_{uc}		平均值：0.993		均方差：0.067			

在降载段（AB），加载端滑移量变大。当黏结应力 τ 大于极限黏结应力 τ_u 时，荷载出现骤然下降的现象。通过对数据分析，可以近似用二次曲线表达降载段黏结应力与滑移的关系：

$$\tau = 1.2\tau_u - 0.2\frac{\tau_u}{s_u}s \quad (s_u < s < s_r) \tag{6-44}$$

式中，s_r 为恒载段滑移起始值，可通过对试验数据回归分析得到，如式（6-45）所示，计算结果见表6-9。

$$s_r = -12.199 + 0.251(D/t_s) + 13.609\theta - 3.938\sigma_o \tag{6-45}$$

表6-9　s_r 计算值与试验值对比

试件编号	α	D/t_s	$4L/D$	θ	s_r/mm		
					试验值 s_r	计算值 s_{rc}	s_r/s_{rc}
TC1-1	0.063	66.67	12.86	0.64	6.32	7.67	0.82
TC2-2				0.41	11.32	10.22	1.10
TC3-1	0.111	38.89		1.55	11.12	9.84	1.13
TC4-2				0.99	11.42	11.20	1.02
TC5-1	0.128	34.14		1.84	11.21	11.88	0.94
TC6-2				1.18	11.54	12.75	0.91
s_r/s_{rc}		平均值：0.987		均方差：0.108			

在恒载段（BC），加载端钢渣混凝土发生全界面滑移，但平均黏结应力基本不再变化，并且保持为常量。经对试验数据分析，恒载段黏结强度数学表达式为式（6-46），计算结果见表6-10。

$$\tau = k[0.083 + 0.006(D/t_s) + 0.695\theta - 0.248\sigma_o] \quad (s > s_r) \tag{6-46}$$

表6-10　BC 段黏结应力计算值与试验值对比

试件编号	α	D/t_s	$4L/D$	θ	BC 段黏结应力/MPa		
					试验值	计算值	试验值/计算值
TC1-1	0.063	66.67	12.86	0.64	0.60	0.55	1.08
TC2-2				0.41	0.72	0.75	0.95
TC3-1	0.111	38.89		1.55	0.83	0.83	1.00
TC4-2				0.99	0.90	1.00	0.90
TC5-1	0.128	34.14		1.84	0.91	0.96	0.95
TC6-2				1.18	1.21	1.11	1.09
试验值/计算值		平均值：0.995		均方差：0.070			

图 6-25 为简化计算模型与试验得到的黏结-滑移关系曲线的对比。两者在曲线加载段吻合较好，在降载段，计算曲线能够较为准确地反映出黏结应力下降的变化规律。

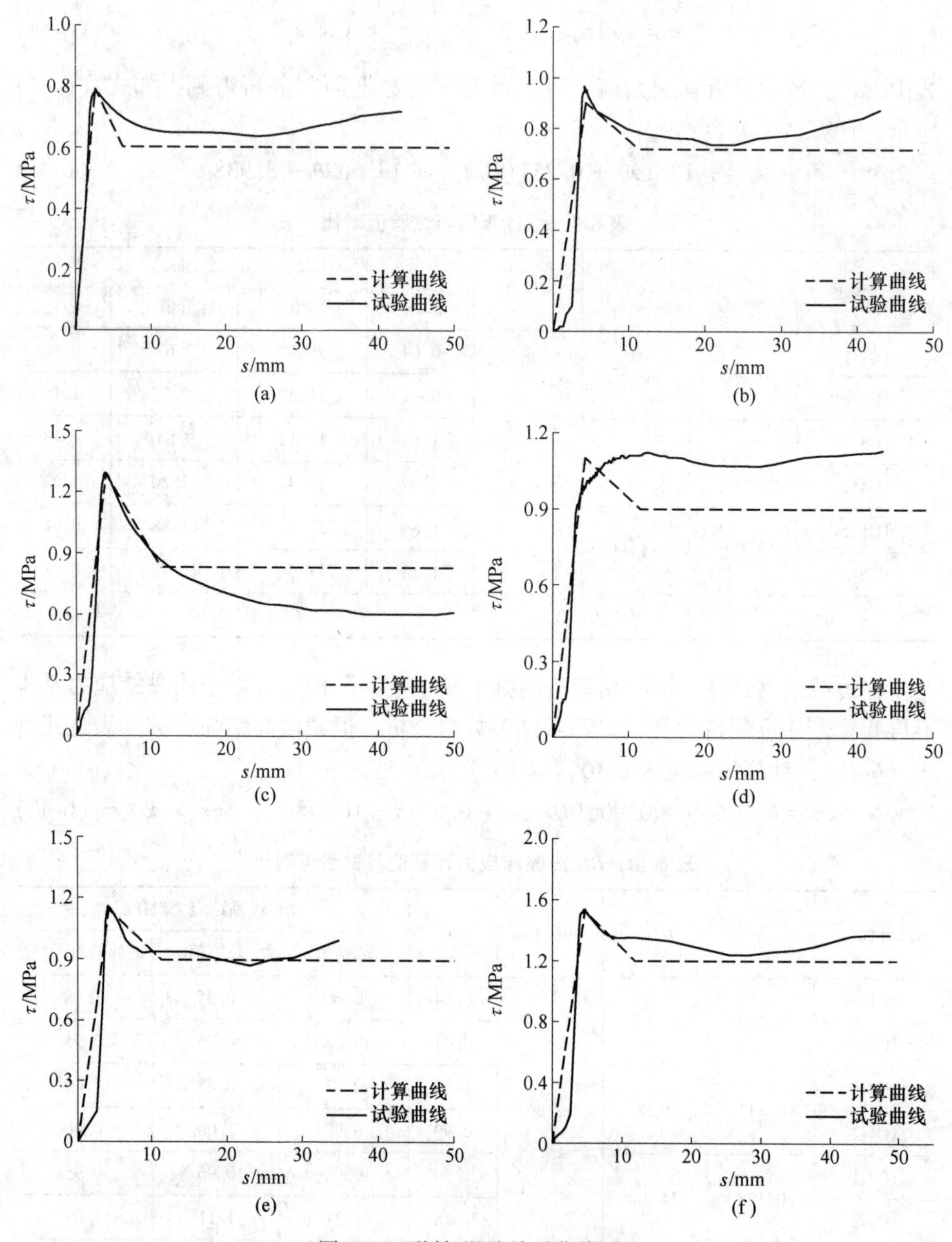

图 6-25　黏结-滑移关系曲线对比

(a) TC1-1；(b) TC2-2；(c) TC3-1；(d) TC4-2；(e) TC5-1；(f) TC6-2

6.4 圆钢管自应力钢渣混凝土柱黏结-滑移有限元分析

6.4.1 材料本构关系模型

钢管的本构关系按式（3-38）计算，钢渣混凝土的本构关系按照式（3-86）和式（3-87）计算。

6.4.2 钢管与钢渣混凝土黏结界面接触模型

本次有限元模型选用弹簧单元来模拟圆钢管自应力钢渣混凝土柱界面黏结滑移。由于核心钢渣混凝土与钢管界面黏结力和相对滑移呈非线性关系，所以布置在黏结界面上的弹簧应具有同样的非线性特征。

有限元软件 ABAQUS 提供了三种弹簧类型，接地弹簧 spring1、两结点弹簧 spring2、轴向弹簧 springa。这三种弹簧均可以表达线性和非线性特征。线性（linear）弹簧可以直接在软件中通过设置弹簧刚度以及位移方向来定义，非线性（nonlinear）弹簧则需要通过修改由软件生成的 inp 文件来定义。在 inp 文件中通过定义弹簧力-位移关系来实现弹簧的非线性特征。

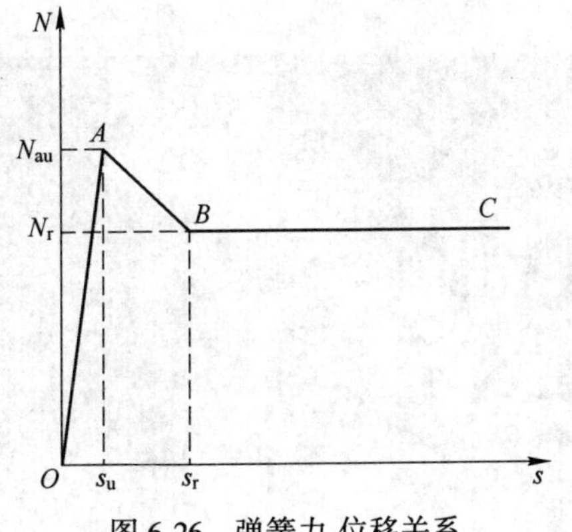

图 6-26 弹簧力-位移关系

本次模型中弹簧的力-位移关系曲线根据第 4 章提出的三段式荷载-滑移本构模型来确定，如图 6-26 所示。通过公式 $\tau = \dfrac{N_a}{\pi D_o L_e}$ 将各阶段的黏结应力 τ 换算成荷载 N_a，则弹簧力-位移关系模型可以描述为：

OA 段：
$$N_a = G_s s \pi D_o l_e \quad (0 < s < s_u) \tag{6-47}$$

AB 段：
$$N_a = 1.2\tau_u\left(1 - 0.167\frac{s}{s_u}\right)\pi D_o l_e \quad (s_u < s < s_r) \tag{6-48}$$

BC 段：
$$N_a = 0.75N_{au} \quad (s > s_u) \tag{6-49}$$

6.4.3 有限元模型建立

(1) 单元类型选取。对模型进行分析，首先要进行模型离散化，包括单元类型选取与单元划分，在保证求解精度的前提下，尽量选择较低次的单元类型和较低的网格细化程度。

模型中钢管的厚度与其轴向长度比值小，因考虑到壳体单元在单元划分和计算量方面都要比实体单元更加简便高效，故将钢管采用四节点减缩积分壳单元（S4R），将钢渣混凝土采用六面体线性减缩单元（C3D8R），有效缩短计算时间，同时使得网格划分更加精细，从而能更加精准地进行接触分析与大应变分析。

（2）网格划分。网格质量的好坏将很大程度地影响到计算结果的准确性和收敛的速度。单元划分越精细，计算结果可能越难以收敛。所以网格尺寸应既能保证计算收敛的速度，又能保证计算所需的精度要求。本书钢管采用的自由网格（free）划分技术，这种网格划分最为灵活，几乎可以用于任意的几何形状，单元形状以四边形为主，每个网格尺寸为 20mm，钢渣混凝土采用扫略网格（sweep）划分技术，单元形状以六边形为主，每个网格尺寸为 20mm。具体网格划分如图 6-27 所示。

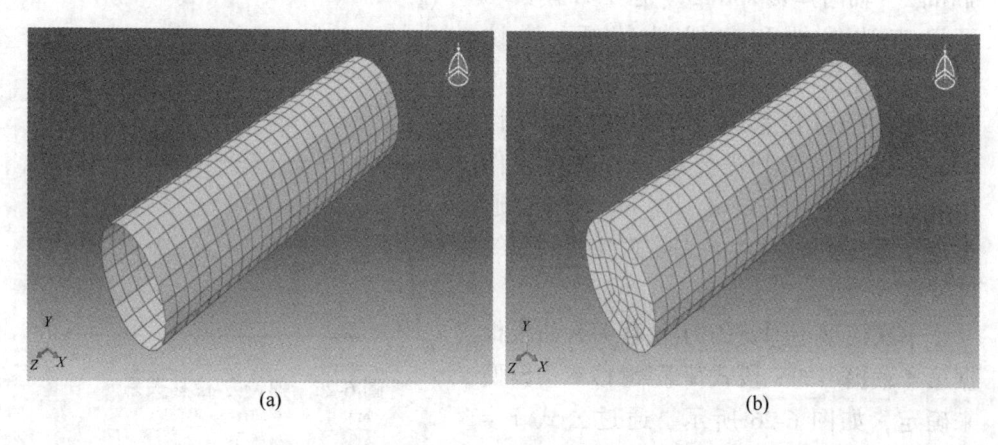

(a)　　(b)

图 6-27　网格划分

（a）钢管；（b）钢渣混凝土

（3）界面接触类型。本节采用弹簧单元来模拟钢管与核心钢渣混凝土接触面的黏结滑移，由于管内核心钢渣混凝土只会沿试件轴线方向发生滑移，所以需在沿试件轴线方向的接触界面上布置切向弹簧。弹簧布置之前要对试件进行分区，以获得用于布置弹簧的节点位置。为便于弹簧的布置，钢管和钢渣混凝土分区后的节点应保持重合。试件分区以及弹簧单元布置如图 6-28 所示。

（4）荷载及边界条件。本次模拟试验采用的加载方式为位移加载。根据试验实际情况，在试件加载端沿 Z 轴方向施加 50mm 的位移量，另一端钢管端部被限制了 X、Y、Z 三个方向的位移，模型的约束和加载方式如图 6-29 所示。

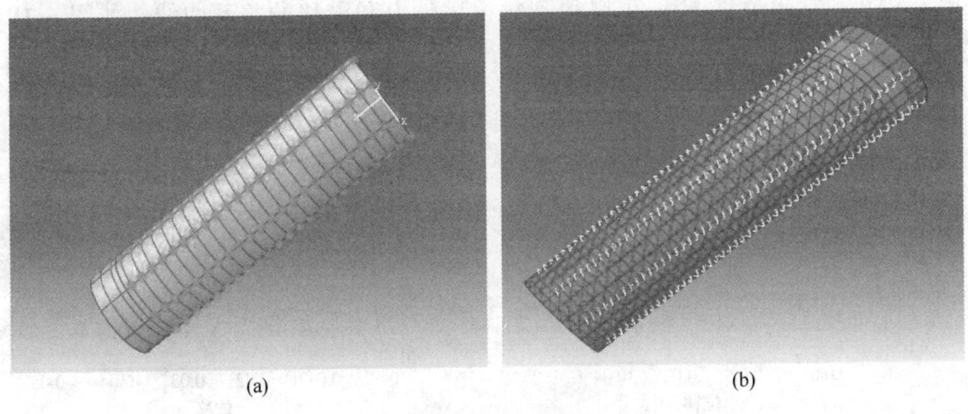

图 6-28　接触模型

(a) 试件分区；(b) 弹簧布置

(5) 有限元求解过程。在有限元求解计算过程中，要使模型获得较高的计算精度，就需要设置较多的增量步数，但增量步数的提高显然会延长求解所需的时间。经过反复试算和调试后，本模型最终将初始增量步设置为 0.01，最小增量步设置为 1×10^{-7}，最大增量步设置为 0.01。

6.4.4　模拟结果分析

6.4.4.1　模拟试件变形

从位移云图 6-30 中可以观测到，核心钢渣混凝土在钢管内沿 Z 轴（$U3$）方向发生全界面滑移，最大滑移量为 50mm，这与推出试验现象是相吻合的。

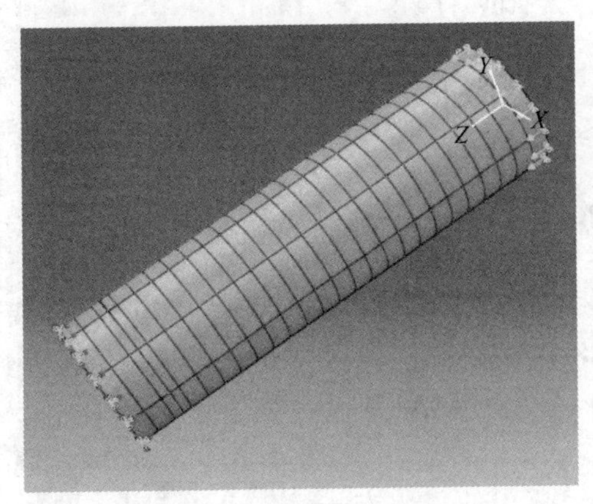

图 6-29　模型约束和加载方式

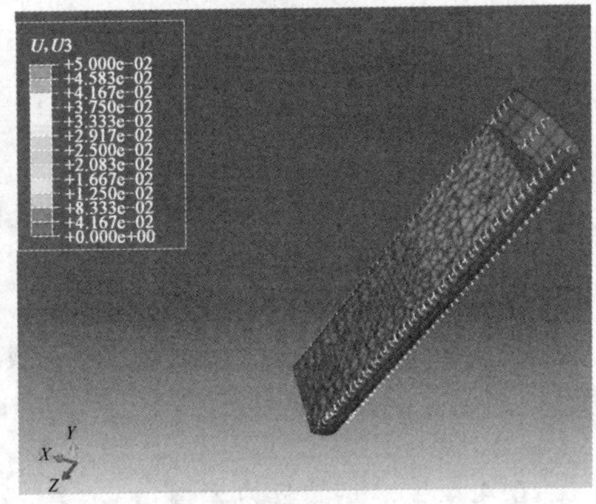

图 6-30　位移云图

通过 ODB 场变量输出，选择弹簧连接位置处的受力结点，输出变量为反作用力 RF3 和空间位移 $U3$，可以得到每根试件力和滑移的关系曲线，如图 6-31 所示。

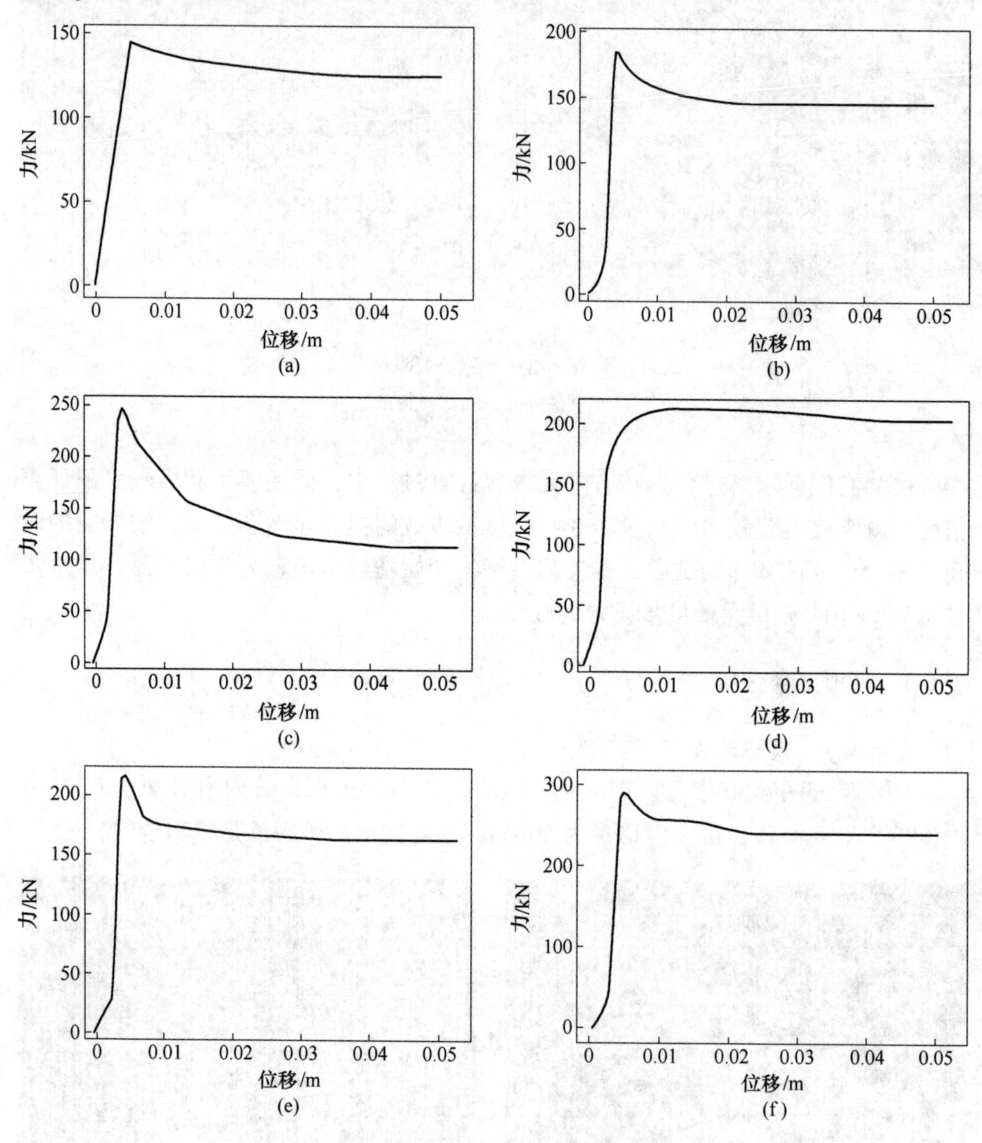

图 6-31　荷载-滑移关系曲线

（a）TC1-1；（b）TC2-2；（c）TC3-1；（d）TC4-2；（e）TC5-1；（f）TC6-2

6.4.4.2　钢管应力云图

从图 6-32 可以看到，钢管最大应力均出现在空钢管受力端，从受力端到自由端，钢管应力逐渐变小。这是因为，钢管端部单独受力，而钢渣混凝土端面上的荷载可以通过黏结力传递给有效黏结范围内的钢管上，两者可共同承担荷载。

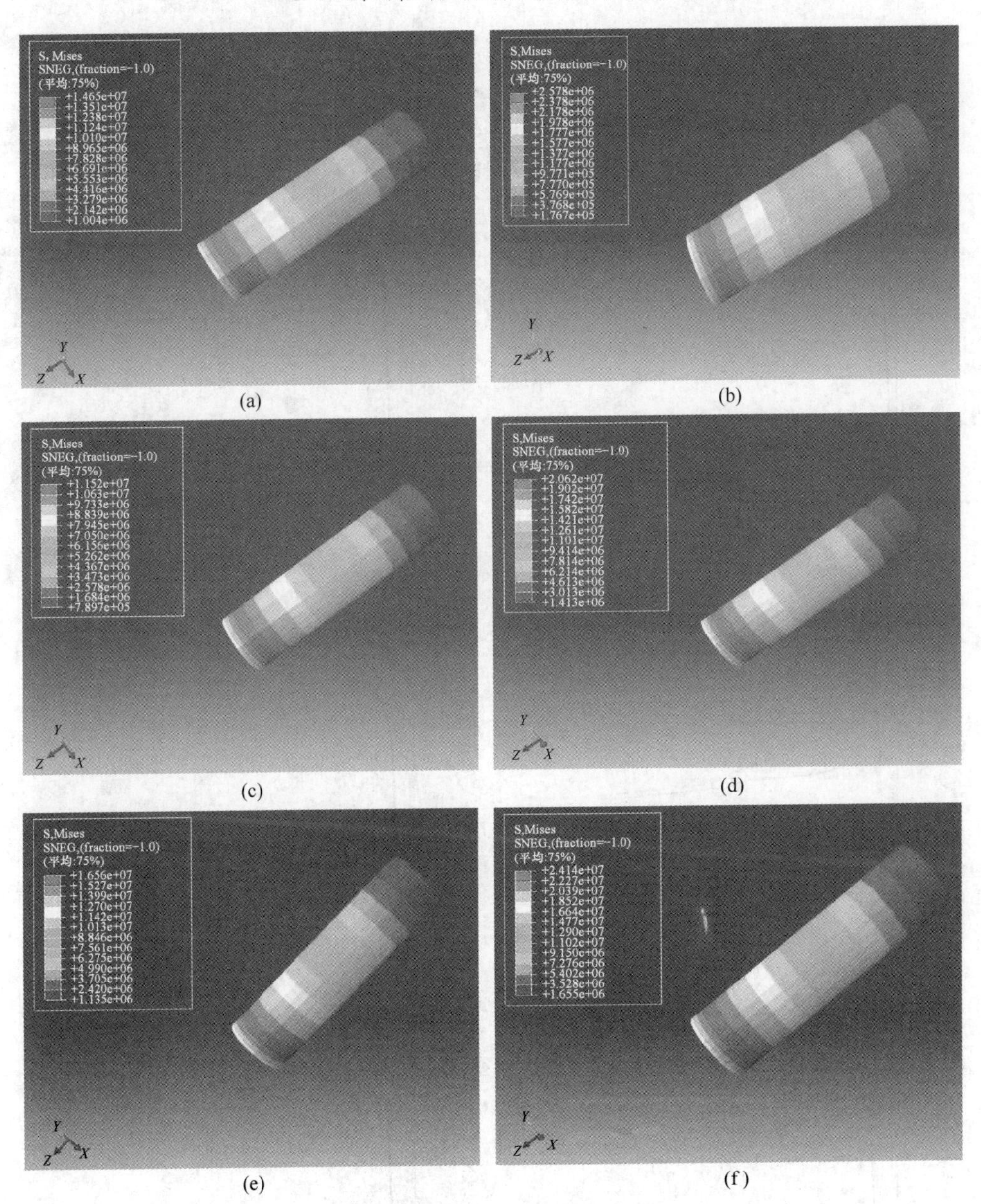

图 6-32 钢管 Von. Mises 等效应力云图

(a) TC1-1;(b) TC2-2;(c) TC3-1;(d) TC4-2;(e) TC5-1;(f) TC6-2

因此与钢管单独受力端相比，加载端的应力相对较小。这和试验获得的钢管表面应变变化规律是一致的。核心钢渣混凝土上的荷载通过弹簧传递到了钢管内壁，从而使得钢管表面产生应变。这说明弹簧单元能很好地将力传递给钢管，这也说明了利用弹簧模拟圆钢管自应力钢渣混凝土柱界面黏结滑移是可行的。

6.4.4.3 模拟结果验证

A 荷载-滑移关系曲线

通过后处理，导出模拟推出试件荷载和位移数据，绘制成荷载-滑移曲线，如图 6-33 中的虚线所示。通过和试验曲线对比，可以直观地看到，计算曲线从

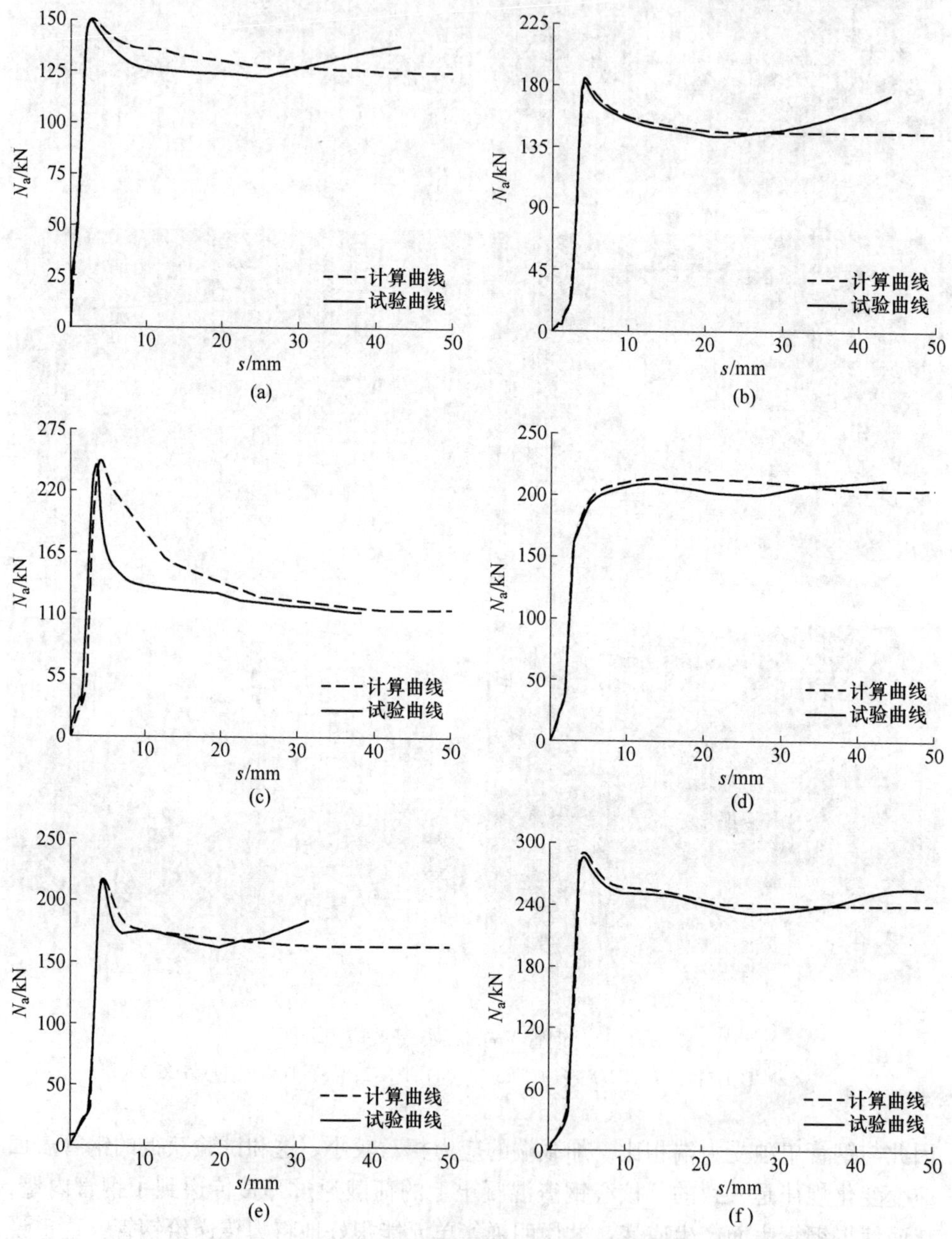

图 6-33 推出试件计算结果与试验结果比较

(a) TC1-1；(b) TC2-2；(c) TC3-1；(d) TC4-2；(e) TC5-1；(f) TC6-2

上升段到峰值点处的变化趋势与试验曲线吻合度较高，而从降载段到恒载段，两者吻合度则略有偏差。

B 计算值与试验值比较

由表 6-11 可知，黏结破坏荷载及相应的黏结破坏滑移计算值要比试验值略微偏高。这是因为在试验过程中，钢渣混凝土的制作以及养护等无法达到与标准一致，而模拟计算所输入的材料本构参数以及加载、约束等一系列程序则是精确的，这使得计算结果和模拟结果存在一定的偏差。本次模拟计算结果与试验结果略有偏差，约在±5%以内。总体上，本书采用的有限元模拟方法可靠，计算结果准确。

表 6-11 计算值与试验值对比

试件编号	计算值		试验值		N_{au}/N_{au}^{c}	s_u/s_u^c
	黏结破坏荷载 N_{au}^{c}/kN	黏结破坏滑移 s_u^c/mm	黏结破坏荷载 N_{au}/kN	黏结破坏滑移 s_u/mm		
TC1-1	151.756	2.5	150.15	2.62	0.989	1.048
TC2-2	183.511	4.5	193.37	4.15	1.054	0.922
TC3-1	246.848	4	242.53	3.455	0.983	0.864
TC4-2	213.243	14	209.19	13.82	0.981	0.987
TC5-1	216.918	4.5	214.85	4.2	0.990	0.933
TC6-2	290.586	4.5	285.73	4.54	0.983	1.009

6.4.5 参数分析

试验研究表明，钢渣混凝土自应力和长径比对界面黏结强度有一定影响，因此本节利用有限元软件，分析钢渣混凝土自应力和试件长径比对圆钢管自应力钢渣混凝土柱黏结滑移性能的影响。

6.4.5.1 钢渣混凝土自应力的影响

通过给有限元模型中钢渣混凝土材料属性赋值温度线膨胀系数 11×10^{-6}/℃，再使用预定义场给钢渣混凝土模型施加温度荷载，从而提高其自应力，分析自应力对圆钢管自应力钢渣混凝土柱黏结滑移性能的影响。钢渣混凝土随温度提高而膨胀，从而引起钢管环向受力，可得到钢管的环向应力 σ_1，并通过式 $\sigma_o=\dfrac{t_s}{D_0}\sigma_1$ 得到钢管环向应力和钢渣混凝土自应力的关系，从而得到钢渣混凝土自应力所需施加的温度荷载。

图 6-34 为钢渣混凝土模型在 10~100℃所对应的钢管环向应力，表 6-12 给出了不同温度对应的钢渣混凝土自应力。

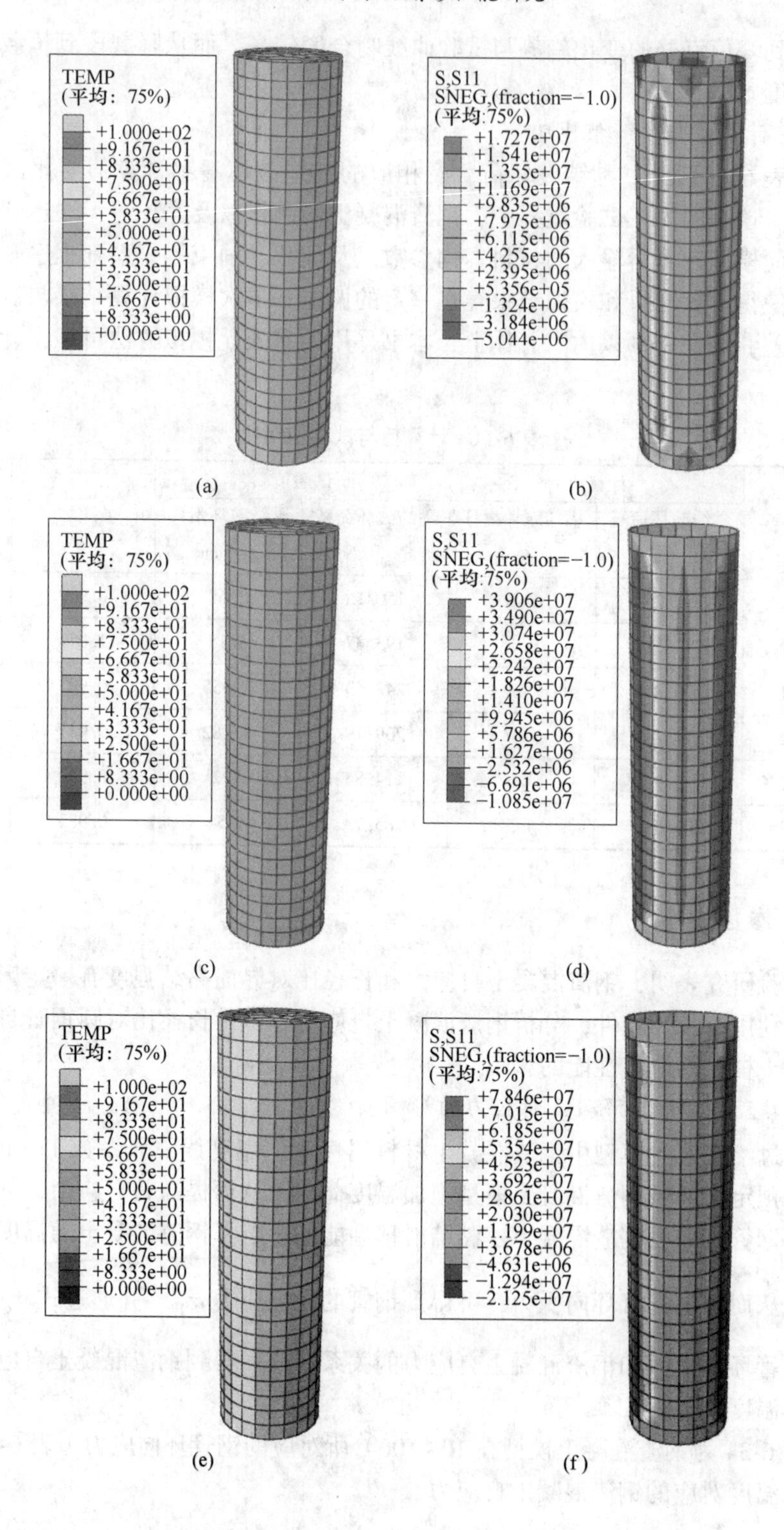
TEMP
(平均：75%)
+1.000e+02
+9.167e+01
+8.333e+01
+7.500e+01
+6.667e+01
+5.833e+01
+5.000e+01
+4.167e+01
+3.333e+01
+2.500e+01
+1.667e+01
+8.333e+00
+0.000e+00
(a)
S,S11
SNEG,(fraction=−1.0)
(平均:75%)
+1.727e+07
+1.541e+07
+1.355e+07
+1.169e+07
+9.835e+06
+7.975e+06
+6.115e+06
+4.255e+06
+2.395e+06
+5.356e+05
−1.324e+06
−3.184e+06
−5.044e+06
(b)
TEMP
(平均：75%)
+1.000e+02
+9.167e+01
+8.333e+01
+7.500e+01
+6.667e+01
+5.833e+01
+5.000e+01
+4.167e+01
+3.333e+01
+2.500e+01
+1.667e+01
+8.333e+00
+0.000e+00
(c)
S,S11
SNEG,(fraction=−1.0)
(平均:75%)
+3.906e+07
+3.490e+07
+3.074e+07
+2.658e+07
+2.242e+07
+1.826e+07
+1.410e+07
+9.945e+06
+5.786e+06
+1.627e+06
−2.532e+06
−6.691e+06
−1.085e+07
(d)
TEMP
(平均：75%)
+1.000e+02
+9.167e+01
+8.333e+01
+7.500e+01
+6.667e+01
+5.833e+01
+5.000e+01
+4.167e+01
+3.333e+01
+2.500e+01
+1.667e+01
+8.333e+00
+0.000e+00
(e)
S,S11
SNEG,(fraction=−1.0)
(平均:75%)
+7.846e+07
+7.015e+07
+6.185e+07
+5.354e+07
+4.523e+07
+3.692e+07
+2.861e+07
+2.030e+07
+1.199e+07
+3.678e+06
−4.631e+06
−1.294e+07
−2.125e+07
(f)

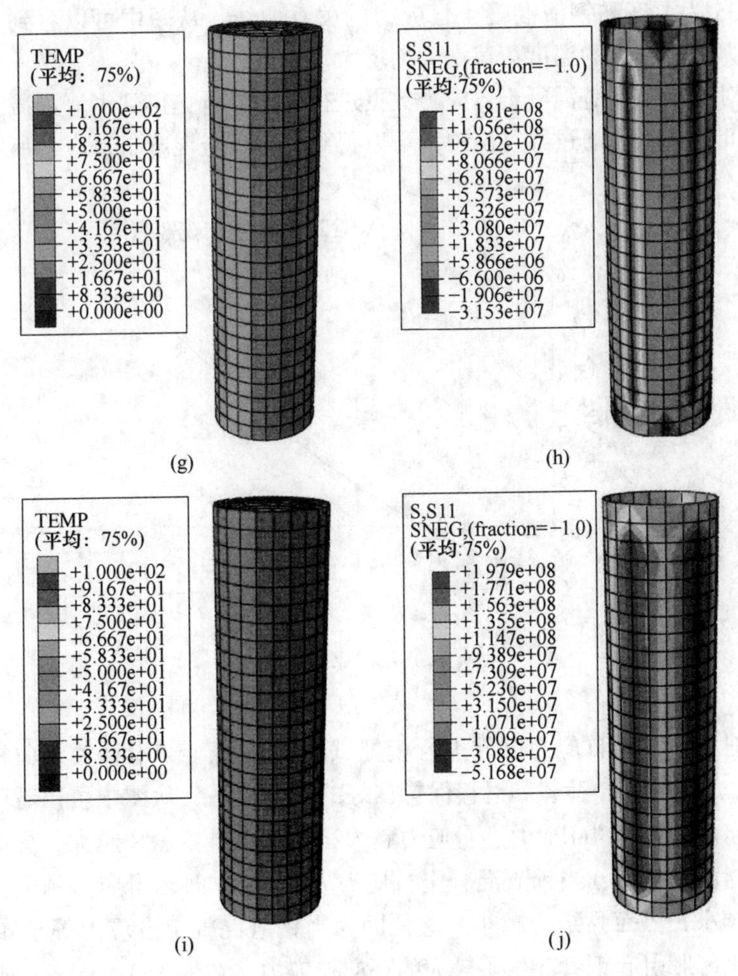

图 6-34 不同温度对应的钢管环向应力

(a) 10℃钢渣混凝土温度云图；(b) 10℃钢管环向应力云图；(c) 30℃钢渣混凝土温度云图；(d) 30℃钢管环向应力云图；(e) 50℃钢渣混凝土温度云图；(f) 50℃钢管环向应力云图；(g) 70℃钢渣混凝土温度云图；(h) 70℃钢管环向应力云图；(i) 100℃钢渣混凝土温度云图；(j) 100℃钢管环向应力云图

表 6-12 钢渣混凝土自应力

温度/℃	t_s/mm	D/mm	σ_1/MPa	σ_o/MPa
10	3.63	140	17.27	0.448
30			39.05	1.015
50			78.46	2.040
70			118.1	3.071
100			197.9	5.145

图 6-35 为温度和钢渣混凝土自应力的关系曲线，从图中可以看到，钢渣混凝土自应力随着施加的温度荷载增大而增大。

通过对温度和钢渣混凝土自应力数据进行回归分析，得到钢渣混凝土自应力和温度之间的关系，通过式（6-50）可以得到不同钢渣混凝土自应力所需施加的温度荷载。

$$\sigma_o = 0.0003T^2 + 0.02226T + 0.1678 \tag{6-50}$$

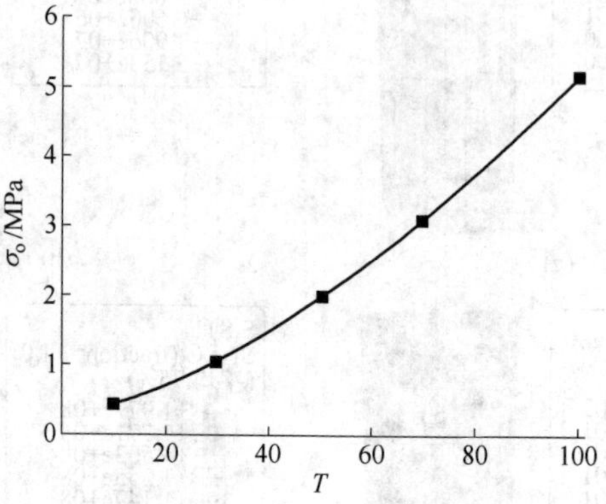

图 6-35 T-σ_o 关系曲线

通过对三种不同自应力试件进行模拟试验，得到荷载-滑移关系曲线，如图 6-36所示。加载前期，荷载和滑移保持良好的线性关系，从图中可以看到，当钢渣混凝土自应力 $\sigma_o \leqslant 4$MPa 时，自应力越大，曲线上升段斜率越大，界面黏结力越大，相对滑移越小；当钢渣混凝土自应力 $\sigma_o > 4$MPa 时，自应力越大，曲线上升段斜率越小，界面黏结力越小。这是因为当钢渣混凝土自应力等于 4MPa 时，钢渣混凝土膨胀引起钢管产生了较大的环向拉应力，约为 153.85MPa。此时钢管已经产生了较大的环向应变。因此钢管对钢渣混凝土的约束能力开始减弱，从而导致试件界面黏结力下降。

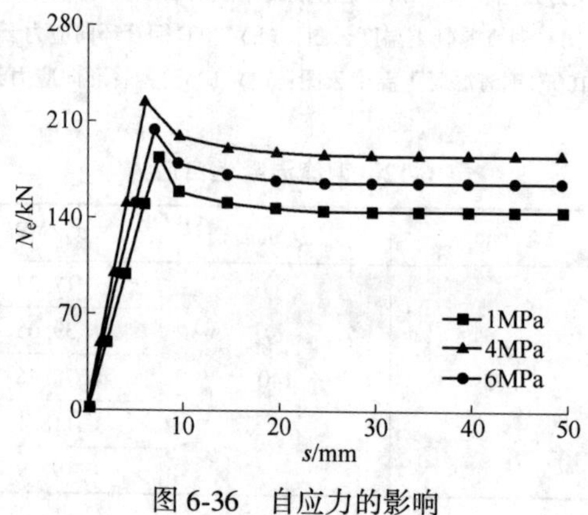

图 6-36 自应力的影响

6.4.5.2 长径比的影响

图 6-37 为不同长径比下圆钢管自应力钢渣混凝土柱模拟试验荷载-滑移曲线。从图中可以看出，当试件长径比在 5<L/D<10 范围内，长径比越大，界面黏结力越大，相对滑移越小。当试件长径比在 10<L/D<20 范围内，随着长径比的增大，试件界面黏结力反而有所降低。

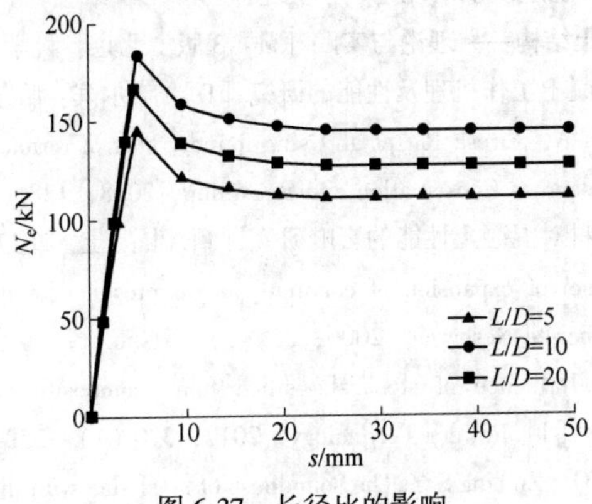

图 6-37 长径比的影响

参考文献

[1] 赵鸿铁. 钢与混凝土组合结构 [M]. 北京：科学出版社，2001.

[2] 蔡绍怀. 现代钢管混凝土结构（修订版）[M]. 北京：人民交通出版社，2007.

[3] Hajjar J F. Concrete-filled steel tube columns under earthquake loads. Progress in Structural Engineering and Materials，2000，2（1）：72-81.

[4] 韩林海. 钢管混凝土结构——理论与实践 [M]. 3 版 . 北京：科学出版社，2016.

[5] 王湛 . 钢管膨胀混凝土工作机理及性能的研究 [D]. 哈尔滨：哈尔滨建筑大学，1993.

[6] Cardoso C，Camõesa A，Eiresa R，et al. Using foundry slag of ferrous metals as fine aggregate for concrete [J]. Resources Conservation and Recycling，2018，138（11）：130-141.

[7] 邢琳琳 . 钢渣粗骨料对混凝土性能的影响研究 [J]. 混凝土，2017，335（9）：110-112.

[8] Chatterji S. Mechanism of expansion of concrete due to presence of dead-burnt CaO and MgO [J]. Cement and Concrete Research，2006，25（1）：51-56.

[9] Liu J，Wang D M. Influence of steel slag-silica fume composite mineral admixture on the properties of concrete [J]. Powder Technology，2017，320（1）：230-238.

[10] Wang Q，Wang D Q，Zhuang S Y. The soundness of steel slag with different free CaO and MgO contents [J]. Construction and Building Materials，2017，151（1）：138-146.

[11] Mcrae L B，Pothas E，Jochens P R，et al. Physico-chemical properties of tiatniferous slags [J]. Journal of the South African Institute of Mining and Metallurgy，1969，69（11）：577-594.

[12] Gutt W，Teychenne D C，Harrison W H. Use of lighter-weight blastfurance slag as dense coarse aggregate in concrete [J]. Magazine of Concrete Research，1974，88（26）：123-143.

[13] Subathra D，Gnanavelb B K. Properties of concrete manufactured using steel slag [J]. Procedia Engineering，2014，97（229）：95-104.

[14] 时中华 . 钢渣重混凝土的配合比设计 [J]. 商品混凝土，2010，16（4）：62-63.

[15] Václavík，Vojtěch. Steel slag as a substitute for natural aggregate in the production of concrete [J]. Solid State Phenomena，2016，24（11）：77-87.

[16] Shekhar S，Tembhurkar A R. Impact of use of steel slag as coarse aggregate and wastewater on fresh and hardened properties of concrete [J]. Construction and Building Materials，2018，165（30）：126-137.

[17] 丁天庭，李启华，陈树东 . 磨细钢渣对混凝土力学性能和耐久性影响的研究 [J]. 硅酸盐通报，2017，36（5）：1723-1727.

[18] Hisham Q，Faisal Shalabi，Ibrahim Asi. Use of low CaO unprocessed steel slag in concrete as fine aggregate [J]. Construction and Building Materials，2008，23（2）：1118-1125.

[19] Roychand R，Kumar P B，Zhang G M，et al. Recycling steel slag from municipal wastewater treatment plants into concrete applications-A step towards circular economy [J]. Conservation and Recycling，2020，152（1）：1-7.

[20] Selman M H. Effect of hot weather on compressive strength of steel slag concrete [J]. Journal of

Traffic and Transportation Engineering，2011，11（3）：9-21.

[21] 赵出云. 钢渣混凝土的断裂性能试验研究［D］. 广州：广东工业大学，2016.

[22] Cerulli T，Pistolesi C，Maltese C，et al. Durability of traditional plasters with respectto blast furnace slag-based plaster［J］. Cement and Concrete Research，2003，33（9）：1375-1383.

[23] Maslehuddin M，Shameem M，Ibrahim M. Comparison of properties of steel slag and crushed limestone aggregate concretes［J］. Construction and Building Materials，2003，17（2）：356-359.

[24] 刘安宁，徐兵. C30钢渣混凝土的温度线膨胀系数试验研究［J］. 盐城工学院学报（自然科学版），2014，27（1）：61-64.

[25] 刘攀. 钢渣高性能混凝土抗压强度及早期抗裂性能研究［J］. 混凝土，2014（5）：57-63.

[26] 查坤鹏，刘纯林，陈德鹏. 钢渣与废旧轮胎颗粒混凝土的强度与收缩变形性能［J］. 安徽工业大学学报（自然科学版），2013（3）：55-59.

[27] 兰海. 完全不使用天然集料的粉煤灰钢渣混凝土的开发［J］. 粉煤灰，2000，4：35-37.

[28] Brand A S，Roesler J R. Steel furnace slag aggregate expansion and hardened concrete properties［J］. Cement and Concrete Composites，2015，60（4）：1-9.

[29] 钟善桐. 钢管混凝土结构［M］. 北京：清华大学出版社，2003.

[30] Schneider S P. Axially loaded concrete-filled steel tubes［J］. Journal of Structural Engineering，1998，124（10）：1125-1138.

[31] Ibañez C，Hernández-Figueirido D，Piquer A. Shape effect on axially loaded high strength CFST stub columns［J］. Journal of constructional steel research，2018，147（8）：247-256.

[32] Hernández F，David Romero M L，Bonet J L，et al. Ultimate capacity of rectangular concrete-filled steel tubular columns under unequal load eccentricities［J］. Journal of Constructional Steel Research，2012，68（1）：107-117.

[33] Chen J，Wang J，Li W. Experimental behaviour of reinforced concrete-filled steel tubes under eccentric tension［J］. Journal of Constructional Steel Research，2017，136（9）：91-100.

[34] Furlong R W. Strength of steel-encased concrete beam-columns［J］. Journal of Structural Division ASCE，1967，93（ST5）：113-124.

[35] 安建利，姜维山. 钢管混凝土柱压弯剪强度的研究与理论解析［J］. 工程力学，1992，9（4）：104-112.

[36] 安建利，周小真，姜维山. 钢管混凝土柱压弯剪试验与有限环层分析［J］. 西安建筑科技大学学报（自然科学版），1987（4）：12-23.

[37] 徐琳. 圆钢钢渣混凝土柱静力性能试验研究与理论分析［D］. 合肥：安徽工业大学，2015.

[38] Han L H，Yao G H，Tao Z. Behaviors of concrete-filled steel tubular members subjected to combined loading［J］. Thin-Walled Structures，2007，45（6）：600-619.

[39] Han L H, Tao Z, Yao G H. Behaviour of concrete-filled steel tubular members subjected to shear and constant axial compression [J]. Thin-Walled Structures, 2008, 46 (3): 765-780.

[40] 尧国皇. 钢管混凝土构件在复杂受力状态下的工作机理研究 [D]. 福州: 福州大学, 2006.

[41] 董宏英, 谢翔, 曹万林. 圆钢管再生混凝土柱抗震性能试验 [J]. 天津大学学报 (自然科学与工程技术版), 2018, 51 (10): 104-114.

[42] Liu Z Y, Goel S C. Cyclic load behavior of concrete-filled tubular braces [J]. Journal of Structural Engineering New York, 1988, 114 (7): 1488-1506.

[43] Sakino K, Ishibashi H. Experimental studies short columns subjected to cyclic shearing force Institute of Japan [J]. Journal of Architectural Engineering, 1985, 353 (3): 81-89.

[44] Saisho M, Mitsunari K. Dynamic restoring force characteristics of steel tube filled with super-high strength concrete [J]. Proceedings of the World Conference on Earthquake Engineering, 1992, 10 (7): 3201.

[45] 张建辉. 方钢管混凝土框架柱的抗震性能分析 [D]. 天津: 天津大学, 2004.

[46] Wang Z B, Liu L Y. Finite element modelling of concrete-filled steel tube reinforced concrete stub columns under axial compression [J]. Applied Mechanics and Materials, 2013, 351-352 (5): 138-142.

[47] Shakir K H. Resistance of concrete-filled steel tubes to push-out forces [J]. Engineering Structures, 1993, 71 (13): 234-243.

[48] 刘玉茜. 钢管混凝土黏结滑移性能的理论分析及 ANASYS 程序验证 [D]. 西安: 西安建筑科技大学, 2006.

[49] Liu J, Zhang S, Zhang X, et al. Behavior and strength of circular tube confined reinforced-concrete (CTRC) columns [J]. Journal of Constructional Steel Research, 2009, 65 (7): 1447-1458.

[50] 周绪红, 闫标, 刘界鹏, 等. 不同长径比圆钢管约束钢筋混凝土柱轴压承载力研究[J]. 建筑结构学报, 2018, 39 (12): 15-25.

[51] 甘丹. 钢管约束混凝土短柱的静力性能和抗震性能研究 [D]. 兰州: 兰州大学, 2012.

[52] 刘景云, 孙建波, 张小冬, 等. 黏结对钢管约束混凝土短柱轴压力学性能影响 [J]. 哈尔滨工业大学学报, 2010, 42 (8): 1211-1215.

[53] Martin D, O'Shea, Russsell Q B. Design of circular thin-walled concrete filled steel tubes [J]. Journal of Structural Engineering, 2000, 126 (11): 1295-1303.

[54] Hong H P, Yuan H, Deng L, et al. Axial capacity of steel tube-reinforced concrete stub columns [J]. Engineering Structures, 2019, 183 (3): 523-532.

[55] 郝自强. 圆钢管约束高纵筋率钢筋混凝土中长柱静力性能研究 [D]. 哈尔滨: 哈尔滨工业大学, 2012.

[56] 张昊. 圆钢管约束高强钢筋混凝土柱偏压力学性能试验研究 [D]. 重庆: 重庆大学, 2016.

[57] 齐宏拓. 钢管约束混凝土轴压和偏压构件静力性能研究 [D]. 哈尔滨: 哈尔滨工业大

学，2014.

[58] Wang X, Liu J, Zhang S. Behavior of short circular tubed-reinforced-concrete columns subjected to eccentric compression [J]. Engineering Structures, 2015, 105 (12): 77-86.

[59] 王昕培. 圆钢管约束型钢高强混凝土短柱受压力学性能研究 [D]. 大连：大连理工大学，2018.

[60] 马忠吉，韩素滨. 框架中长柱与节点小偏压力学性能分析 [J]. 低温建筑技术，2012，34 (2): 77-79.

[61] Xiao Y, Tomii M, Sakino K. Experimental study on the design method to prevent the shear failure of reinforced concrete short circular columns by confining in steel tube [J]. Transactions of the Japan Concrete Institute, 1986, 8 (4): 535-542.

[62] Fam A, Qie F S, Rizkalla S. Concrete-filled steel tubes subjected to axial compression and lateral cyclic load [J]. Journal of Structural Engineering, 2004, 130 (4): 631-640.

[63] 尧国皇，韩林海. 钢管约束混凝土压弯构件滞回性能的实验研究 [J]. 地震工程与工程振动，2004，24 (6): 89-96.

[64] 周绪红，张素梅，刘界鹏. 钢管约束钢筋混凝土压弯构件滞回性能研究与分析 [J]. 建筑结构学报，2008，29 (5): 75-84.

[65] 吴博. 高纵筋率钢管约束钢筋混凝土短柱抗震性能试验研究 [D]. 哈尔滨：哈尔滨工业大学，2010.

[66] 闫标. 圆钢管约束 RC 柱-RC 梁框架节点静力与抗震性能研究 [D]. 兰州：兰州大学，2018.

[67] 张畅. 火力发电厂主厂房结构中矩形截面钢管约束钢筋混凝土超短柱抗震性能研究 [D]. 哈尔滨：哈尔滨工业大学，2015.

[68] 李悦，金彩云. 钢管高强膨胀混凝土的力学性能研究 [J]. 施工技术，2005，12 (S2): 47-50.

[69] Ohta K, Arinaga S, Hanai M. Mixing of High expansive concrete and compression characteristics of expansive concrete filled steel tube [J]. Concrete Research and Technology, 2001, 12 (2): 61-69.

[70] 陈咏明，曹国辉，陈朝辉，等. 钢管膨胀混凝土圆柱轴压受力性能与承载力计算方法研究 [J]. 建筑结构，2014，44 (22): 36-40.

[71] 曹帅. 自应力钢管混凝土构件承载力计算方法与数值分析研究 [D]. 重庆：重庆交通大学，2010.

[72] 韩雯. 约束微膨胀混凝土承载力性能试验研究 [D]. 兰州：兰州理工大学，2009.

[73] 卢方伟，熊永华，王翔. 方钢管膨胀混凝土偏压短柱的试验研究 [J]. 工业建筑，2012，42 (10): 120-125.

[74] 卢方伟，范伟，吴立鹏. 方钢管膨胀混凝土短柱偏压极限承载力研究 [J]. 钢结构，2012，11 (2): 17-19.

[75] Chang X, Huang C K, Chen Y J. Mechanical performance of eccentrically loaded pre-stressing concrete-filled circular steel tube columns by means of expansive cement [J]. Construction and

Building Materials，2009，31（11）：2588-2597.
[76] 蔺海晓，常旭，黄承逵．钢管自应力混凝土抗弯性能研究［J］．河南理工大学学报（自然科学版），2009，28（3）：357-363.
[77] 雷东山．钢管自应力混凝土构件纯弯力学性能研究［J］．混凝土与水泥制品，2016，12（5）：36-40.
[78] 尚作庆．钢管自应力自密实混凝土柱力学性能研究［D］．大连：大连理工大学，2007.
[79] 尚作庆，黄承逵，常旭，等．钢管自应力混凝土柱抗震性能试验研究［J］．地震工程与工程震动，2008，28（3）：77-81.
[80] 贾宏玉，李爱伟，李奉阁．自密实自应力矩形钢管混凝土柱抗震性能试验研究［J］．硅酸盐通报，2018，37（259）：219-224，235.
[81] 杨阳．膨胀剂掺量和含钢率对钢管混凝土徐变性能影响试验研究［J］．建筑结构，2014，44（22）：41-44.
[82] 王艳．钢管自应力混凝土徐变对承载力影响的有限元分析［J］．交通科技与经济，2010，12（3）：57-60.
[83] Huo K C. Experimental study on expansive concrete filled steel tube［J］. Applied Mechanics and Materials，2013，275（11）：2077-2083.
[84] 王致成，杨果岳，费强．圆钢管粗钢渣混凝土短柱轴压性能试验研究［J］．实验力学，2022，37（2）：253-262.
[85] 沈奇罕，高奔浩，王静峰，等．椭圆截面钢管钢渣混凝土短柱轴压性能试验研究［J］．建筑结构学报，2021，42（S2）：197-203.
[86] 费强．钢套约束圆钢管钢渣混凝土柱轴压性能研究［D］．湘潭：湘潭大学，2021.
[87] Noureddine F. Experiment behavior of cold-formed steel welded tube filled with concrete made of crushed crystallized slag subjected to eccentric load［J］. Thin-Walled Structures，2014，89（1）：159-166.
[88] 曹梦增．复合圆钢管钢渣混凝土柱的抗震性能对比研究［D］．包头：内蒙古科技大学，2021.
[89] Abendeh R M，Salmana D，Louzib R A. Experimental and numerical investigations of interfacial bond in self-compacting concrete-filled steel tubes made with waste steel slag aggregates［J］. Developments in the Built Environment，2022，100080.
[90] 何良玉．钢渣作胶凝材料和细集料制备中低强度钢管混凝土的研究［D］．武汉：武汉理工大学，2016.
[91] Beggas D，Zeghiche J. The use of slag stone concrete to improve the thermal performance of light steel buildings［J］. In Sustainable Cities and Society，2013，6（1）：22-26.
[92] 王博．钢渣中游离氧化钙、游离氧化镁的测定及其安定性研究［D］．北京：北京化工大学，2010.
[93] 中国工程建设协会．钢管混凝土结构技术规程（CECS 28：2012）［S］．北京：中国计划出版社，2012.
[94] 过镇海．混凝土的强度和本构关系原理与应用［M］．北京：中国建筑工业出版社，2004.

[95] 卢方伟. 新型钢管混凝土的理论与试验研究 [D]. 上海：上海交通大学，2007.

[96] 何益斌. 钢骨-钢管混凝土轴压中长柱极限承载力研究 [J]. 建筑结构，2009，39 (6)：29-33.

[97] 丁发兴，余志武. 钢管混凝土基本力学性能研究—理论分析 [J]. 工程力学，2005，22 (1)：173-181.

[98] Zhong S T. Calculation of bearing capacity of concrete filled steel tubular component subjected to eccentric compression specimens [J]. China Journal of Architectural Structures，1985，6 (4)：21-31.

[99] 钟善桐. 钢管混凝土轴心受压构件极限状态理论研究 [J]. 哈尔滨建筑工程学院学报，1981，1：1-9.

[100] 徐磊 . 钢管自应力免振混凝土轴压柱设计理论研究 [D]. 大连：大连理工大学，2006.

[101] 常旭 . 钢管自应力免振混凝土结构力学性能研究 [D]. 大连：大连理工大学，2008.

[102] 中华人民共和国国家标准 . 钢管混凝土结构技术规范（GB 50936—2014）[S]. 北京：中国建筑工业出版社，2014.

[103] AISC-LRFD-2016. Load and Resistance Factor Design Specification for Structural Steel Buildings [S]. American Institute of Steel Construction，2016.

[104] EC4-2004. Design of Composite Steel and Concrete Structures [S]. General Rules and Rules for Buildings，2004.

[105] 方小丹，林铁，钱稼茹 . 压弯作用下钢管混凝土短柱受剪承载力试验研究 [J]. 建筑结构学报，2010，31 (8)：36-44.

[106] 徐春丽 . 钢管混凝土柱抗剪承载力试验研究 [D]. 青岛：山东科技大学，2004.

[107] 肖从真，蔡绍怀，徐春丽 . 钢管混凝土抗剪性能试验研究 [J]. 土木工程学报，2005，28 (4)：5-11.

[108] 张文福 . 圆钢管混凝土截面延性系数 [J]. 世界地震工程，2003，19 (3)：84-90.

[109] Richart F E，Brandtzaeg A，Brown R L. The failure of plain and spirally reinforced concrete under combined compressive stresses [J]. Engineering Experimental Station，1928，190 (1)：1-8.

[110] 黄承逵，常旭，姜德成 . 自应力钢管混凝土中核心钢渣混凝土单轴本构关系 [J]. 大连理工大学学报，2010，50 (1)：81-85.

[111] 钟善桐 . 钢管混凝土统一理论 [J]. 哈尔滨建筑工程学院学报，1994，27 (6)：21-27.

[112] Liu J，Zhang S，Zhang X，et al. Behavior and strength of circular tube confined reinforced-concrete (CTRC) columns [J]. Journal of Constructional Steel Research，2009，65 (7)：1447-1458.

[113] 甘丹，周绪红，刘界鹏，等 . 钢管约束钢筋混凝土柱受剪承载力计算 [J]. 建筑结构学报，2018，39 (9)：96-111.

[114] Sun Y P，Fujinaga T. Ultimate strength equations for RC members retrofitted by circular steel tubes [C] // 4th International Conference on Urban Earthquake Engineering. Tokyo Japan：

Tokyo Institute of Technology, 2007.

[115] 王菲．方钢管约束钢筋混凝土短柱抗压和抗剪承载力分析［D］．青岛：青岛理工大学，2013.

[116] 中华人民共和国国家标准．钢管约束混凝土结构技术标准（JGJT 471—2019）［S］．中国建筑工业出版社，2019.

[117] 蔺媛媛．方钢管约束高纵筋率钢筋混凝土短柱静力性能研究［D］．哈尔滨：哈尔滨工业大学，2012.

[118] Mander J B, Priestley M J N, Park R. Theoretical stress-strain model for confined concrete [J]. Journal of Structural Engineering, ASCE, 1988, 114 (8): 1804-1826.

[119] 姜德成．钢管自应力免振混凝土力学性能研究［D］．大连：大连理工大学，2007.

[120] 周鹏华，徐礼华，谷雨珊，等．钢管与其核心自应力自密实高强混凝土的黏结性能［J］．武汉大学学报，2018，51（9）：782-788.

[121] 徐有邻．变形钢筋-混凝土黏结锚固性能的试验研究［D］．北京：清华大学，1990.

[122] 黄承逵，常旭，姜德成．自应力钢管混凝土中核心钢渣混凝土单轴本构关系［J］．大连理工大学学报，2010，50（1）：81-85.